中文版

美图技Photoshop照片美化实例教程

曹茂鹏　等编著

专门为零基础渴望自学成才在职场出人头地的你设计的书

本书共12章，从结构上可以分为三大部分。第一部分为第1章，介绍了日常照片处理过程中都会使用到的功能，为后面的“技术性”章节做铺垫。第二部分为第2~6章，这五个“技术性”章节讲解的是Photoshop的“修饰技术”“调色技术”“抠图技术”“锐化模糊”和“特效滤镜”。这五项功能也常被称为数码照片处理的五大核心技术，无论哪一项都是修照片的利器。第三部分为第7~12章，是“实战性”章节。通过大量日常照片处理案例，巩固和强化Photoshop运用的熟练程度，开阔照片处理的思路。

图书在版编目（CIP）数据

美图技：Photoshop照片美化实例教程 / 曹茂鹏等编著. -- 北京：机械工业出版社，2015.9

ISBN 978-7-111-51511-1

Ⅰ. ①美… Ⅱ. ①曹… Ⅲ. ①图像处理软件 Ⅳ. ① TP391.41

中国版本图书馆CIP数据核字（2015）第216218号

机械工业出版社（北京市百万庄大街22号 邮政编码100037）
策划编辑：刘志刚　　责任编辑：刘志刚
封面设计：张　静　　责任校对：王翠英　　责任印制：李　洋
北京汇林印务有限公司印刷
2016年9月第1版·第1次印刷
184mm×260mm·25.5印张·694千字
标准书号：ISBN 978-7-111-51511-1
定价：99.00元

凡购本书，如有缺页、倒页、脱页，由本社发行部调换

电话服务
服务咨询热线：（010）88361066
读者购书热线：（010）68326294
（010）88379203

网络服务
机工官网：www.cmpbook.com
机工官博：weibo.com/cmp1952
教育服务网：www.cmpedu.com
金书网：www.golden-book.com

前　言

本书与其说是一本教你编辑照片的“教材”，不如说是一位能够教你“玩”照片的朋友。因为它知道：

* 你可能不太会用 Photoshop，但你想要以最快的速度学通。

* 你可能不想看参数解释的长篇大论，你只想学会修照片。

* 你可能不想只学会工具怎么用，你只想知道怎么才能把照片修得更美。

正是因为懂你的需求，所以才更适合你。本书从“软件技术”和“实际应用”两方面入手，将日常照片编修的点点滴滴融入软件技术的讲解中，将软件操作的小技巧带入到实际应用中。不仅能够轻松应对日常照片处理、照片特效的制作、风景照片的美化、人像照片的精修以及影楼照片的后期修饰，还能助力网店商品照片的美化和店铺装修。

本书就是这么一个“懂”你需求的良师益友。

* 本书的页数并不太多，但讲解的软件技术超实用、案例类型覆盖范围超全面。

* 本书的内容并不高深，但随便翻看几页就能学会几个实用的照片美化小技巧。

* 本书的案例并不复杂，但就是能让日常照片在简单的几个步骤中变得“高大上”。

读者可登陆网站 www.jigongjianzhu.com，下载本书案例的相关源文件及素材文件，及本书中相关内容的视频教学录像，供学习使用。本书使用 Photoshop CC 版本进行制作和编写，故建议读者使用 Photoshop CC 版本进行学习和操作。使用其他版本软件可能会在打开源文件时产生少量的错误，而且书中介绍到的极少数知识点可能与低版本中的功能并不相同。

本书由优图视觉策划，由曹茂鹏和瞿颖健共同编写。参与本书编写和整理的还有艾飞、曹爱德、曹明、曹诗雅、曹玮、曹元钢、曹子龙、崔英迪、丁仁雯、董辅川、高歌、韩雷、鞠闯、李化、李进、李路、马啸、马扬、瞿吉业、瞿学严、瞿玉珍、孙丹、孙芳、孙雅娜、王萍、王铁成、杨建超、杨力、杨宗香、于燕香、张建霞、张玉华等同志。

由于时间仓促，加之水平有限，书中难免存在错误和不妥之处，敬请广大读者批评和指正。

编　者

目 录

第 1 章

Photoshop 快速入门

关键词：打开、新建、存储、关闭、图层、撤销、历史记录

在进行数码照片处理之前，首先需要了解一下 Photoshop 的基本使用方法，本章介绍在数码照片处理中最基础也最常用的 Photoshop 功能。如果您是一位 Photoshop“新手”，就请认真学习本章内容；如果您能够熟练地使用 Photoshop 的基础功能，那也可以通过阅读本章内容，从中找到非常实用的操作技巧。

佳作欣赏

1.1 初识 Photoshop

当我们第一次打开 Photoshop 时，可以看到如图 1-1 所示的深色软件界面。其实 Photoshop 的界面颜色是可以更换的，执行“编辑 > 首选项 > 界面”命令，在弹出的“首选项”对话框中即可设置颜色方案，本书为了便于读者阅读，所以采用了最浅的界面颜色方案，如图 1-2 所示。

图 1-1

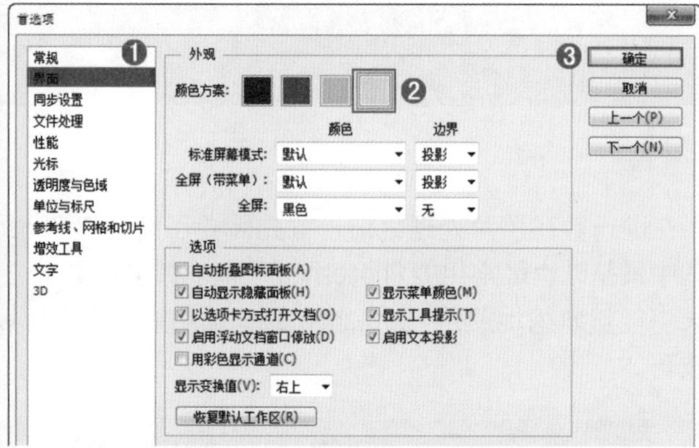

图 1-2

下面我们来认识一下 Photoshop 的操作界面，其实 Photoshop 的操作界面比较规整，最大的操作区域为“文档对话框”，围绕在“文档对话框”四周的是各种各样的“功能区”，比如工具箱、选项栏、菜单栏、面板等，如图 1-3 所示。Photoshop 的界面操作方法跟大部分常用软件相似，Photoshop 操作界面的右上角也有三个按钮，它们分别是“最小化”按钮 ▬ 、“最大化”按钮 ◘ 和“关闭”按钮 ✕ ，通过单击这些按钮可以控制整个 Photoshop 软件（包括此时软件中正在操作的多个图片文档），如图 1-4 所示。

图 1-3

图 1-4

“菜单栏”中包含 Photoshop 中的大部分功能命令，单击相应的主菜单，即可打开子菜单，单击子菜单即可执行该命令。

“工具箱”中集合了 Photoshop 的常用工具和工具组（按钮右下角带有◢图标的为工具组）。工具组只显示其中一个工具，若想使用工具组中的隐藏工具，可以将鼠标指针移动至该工具组按钮上，按住鼠标左键（不要松开鼠标）就可以显示该工具组隐藏的工具，继续将鼠标指针移动至所需工具的位置，单击即可选择该工具，如图 1-5 所示。单击工具图标即可选择该工具，关于这一工具的详细设置选项位于文档对话框的顶部，也就是“选项栏”。“选项栏”主要用来设置工具的参数选项，选择了不同工具时选项栏中所显示的内容也不同，如图 1-6 所示。

“文档对话框”是打开图片后显示的区域，这个区域主要用于图片显示和编辑，也是我们操作的最多的区域。如果想要对单个文件进行操作则需要在文档的“标题栏”中进行，文档对话框的顶部是文档的“标题栏”，在这里显示着文档的名称、格式、颜色模式以及缩放比例，如图 1-7 所示。文档对话框最底部为文档的“状态栏”，可以显示当前文档的大小、文档尺寸、当前工具和对话框缩放比例等信息。

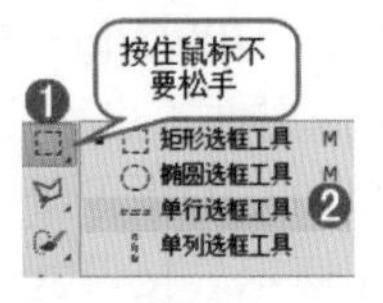

图 1-5

图 1-6

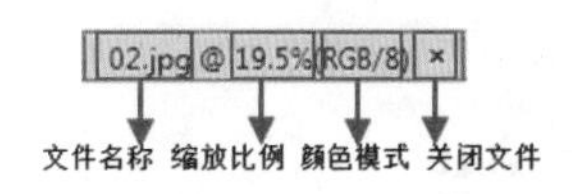

图 1-7

“面板”区域主要用来配合图像的编辑、对操作进行控制以及设置参数等。很多面板是堆叠状态，有的面板被遮挡时，单击面板名称，就会显示该面板。每个面板的右上角都有一个▤图标，单击该图标可以打开该面板的菜单选项。如果需要打开某一个面板，可以单击菜单栏中的“窗口”菜单按钮，在展开的菜单中单击即可打开该面板，如图 1-8 所示。

图 1-8

1.2 照片处理第一步：打开 / 新建

认识了 Photoshop 的工作界面，下面就可以尝试着在 Photoshop 中处理照片了，但是怎么让照片出现在 Photoshop 中呢？下面我们就来学习一下打开照片文件以及新建图像文档的方法。

1.2.1 打开已有的图像文档进行处理

照片拍摄完成后想要进行后期处理，首先需要从相机 / 手机中将照片导出到计算机里，然后将照片在 Photoshop 中打开，之后才能进行各种处理操作。在 Photoshop 中打开图像文档的方法很简单，执行“文件 > 打开”菜单命令，或使用快捷键 <Ctrl+O>，然后在弹出的对话框中选择需要打开的文件，接着单击“打开”按钮或双击文件即可在 Photoshop 中打开该文件，如图 1-9 和图 1-10 所示。

图 1-9

图 1-10

> **小提示**
> 当前打开的文档为最常见的照片格式 jpg，并非 Photoshop 的源文件格式，所以这种格式的图像在 Photoshop 中打开只有一个背景图层。

在 Photoshop 中不仅可以打开 JPEG 格式的照片文件，很多其他常见图像格式文件也是能够打开的，例如 Photoshop 的工程文件（也称为源文件）的 PSD 格式文档，可以存储透明像素的 PNG 格式图像，带有动态效果的 GIF 图像等图像格式。例如选择了一个 PSD 格式的文件，然后单击“打开”按钮，如图 1-11 所示。接着这个文件就会被打开，此时 PSD 格式文件特有的图层就展现在图层面板中了，如图 1-12 所示。

图 1-11　　图 1-12

1.2.2 打开多个照片

当我们一次性想要将多张照片在 Photoshop 中打开并进行编辑时，无需一个一个地打开。使用“文件 > 打开”命令，在弹出的对话框中框选多张图片，然后单击“打开”按钮，如图 1-13 所示。接着被选中的多张照片就都会被打开了，但默认情况下只能显示其中一张照片。如果想要预览其他的照片可以在文档名称处进行单击即可切换照片文档的显示，如图 1-14 所示。

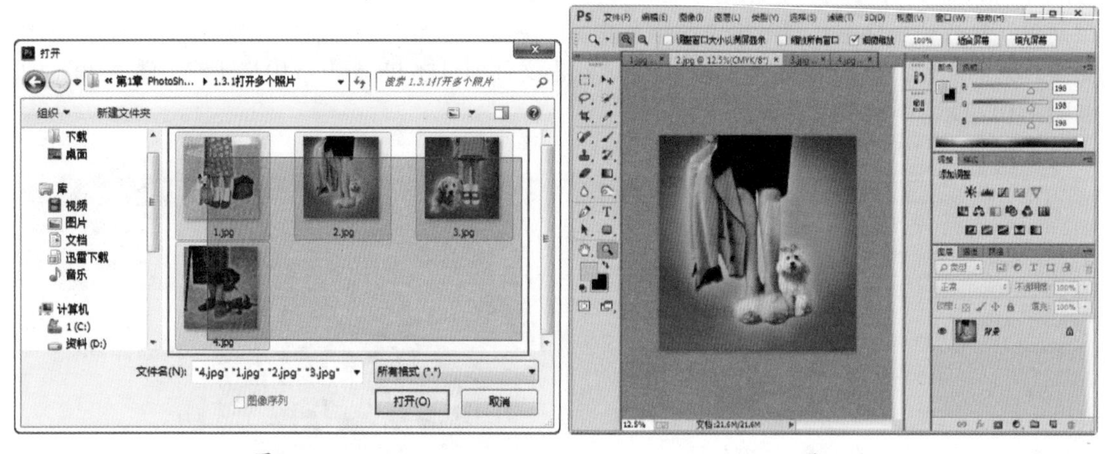

图 1-13　　图 1-14

如果想要一次性使多张照片显示在 Photoshop 的界面中，就需要对文档的排列方式进行设置，执行“窗口 > 排列”命令，在子菜单中可以看到多种文档的显示方式，选择适合自己的方式即可，如图 1-15 所示。例如当我们打开了四张图片，想要一次性看到，我们可以选择“四联”这样一种方式，效果如图 1-16 所示。

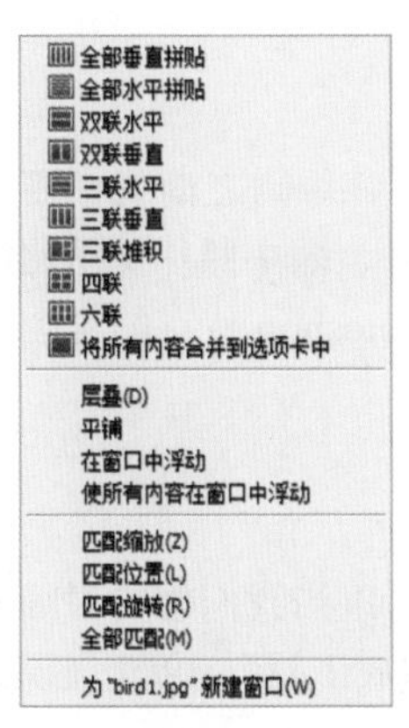

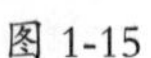
图 1-15

图 1-16

1.2.3 从无到有创建新文档

当我们想要直接处理某一张照片时可以直接对已有照片进行打开，但是如果我们是想要在一张空白的纸面上进行“创作”呢？这就需要创建一个新文件。执行“文件 > 新建”菜单命令或按 <Ctrl+N> 快捷键，打开“新建”对话框。在“新建”对话框中可以设置文件的名称、尺寸、分辨率、颜色模式等，如图 1-17 所示。设置完毕后单击“确定”按钮结束操作，此时出现了一个新的空白文档，如图 1-18 所示。

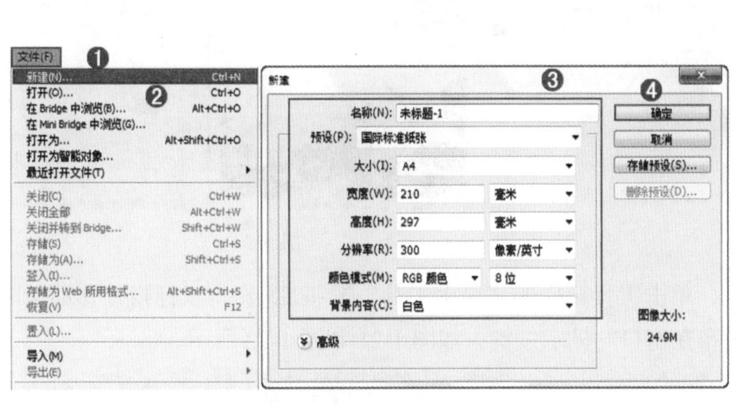

图 1-17

图 1-18

- 预设：选择一些内置的常用尺寸，单击预设下拉列表即可进行选择。
- 大小：当我们在预设列表中选择了一种预设，接下来就可以在大小列表中选择该预设类型中的子分类。
- 宽度 / 高度：设置文件的宽度和高度，其单位有“像素”和“厘米”等 7 种，所以在创建文档时需要注意单位的选择。
- 分辨率：用来设置文件的分辨率大小，分辨率的大小影响着图像的清晰度以及图像的大小。
- 颜色模式：设置文件的颜色模式以及相应的颜色深度。如果文件需要进行印刷那么就需要选择 CMYK 颜色模式，如果只在计算机上存储或上传网络则可以选择 RGB 颜色模式。
- 背景内容：设置文件的背景内容，有“白色”“背景色”和“透明”3 个选项。

1.3 照片处理第二步：文档基本操作

在 Photoshop 中打开了数码照片后就可以对照片进行编辑，但在编辑之前我们需要了解一下照片文档的基本操作方法，例如放大照片显示比例以观察细节效果、缩小照片显示比例以观察画面整体效果、平移照片显示区域等。除此之外还需要了解一下 Photoshop 特有的“图层”化的图像编辑模式。

1.3.1 调整照片的显示区域

当我们打开一张照片时，照片会以适应窗口大小进行显示。所以当我们想要对细节进行观察或修饰时就需要对画面的显示比例进行放大，这就需要使用到“缩放工具”。单击工具箱中的“缩放工具”按钮，鼠标指针会变为状，此时为“放大工具”，将鼠标指针移动至画布中并单击，如图 1-19 所示。我们可以发现窗口在页面中的显示比例增大了。反复单击窗口在页面中的显示会越来越大，如图 1-20 所示。反之，单击选项栏中的“缩小”按钮可以切换到缩小模式，在画布中单击鼠标左键可以缩小图像。按住 <Alt> 键可以切换工具的放大或缩小模式。

图 1-19

图 1-20

当图像的显示比例大于窗口，单击工具箱中的“抓手工具”按钮，将鼠标指针移动至画布中，单击并拖动，即可移动画布在窗口的显示位置，如图 1-21 和图 1-22 所示。

图 1-21

图 1-22

1.3.2 图层的操作方法

“图层”是 Photoshop 进行图像编辑的必备利器，其实很多制图软件都具有“图层”这一功能，例如 Adobe Illustrator、CorelDRAW 等，其实制图软件中的图层可以理解为一个一个堆叠在一起的透明玻璃，当我们进行图像编辑时可以在每个玻璃层上添加内容，每个层上的内容又是相对独立，可以进行分别编辑的。而所有玻璃堆叠在一起的效果就是画面的最终效果。可以说“图层”就是组成 Photoshop 文档的基本单位，在 Photoshop 中所有操作都是基于图层的，如图 1-23 所示。

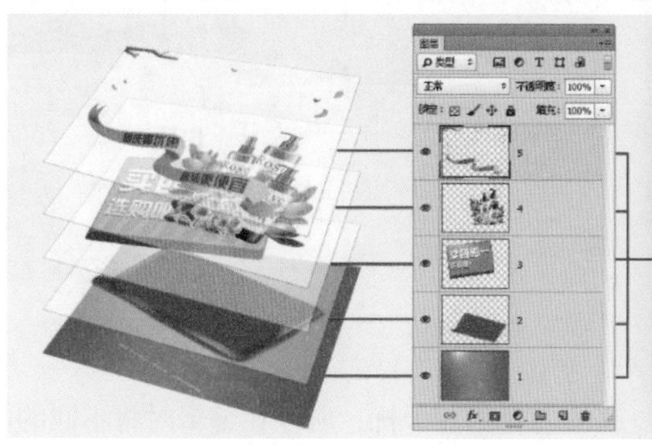

图 1-23

既然图层如此重要，下面我们就来学习一下图层的使用方法。我们都知道 Photoshop 中所有操作都是基于图层进行的，所以就需要在操作之前选中合适的图层，那么到哪里找到这些图层呢？答案是“图层”面板。执行“窗口 > 图层”命令或使用快捷键 <F7> 可以打开图层面板，在“图层”面板中显示当前文档包含的图层。图 1-24 所示为一张 JPEG 格式图像的图层面板效果，其中只包含有一个“背景”图层。但并不是所有的文件在 Photoshop 中打开都只包含这一个“背景”图层，当我们打开可存储透明像素的 PNG 格式图像时，图层面板中显示的是一个普通图层，如图 1-25 所示。而当我们打开之前编辑好的 PSD 格式文件，其中则可能包含多个图层，如图 1-26 所示。

图 1-24

图 1-25

图 1-26

当我们想要对照片进行编辑，那么我们就需要在图层面板中单击需要编辑的图层，使之处于选中状态（在图层面板中被选中的图层的指示颜色会呈现出淡蓝色），如图 1-27 所示。如果要一次性选中多个图层可以按住 <Ctrl> 键的同时单击其他图层，如图 1-28 所示。

图 1-27

图 1-28

在图层面板中我们可以看到每个图层最前方都有一个“指示图层可见性”按钮，也就是那个“小眼睛”图标。显示为 时表示该图层处于显示状态，如图 1-29 所示。单击该按钮“眼睛”消失，表示该图层隐藏，如图 1-30 所示。

图 1-29

图 1-30

图层的最主要功能就在于防止大量堆叠在一起的内容相互干扰，所以在编辑时将不同的内容置于不同的图层中就能很好地避免这一问题的发生。所以在进行图像编辑时需要建立新的图层，以便在其上进行编辑操作。在图层面板中，单击图层面板下的“新建图层”按钮 可新建图层，如图 1-31 所示。若想删除某一图层，也可以选择该图层并单击“删除图层”按钮 ，在弹出的对话框中单击“是”即可删除图层，如图 1-32 所示。

图 1-31

图 1-32

分层操作的优势之一就是可以对各个部分进行单独移动，移动之前需要在图层面板中选中相应的图层，然后单击工具箱中第一个工具：“移动工具” ，然后将鼠标指针移动至画布中，按住鼠标左键并拖动鼠标指针，如图 1-33 所示。移动到合适位置后松开鼠标指针即可，如图 1-34 所示。

图 1-33

图 1-34

1.4 操作失误不要怕

修图过程中如果出现了错误的操作？没关系，Photoshop 提供了很多“时空穿梭”一样的功能可以帮助我们回到错误操作之前，或者回到照片最初的状态。

1.4.1 撤销错误操作

图 1-35

图 1-36

图 1-37

当有错误操作后，执行“编辑 > 还原”菜单命令或使用快捷键 <Ctrl+Z>，可以撤销最近的一次操作，将其还原到上一步操作状态，如图 1-35 所示。如果想要取消还原操作，可以执行“编辑 > 重做”菜单命令，如图 1-36 所示。

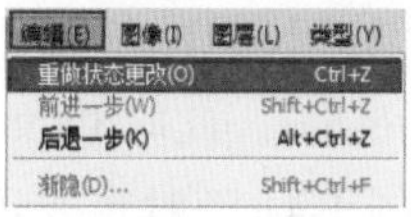

要是想要退后许多步，使用快捷键 <Ctrl+Z> 就不管用了。在“编辑”菜单下，有“前进一步”与“后退一步”命令，使用该命令可以用于多次撤销或还原操作。如果要退后很多步，可以使用“编辑 > 后退一步”菜单命令，或连续使用 <Alt+Ctrl+Z> 快捷键来逐步撤销操作；如果要取消还原的操作，可以连续执行“编辑 > 前进一步”菜单命令，或连续按 <Shift+Ctrl+Z> 快捷键来逐步恢复被撤销的操作，如图 1-37 所示。

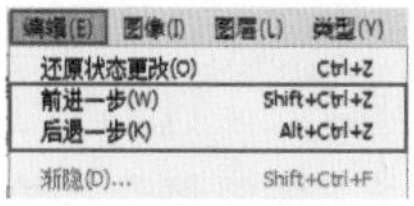

1.4.2 历史记录面板

在利用 Photoshop 进行图像处理时往往要进行大量的操作，而这些已经完成的操作都被称为“历史记录”。而“历史记录”面板从名称上就大概能了解到这一面板的用途，执行“窗口 > 历史记录”菜单命令打开“历史记录”面板。在“历史记录”面板中可以看到最近对图像执行过的历史操作的名称，如图 1-38 所示。通过单击“历史记录”面板中的历史记录状态即可恢复到某一步的状态，如图 1-39 所示。

图 1-38

图 1-39

使用历史记录面板恢复历史操作时需要注意，并不是全部的历史记录操作都会被记录下来，默认状态下可以记录 20 步操作，超过限定数量的操作将不能够返回。但是 Photoshop 提供了可以增加历史记录步数的功能，执行“编辑 > 首选项 > 性能”命令，在“历史记录与高速缓存”选项组下设置合适的“历史记录状态”数量即可，如图 1-40 所示。

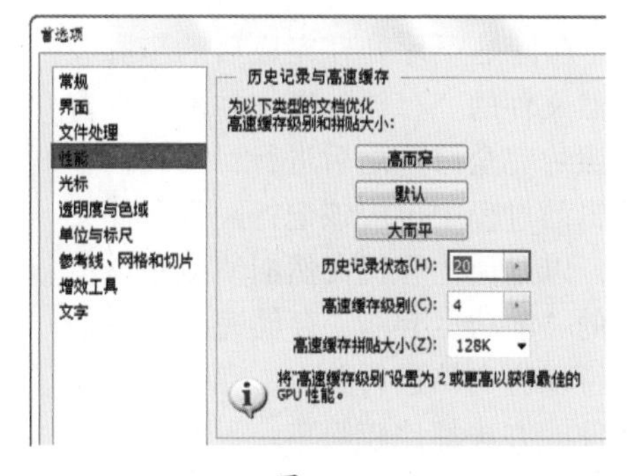

图 1-40

小提示

需要注意的是当一个文件所记录的历史记录步骤过多时也会造成运行缓慢等问题，所以此处历史记录状态的数值不要设置过大。

为了给我们更多的“弥补错误”机会，除了增大历史记录状态数值外，还可以利用“快照”功能。通过创建“快照”可以在图像编辑的任何状态创建副本，也就是说可以随时返回到快照所记录的状态。在“历史记录”面板中选择需要创建快照的状态，然后单击“创建新快照”按钮 ，此时 Photoshop 会自动产生新的快照。图 1-41 随时想要还原到快照效果只需要单击该快照即可，如图 1-42 所示。

图 1-41

图 1-42

1.4.3 将文件恢复到最初打开时的状态

想要将文档恢复到最初打开时的状态很简单，在“历史记录”面板中单击最顶部的文件缩览图即可回到最初状态，如图 1-43 和图 1-44 所示。除此之外，执行“文件 > 恢复”菜单命令可以直接将文件恢复到最后一次存储时的状态，如果一直没有进行过存储操作则可以恢复到刚打开文件时的状态。

图 1-43

小提示

需要注意的是“恢复”命令只能针对已有图像的操作进行恢复。如果是新建的空白文件，“恢复”命令将不可用。

图 1-44

1.5 存储与关闭文件

存储是照片处理完成后的步骤，当然文件的“存储”操作并不是只有在照片完全修过之后进行，当我们在编辑的过程中也应该记得经常存储文件，以避免计算机突然崩溃或断电造成的“前功尽弃”。存储完成后我们就可以将文档进行关闭。存储和关闭文件的方法都比较简单，下面我们来学习一下。

1.5.1 存储编辑后的照片文件

当对一张照片进行了一系列的修饰后，需要将当前的效果进行存储，这个操作非常简单，执行“文件 > 存储”命令，此时原图效果就被替换为当前修饰过的效果了，如图 1-45 所示。

图 1-45

还有另外一种情况，在修饰一张照片时，并不想以当前效果替换原始效果，而是想将保留原始效果和修图之后的两张照片时；或者想要把最终效果的图片存储到其他位置时。需要执行“文件 > 存储为”命令，此时会弹出“另存为”对话框，在这里选择合适的存储位置，然后设置另外一个文件名称（与原始照片名称一致且存储路径一致会替换之前的文件），然后设置合适的格式，如果为了打印或上传可以选择照片最常用的 JPEG 格式。接着单击“确定”按钮完成操作，如图 1-46 和图 1-47 所示。

图 1-46

图 1-47

> **小提示**
>
> “存储”命令的快捷键为 <Ctrl+S>，由于存储操作在实际操作中运用频率非常高，所以希望大家能够熟练使用快捷键。

1.5.2 存储 Photoshop 特有格式的源文件

上一节介绍的是将编辑完的照片存储为照片常见的 JPEG 格式的方法，存储为 JPEG 方便打印、预览或上传网络，而且占用的磁盘空间也相对较小。但这种格式不会保留之前操作过程中创建和使用的那些图层，也就是说存储为 JPEG 无法重新对之前的图层进行调整。但是存储为 PSD

格式就不同了，PSD 格式是 Photoshop 特有的一种文件格式（通常也称为源文件 / 工程文件），会保留之前在 Photoshop 中使用到的全部图层信息。这也就为进一步编辑提供了便利，譬如今天没有修饰完成的照片就可以存储为 PSD 格式文件，明天重新将 PSD 格式文件在 Photoshop 中打开，之前的图层完完整整的出现，继续操作更容易。操作方法非常简单，只需要执行“文件 > 存储为”命令，在弹出的“另存为”对话框中设置文件的存储格式为“PSD”即可，如图 1-48 和图 1-49 所示。

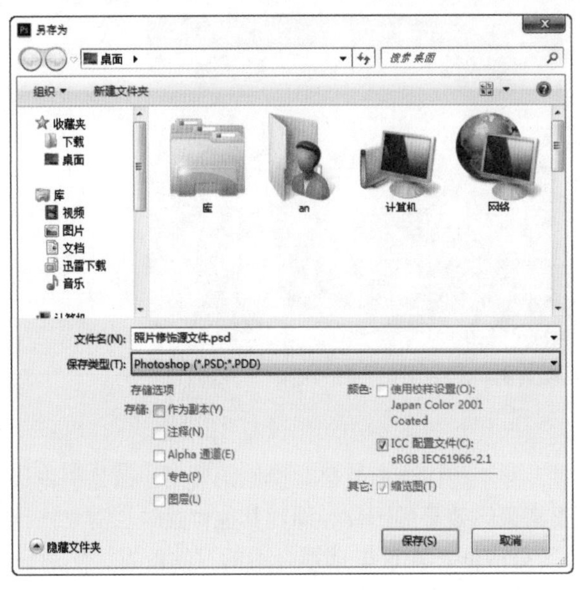

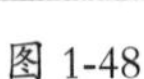
图 1-48

图 1-49

1.5.3 关闭文档

照片编辑完成后需要进行存储，那存储完成后自然就要关闭这个文件了。关闭文件的方法非常简单，执行“文件 > 关闭”菜单命令，或按 <Ctrl+W> 快捷键。单击文档对话框右上角的“关闭”按钮，可以关闭当前处于激活状态的文件。执行“文件 > 关闭全部”菜单命令或按 <Alt+Ctrl+W> 快捷键可以关闭所有的文件。

第2章

简单好用的照片修饰工具

关键词：裁切、旋转、尺寸、去瑕疵、加深、减淡

说到照片的美化，大多数人首先想到的就是去除背景杂物、祛斑、祛痘、瘦脸、美白……想要进行这些操作其实非常简单，只需要使用几个工具即可，而这也正是本章要解决的问题。本章内容可以说是 Photoshop 处理照片时“必备利器”合集了，例如轻松框选就能裁切画面的工具、轻轻一点就能去除瑕疵的工具、随手涂抹就能美白皮肤的工具等，接下来就让我们来一起学习一下吧！

佳作欣赏

2.1 常见问题处理

在对数码照片进行处理的过程中，总有一些因拍摄技术或相机品质引起的小问题，这些问题在 Photoshop 中处理起来简单、便捷。在本节中就来讲解如何旋转照片方向、调整照片尺寸、裁切、置入和校正照片失真。图 2-1 和图 2-2 所示为优秀的数码照片作品。

图 2-1

图 2-2

2.1.1 旋转照片方向

若这张照片需要在 Photoshop 中进行后期的修改，可以通过使用“图像旋转”命令，调整图像旋转角度。打开照片如图 2-3 所示。接着执行“图像 > 图像旋转”命令，在该菜单下提供了六种旋转画布的命令，包含“180 度”“90 度（顺时针）”“90 度（逆时针）”“任意角度”“水平翻转画布”和“垂直翻转画布”，如图 2-4 所示。此图执行“图像 > 图像旋转 >90 度（逆时针）”命令，照片恢复到正常角度，如图 2-5 所示。

图 2-3

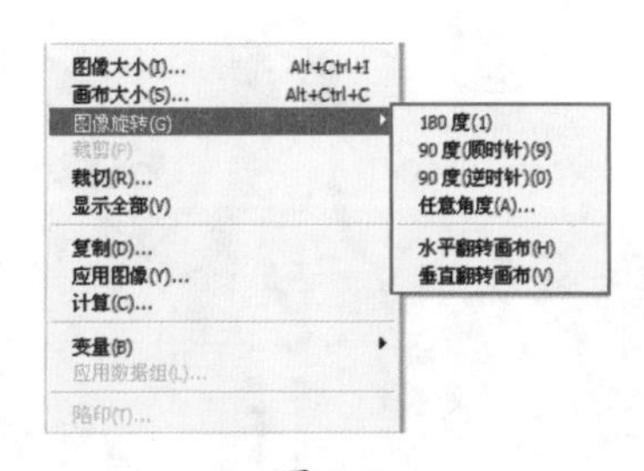

图 2-4

图 2-5

小提示：将图像旋转任意角度

若要将图像旋转任意角度，可以执行“图像 > 图像旋转 > 任意角度”命令，系统会弹出“旋转画布”对话框，在该对话框中可以设置旋转的角度和旋转的方式（顺时针和逆时针），输入所需旋转的数值，如图 2-6 所示。图像会旋转 60 度，相对的画布大小也会发生改变，空白区域会被背景色填充，效果如图 2-7 所示。

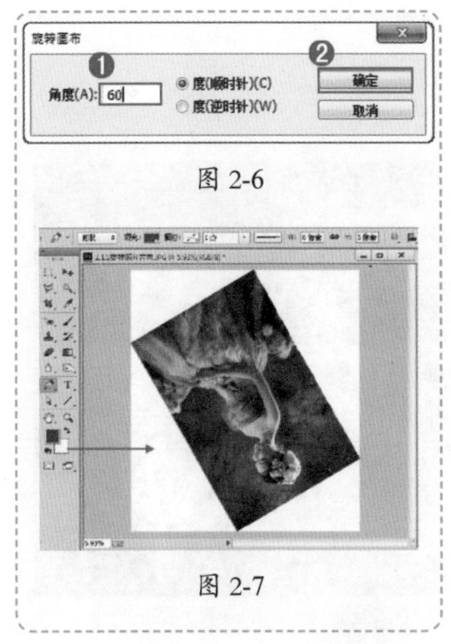

图 2-6

图 2-7

2.1.2　调整照片的尺寸

图像的尺寸与图像应用目的息息相关。当我们要将照片喷绘成巨大的宣传图时，那么照片的尺寸自然越大越好。但有时在网络上上传照片，或者进行考试报名时，很多时候上传的照片尺寸和大小都有严格的控制。而我们直接拍摄出的照片往往都与要求不符，所以就需要调整照片的尺寸。

（1）打开一张素材图片，如图 2-8 所示。执行“图像 > 图像大小”菜单命令或按 <Alt+Ctrl+I> 快捷键打开“图像大小”对话框，在窗口的左侧可以看到缩览图，右侧的上半部可以看到图像的大小和尺寸。单击“尺寸”后的按钮，可以在下拉菜单中设置尺寸单位，如图 2-9 所示。

图 2-8

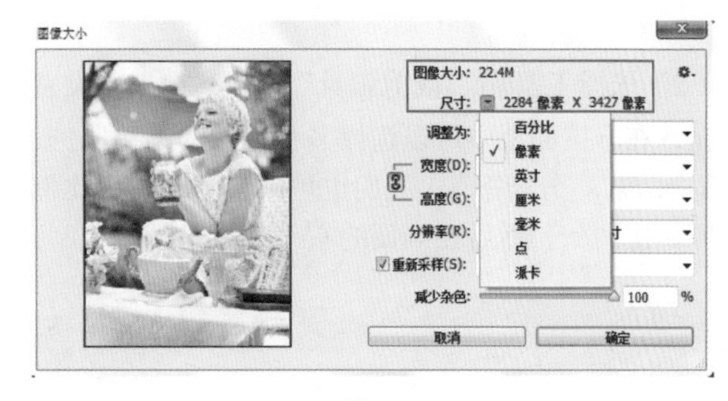

图 2-9

（2）若要更改图像的尺寸，在“约束比例”的状态下，可以更改“宽度”或“高度”的参数，即可调整图像的尺寸，如图 2-10 所示。例如将“宽度”更改为 1000 像素，“高度”会随即按等比例更改为 1500 像素。此时图像大小也会改变，如图 2-11 所示。

（3）图像的“分辨率”也决定了图像的大小，若将图像的分辨率降低，图像大小也会降低，如图 2-12 所示。

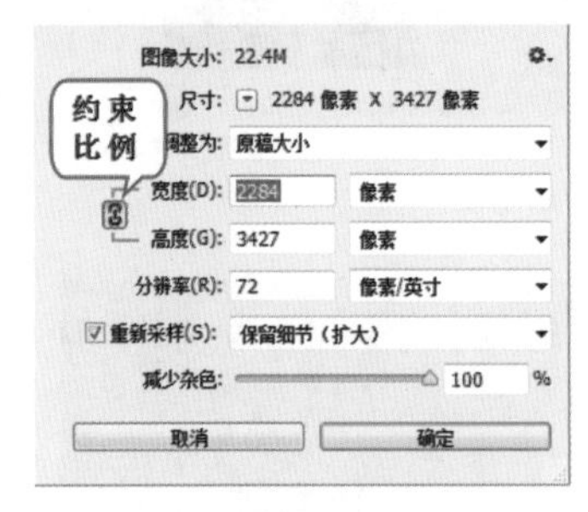

图 2-10

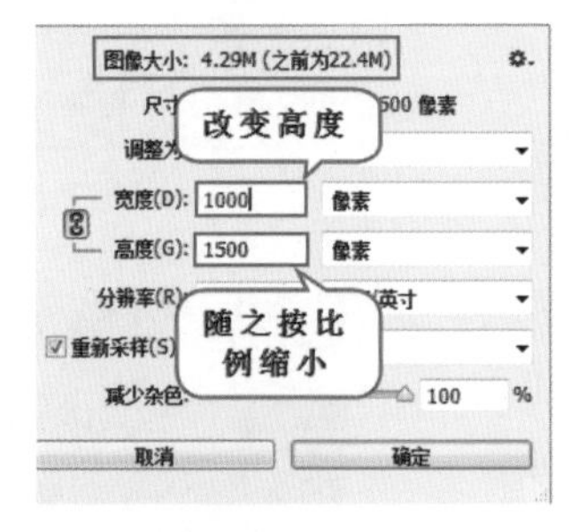

图 2-11

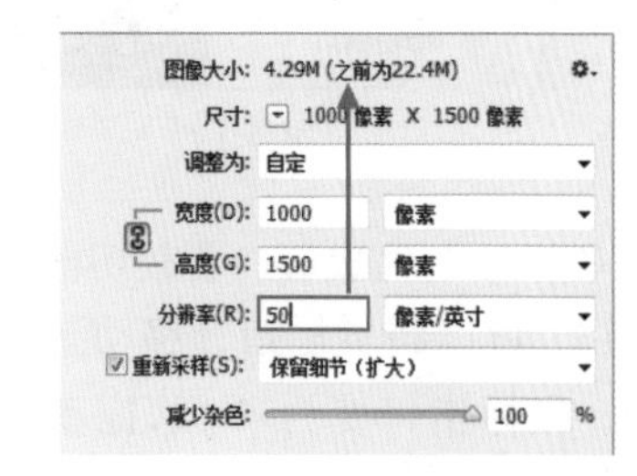

图 2-12

小提示：增加图像的尺寸和分辨率画面的质量会变好吗?

如果增大图像大小或提高分辨率，则会增加新的像素，此时图像尺寸虽然变大了，但是画面的质量会下降，如果一张图像的分辨率比较低，并且图像比较模糊，即使提高图像的分辨率也不能使其变得清晰。因为 Photoshop 只能在原始数据的基础上进行调整，无法生成新的原始数据。

2.1.3 裁切：调整画面构图使人物更突出

案例文件：	裁切：调整画面构图使人物更突出 .psd
视频教学：	裁切：调整画面构图使人物更突出 .flv

使用“裁剪工具” 可以裁剪掉多余的图像，并重新定义画布的大小。利用“裁剪工具”的这一功能可以快速调整画面构图。

（1）打开一张图片，如图 2-13 所示。我们能够看到当前画面构图不太美观，风景部分显示不完整，而人像在画面中所占比例又小的可怜。所以我们可以通过“裁剪工具” 将不需要的内容裁剪掉，将这张照片中人物显得更加突出些。

图 2-13

（2）选择工具箱“裁剪工具” ，首先要设置绘制的“约束方式”。单击选项栏中第一个按钮，在下拉面板中可以选择多种裁切的约束比例，若需要自定义裁剪的区域，设置约束方式为“宽 × 高 × 分辨率”，我们也可以自定义约束比例，如图 2-14 所示。在这里设置“约束比例”为“原始比例”。然后在画面的右下角拖动进行绘制，如图 2-15 所示。

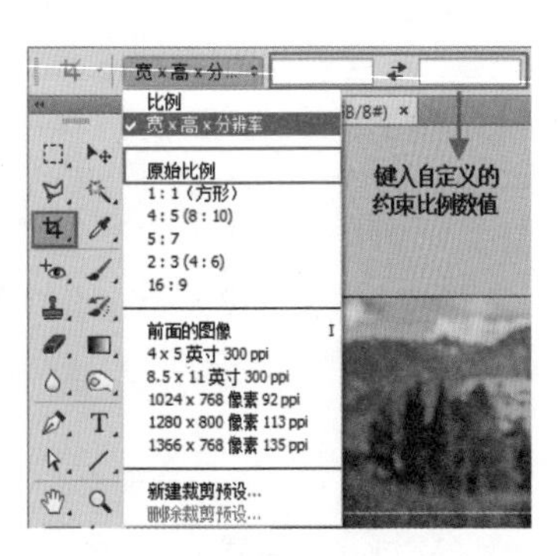

图 2-14

图 2-15

（3）绘制完成后，若裁切框位置不合适，可以将鼠标指针移动至裁切框内，鼠标指针变为 ▶ 状拖动即可移动裁切框的位置，如图 2-16 所示。

（4）裁切框绘制完成后也可以调整大小的，调整的方式和调整定界框的方式一样。将鼠标指针放置在控制点处拖动即可调整裁切框的大小。在裁切时可以看到裁切框上还有四条分割线，这四条线是辅助我们进行构图

图 2-16

的，我们可以利用三分法的原则进行构图，将人头像部分放置在交点的位置，如图 2-17 所示。调整完成后按一下 <Enter> 键即可确定裁切操作，效果如图 2-18 所示。

图 2-17

图 2-18

小提示：详解“裁剪工具”的选项设置

单击工具箱中“裁剪工具”，在选项栏中会显示其相关选项，如图 2-19 所示。

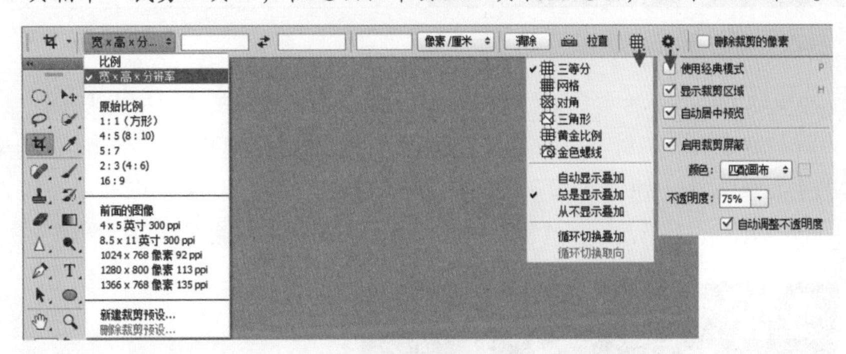

图 2-19

清除 清除：单击 清除 按钮即可清除宽度、高度和分辨率值。

拉直：通过在图像上画一条直线来拉直图像。

视图：在下拉列表中可以选择裁剪的参考线的方式，例如“三等分”“网格”“对角”“三角形”“黄金比例”和“金色螺线”。也可以设置参考线的叠加显示方式。

设置其他裁切选项：在这里可以对裁切的其他参数进行设置，例如可以使用经典模式，或设置裁剪屏蔽的颜色、透明度等参数。

删除裁剪的像素：确定是否保留或删除裁剪框外部的像素数据。如果不勾选该选项，多余的区域可以处于隐藏状态，如果想要还原裁切之前的画面只需要再次选择“裁剪工具”，然后随意操作即可看到原文档。

2.1.4　置入：向照片中添加其他元素

案例文件：	置入：向照片中添加其他元素 .psd
视频教学：	置入：向照片中添加其他元素 .flv

当需要外部素材时，就需要“置入”命令了。“置入”外部素材是我们迈向“合成”的第一步。使用 Photoshop 中的“置入”命令就可以轻松实现将外部的素材置入到画面中，需要注意的是置入后的素材自带一个定界框，有定界框存在的情况下，除了缩放、移动、旋转操作外不能进

行其他的操作，调整完成置入的对象后，按一下 <Enter> 键确定操作，置入的对象作为智能图层存在于当前文档中了。

（1）执行“文件 > 打开”命令，打开一张照片，如图 2-20 所示。然后执行“文件 > 置入”命令，在打开的“置入”对话框中找到需要置入图像的位置，然后选择该素材，单击“置入”按钮，如图 2-21 所示。

图 2-20

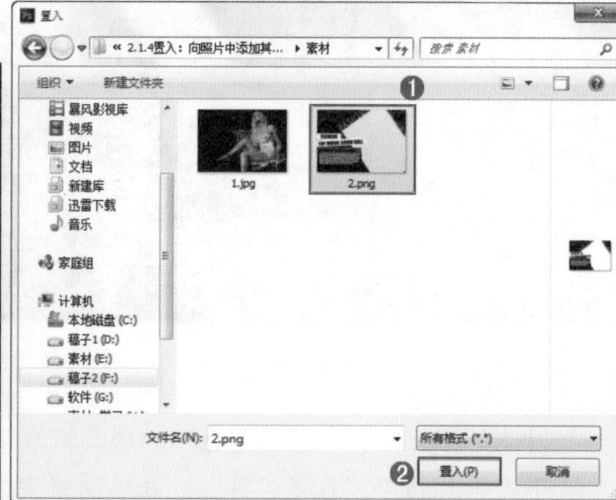

图 2-21

（2）随即素材“2.png”将被置入到画面中。此时素材会自动显示适应画布大小并显示定界框，如果置入的素材与要求大小不符，可以更改素材的大小，鼠标左键按住定界框的控制点并拖动即可调整置入的素材的大小，如图 2-22 所示。调整完成后，单击 <Enter> 键确定操作。此时可以看到素材图层的缩览图的右下角有一个标志，如图 2-23 所示。这就代表该图层为智能图层。

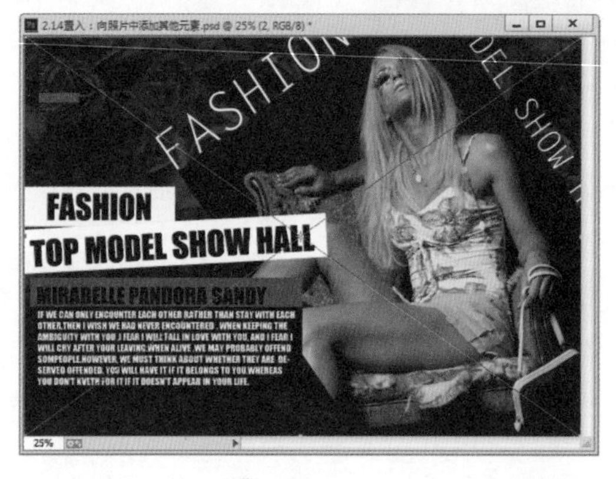

图 2-22

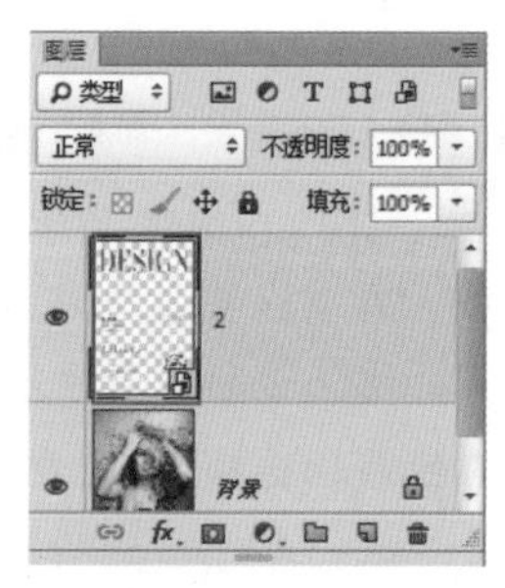

图 2-23

（3）对智能对象图层进行放大缩小之后，该图层的分辨率不会发生变化。但是智能对象会增加文件的存储大小，而且大部分图像编辑功能不能应用于智能对象，这时就需要将智能图层转换为普通图层。选择智能对象图层，如图 2-24 所示。执行“图层 > 智能对象 > 栅格化”命令，也可以右键单击该图层，执行“栅格化图层”命令，即可将智能图层转换为普通图层，效果如图 2-25 所示。

图 2-24

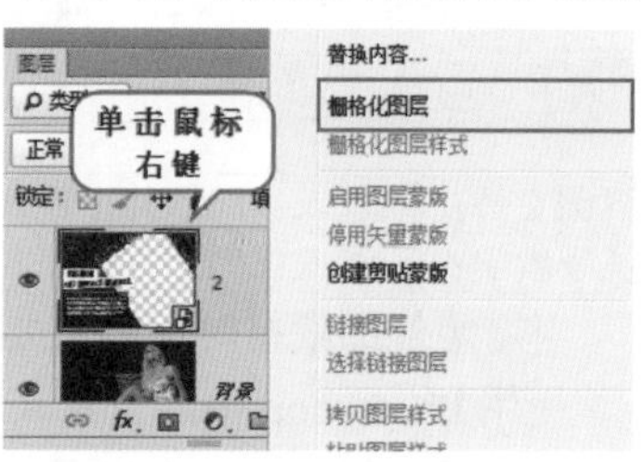

图 2-25

2.1.5　镜头校正：矫正相机拍摄出现的问题

案例文件：	镜头校正：矫正相机拍摄出现的问题 .psd
视频教学：	镜头校正：矫正相机拍摄出现的问题 .flv

在使用单反数码相机拍摄照片时，因为摄影技巧不足或镜头原因经常会导致一些问题的出现。例如：镜头畸变、紫边和四角失光，而使用“镜头校正”可以轻松矫正这些问题，如图 2-26 和图 2-27 所示。

图 2-26　　图 2-27

（1）打开一张图片。在这张图像中，可以从地面以及远处的建筑看出画面呈现出桶状失真，而且在画面的四角出现了失光的现象，如图 2-28 所示。执行“滤镜 > 镜头校正”命令，打开“镜头校正”对话框，打开“自定”选项卡，设置“移去扭曲”为 10，可以看到地面变平了，效果如图 2-29 所示。

图 2-28

> **小技巧：** 什么是畸变、紫边、四角失光？
>
> **畸变：** 广角端的桶状失真、长焦端的枕状失真。
>
> **紫边：** 是由于镜头对不同波长的光的作用不同而出现的假影。
>
> **四角失光：** 也叫“暗角”，当大光圈时易出现。

图 2-29

（2）接着修补“四角失光”的现象，如图 2-30 所示。我们通过设置“晕影”的数量去调整四角失光。向左拖动滑块可以让四角变得更暗；向右拖动滑块可以让四角变亮。在这里设置“晕影”的“数量”为 90，如图 2-31 所示。

图 2-30

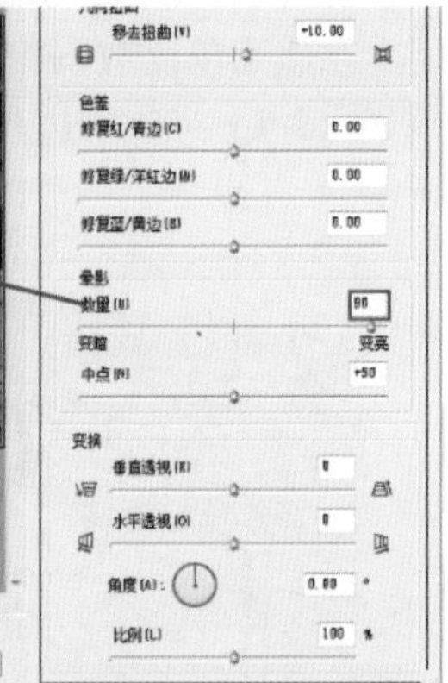

图 2-31

（3）此时暗角失光的现象有所改善，但是画面的亮度还不够。可以通过设置“中点”的参数进行调整。向左拖动滑块可以让画面中中央的部分变亮，向右拖动滑块可以让其变暗。在这里设置“中点”为 30，如图 2-32 所示。设置完成后单击“确定”按钮，完成效果如图 2-33 所示。

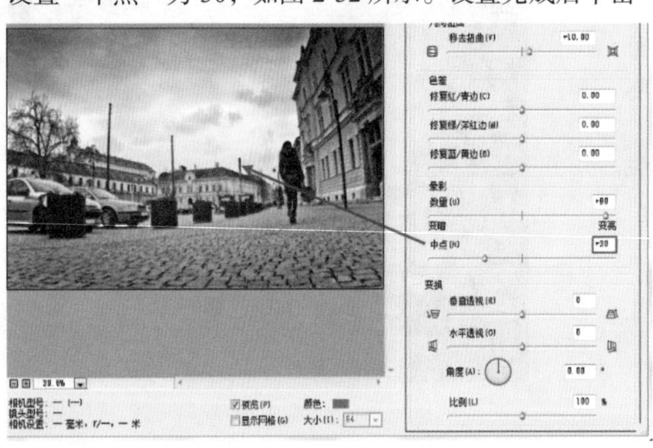

图 2-32

图 2-33

2.2 数码照片的瑕疵处理

在 Photoshop 中提供了多个用于照片修复的工具，这些工具分别位于“修补工具组”和“图章工具组”中。使用“修补工具组”中的工具可以对图像中面积较小的瑕疵进行轻松的修复，“修补工具组”中包括了污点修复画笔工具、修复画笔工具、修补工具、内容感知移动工具和红眼工具，如图 2-34 所示。“仿制图章工具”位于“图章工具组”中，主要是用来复制或遮盖图像，如图 2-35 所示。

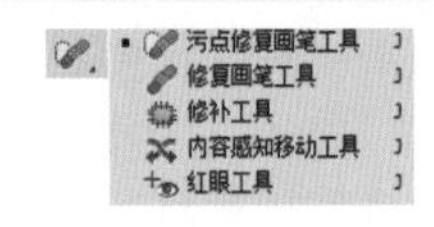

图 2-34

图 2-35

2.2.1 哪里有斑点哪里：污点修复画笔

案例文件：	哪里有斑点哪里：污点修复画笔 .psd
视频教学：	哪里有斑点哪里：污点修复画笔 .flv

“污点修复画笔工具” 使用起来非常的简单，在小面积瑕疵上单击即可进行快速地修复。非常适用于修补面部的斑点、痣、皱纹等瑕疵。

（1）打开素材“1.jpg”，可以看到在人物面部有很多密集的雀斑，如图 2-36 所示。选择工具箱中的“污点修复画笔工具” ，将笔尖调整到比瑕疵稍大一点，然后将鼠标指针移动至雀斑处，如图 2-37 所示。

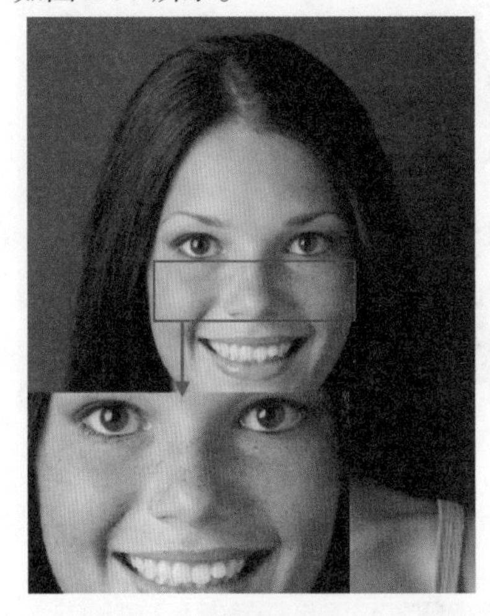

图 2-36

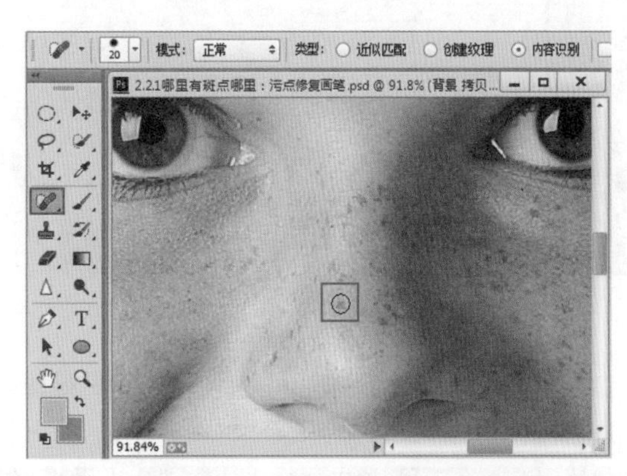

图 2-37

（2）然后单击鼠标左键，随即鼠标指针变为了半透明的黑色，如图 2-38 所示。松开鼠标即可将瑕疵进行修复，如图 2-39 所示。

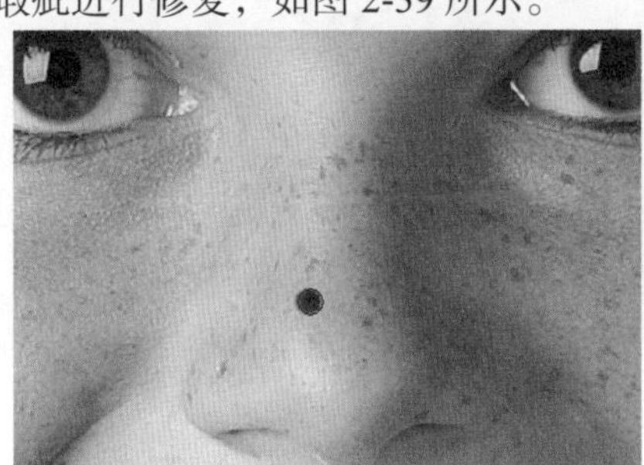

图 2-38

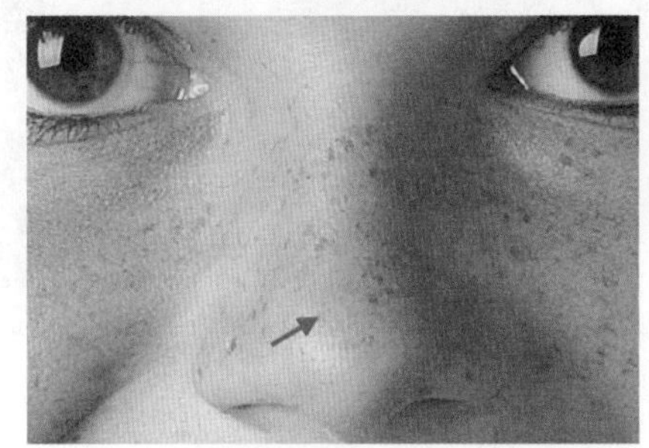

图 2-39

（3）继续使用“污点修复画笔工具”为人像进行祛斑，效果如图 2-40 所示。

图 2-40

2.2.2　修复画笔：去除皱纹

案例文件：	修复画笔：去除皱纹 .psd
视频教学：	修复画笔：去除皱纹 .flv

“修复画笔工具” 可以用图像中的像素作为样本，通过将样本像素的纹理、光照、透明度和阴影与所修复的像素进行匹配，使修复后的像素不留痕迹地融入图像的其他部分，达到修复图像瑕疵的目的。

（1）打开人物素材，可以看到眼角处有很深的皱纹，如图 2-41 所示。接下来就使用“修复画笔工具”为人像去皱。选择工具箱中的“修复画笔工具”，设置合适的笔尖大小，设置“模式”为“正常”，“源”为“取样”，设置完成后将鼠标指针移动至皱纹处，按住 <Alt> 键进行取样，如图 2-42 所示。

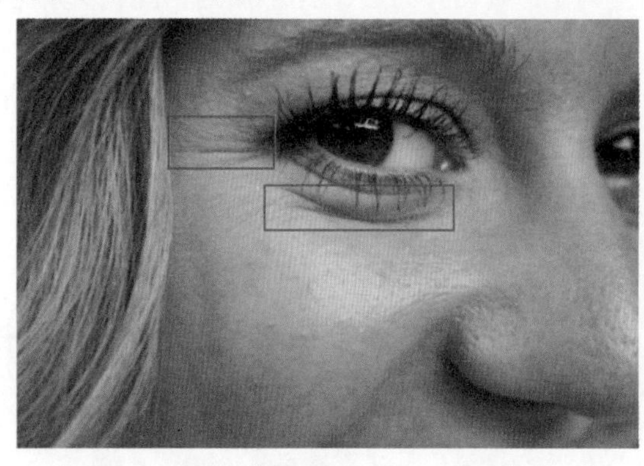

图 2-41

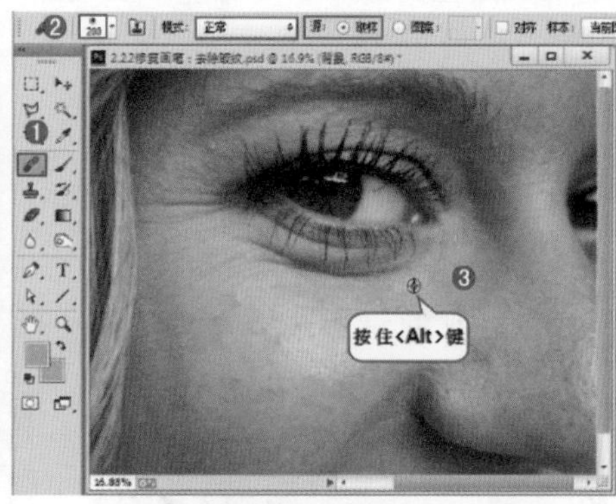

图 2-42

（2）然后在皱纹处涂抹就可将皱纹去除，效果如图 2-43 所示。继续使用“修复画笔工具”去皱，完成效果如图 2-44 所示。

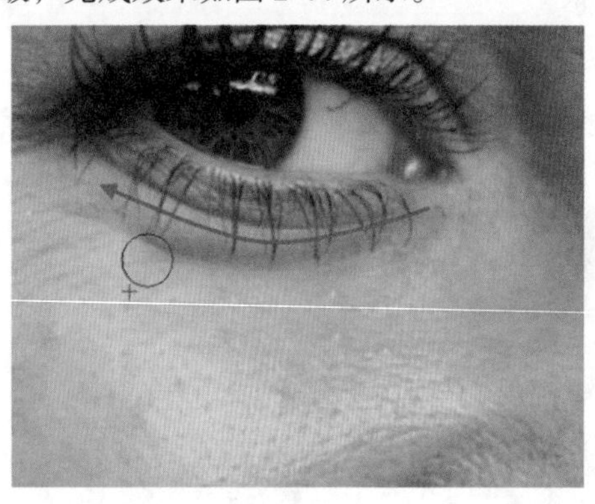

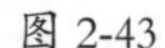

图 2-43

图 2-44

> **小提示：**“修复画笔工具”的工具选项栏
>
> **源：**设置用于修复像素的源。选择“取样”选项时，可以使用当前图像的像素来修复图像；选择“图案”选项时，可以使用某个图案作为取样点。
>
> **对齐：**勾选该选项以后，可以连续对像素进行取样，即使释放鼠标也不会丢失当前的取样点；关闭“对齐”选项以后，则会在每次停止并重新开始绘制时使用初始取样点中的样本像素。

2.2.3 修补工具：去除环境中多余物体

案例文件：	修补工具：去除环境中多余物体 .psd
视频教学：	修补工具：去除环境中多余物体 .flv

“修补工具”可以利用样本或图案来修复所选图像区域中不理想的部分。

（1）打开素材图片，在画面的右下角有一处多余的内容，如图 2-45 所示。选择工具箱中的“修补工具”，设置“修补”为“正常”，勾选“源”。然后将鼠标指针移动至红色的路障处，按住鼠标左键沿着路障进行绘制，如图 2-46 所示。

图 2-45

图 2-46

（2）绘制完成后松开鼠标就转换为选区了。然后将鼠标指针移动至选区内，鼠标指针变为状，按住鼠标左键将选区向左拖动，此时红色路障的选区内容被草坪替换了，如图 2-47 所示。最后使用取消选区快捷键 <Ctrl+D> 取消选区，完成效果如图 2-48 所示。

图 2-47

图 2-48

小提示："修补工具"的工具选项栏

修补：创建选区以后，选择"源"选项时，将选区拖动到要修补的区域以后，松开鼠标左键就会用当前选区中的图像修补原来选中的内容；选择"目标"选项时，则会将选中的图像复制到目标区域，如图 2-49 所示。

透明：勾选该选项以后，可以使修补的图像与原始图像产生透明的叠加效果，该选项适用于修补具有清晰分明的纯色背景或渐变背景。

使用图案：使用"修补工具"创建选区以后，单击"使用图案"按钮，可以使用图案修补选区内的图。

图 2-49

2.2.4 内容感知移动工具：毫无 PS 痕迹的调整对象位置

案例文件：	内容感知移动工具：毫无 PS 痕迹的调整对象位置 .psd
视频教学：	内容感知移动工具：毫无 PS 痕迹的调整对象位置 .flv

"内容感知移动工具"是将画面中某处物体智能的进行移动位置的操作。使用该工具可以选择图像场景中的某个物体，然后将其移动到图像中的任何位置，接着选区中的内容会快速地利用周边环境中的像素重构图像。

（1）打开一张照片，可以看到人物位于画面的左侧，如图 2-50 所示。接下来就利用“内容感知移动工具”将人物移动至画面的右侧。选择工具箱中的“内容感知移动工具”，设置选项栏中的“模式”为“移动”，“适应”为“严格”，然后按住鼠标左键在人像周围进行绘制选区，如图 2-51 所示。

图 2-50

图 2-51

（2）绘制到起点后即可得到人物选区。然后将鼠标指针移动至选区的中央，按住鼠标左键将选区向右移动，随着移动可以看到选区中的人物也随着移动，如图 2-52 所示。移动到合适位置后松开鼠标，原位置的人物消失了，效果如图 2-53 所示。

图 2-52

图 2-53

（3）若在移动选区前，设置“模式”为“扩展”，则会将选区中的内容复制一份，制作成“双生”效果，如图 2-54 所示。

图 2-54

2.2.5 红眼工具：轻轻一点“红眼”不见

案例文件：	红眼工具：轻轻一点“红眼”不见 .psd
视频教学：	红眼工具：轻轻一点“红眼”不见 .flv

“红眼工具”可以去除在光线较暗的环境中照相时经常出现的“红眼”现象。使用方法非常简单，在选项栏中设置“瞳孔大小”数值，并调整“变暗量”以控制瞳孔的暗度。然后在红眼的位置单击即可去除由闪光灯导致的红色反光。打开带有

红眼的照片，如图 2-55 所示。然后将鼠标指针移动至瞳孔处，单击鼠标左键可以去红眼，如图 2-56 所示。

图 2-55

图 2-56

小技巧：在拍摄时如何避免“红眼”

“红眼”是在昏暗的环境下，开启闪光灯拍摄照片产生的。这是因为，在昏暗的环境中，人眼瞳孔会放大让更多的光线通过。开启闪光灯拍摄照片后，这时瞳孔放大让更多的光线通过，因此视网膜的血管就会在照片上产生泛红现象。

1. 尽量在光线充足的地方进行拍摄，这样瞳孔就会保持自然状态。

2. 最好不要在特别昏暗的地方采用闪光灯拍摄，开启红眼消除系统后要尽量保证拍摄对象都针对镜头。

3. 若必须开启闪光灯，需要采用“半按快门”的方式拍摄。首先让闪光灯预闪一下，让眼睛适应光线，再全按下快门，就可以防止红眼现象的产生了。

4. 采用可以进行角度调整的高级闪光灯，在拍摄的时候闪光灯不要平行于镜头方向，而应该同镜头呈 30° 的角度，这样闪光的时候实际是产生环境光源，也能够有效避免强烈光线直射入瞳孔。

2.2.6 仿制图章：去除面部的杂乱发丝

案例文件：	仿制图章：去除面部的杂乱发丝 .psd
视频教学：	仿制图章：去除面部的杂乱发丝 .flv

“仿制图章工具”可以在图像中某一区域进行取样，然后以绘制的方式将取样处的图像复制到指定的区域中。使用该工具可以快速地修饰画面中的缺陷。

（1）打开一张照片，可以看到人物额头的位置有凌乱的发丝，如图 2-57 所示。接下来就来使用“仿制图章工具”进行修补。

图 2-57

（2）选择工具箱中的“仿制图章工具”，为了使涂抹效果自然可以适当地将笔尖调的大一点并选择一个柔角画笔，然后设置“模式”为“正常”，“不透明度”为 100%，“流量”为 100%，设置完成后将鼠标指针移动至左侧的额头处，按住 <Alt> 键进行取样，如图 2-58 所示。取样完成后将鼠标指针移动至头发处按住鼠标左键拖动即可进行修复，如图 2-59 所示。

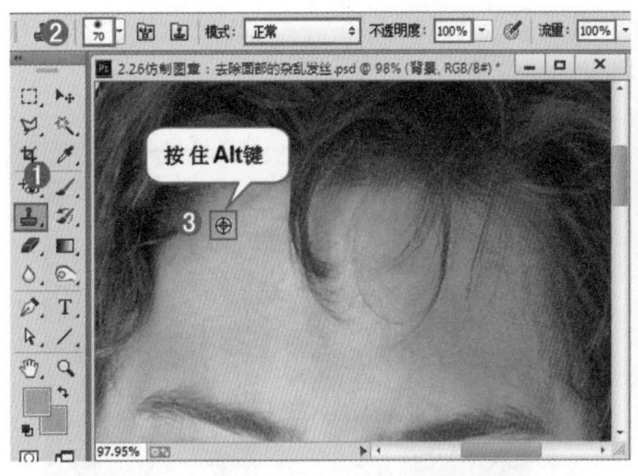

图 2-58

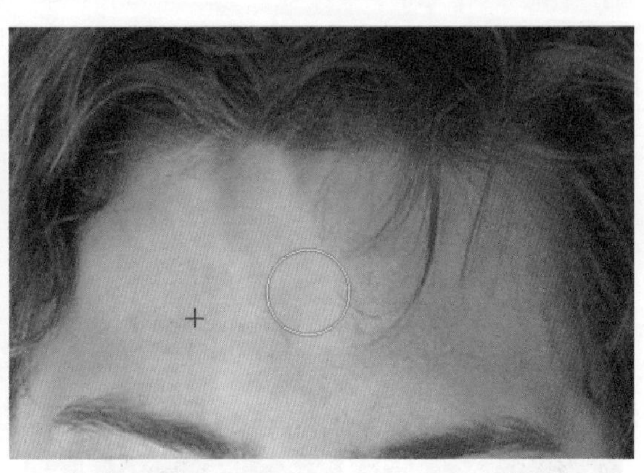

图 2-59

小提示：什么是“取样”

“取样”就是在画面中选取覆盖的样本，然后利用“仿制图章工具”将取样的内容以复制的方法在瑕疵的位置进行覆盖。

（3）继续进行涂抹，随着涂抹可以发现一个问题，就是颜色过渡不柔和，出现了颜色不均的现象，如图 2-60 所示。

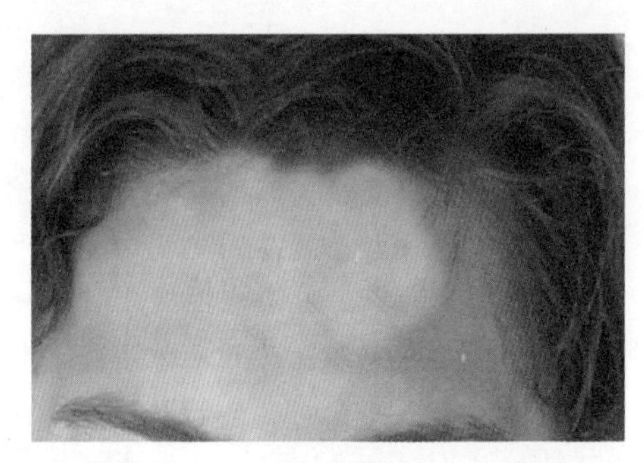

图 2-60

（4）这时就需要设置“不透明度”数值了，首先设置“不透明度”为 80%，在右侧额头处取样，如图 2-61 所示。然后在额头处涂抹，如图 2-62 所示。

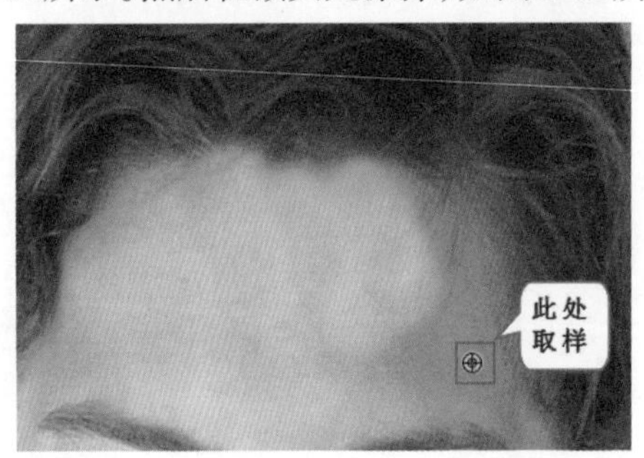

图 2-61

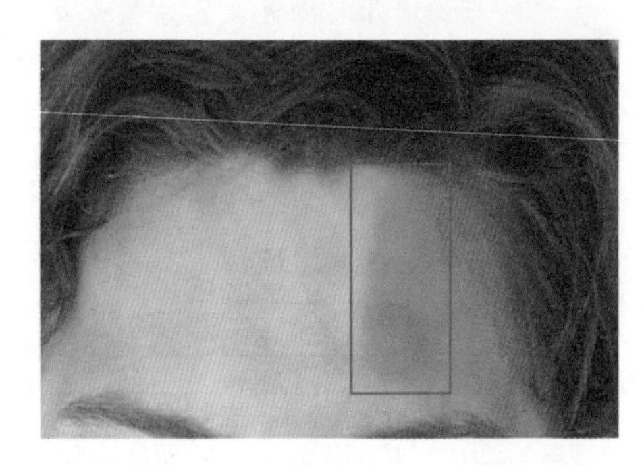

图 2-62

（5）为了让额头的光影变化的更加自然，虽然头发修补完成了，但是光影却不自然。可以继续降低“不透明度”为 50% 左右，再使用“仿制图章工具”在明暗交界的位置涂抹，效果如图 2-63 所示。最后完成效果如图 2-64 所示。

小提示：“仿制图章工具”小知识

1、“仿制图章工具”可以选用不同大小的画笔进行操作。

2、将一幅图像中的内容复制到其他图像时，这两幅图像的颜色模式必须是相同的。

小提示：为什么要设置“仿制图章工具”的模式、不透明度和流量

在使用“仿制图章工具”进行取样后，进行覆盖时有时为了效果自然，会设置它的混合模式、不透明度和流量。使用较多的是设置“不透明度”，例如在修补皮肤时，为了让覆盖的区域与被覆盖的区域融合在一起，就会降低“不透明度”。

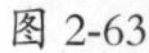

图 2-63

图 2-64

2.2.7 颜色替换工具：制作七彩柠檬

案例文件：	颜色替换工具：制作七彩柠檬 .psd
视频教学：	颜色替换工具：制作七彩柠檬 .flv

“颜色替换工具”可以将选定的颜色替换为其他颜色，其工作原理是用前景色替换图像中指定的像素，因此使用时需选择好前景色。在使用该工具时，可以通过设置“混合模式”让替换的颜色更加自然，最常用的“混合模式”为“颜色”。

（1）选择工具箱中“颜色替换工具”，将前景色设置为红色，然后设置合适的笔尖大小，设置“模式”为“颜色”，设置“限制”为“连续”，“容差”为 100%，然后在柠檬上涂抹，可以看到鼠标指针经过的位置变了颜色，如图 2-65 所示。继续沿着柠檬瓣进行涂抹改变其颜色，效果如图 2-66 所示。

图 2-65

图 2-66

小提示：“颜色替换工具”的工具选项栏

设置替换颜色的混合模式：为了能让替换的颜色更好地融入到被替换颜色的画面中，该工具提供了“色相”“饱和度”“颜色”和“明度”4 种混合模式。

颜色取样的方式：激活“取样 : 连续”按钮以后，在拖动鼠标指针时，可以对颜色进行取样；激活“取样 : 一次”按钮以后，只替换包含第 1 次单击的颜色区域中的目标颜色；激活“取样 : 背景色板”按钮以后，只替换包含当前背景色的区域。

限制：“限制”选项是用来控制更改颜色的区域，在 Photoshop 中提供了“连续”“不连续”和“查找边缘”三种方法。当选择“不连续”选项时，可以替换出现在鼠标指针下任何位置的样本颜色；当选择“连续”选项时，只替换与鼠标指针下的颜色接近的颜色；当选择“查找边缘”选项时，可以替换包含样本颜色的连接区域，同时保留形状边缘的锐化程度。

容差：“容差”选项是用来设置“颜色替换工具”的容差。

消除锯齿：勾选该项以后，可以消除颜色替换区域的锯齿效果，从而使图像变得平滑。

（2）接着将前景色设置为紫色，设置“模式”为“色相”，在相应位置进行涂抹，效果如图 2-67 所示。继续更改前景色，然后在画面中进行涂抹，最后七彩柠檬效果如图 2-68 所示。

图 2-67

图 2-68

2.2.8 内容识别填充：智能去除海边游客

案例文件：	内容识别填充：智能去除海边游客 .psd
视频教学：	内容识别填充：智能去除海边游客 .flv

“内容识别填充”位于“填充”对话框中，这个技术是继修补工具的又一大晋级。内容识别填充与仿制图章工具有异曲同工之妙，但是它的效果是仿制图章工具无法比拟的。一般情况下，图像中的小小瑕疵可以使用“内容识别填充”轻易解决。

（1）打开一张风景图片，可以看到沙滩上有很多游客的身影，如图 2-69 所示。接下来通过“内容识别填充”将沙滩中的游客去除，制作成一张单纯的风景照。选择工具箱中“套索工具”，沿着人物的边缘绘制选区，如图 2-70 所示。

图 2-69

图 2-70

（2）选区绘制完成后，执行“编辑 > 填充”命令，打开“填充”对话框，设置“使用”为“内容识别”，“模式”为“正常”，“不透明度”为 100%，参数设置如图 2-71 所示。设置完成后单击“确定”按钮，此处的游客就消失了，效果如图 2-72 所示。

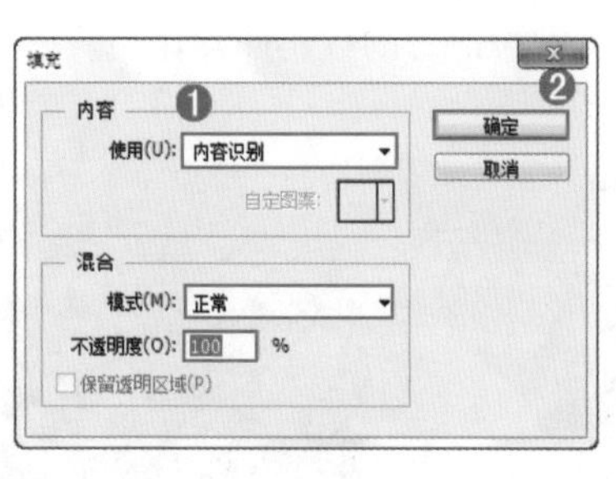

图 2-71

图 2-72

（3）对于刚刚处理的位置，替换的内容比较单纯。其实对于场景复杂的内容，“内容识别填充”依旧很好用。在桥上人物的周围绘制选区，如图 2-73 所示。然后使用“内容识别填充”进行填充，效果如图 2-74 所示。

（4）继续进行调整，最后完成效果如图 2-75 所示。

图 2-73

图 2-74

图 2-75

小提示：“填充”对话框

在平时进行前景色或背景色进行填充时通常会使用快捷键。前景色填充快捷键为 <Alt+Delete>；背景色填充为 <Ctrl+Delete> 键。

使用“填充”对话框不仅可以将前景色或背景色进行填充。还可在该对话框中设置任意颜色进行填充，或填充图案、历史记录、黑色、50% 灰色、白色，如图 2-76 所示。

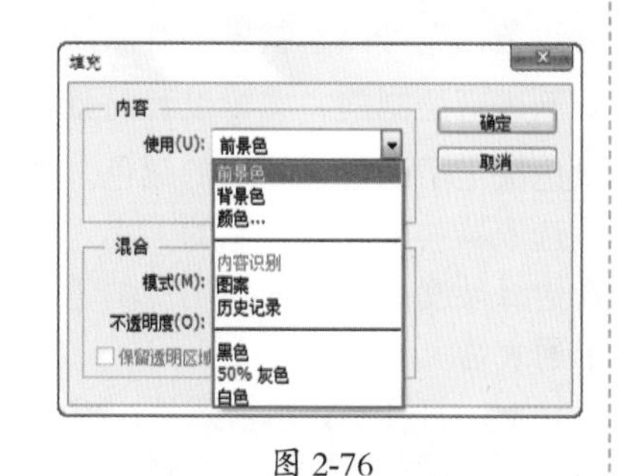

图 2-76

2.3 数码照片的润饰

随着数码电子产品的普及，图形图像处理技术逐渐被越来越多的人所应用，如美化照片、制作个性化的影集、修复已经损毁的图片等。使用 Photoshop 可以轻松地对图像进行润饰。例如使用“画笔工具”调整面部妆容，使用减淡、加深工具调整画面亮度，使用“海绵工具”增加或减少画面颜色饱和度，等等。通过这些工具的使用可以轻轻松松的美化照片，不仅如此，充分利用画笔工具甚至能够制作出有趣的特效。图 2-77~ 图 2-80 所示为优秀的数码照片作品。

图 2-77

图 2-78

图 2-79

图 2-80

2.3.1 画笔：水果照片大变身

案例文件：	画笔：水果照片大变身 .psd
视频教学：	画笔：水果照片大变身 .flv

使用“画笔工具”既可绘制出简单的线条，也可以绘制出丰富的图案。在使用画笔进行绘制前，需要设置前景色，因为前景色决定了画笔绘制出的颜色。然后在“画笔选取器”中设置画笔的大小、笔尖的形状及边缘硬度。接下来使用“画笔工具”绘制卡通表情。

图 2-81

（1）打开一张水果照片，如图 2-81 所示。在进行绘制前需要设置画笔。将前景色设置为黑色，然后选择工具箱中，单击按钮即可展开画笔选取器，首先在画笔选取器的下方选择一个圆形画笔，然后调整笔尖大小，设置“大小”为 25 像素。为了让画出来的线条边缘清晰，设置“硬度”为 100%，参数设置如图 2-82 所示。

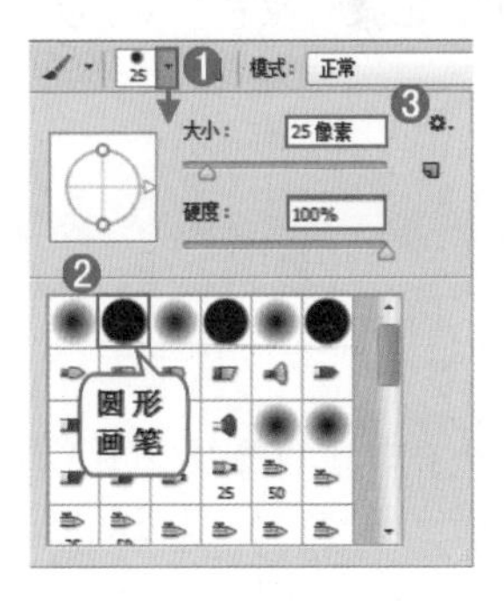

图 2-82

小提示：前景色、背景色组件和拾色器的使用方法

在 Photoshop 中，使用画笔、文字、渐变、填充、蒙版、描边等工具修饰图像时，都需要设置相应的颜色。可以通过前景色、背景色组件设置颜色。在默认情况下，前景色为黑色，背景色为白色。单击“切换前景色和背景色”图标可以切换所设置的前景色和背景色（快捷键为 <X> 键）。单击“默认前景色和背景色”图标可以恢复默认的前景色和背景色（快捷键为 <D> 键），如图 2-83 所示。

单击前景色 / 背景色图标，可以在弹出的“拾色器”对话框中选取一种颜色作为前景色 / 背景色。在拾色器中，可以选择用 HSB、RGB、Lab 和 CMYK 四种颜色模式来指定颜色。首先需要将鼠标指针定位在颜色滑块中选择需要选定颜色的大致方向，然后在色域中单击即可选定颜色，如图 2-84 所示。

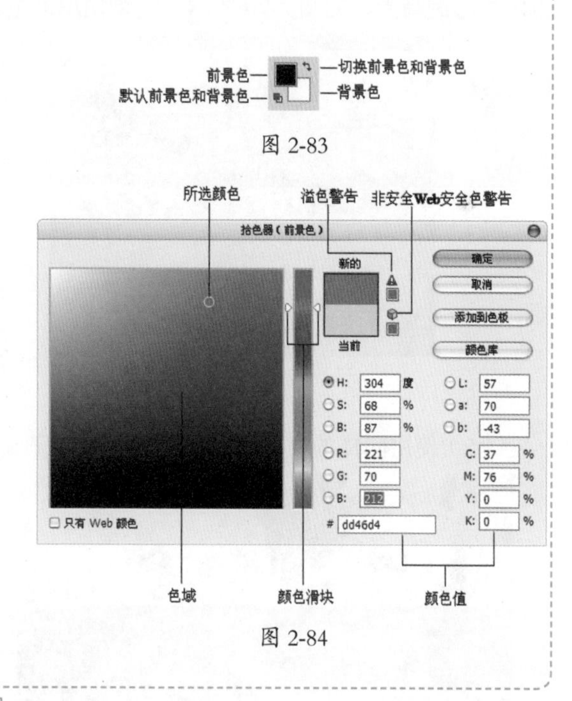

图 2-83

图 2-84

（2）单击图层面板底部的“新建图层”，然后在画面中按住鼠标左键拖动即可进行绘制，如图 2-85 所示。使用“画笔工具”还有一种绘制直线的方法，可以在直线的起点处单击，然后将鼠标指针移动至终点的位置，按住 <Shift> 键的同时单击鼠标，即可绘制直线，如图 2-86 所示。效果如图 2-87 所示。

图 2-85

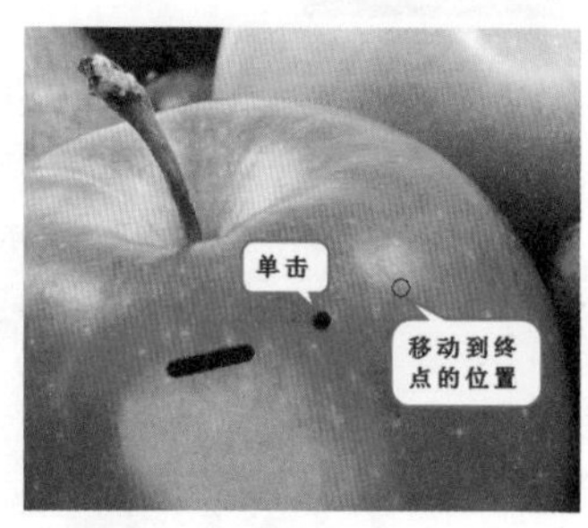

图 2-86

图 2-87

（3）接下来绘制眼睛。我们可以通过快捷键根据自己的需要快速调节笔尖。调整笔尖大小的快捷键是在使用画笔工具且在英文输入法的状态按 <[> 键缩小笔尖，按 <]> 键放大笔尖。笔尖调整完成后在眉毛下方单击即可绘制一个圆形，如图 2-88 所示。继续在右侧单击绘制圆形，如图 2-89 所示。

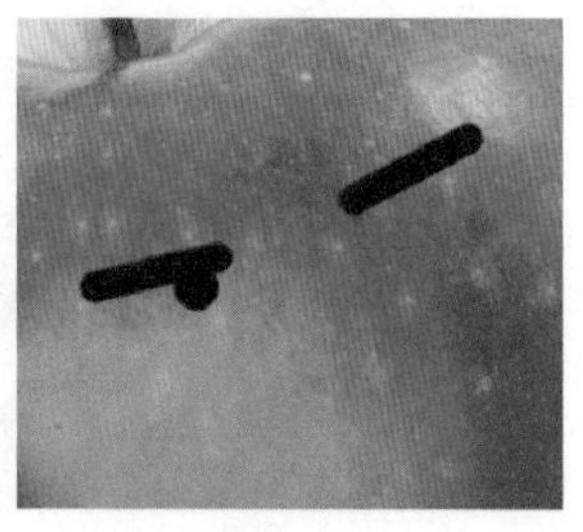

图 2-88

图 2-89

（4）接着制作眼睛上的高光。将前景色设置为白色，然后按 <[> 键缩小笔尖，在眼睛上单击即可绘制高光，如图 2-90 所示。继续使用画笔工具绘制，如图 2-91 所示。

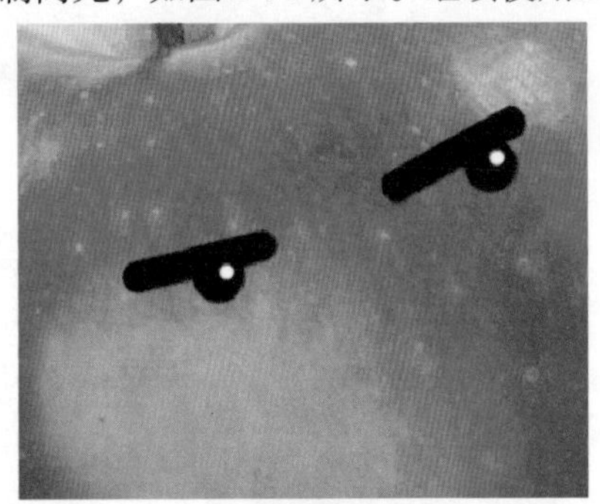

图 2-90

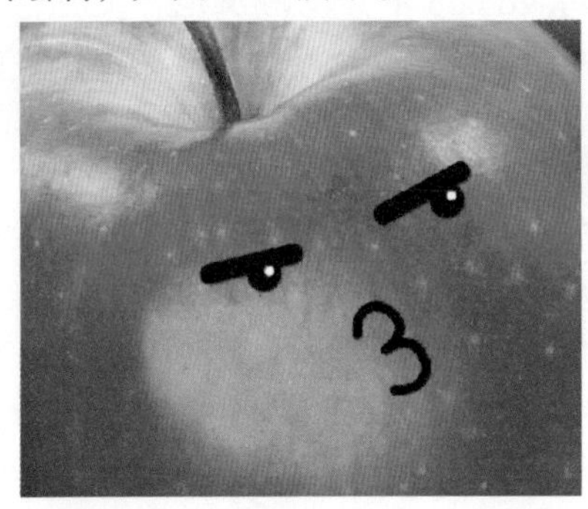

图 2-91

（5）使用同样的方法绘制其他的表情，完成效果如图 2-92 所示。

图 2-92

小提示：吸管工具的使用方法

“吸管工具”可用于拾取图像中某位置的颜色。选择工具箱中的“吸管工具”，将鼠标指针移动到画面中需要拾取颜色的位置，单击鼠标左键即可将拾取的颜色作为前景色；按住 <Alt> 键拾取颜色，颜色则会作为背景色。

2.3.2 涂抹工具

“涂抹工具”是以涂抹的方式对图像中的特定区域进行涂抹。随着鼠标的拖动，使笔触周围的像素随着鼠标的拖动而相互融合，从而创作柔和、模糊、类似于模拟手指划过湿油漆时所产生的效果。除此之外，涂抹工具可以拾取鼠标单击处的颜色，并沿着拖动的方向展开这种颜色，也就是“手指绘画”模式。

打开一张图片，然后选择工具箱中的“涂抹工具”，设置合适的笔尖大小，设置“模式”为“正常”，“强度”为 100%，参数设置如图 2-93 所示。设置完成后按住鼠标左键在画面中拖动，涂抹效果如图 2-94 所示。

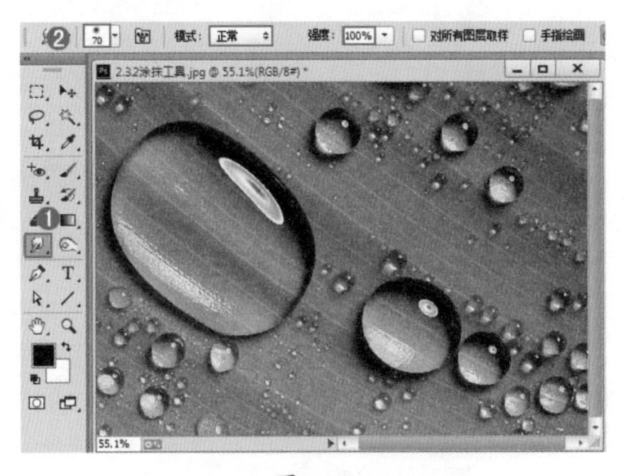

图 2-93

图 2-94

小提示：“涂抹工具”的选项栏

选择工具箱中的“涂抹工具”，即可看到它的选项栏，如图 2-95 所示。

模式：用来设置“涂抹工具”的混合模式，包括“正常”“变暗”“变亮”“色相”“饱和度”“颜色”和“明度”。

强度：用来设置“涂抹工具”的涂抹强度。

手指绘画：勾选该选项后，可以使用前景颜色进行涂抹绘制。

图 2-95

2.3.3　减淡工具：局部变亮

案例文件：	减淡工具：局部变亮 .psd
视频教学：	减淡工具：局部变亮 .flv

“减淡工具”的工作原理是将某个区域的颜色减淡，从而达到增加图像的亮度目的。“减淡工具”特别适用于曝光不足的情况下使用，使用该工具在曝光不足的位置进行涂抹，涂抹的次数越多，该区域就会变得越亮。图 2-96 所示为使用“减淡工具”处理前的图片，图 2-97 所示为使用“减淡工具”处理后的照片效果。

图 2-96

图 2-97

（1）打开一张人物照片，如图 2-98 所示。可以看到人物的肤色较为暗沉，不够白皙。接下来就使用“减淡工具”提亮肤色。

图 2-98

（2）选择工具箱中的“减淡工具”，设置合适的笔尖大小，因为皮肤颜色是画面中的中间调，所以设置“范围”为“中间调”，为了让皮肤颜色自然，设置“曝光度”为 40%，然后勾选“保护色调”，设置完成后在皮肤的位置涂抹，随着涂抹可以看到皮肤的亮度提高了，效果如图 2-99 所示。继续在皮肤的位置涂抹，整体提亮皮肤的亮度，效果如图 2-100 所示。

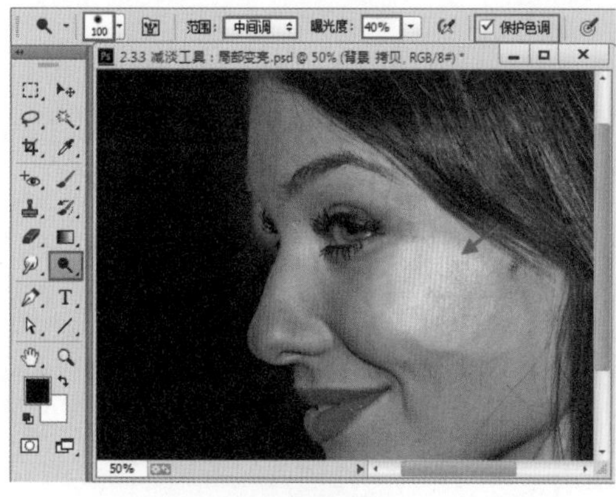

图 2-99

图 2-100

（3）此时眼睛的颜色还有些浑浊，接下来提高眼球的亮度。将笔尖调小，然后设置“范围”为“高光”，“曝光度”为 20%，取消勾选“保护色调”，然后在眼球的位置涂抹，效果如图 2-101 所示。

（4）如果想要调整背景的亮度，那么就需要设置“范围”为“阴影”（因为背景部分的亮度明显低于人像皮肤部分）。“曝光度”为 60%，勾选“保护色调”，然后在背景处涂抹，提高背景的亮度，如图 2-102 所示。完成效果如图 2-103 所示。

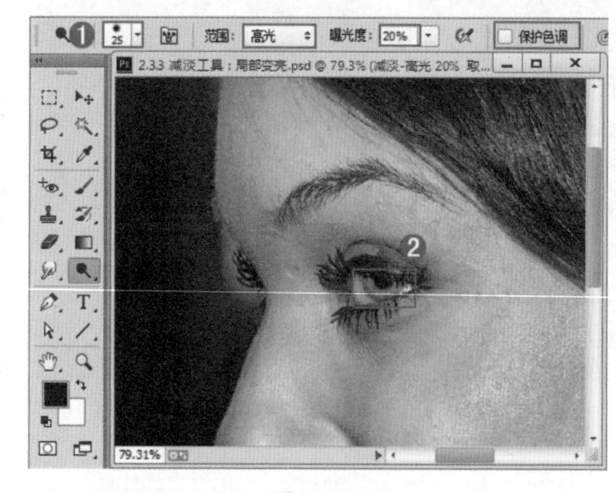

图 2-101

图 2-102

图 2-103

小技巧：“减淡工具”的使用技巧

在使用“减淡工具”时，最重要的一步是设置“范围”，“范围”选择要修改的色调。

选择“阴影”选项时，可以更改暗部区域；选择“中间调”选项时，可以更改灰色的中间范围；选择“高光”选项时，可以更改亮部区域。

曝光度：用于设置减淡的强度。

保护色调：可以保护图像的色调不受影响。

2.3.4 加深工具：打造纯黑背景

案例文件：	加深工具：打造纯黑背景 .psd
视频教学：	加深工具：打造纯黑背景 .flv

“加深工具”与“减淡工具”的选项栏相同，但是效果却是相反的。接下来就通过一个案例来学习如何使用“加深工具”。

（1）制作黑色的背景有很多种方法，使用“加深工具”也可制作出非常自然的黑色背景。下面就使用“加深工具”来制作黑色背景。打开一张背景偏暗的照片，如图 2-104 所示。

图 2-104

（2）选择工具箱中的“加深工具”，设置合适笔尖大小，设置“范围”为“阴影”，“曝光度”为 100%，取消勾选“保护色调”，然后在背景的位置涂抹，反复涂抹该区域就会变为黑色，如图 2-105 所示。继续在背景的位置涂抹，完成效果如图 2-106 所示。

图 2-105

图 2-106

2.3.5 海绵工具：弱化环境色彩

案例文件：	海绵工具：弱化环境色彩 .psd
视频教学：	海绵工具：弱化环境色彩 .flv

“海绵工具”可以增加或降低图像中某个区域的饱和度。在使用“海绵工具”时，当“模式”设置为“去色”时，可以降低画面中的饱和度；当“模式”设置为“加色”时，可以增加画面颜色的饱和度。

（1）打开一张照片，如图 2-107 所示。选择工具箱中的“海绵工具”，设置合适的笔尖大小，因为是要减去画面中的颜色才能打造单色照片，所以设置“模式”为“去色”，接着设置“流量”

为 80%，设置完成后在背景处涂抹，随着涂抹可以看到鼠标指针经过的位置颜色的饱和度降低了，如图 2-108 所示。

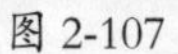

图 2-107

图 2-108

（2）继续在背景的位置涂抹，降低背景颜色的饱和度，使人像的色感更加突出，效果如图 2-109 所示。

图 2-109

> **小提示：“海绵工具”的工具选项栏**
>
> **模式：** 选择“饱和”选项时，可以增加色彩的饱和度；选择“降低饱和度”选项时，可以降低色彩的饱和度。
>
> **流量：** 可以为“海绵工具”指定流量。数值越高，“海绵工具”的强度越大，效果越明显。
>
> **自然饱和度：** 勾选该选项以后，可以在增加饱和度的同时防止颜色过度饱和而产生溢色现象。

第3章

调色技术

关键词：调色、偏色、色相、饱和度、亮度、曝光度、对比度、色阶

在人类物质生活和精神生活发展的过程中，色彩始终焕发着神奇的魅力。对于一张数码照片，调色有两个目的：一是校正画面的偏色还原真实的色彩；另一个目的是将画面调整为某种特殊的色调，以创造某种艺术效果。在 Photshop 中提供了强大的技术支持，灵活地应用各种调色命令以及工具可以帮助我们顺利完成调色操作。想要调出好的颜色不仅要熟悉调色命令的用法，还应掌握基本的色彩常识哦！

佳作欣赏

3.1 调色的基本方法

Photoshop 的数码照片处理功能中，调色是其最重要的功能之一。说到调色，那么就必须要明白究竟什么是调色。简单来说图像的“调色”就是借助一系列命令操作对图像的明暗以及色感进行调整，使图像发生颜色的变化。这一操作在数码照片处理以及平面设计中是非常重要的。准确的色彩使用不仅关系到信息的准确性更关系到传达到观者脑中的印象。图 3-1 和图 3-2 所示为图像调色前后的对比效果。

图 3-1

图 3-2

想要调整图像的颜色其实有很多种办法，除了常规的使用“调色”命令外，使用混合模式、加深工具、减淡工具、海绵工具、画笔工具、颜色替换工具，甚至是“滤镜”都能够或多或少的影响图像的色彩。当然这些操作方式并不是本章的重点，本章着重讲解的是最常规的调色技法。Photoshop 提供了一系列调色命令。这些调色命令有两种操作方式，第一种是直接针对图像使用调色命令（“图像 > 调整”菜单中），另一种是以“调整图层”的形式去使用这些调色命令。这两种方式实际上使用的命令以及参数都是完全相同的，但是两者在使用方法以及优势上不太一样，下面我们来学习一下这两种方式。

3.1.1 调色命令的使用

调色命令被集中在“图像 > 调整”菜单下，这些命令可以直接作用于普通图层，通过一系列参数的设置使整个画面或者选区内的部分产生色彩的变化。但这种调色的方法属于一次性操作后不可修改的方式，也就是说一旦调整了图像的色调，就不可以再重新修改调色命令的参数。执行“图像 > 调整”命令下子菜单就可以看到这些调色命令，如图 3-3 所示。

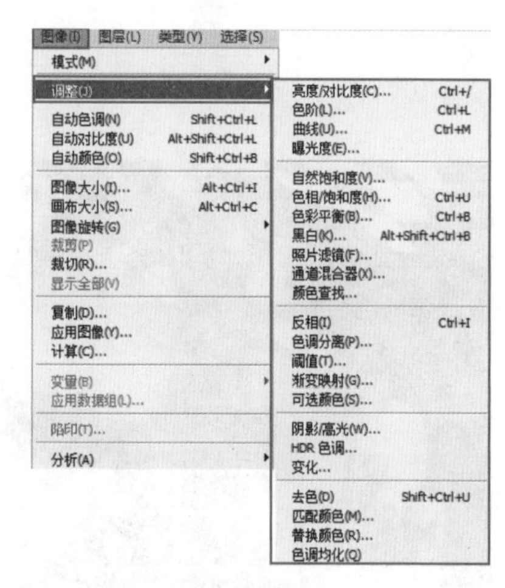

图 3-3

（1）这些命令的使用思路相差无几，下面我们以其中一个调色命令的使用为例，尝试对画面进行调色操作。打开一张图片，如图 3-4 所示。执行“图像 > 调整 > 渐变映射”命令，如图 3-5 所示。

（2）随即会打开“渐变映射”窗口，在该窗口中可以进行参数设置。在这里使用默认的渐变颜色即可，然后单击“确定”按钮，如图 3-6 所示。此时画面效果就发生了变化，效果如图 3-7 所示。

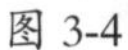

图 3-4

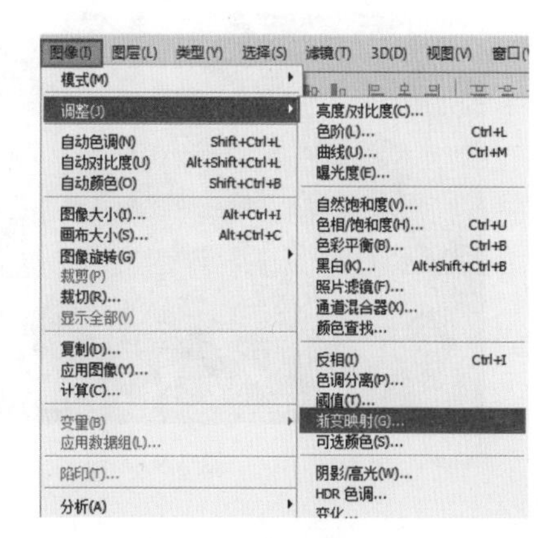

图 3-5

图 3-6

图 3-7

小提示：调色命令窗口使用的小技巧

在调整参数过程中可以勾选“预览”选项，在调整参数过程中查看画面中的调整效果。若对调整的效果不满意，可以按住 <Alt> 键，此时窗口中的“取消”按钮会变为“复位”按钮，单击该“复位”按钮即可还原原始参数，如图 3-8 所示。

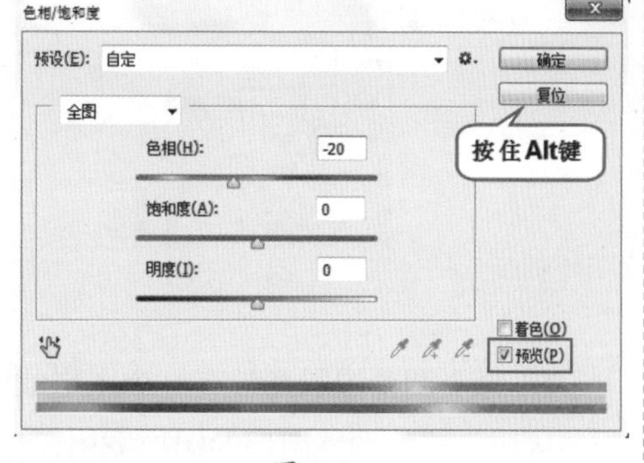

图 3-8

3.1.2 调整图层的使用

“调整图层”可以理解为带有调色属性的图层，我们既可应用调整图层进行调色，也可以像普通图层一样进行删除、切换显示隐藏、调整不透明度、混合模式，创建图层蒙版，剪贴蒙版等操作。这种调色方法是较为推荐使用的方法，因为这是一种可修改的调色方法，也就是说如果对调色效果不满意，还可以重新对调整图层的参数进行修改，直到满意为止。

（1）打开一张图片，如图 3-9 所示。接着执行“图层 > 新建调整图层”命令，即可看到调色命令，如图 3-10 所示。

（2）在这里执行“色相 / 饱和度”命令，随即会弹出“新建图层”窗口，在这个窗口中可以设置名称、颜色、模式和不透明度，设置完成后单击“确定”按钮，如图 3-11 所示。

图 3-9

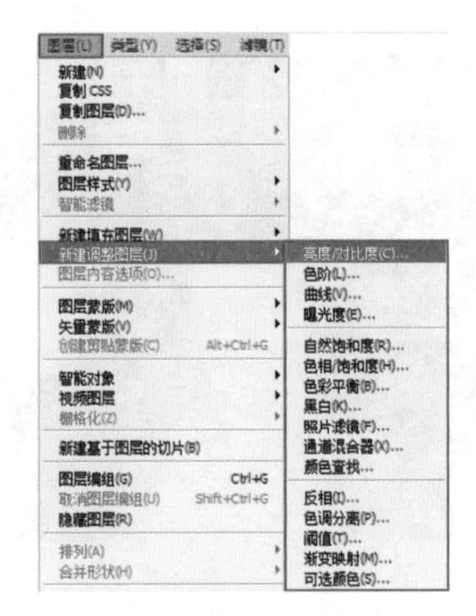

图 3-10

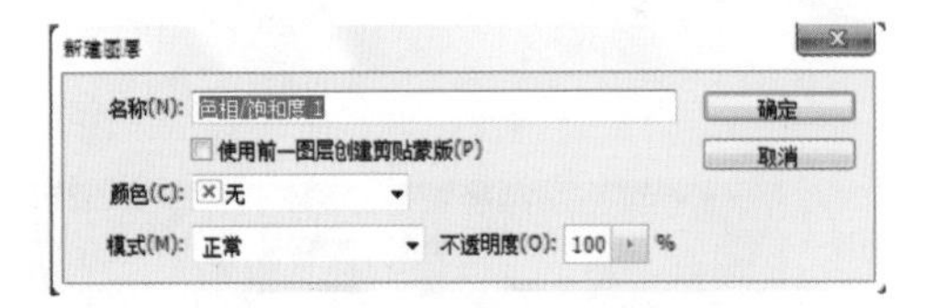

图 3-11

（3）单击“确定”按钮后，随即在图层面板中新建了一个调整图层，该调整图层会自带一个图层蒙版，如图 3-12 所示。在“属性”面板中可以设置相应的参数（执行“窗口 > 属性”命令可以打开属性面板）。在这里设置“亮度”为 –45，如图 3-13 所示。

图 3-12

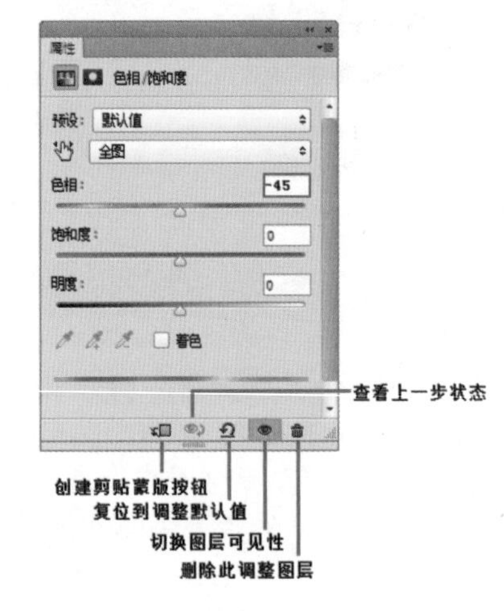

图 3-13

（4）每个调整图层都带有一个图层蒙版，在蒙版中可以使用黑色、白色控制该调整图层起作用的区域。选择调整图层的图层蒙版，然后单击工具箱中的“画笔工具”，将前景色调整为黑色，在画面中进行涂抹，即可将涂抹位置的调色效果隐藏，如图 3-14 所示。

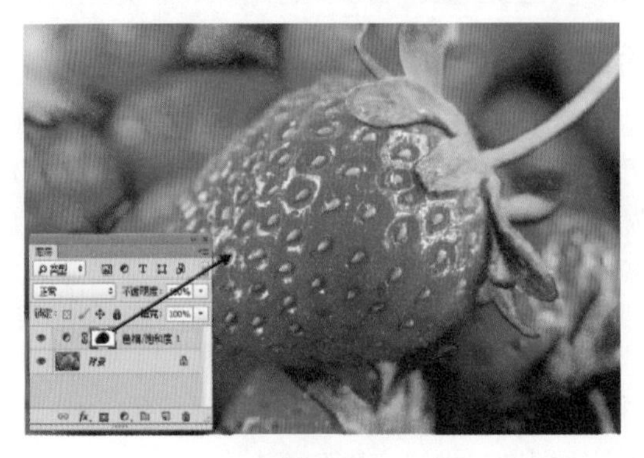

图 3-14

小提示：创建调整图层的其他方法

创建调整图层还有两个方法，执行“窗口 > 调整”命令，即可打开“调整”面板。单击某一项按钮即可建立相应的调整图层，如图 3-15 所示。也可以单击图层面板底部的“创建新的填充或调整图层”按钮，然后在弹出的菜单中选择相应的调整命令，如图 3-16 所示。

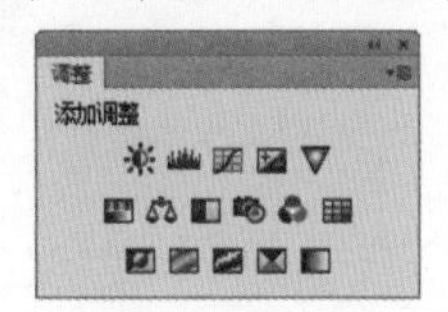

图 3-15

图 3-16

3.2 常用的明暗调整命令

使用相机拍摄照片时，快门速度、光圈大小、环境等因素都能够影响画面的明暗。一旦图像的明暗出现问题就会严重影响画面效果。在 Photoshop 中提供了多个可针对图像的明暗、曝光度、对比度等属性进行调整的命令，例如“亮度 / 对比度”“色阶”“曲线”和“曝光度”等。图 3-17 和图 3-18 所示为矫正画面明暗度的对比效果。

图 3-17

图 3-18

3.2.1 亮度 / 对比度：高彩萌宠美照

使用“亮度 / 对比度”命令可以调整图像的亮度和对比度。使用该命令可以使偏暗的图像变明亮，也可以使偏灰的图像变得更具冲击力，是非常常用的调整命令。但是“亮度 / 对比度”命令不考虑图像中各个通道的颜色，而是对图像中的每个像素都进行同样的调整，因此它的调整会导致部分图像细节损失。

（1）打开一张图片，可以看到这张普通的宠物照片，由于拍摄时光线偏暗，使画面色感较差而且缺乏层次，如图 3-19 所示。

图 3-19

（2）首先虚化背景。使用快捷键 <Ctrl+J> 将“背景”图层进行复制。然后执行“滤镜 > 模糊 > 高斯模糊”命令，在弹出的“高斯模糊”窗口中设置“半径”为 40 像素，如图 3-20 所示。画面效果如图 3-21 所示。然后为该图层添加图层蒙版，使用黑色柔角画笔在背景的位置进行涂抹，效果如图 3-22 所示。

图 3-20

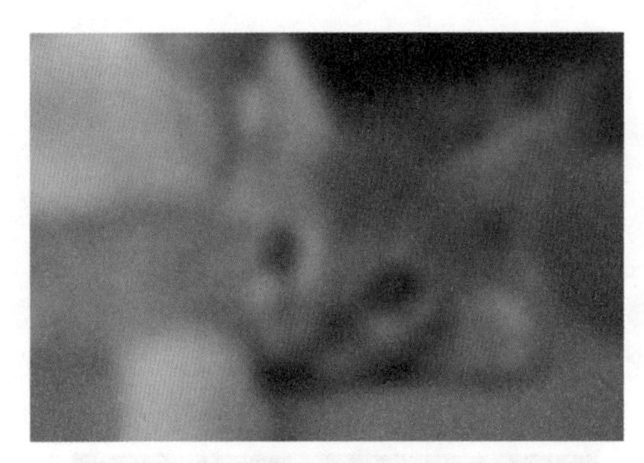
图 3-21

图 3-22

（3）执行“图层 > 新建调整图层 > 亮度 / 对比度”命令，在打开的“属性”面板中有“亮度”和“对比度”两个参数。因为画面偏暗，所以首先要调整画面亮度，当“亮度”为正数时表示提高图像的亮度；当“亮度”为负数时表示降低图像的亮度。在这里设置“亮度”为 60，参数设置如图 3-23 所示。此时画面明显变亮了很多，设置完成后画面效果如图 3-24 所示。

图 3-23

图 3-24

（4）因为“亮度”是对画面整体的亮度的调整，而导致画面中亮部和暗部的对比不足、整体效果偏灰调则是由“对比度”控制的。所以接着设置“对比度”参数，设置图像亮度对比的强烈程度。设置“对比度”为 26，参数设置如图 3-25 所示。此时画面效果如图 3-26 所示。

（5）最后我们可以添加“镜头光晕”滤镜和边框、文字装饰，完成效果如图 3-27 所示。

图 3-25

图 3-26

图 3-27

3.2.2　色阶：让糖果照片看起来更“可口”

使用“色阶”命令可以调整图像的暗调、中间调和高光等强度级别，以校正图像的色调范围及色彩平衡效果。“色阶”命令以直方图作为调整图像基本色调的直观参考。“色阶”命令不仅作用于整个图像的明暗调整，还可以作用于图像的某一范围或者各个通道、图层进行调整，与“亮度 / 对比度”命令相比可以比较精确地控制画面的明暗关系。

（1）打开一张照片，可以看到这张本应甜美可人的糖果照片整体亮度偏低，出现了曝光度不足的现象，如图 3-28 所示。执行“图层 > 新建调整图层 > 色阶”命令，在打开的“色阶”属性面板中可以看到直方图，直方图是对一张数码照片的影调统计。直方图的横轴表示亮度级，黑的在左边，向右依次变亮，白的在右边。直方图的高度仅代表该影调级上的像素多少，如图 3-29 所示。此时可以从直方图中观察到画面中亮度的像素较多，暗的像素较少。

图 3-28

图 3-29

（2）此时由于画面亮度偏暗，所以将白色滑块向左侧拖动，如图 3-30 所示。此时画面的明度有所提高，如图 3-31 所示。

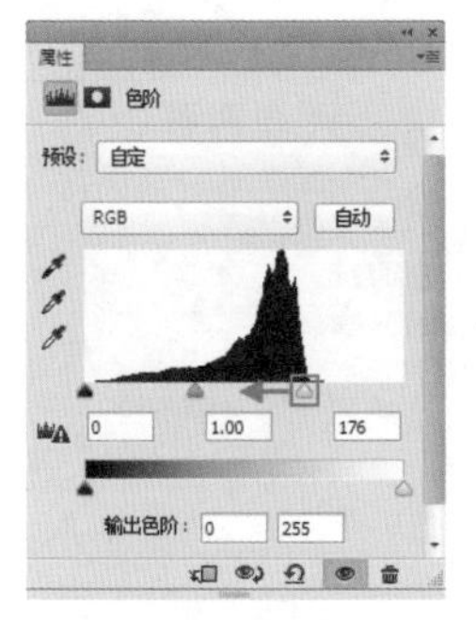

图 3-30

图 3-31

（3）此时画面的明度虽然提高了，但是由于暗部太亮导致画面缺乏对比度。接着将黑色滑块向右侧拖动，如图 3-32 所示。此时画面效果如图 3-33 所示。

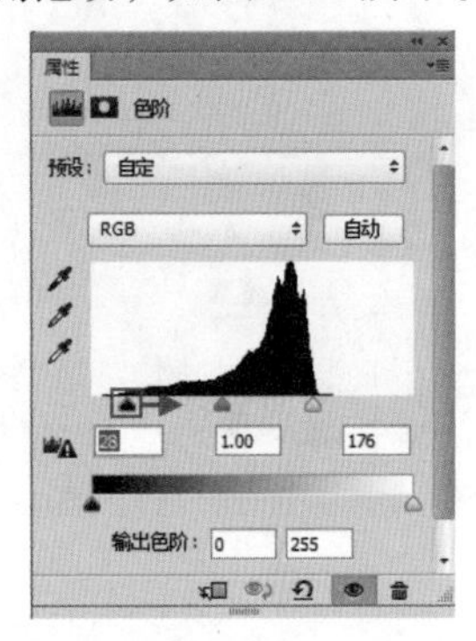

图 3-32

图 3-33

小提示：“色阶”命令参数详解

预设：单击“预设”下拉列表，可以选择一种预设的色阶调整选项来对图像进行调整。

通道：在“通道”下拉列表中可以选择一个通道来对图像进行调整，以校正图像的颜色。

在图像中取样以设置黑场：使用该吸管在图像中单击取样，可以将单击点处的像素调整为黑色，同时图像中比该单击点暗的像素也会变成黑色。

在图像中取样以设置灰场：使用该吸管在图像中单击取样，可以根据单击点像素的亮度来调整其他中间调的平均亮度。

在图像中取样以设置白场：使用该吸管在图像中单击取样，可以将单击点处的像素调整为白色，同时图像中比该单击点亮的像素也会变成白色。

输入色阶：这里可以通过拖动滑块来调整图像的阴影、中间调和高光，同时也可以直接在对应的输入框中输入数值。将滑块像左拖动，可以使图像变暗；将滑块向右拖动，可以使图像变亮。

输出色阶：这里可以设置图像的亮度范围，从而降低对比度。

3.2.3 曲线：青春气息外景照

“曲线”命令是调色中运用非常广泛的工具，不仅可以调节图片的明暗，还可以用来调色、校正颜色、增加对比。其功能与“色阶”命令的功能有异曲同工之妙。执行“曲线 > 调整 > 曲线”菜单命令或按 <Ctrl+M> 快捷键，打开“曲线”窗口。曲线命令的使用非常简单，只需将鼠标指针定位到曲线上，然后按住鼠标左键即可在曲线上添加一个“点”（最多可创建 14 个点），拖动点的位置即可改变曲线的形态，随着曲线形态的变化画面的明暗以及色彩都会发生变化。整个曲线靠近右上方的部分主要控制图像亮部的区域，越靠近左下方部分主要控制画面的暗部区域，中间部分则用于控制中间调的区域，如图 3-34 所示。

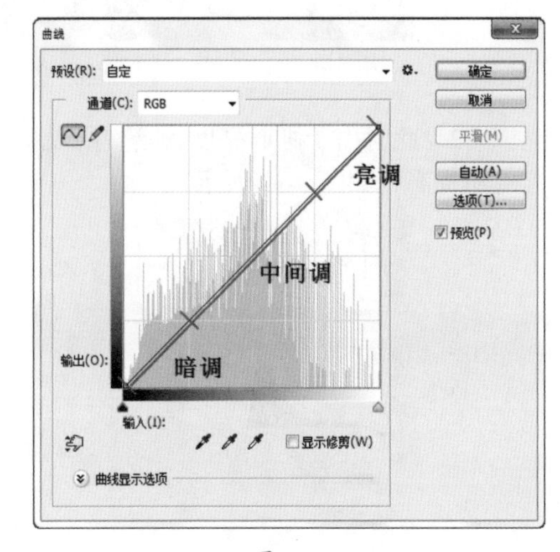

图 3-34

> 小提示：“曲线”窗口的参数选项
>
> **预设：** 在“预设”下拉列表中共有九种曲线预设效果，选中即可自动生成调整效果。
>
> **通道：** 在“通道”下拉列表中可以选择一个通道来对图像进行调整，以校正图像的颜色。
>
> **在曲线上单击并拖动可修改曲线**：选择该工具以后，将鼠标指针放置在图像上，曲线上会出现一个圆圈，表示鼠标指针处的色调在曲线上的位置，在图像上单击并拖动鼠标左键可以添加控制点以调整图像的色调。
>
> **编辑点以修改曲线**：使用该工具在曲线上单击，可以添加新的控制点，通过拖动控制点可以改变曲线的形状，从而达到调整图像的目的。
>
> **通过绘制来修改曲线**：使用该工具可以以手绘的方式自由绘制出曲线，绘制好曲线以后单击“编辑点以修改曲线”按钮，可以显示出曲线上的控制点。
>
> **输入 / 输出：** “输入”即“输入色阶“，显示的是调整前的像素值；“输出”即“输出色阶”，显示的是调整以后的像素值。

（1）打开一张照片，此时可以看到由于处于背光的区域，所以画面偏暗、偏灰、缺乏对比，如图 3-35 所示。图 3-36 所示为案例的完成效果，可以看到人物明暗对比强烈，而且画面具有青春活力感的色彩倾向，整体效果非常吸引人。

图 3-35　　图 3-36

（2）首先来提亮画面的亮度。将鼠标指针移动到曲线的中间位置单击添加控制点，然后按住鼠标左键将控制点向上拖动，如图 3-37 所示。随着拖动画面的亮度有所提高，效果如图 3-38 所示。

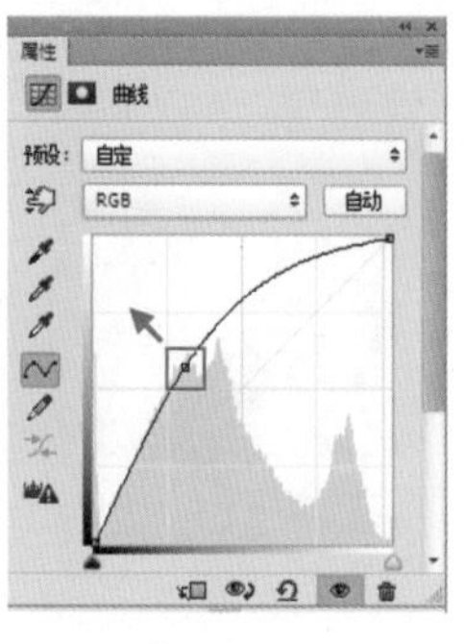

图 3-37

图 3-38

> 小提示：不同曲线形状所代表的相应效果
>
> 向上凸：图像像素变亮。向下凹：图像像素变暗。
>
> 正 S：图像对比度增加。反 S：图像对比度降低。

（3）此时画面的颜色偏青，接下来就通过曲线为画面调色。进入“红”通道，在曲线的中间位置单击轻轻向上拖动，增加画面的红色数量，效果如图 3-39 所示。此时画面效果如图 3-40 所示。

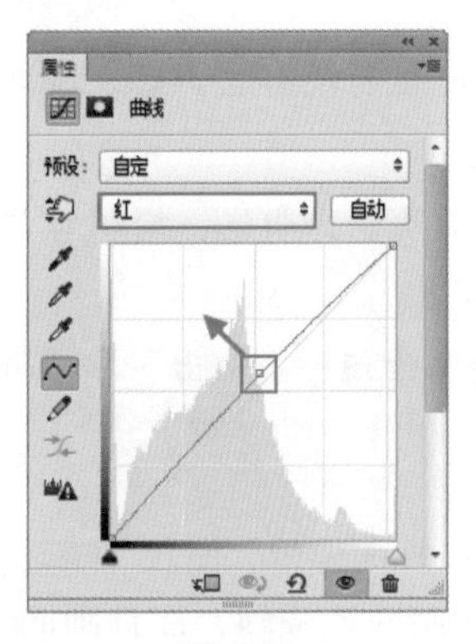

图 3-39

图 3-40

（4）最后可以为画面添加“镜头光晕”滤镜和文字进行装饰，完成效果如图 3-41 所示。

图 3-41

3.2.4 曝光度

在拍摄照片时，经常会因为光线的过强或过暗使画面产生曝光过度或者画面昏暗的效果。曝光度是可以用来控制图片的色调强弱的工具。跟摄影中的曝光度有点类似，曝光时间越长，照片就会越亮。图 3-42 所示为曝光不足的照片，图 3-43 所示为一张曝光度正常的照片，图 3-44 所示为曝光过度的照片。

图 3-42

图 3-43

图 3-44

（1）打开一张照片，可以看到这张照片呈现出曝光不足的状态，如图 3-45 所示。

图 3-45

（2）执行“图层 > 新建调整图层 > 曝光度”命令，新建“曝光度”调整图层。向左拖动曝光度滑块，可以降低曝光效果；向右拖动滑块，可以增强曝光效果。“位移”主要对阴影和中间调起作用，可以使其变暗，但对高光基本不会产生影响。“灰度系数校正”是使用一种乘方函数来调整图像灰度系数，可以增加或减少画面的灰度系数。因为要调整画面曝光不足的现象，所以设置“曝光度”为 1.5，如图 3-46 所示。此时画面效果如图 3-47 所示。

图 3-46

图 3-47

3.2.5 阴影高光：增强画面细节

图像中的物体之所以具有立体感，很大一部分原因在于物体上由于光的影响而产生了阴影和高光区域。“阴影 / 高光”命令可以修复图像中过亮或过暗的区域，从而使图像尽量显示更多的细节。使用“阴影 / 高光”命令允许分别控制图像的阴影或高光，非常适合校正强逆光而形成的剪影的照片，也适合校正由于太接近闪光灯而有些发白的焦点。以一张照片为例，从图像中可以直观地看出高光区域与阴影区域的分布情况，如图 3-48 所示。

图 3-48

（1）打开图片，可以看到这是一张普通的风景摄影。画面中颜色层次不够分明，画面整体给人一种略显压抑的心理感受，如图 3-49 所示。

图 3-49

（2）执行“图像 > 调整 > 阴影 / 高光”命令，打开“阴影 / 高光”窗口。首先提高阴影区域的亮度，设置“数量”为 28%，如图 3-50 所示。此时画面效果如图 3-51 所示。

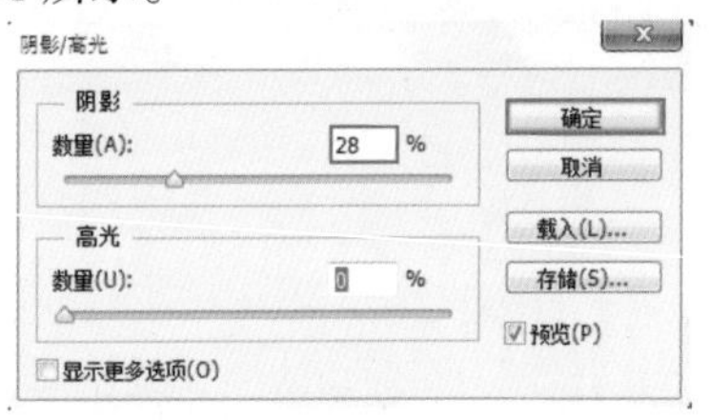

图 3-50

图 3-51

（3）接着降低亮部区域的曝光度，设置“数量”为 18%，如图 3-52 所示。随着亮部区域的曝光度降低，亮部的细节也越发的明显了，此时画面效果如图 3-53 所示。

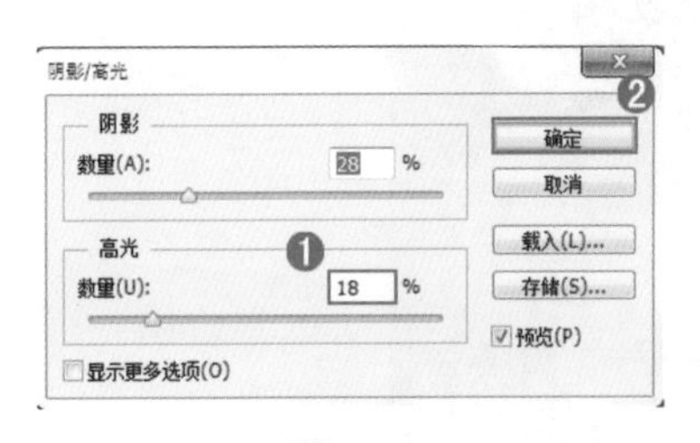

图 3-52

图 3-53

（4）此时可以看到画面中细节增加了，接着新建一个“曲线”调整图层，将曲线调整为“S形”，如图 3-54 所示。此时画面效果如图 3-55 所示。

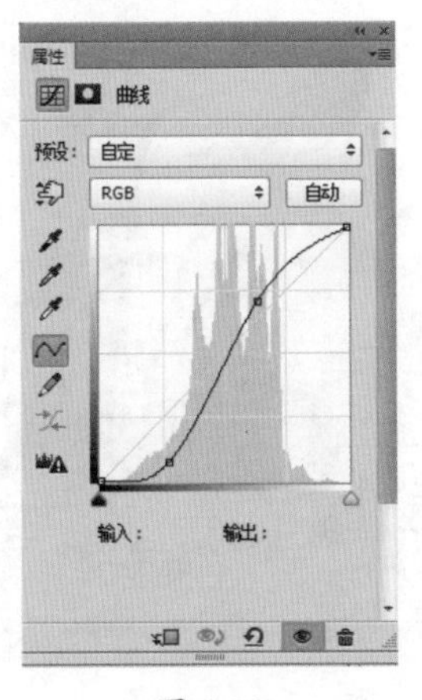

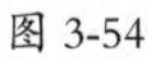
图 3-54

图 3-55

小提示：“阴影 / 高光”的高级选项

打开“阴影 / 高光”窗口，勾选窗口底部的“显示更多选项”，即可展开高级选项。

色调宽度： 用来控制色调的修改范围，值越小，修改的范围就只针对较暗的区域。

半径： 来控制像素是在阴影中还是在高光中。

颜色校正： 用来调整已修改区域的颜色。

中间调对比度： 用来调整中间调的对比度。

修剪黑色和修剪白色： 这两个选项决定了在图像中将多少阴影和高光剪到新的阴影中。

3.3 超简单的入门调色命令

学会了调整图像的明暗，接下来就进行画面的调色了。对于很多新用户来说，调色还很陌生。Photoshop 中提供了几种非常简单的调色方式，使用这些命令可以轻而易举的进行调色。还可为我们今后的学习作为铺垫，找一找“调色的感觉”。图 3-56 和图 3-57 所示为调色对比效果。

图 3-56

图 3-57

3.3.1 自动色调 / 对比度 / 颜色

打开图片，如图 3-58 所示。接下来就使用“自动色调”“自动对比度”和“自动颜色”三个命令去调整画面。

（1）“自动色调”命令会自动调整图像中的暗部和亮部。该命令将画面中最亮和最暗的像素调整为纯白和纯黑，中间像素值按比例重新分布。执行“图像 > 自动色调”命令，画面效果如图 3-59 所示。

图 3-58

图 3-59

（2）使用“自动对比度”命令可以自动调整图像中颜色的对比度。“自动对比度”命令将图像中最亮和最暗像素映射到白色和黑色，使高光显得更亮而暗调显得更暗。执行“图像 > 自动对比度”命令，画面效果如图 3-60 所示。

（3）使用“自动颜色”命令可以通过搜索实际像素来调整图像的色相饱和度，使画面颜色更为鲜艳。执行“图像 > 自动颜色”命令，画面效果如图 3-61 所示。

图 3-60

图 3-61

3.3.2 自然饱和度：增强画面色感

“自然饱和度”命令主要用于调整图像的自然颜色饱和度，这个命令非常适用于数码照片的调整。使用“自然饱和度”命令调整图像时，它在调节图像饱和度的时候会保护已经饱和的像素，即在调整时会大幅增加不饱和像素的饱和度，而对已经饱和的像素只做很少、很细微的调整，特别是对皮肤的肤色有很好地保护作用，这样不但能够增加图像某一部分的色彩，而且还能使整幅图像饱和度正常。

（1）打开一张照片，可以看到画面色彩不够艳丽，这是因为画面中颜色不够饱和，如图 3-62 所示。执行“图层 > 新建调整图层 >

图 3-62

自然饱和度”菜单命令，因为画面颜色不够饱和，所以要调整“自然饱和度”。调整该参数，向左拖动滑块可以降低饱和度；向右拖动滑块可以增加饱和度。在这里向右拖动滑块，当滑块移动到最右端时，画面中颜色最鲜艳，如图 3-63 所示。此时画面效果如图 3-64 所示。

图 3-63

图 3-64

（2）若要将画面颜色调整的更加鲜艳，可以调整“饱和度”选项。将“饱和度”调整为 40，如图 3-65 所示。此时画面效果如图 3-66 所示。

图 3-65

图 3-66

3.3.3 照片滤镜：暖调变冷调

照片滤镜是一款调整图片色温的工具，它可以模仿在相机镜头前面添加彩色滤镜的效果。使用该命令可以快速调整通过镜头传输的光的色彩平衡、色温和胶片曝光，对图像的色调进行调整。

（1）打开一张照片，通过观察我们能够感受到这张照片透露着浓浓的暖意，如果想要将画面调整为清爽的冷调，我们可以使用“照片滤镜”命令，如图 3-67 所示。

（2）执行“图层 > 新建调整图层 > 照片滤镜”命令，打开“属性”面板。在“照片滤镜”中有预设的“滤镜”，单击即可打开下拉菜单，可以通过滚动鼠标的中轮查看不同滤镜的效果，如图 3-68 所示。图 3-69 所示为“冷却滤镜（80）”的效果。

图 3-67

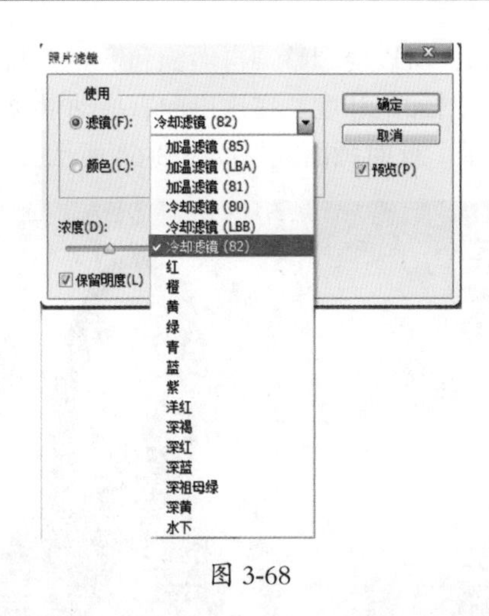

图 3-68

图 3-69

（3）使用“照片滤镜”还可以设置自定义颜色。首先勾选“颜色”，然后单击右侧的色块即可打开“拾色器”，在“拾色器”中选择一种颜色，如图 3-70 所示。此时画面效果如图 3-71 所示。

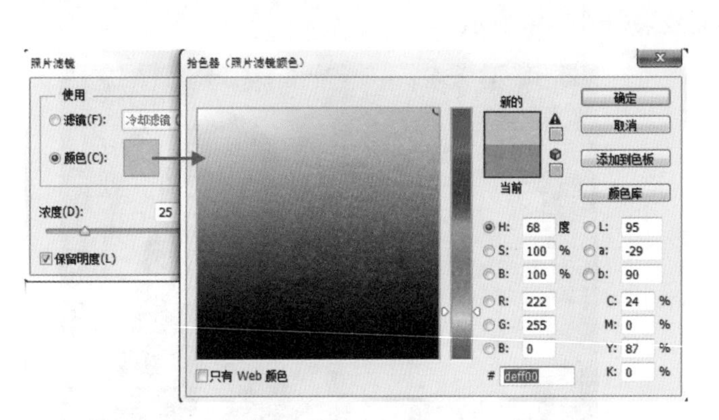

图 3-70

图 3-71

（4）“浓度”参数是用来设置调整滤镜颜色应用到图像中的颜色百分比。数值越高，应用到图像中的颜色浓度就越大，颜色倾向就会越明显，如图 3-72 所示。若勾选“保留明度”选项，可以保留图像的明度不变。

图 3-72

3.3.4　变化：超简单的色调调整法

“变化”命令通过显示调整效果的缩览图，可以使用户很直观、简单的调整图像的色彩平衡、饱和度和对比度。“变化”命令使图像颜色调整变得较为直观，能够对图像的整体效果进行快速调整，但它的不足之处则是无法对图像做精确的色彩调整。

（1）打开一张图片，如图 3-73 所示。然后选择工具箱中的“矩形选框工具”，在画面的左侧绘制一个矩形选区。选区的大小是整个画面五分之一，如图 3-74 所示。

图 3-73

图 3-74

（2）选区绘制完成后，使用快捷键 <Ctrl+J> 将选区中的内容复制到独立图层。然后执行“图像 > 调整 > 变化”命令，打开“变化”窗口。在窗口的主要位置包括了“加深绿色”“加深黄色”“加深青色”“加深红色”“加深蓝色”和“加深洋红”五个颜色选项及相应的缩览图。若要加深某种颜色，单击某一个颜色选项，图片就会增加相应颜色的成分，在中间的“当前挑选”中展示着当前的效果，而四周则展示着被选的调色选项。单击“加深绿色”的缩览图，可以看到“当前挑选”中的调色效果，如图 3-75 所示。设置完成后单击“确定”按钮，此时效果如图 3-76 所示。

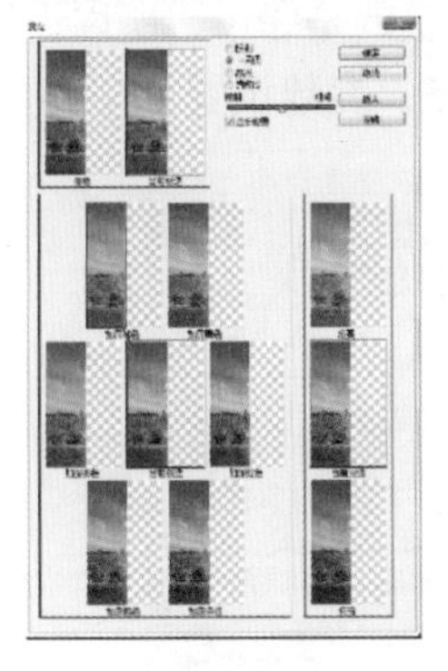

图 3-75

图 3-76

（3）使用同样的方法，可以继续绘制选区并对其他区域进行色调的调整，怎么样是不是非常简单，图 3-77 所示为调整效果。

图 3-77

小提示：“变化”选项参数详解

饱和度 / 显示修剪：专门用于调节图像的饱和度。另外，勾选“显示修剪”选项，可以警告超出了饱和度范围的最高限度。调整画面的阴影高光及中间调。

精细 – 粗糙：该选项用来控制每次进行调整的量。特别注意，每移动一格，调整数量会双倍增加。

3.4 常用的色彩调整命令

图像色彩调整其实就是通过对图像中每种颜色的色相、饱和度、明度等属性进行调整，从而实现整个画面颜色的变化。在Photoshop中存在许多调整色彩的命令，例如色相/饱和度、色彩平衡、可选颜色、替换颜色等命令。图 3-78 和图 3-79 所示为调色的对比效果。

图 3-78

图 3-79

3.4.1 色相 / 饱和度：制作奇幻色调

“色相 / 饱和度”命令是较为常用的色彩调整命令。该命令可以对色彩的三大属性——色相、饱和度（纯度）、明度进行修改。还可以调整图像中单个通道的色相、饱和度和明度，非常适用于数码照片的调整。

（1）打开一张室外的照片，如图 3-80 所示。执行“图层 > 新建调整图层 > 色相 / 饱和度”命令，打开属性面板。首先将绿色的草地调整为红色。因为需要调整的是绿色，所以设置通道为“绿色”，然后将“色相”滑块向左拖动或者直接设置参数为 – 95，参数设置如图 3-81 所示。此时画面效果如图 3-82 所示。

图 3-80

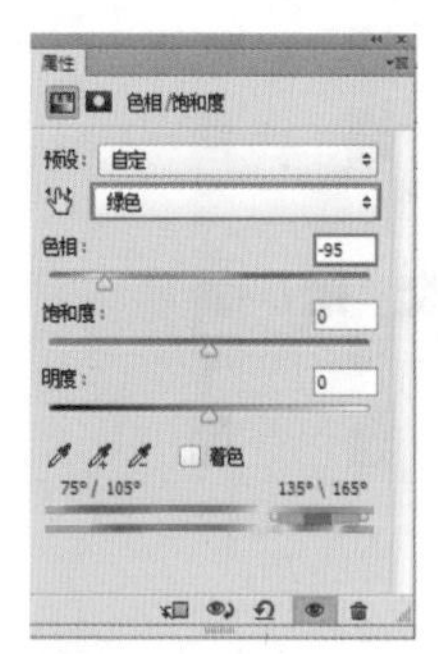

图 3-81

图 3-82

（2）接着调整天空的颜色。设置通道为“蓝色”，将“色相”滑块向左拖动或者设置参数为 -30，参数设置如图 3-83 所示。此时画面效果如图 3-84 所示。

图 3-83

图 3-84

（3）如果要对全图进行调色，首先将其设置为“全图”，然后拖动“色相”滑块进行调色，如图 3-85 和图 3-86 所示。

图 3-85

图 3-86

（4）若要调整颜色的饱和度，可以拖动“饱和度”滑块，向左拖动可以降低颜色饱和度；向右拖动可以增加饱和度，如图 3-87 和图 3-88 所示。

图 3-87

图 3-88

（5）若要调整画面的明度，可以拖动“明度”滑块，向左拖动滑块可以降低画面的明度；向右拖动滑块可以增加画面的明度，如图 3-89 和图 3-90 所示。

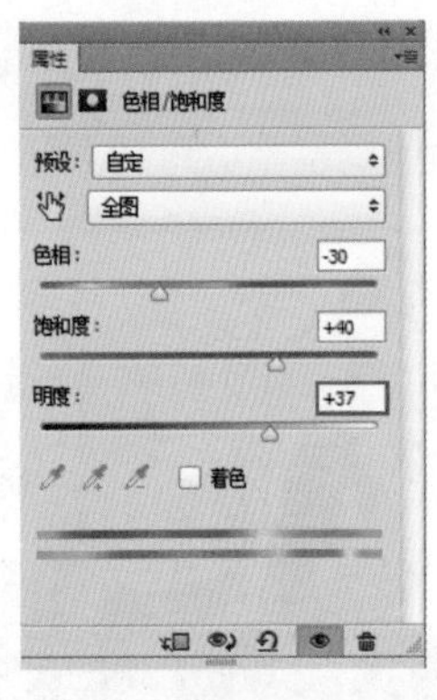

图 3-89

图 3-90

小提示：“色相 / 饱和度”参数详解

预设：在“预设”下拉列表中提供了 8 种色相 / 饱和度预设。

通道下拉列表：在通道下拉列表中可以选择全图、红色、黄色、绿色、青色、蓝色和洋红通道进行调整。选择好通道以后，拖动下面的“色相”“饱和度”和“明度”的滑块，可以对该通道的色相、饱和度和明度进行调整。

在图像上单击并拖动可修改饱和度：使用该工具在图像上单击设置取样点以后，向右拖动鼠标可以增加图像的饱和度，向左拖动鼠标可以降低图像的饱和度。

着色：勾选该项以后，图像会整体偏向于单一的红色调，还可以通过拖动 3 个滑块来调节图像的色调。

3.4.2 色彩平衡：校正偏色与制作风格化色彩

“色彩平衡”命令用于更改图像的总体颜色混合，通过对图像的色彩平衡处理，可以校正图像色偏、过饱和或饱和度不足的情况，也可以根据自己的喜好和制作需要，调整出需要的色彩。要熟练使用“色彩平衡”命令，首先需要了解一下补色的概念。在标准色轮上，处于相对位置的颜色被称为补色。如绿色和洋红色为互补色，黄色和蓝色为互补色，红色和青色为互补色，如图 3-91 所示。“色彩平衡”命令的一个重要特征是画面中某一种颜色成分的减少，必然导致其补色成分的增加。另外，每一种颜色都可以由它的相邻颜色混合得到，如洋红色可以由红色和蓝色混合而成，青色可以由绿色和蓝色混合而成，黄色可以由绿色和红色混合而成等，因此可以通过增减互补色来调整颜色，如图 3-92 所示。

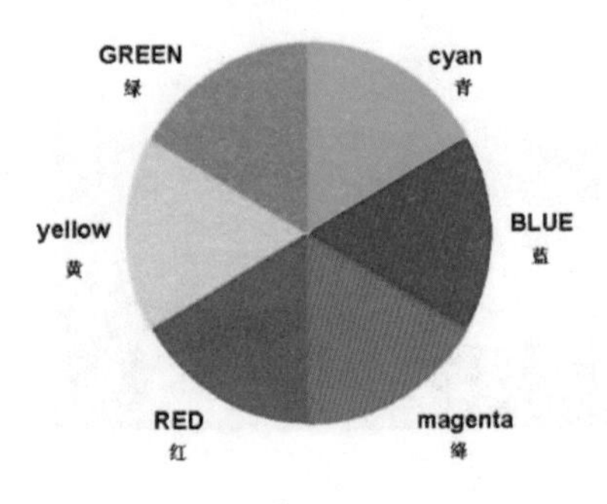

图 3-91

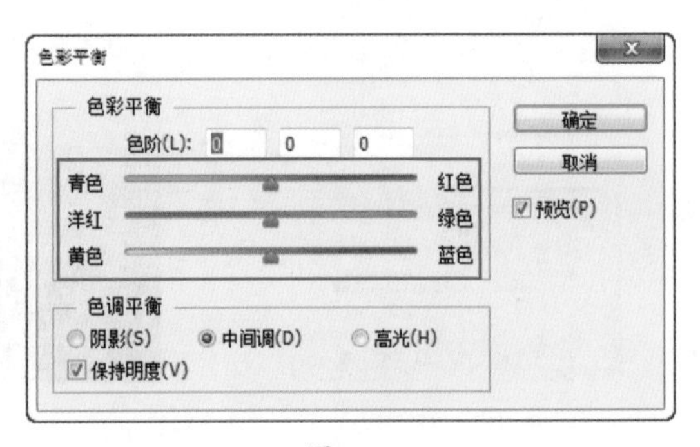

图 3-92

（1）打开一张图片，如图 3-93 所示。这是一张普通的儿童摄影，画面有些偏色，接下来就通过“色彩平衡”校正画面偏色现象。

图 3-93

（2）执行“图层 > 新建调整图层 > 色彩平衡”命令，打开“色彩平衡”属性面板。因为中间调区域占了画面中的很大一部分，所以先将“色调”设置为“中间调”。因为画面中的红色较多，所以需要减少红色的含量，这就需要向左拖动“青色－红色”滑块，拖动到－21 左右，如图 3-94 所示。此时画面效果如图 3-95 所示。

图 3-94

图 3-95

（3）此时画面中还是有一些偏红，接着向右侧拖动“洋红－绿色”滑块，滑动到 1，如图 3-96 所示。此时画面效果如图 3-97 所示。

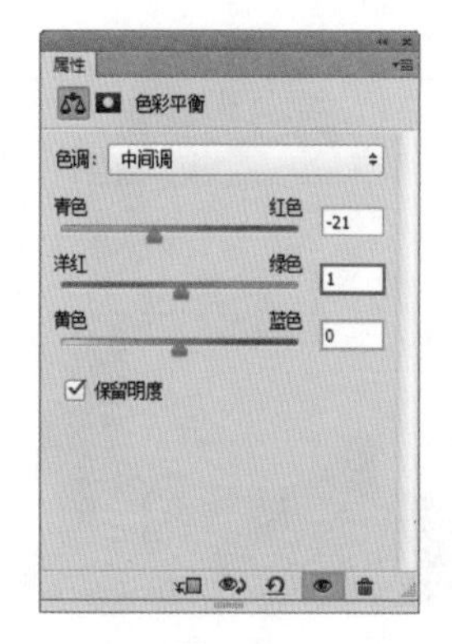

图 3-96

图 3-97

（4）接着设置中间调中黄色的含量。向左拖动“黄色－蓝色”滑块，拖动到－9左右，如图3-98所示。此时画面效果如图3-99所示。中间调的部分制作完成。

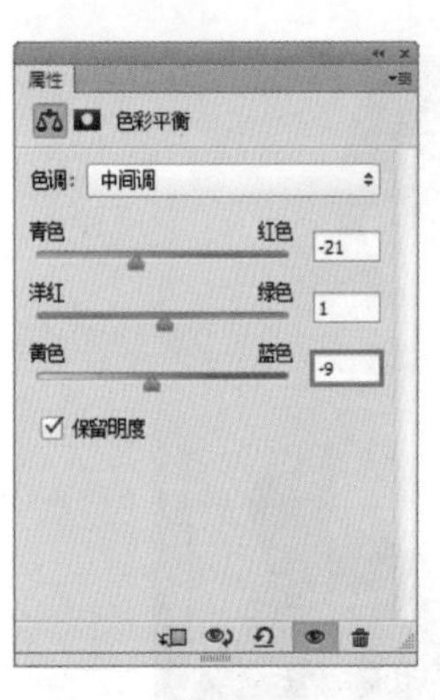

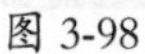

图 3-98

图 3-99

（5）接着设置“色调”为“阴影”，设置“青色－红色”为－14，“洋红－绿色”为－9，“黄色－蓝色”为3，参数设置如图3-100所示。此时画面效果如图3-101所示。

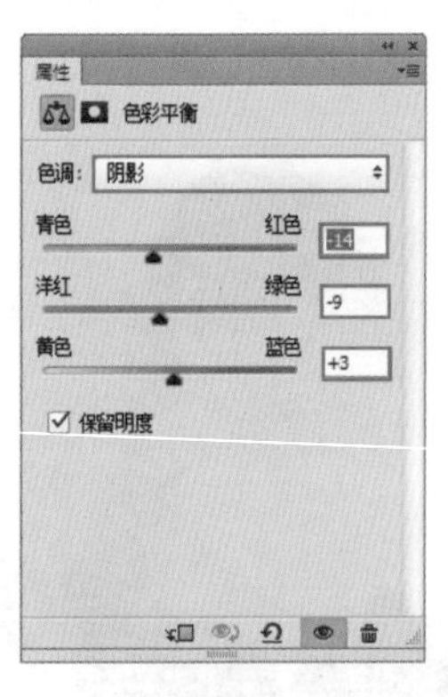

图 3-100

图 3-101

（6）接着设置“色调”为“高光”，设置“青色－红色”为42，“洋红－绿色”为51，“黄色－蓝色”为83，参数设置如图3-102所示。到这里画面的偏色问题基本被矫正了，此时画面效果如图3-103所示。

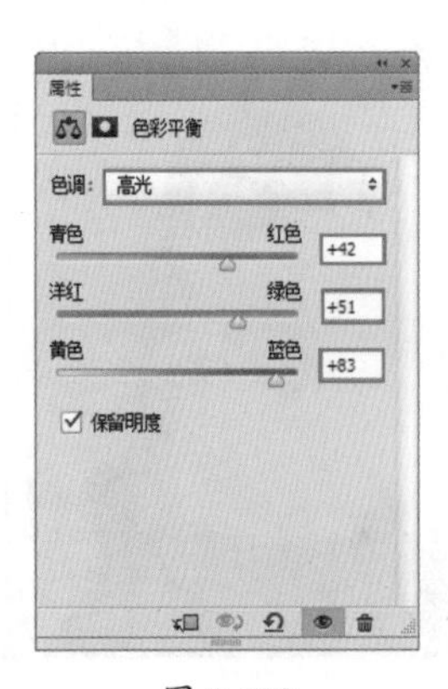

图 3-102

图 3-103

(7) 也可以使用“色彩平衡”进行风格化的调色。其实很多风格化的调色效果就是一种“偏色”现象，但是为了追求艺术化的效果，在某种程度上偏色问题也是可以被接受的。例如要将这张照片调整为淡雅柔和的色调，首先设置“青色－红色”的数值为 47，“黄色－蓝色”的数值为 68，参数设置如图 3-104 所示。接着设置“色调”为“高光”，“黄色－蓝色”的数值为－37，参数设置如图 3-105 所示。此时画面效果如图 3-106 所示。

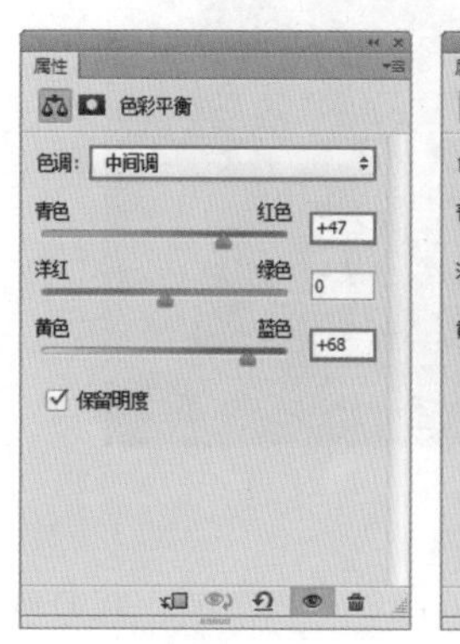

图 3-104

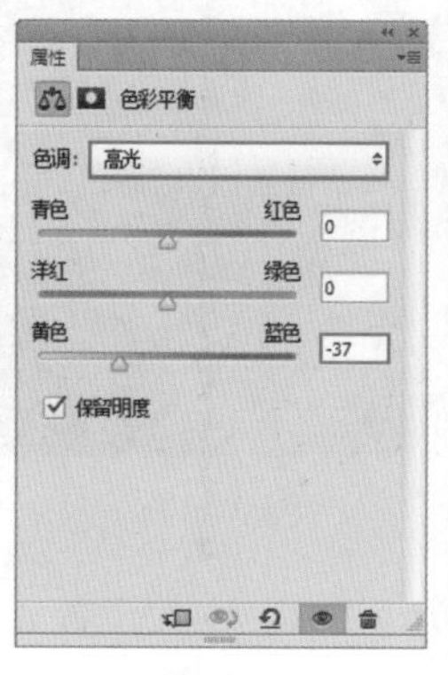

图 3-105

图 3-106

3.4.3 可选颜色：打造电影感的黄色调

使用“可选颜色”命令可以调整单个颜色分量的印刷色数量。它基于组成图像某一主色调的 4 种基本印刷色（CMYK），例如，减少图像中蓝色成分中的青色，同时保留绿色成分中的青色不变。这样就可以不影响该印刷色在其他主色调中的含量，从而对图像的颜色进行校正。使用该命令既可以校正图像的颜色，也可以用来制作风格化的色调效果。

(1) 打开一张图片，如图 3-107 所示。接下来就使用“可选颜色”将普通的照片变成电影色调。

图 3-107

(2) 执行“图层 > 新建调整图层 > 可选颜色”命令，设置“颜色”为白色，设置“黄色”为 100%，参数设置如图 3-108 所示。可以看到画面中亮部区域被增添了黄色的成分，此时画面效果如图 3-109 所示。

图 3-108

图 3-109

（3）接着设置“黑色”为 30%，参数设置如图 3-110 所示。画面中亮部区域的明度有所下降，此时画面效果如图 3-111 所示。

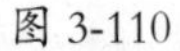

图 3-110

图 3-111

（4）接着设置“颜色”为黑色，调整“黄色”为 -20%，参数设置如图 3-112 所示。此时画面中暗部区域倾向于黄色的补色——紫色，画面效果如图 3-113 所示。

图 3-112

图 3-113

（5）接着设置“黑色”为 -8，参数设置如图 3-114 所示。暗调部分被提亮，此时画面效果如图 3-115 所示。

图 3-114

图 3-115

（6）最后为画面添加黑色的矩形和文字，进一步模拟电影的画面感，完成效果如图 3-116 所示。

> 小提示："可选颜色"的参数详解
>
> **方法**：选择"相对"方式，可以根据颜色总量的百分比来修改青色、洋红、黄色和黑色的数量；选择"绝对"方式，可以采用绝对值来调整颜色。

图 3-116

3.4.4 替换颜色：改变汽车颜色

"替换颜色"命令可以为图像中选定的颜色创建一个选区，然后用其他的颜色替换选区中的颜色。替换颜色时可以通过调整色相、饱和度和明度去进行替换。接下来就通过一个调整人物衣着颜色的案例去学习"替换颜色"命令。

（1）打开一张图片，如图 3-117 所示。我们要使用"替换颜色"将黄色的汽车改变成绿色。执行"图像 > 调整 > 替换颜色"命令，打开"替换颜色"对话框。首先选中需要更改颜色的区域，将鼠标指针移动至汽车处，然后单击鼠标左键，接着可以在"颜色容差"对话框中的中间位置的缩览图中看到汽车的轮廓，这些白色的区域就是选中的区域（调整颜色的区域），如图 3-118 所示。

图 3-117

图 3-118

（2）在缩览图中，白色的区域没有全部包含汽车的全部，所以还得继续进行选取。单击"添加到取样"按钮，继续在汽车上方单击取样，直到缩览图中的汽车区域变为白色，如图 3-119 所示。

图 3-119

（3）取样完成后，接下来就进行替换颜色。通过拖动“色相”滑块去调整选中区域的颜色，如图 3-120 所示。当设置“色相”为 100 时，此时汽车效果如图 3-121 所示。

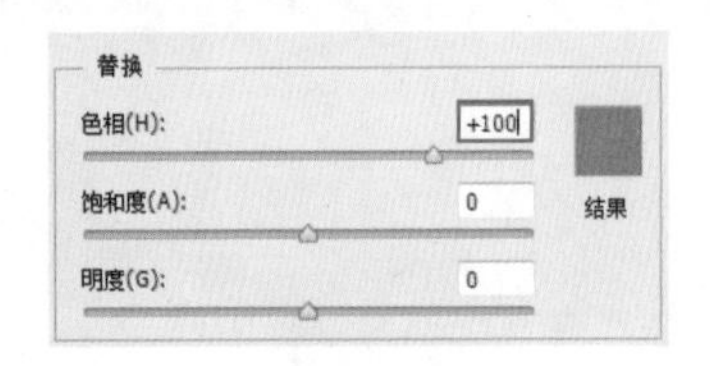

图 3-120

图 3-121

小提示：“替换颜色”参数详解

本地化颜色簇：该选项主要用来同时在图像上选择多种颜色。

吸管：利用吸管工具可以选中被替换的颜色。使用“吸管工具”在图像上单击，可以选中单击点处的颜色，同时在“选区”缩略图中也会显示出选中的颜色区域（白色代表选中的颜色，黑色代表未选中的颜色）；使用“添加到取样”在图像上单击，可以将单击点处的颜色添加到选中的颜色中；使用“从取样中减去”在图像上单击，可以将单击点处的颜色从选定的颜色中减去。

颜色容差：该选项用来控制选中颜色的范围。数值越大，选中的颜色范围越广。

选区 / 图像：选择“选区”方式，可以以蒙版方式进行显示，其中白色表示选中的颜色，黑色表示未选中的颜色，灰色表示只选中了部分颜色；选择“图像”方式，则只显示图像。

替换：“替换”包括三个选项，这三个选项与“色相 / 饱和度”命令的三个选项相同，可以调整选定颜色的色相、饱和度和明度。调整完成后，画面选区部分即可变成替换的颜色。

3.5 制作灰度图像的命令

常用于制作灰度图像有两个命令，一个是“去色”命令，使用该命令可以制作黑白照片；另一个是“黑白”命令，使用该命令不仅可以制作黑白照片还可以制作单色照片。图 3-122 和图 3-123 所示为使用这两个命令进行调色的前后对比效果。

图 3-122

图 3-123

3.5.1 去色：快速打造黑白照片

“去色”命令可以将图像中的颜色去掉，使其成为灰度图像，但会保留图像原有的亮度与色彩模式不变。打开图片，如图 3-124 所示。接着执行“图像 > 调整 > 去色”命令或使用快捷键 <Ctrl+Shift+U>，此时画面中的颜色就会消失变为黑白照片，效果如图 3-125 所示。

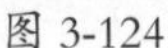

图 3-124

图 3-125

> **小技巧：**黑白摄影的魅力
>
> 黑白摄影的魅力在于摒弃无关紧要的细节，将画面以纯粹的方式表现出来。黑白摄影并非将色彩丢失，而是以不同的灰度层次再现景物的色彩和深浅，各种色彩都化为千差万别的灰色来表现层次、质感，在抒发情感、渲染气氛方面更有独到之处。

3.5.2 黑白：制作黑白照片与单色照片

“黑白”命令可在把彩色图像转换为黑色图像的同时还可以控制每一种色调的量（也就是这种颜色转换为黑白图像后的明度），另外“黑白”命令还可以将黑白图像转换为带有颜色的色图像。

（1）打开图片，如图 3-126 所示。接着执行“图层 > 新建调整图层 > 黑白”命令，打开“属性”面板后，画面也会变为黑色。“黑白”命令会像“去色”命令一样将画面进行去色。此时参数面板如图 3-127 所示。画面效果如图 3-128 所示。

图 3-126

图 3-127

图 3-128

（2）为了增加画面黑白的对比度可以调整各个颜色的参数。设置“红色”为 110，“黄色”为 –24，“绿色”为 36，“青色”为 –200，“蓝色”为 –97，“洋红”为 –101，参数设置如图 3-129 所示。此时画面效果如图 3-130 所示。

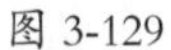

图 3-129

图 3-130

（3）接着制作单色照片，再次新建一个“黑白”调整图层，勾选“色调”，然后单击颜色色块会弹出“拾色器”对话框，选择一个棕黄色的颜色，如图 3-131 所示。效果如图 3-132 所示。

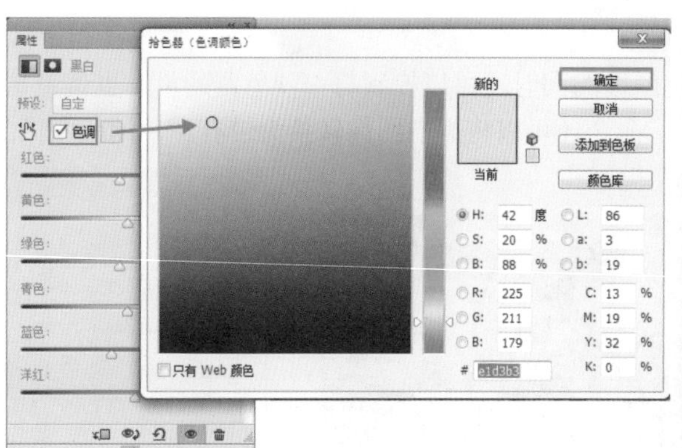

图 3-131

图 3-132

（4）如果要更改画面中单色的对比，可以调整各个颜色的参数。参数设置如图 3-133 所示，此时画面效果如图 3-134 所示。

图 3-133

图 3-134

> **小提示：“黑白”参数详解**
>
> **预设：** 在“预设”下拉列表中提供了 12 种黑色效果，可以直接选择相应的预设来创建黑白图像。
>
> **颜色：** 这六个选项用来调整图像中特定颜色的灰色调。例如，在这张图像中，向左拖动“红色”滑块，可以使由红色转换而来的灰度色变暗；向右拖动，则可以使灰度色变亮。
>
> **色调：** 勾选“色调”选项，可以为黑色图像着色，以创建单色图像，另外还可以调整单色图像的色相和饱和度。

3.6 其他调色命令

“调整”菜单中还有一部分调整命令为特殊的色调控制命令，这些命令可以改变图像的颜色和亮度，或者产生特殊的图像效果。例如“色调均化”命令，“匹配颜色”命令，“通道混合器”命令，“颜色查找”命令，“反相”命令，“色调分离”命令，“阈值”命令，“渐变映射”命令，“HDR 色调”命令。如图 3-135 和图 3-136 所示。

图 3-135

图 3-136

3.6.1 色调均化

“色调均化”命令的作用是重新分布图像中像素的亮度值，以便它们更均匀地呈现所有范围的亮度级。使用此命令时，Photoshop 尝试对图像进行直方图均衡化，即在整个灰度范围中均匀分布每个色阶的灰度值。

（1）“色调均化”命令的使用方法非常简单，打开一张照片，如图 3-137 所示。执行“图像 > 调整 > 色调均化”，效果如图 3-138 所示。

图 3-137

图 3-138

图 3-139

（2）如果图像中存在选区，如图 3-139 所示。则执行“色调均化”命令时会弹出一个“色调均化”对话框，如图 3-140 所示。

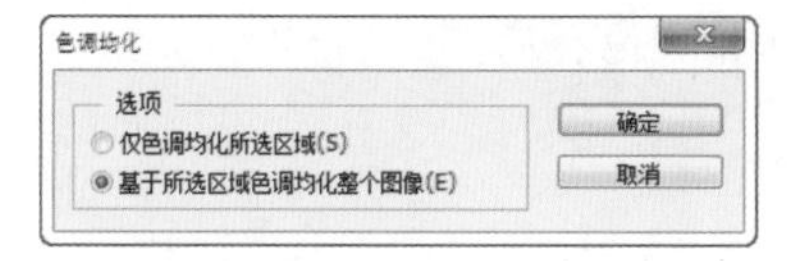

图 3-140

（3）若选择“仅色调均化所选区域”选项，就会仅均化选区内的像素，效果如图 3-141 所示。若选择“基于所选区域色调均化整个图像”，就会按照选区内的像素均化整个图像的像素，效果如图 3-142 所示。

图 3-141

图 3-142

3.6.2 匹配颜色：“套用”其他照片的色调

“匹配颜色”命令可以在多个图像、图层或色彩选区之间进行颜色匹配。该命令通过更改图像的亮度、色彩范围的方式调整图像中的颜色。“匹配颜色”命令仅适用于 RGB 颜色的图像。

（1）打开包含两个图层的文档，如图 3-143 所示的“背景”图层，如图 3-144 所示的“图层 1”图层。接下来就将“图层 1”的颜色“匹配”到“背景”图层。

图 3-143

图 3-144

（2）首先将图层“1”隐藏，然后选择背景图层，执行“图像 > 编辑 > 匹配颜色”命令，打开“匹配颜色”窗口。首先要设置用来匹配的“源”。首先设置“源”为本文件，然后设置“图层”为图层“1”，参数设置如图 3-145 所示。

（3）接着就来调整画面的颜色，首先调整“明亮度”，它是用来调整图像匹配的明亮程度，设置参数为 120，参数设置如图 3-146 所示。此时画面效果如图 3-147 所示。

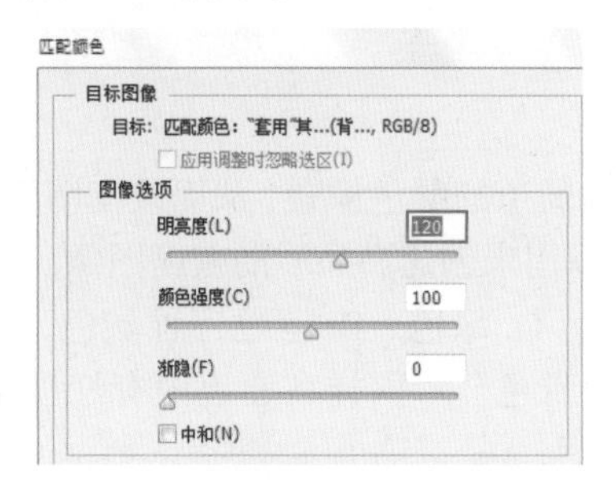

图 3-146

（4）然后设置“颜色强度”，该选项是用来调整图像的饱和度，设置参数为 140，参数设置如图 3-148 所示。此时画面效果如图 3-149 所示。在这里不需要调整“渐隐”选项，该选项用来设置匹配到目标图像的颜色浓度，在这里设置“渐隐”为 0。

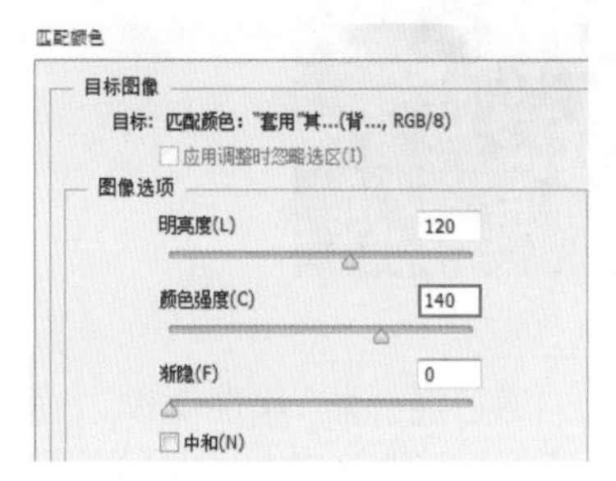

图 3-148

（5）勾选“中和”选项，该选项是用来去除图像中偏色的现象，如图 3-150 所示。此时画面效果如图 3-151 所示。

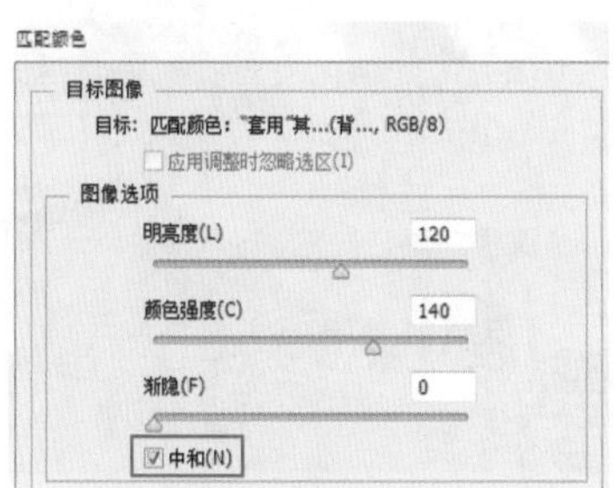

图 3-150

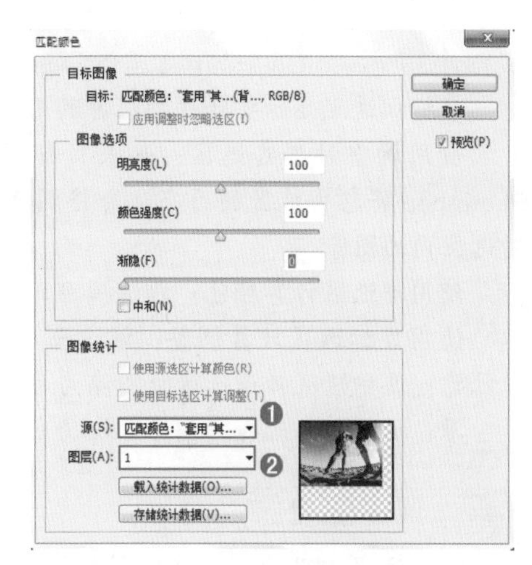

图 3-145

图 3-147

图 3-149

图 3-151

小提示："匹配颜色"参数详解

目标：这里显示要修改的图像的名称以及颜色模式。

应用调整时忽略选区：如果目标图像（即被修改的图像）中存在选区，勾选该选项，Photoshop 将忽视选区的存在，会将调整应用到整个图像；如果不勾选该选项，那么调整只针对选区内的图像。

使用源选区计算颜色：该选项可以使用源图像中的选区图像的颜色来计算匹配颜色。

使用目标选区计算调整：该选项可以使用目标图像中的选区图像的颜色来计算匹配颜色（注意：这种情况必须选择源图像为目标图像）。

源：选项用来选择源图像，即将颜色匹配到目标图像的图像。

3.6.3 通道混合器

"通道混合器"命令是通过混合当前通道颜色与其他通道的颜色像素，从而改变图像的颜色。该命令主要用于创建出各种不同色调的图像，同时也可以用来创建高品质的灰度图像。"通道混合器"的混合原理很简单，在 RGB 模式下共有 R: 红色、G: 绿色、B: 蓝色三种颜色，"红色 + 绿色 = 黄色""红色 + 蓝色 = 紫色"和"蓝色 + 绿色 = 青色"。同样在通道中有红、绿、蓝三种通道，三者通过混合就构成照片的颜色。

（1）打开一张图片，如图 3-152 所示。接下来就通过"通道混合器"改变照片色调。

图 3-152

（2）执行"图层 > 新建调整图层 > 通道混合器"，打开"通道混合器"属性面板。首先设置"输出通道"为"红"，然后设置"红"为 135%，参数设置如图 3-153 所示。此时画面效果如图 3-154 所示。

图 3-153

图 3-154

（3）接着设置“输出通道”为“绿”，然后设置“绿色”为 125%，参数设置如图 3-155 所示。此时画面效果如图 3-156 所示。

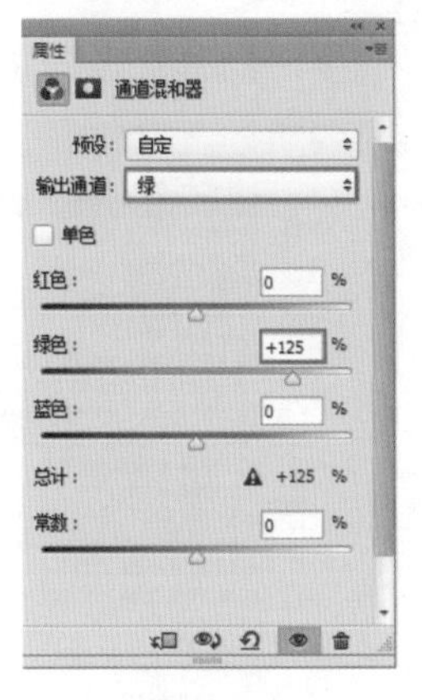

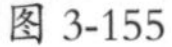
图 3-155

图 3-156

（4）接着设置“输出通道”为“蓝”，然后设置“蓝色”为 200%，参数设置如图 3-157 所示。此时画面效果如图 3-158 所示。

图 3-157

图 3-158

小提示：“通道混合器”参数详解

预设：Photoshop 提供了六种制作黑白图像的预设效果。

输出通道：在下拉列表中可以选择一种通道来对图像的色调进行调整。

总计：显示源通道的计数值。如果计数值大于 100%，则有可能会丢失一些阴影和高光细节。

常数：用来设置输出通道的灰度值，负值可以在通道中增加黑色，正值可以在通道中增加白色。

3.6.4　颜色查找：为照片赋予风格化调色效果

数字图像输入或输出设备都有自己特定的色彩空间，这就导致了色彩在不同的设备之间传输时出现不匹配的现象。“颜色查找”命令可以使画面颜色在不同的设备之间精确传递和再现。虽然“颜色查找”不是最好的精细色彩调整工具，但它却可以在短短几秒钟内创建多个颜色版本，因为本身是调整图层，可以再配合蒙版也可以做到更精细的调色。使用“颜色查找”命令也可以用来更换画面的整体风格。

打开图片，如图 3-159 所示。执行“图层 > 新建调整图层 > 颜色查找”命令，单击“3DLUT 文件”选项栏，在下拉面板菜单中有多个命令，如图 3-160 所示。选择相应的命令就将产生与之对应的效果。图 3-161 所示为“Crisp_Winter.look”的调色效果。

图 3-159

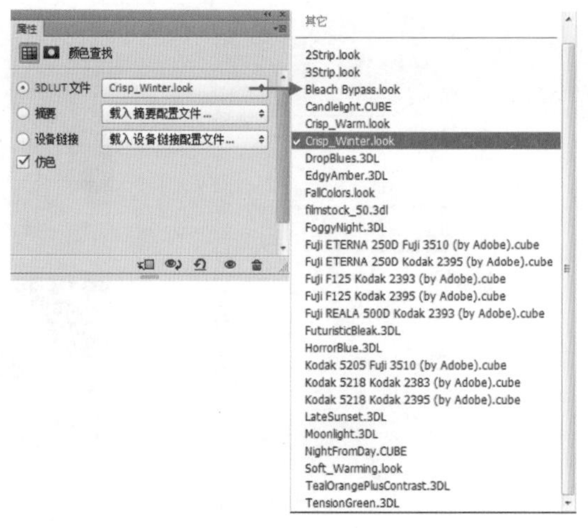

图 3-160

图 3-161

3.6.5 反相

“反相”命令非常简单，从名称上就可以看出该命令是将图像中的某种颜色转换为它的补色，从而将图像的颜色反相。“反相”命令是一个可以逆向操作的命令，可以将黑白照片转换为负片效果后，还可以再将负片转换为正片。打开一张照片，如图 3-162 所示。接着执行“图层 > 调整 > 反相”命令或使用快捷键 <Ctrl+I> 进行反相，反相效果如图 3-163 所示。

图 3-162

图 3-163

3.6.6 色调分离

"色调分离"命令的原理是将图像中每个通道的色调级数目或亮度值指定级别，然后将其余的像素映射到最接近的匹配级别。

（1）打开一张图片，如图 3-164 所示。接着执行"图像 > 调整 > 色调分离"命令，打开"色调分离"对话框，如图 3-165 所示。

（2）在"色调分离"对话框中可以进行"色阶"数量的设置。设置的"色阶"值越小，分离的色调越多；"色阶"值越大，保留的图像细节就越多。图 3-166 所示为"色阶"为 4 时的画面效果。图 3-167 所示为"色阶"为 10 时的画面效果。

图 3-164

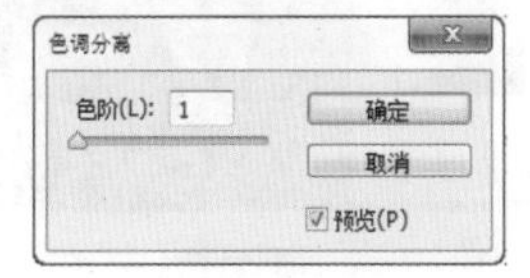

图 3-165

图 3-166

图 3-167

3.6.7 阈值

"阈值"命令可以将图像转换为高对比的黑白图像。在 Photoshop 中阈值实际上是基于图片亮度的一个黑白分界值，也就是说亮度高于这个数值的区域会变白，亮度低于这个数值的区域会变黑。

（1）打开一张照片，如图 3-168 所示。执行"图层 > 新建调整图层 > 阈值"命令，属性对话框如图 3-169 所示。此时画面变为非黑即白的效果，有一种炭笔画的感觉，如图 3-170 所示。

图 3-168

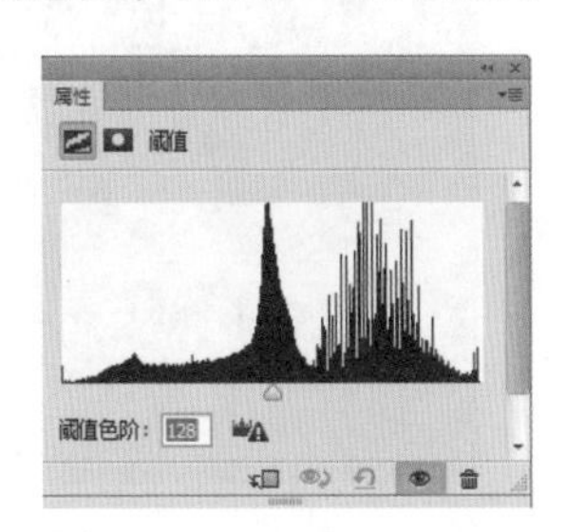

图 3-169

图 3-170

（2）在“阈值”对话框中拖动直方图下面的滑块或输入“阈值色阶”数值可以指定一个色阶作为阈值，阈值越大黑色像素分布就越广，效果如图 3-171 所示。阈值越小黑色像素分布就越少，如图 3-172 所示。

图 3-171　　图 3-172

3.6.8 渐变映射：为照片赋予新的色感

“渐变映射”命令是将设定好的渐变颜色按照明暗关系映射到图像中不同亮度的区域上，从而实现画面颜色的变更。

（1）打开一张照片，如图 3-173 所示。执行“图层 > 新建调整图层 > 渐变映射”命令，打开“渐变映射”属性面板，如图 3-174 所示。

图 3-173

图 3-174

（2）单击“属性”面板中的渐变色条打开“渐变编辑器”，在“渐变编辑器”中编辑一个合适的渐变颜色，如图 3-175 所示。渐变编辑完成后，单击“确定”按钮，此时画面效果如图 3-176 所示。

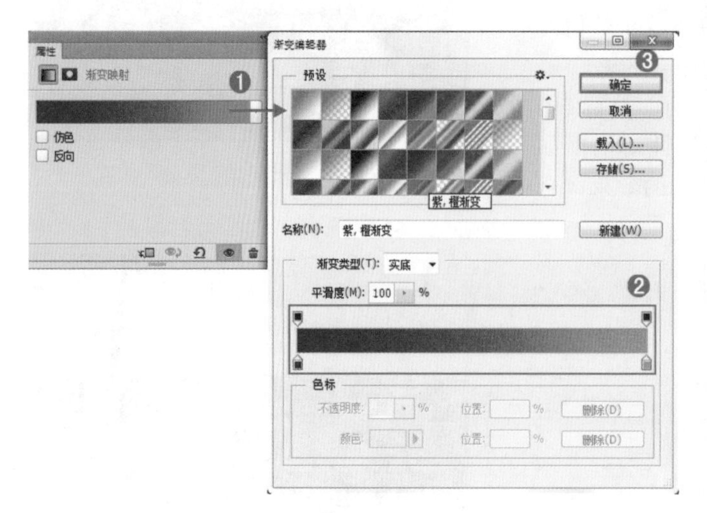

图 3-175

图 3-176

（3）也可以根据需要去设置“调整图层”的混合模式。图3-177所示为混合模式为“滤色”的效果，图3-178所示为混合模式为“色相”的效果。

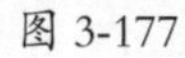

图3-177

图3-178

（4）也可以通过调整图层设置不透明度去调整渐变映射的效果。编辑一个多彩色系的渐变，如图3-179所示。接着设置该调整图层的“不透明度”为20%，此时画面效果如图3-180所示。

图3-179

图3-180

小提示：“渐变映射”参数详解

仿色：勾选该选项以后，Photoshop会添加一些随机的杂色来平滑渐变效果。

反向：勾选该选项以后，可以反转渐变的填充方向，映射出的渐变效果也会发生变化。

3.6.9 HDR 色调

在数字图像的世界中"HDR"其实是"High Dynamic Range"的简称，即高动态范围图像。这一类图像的特点是亮部非常亮，暗部非常暗，细节又非常明显。Photoshop 中的"HDR 色调"命令可以用来修补太亮或太暗的图像，制作出高动态范围的图像效果，对于处理风景图像非常有用。图 3-181 和图 3-182 所示为 HDR 摄影作品欣赏。

图 3-181

图 3-182

（1）打开一张风景照片，如图 3-183 所示。接着执行"图像 > 调整 >HDR 色调"命令，打开"HDR 色调"对话框，Photoshop 会根据图像的特点自动地进行调色，此时参数面板如图 3-184 所示，画面效果如图 3-185 所示。

图 3-183

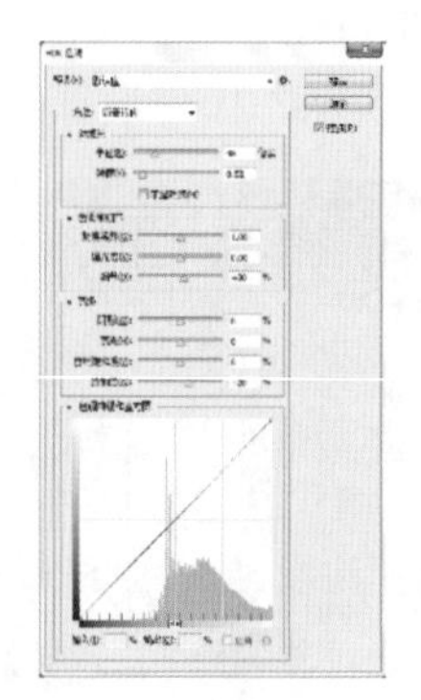

图 3-184

图 3-185

（2）首先选择调整图像采用何种 HDR 方法，在这里设置"方法"为"局部适应"。然后调整"边缘光"选项，"边缘光"选项用于调整图像边缘光的强度，强度越大，画面细节越突出。在这里设置"半径"为 100 像素，"强度"为 4，参数设置如图 3-186 所示。此时画面效果如图 3-187 所示。

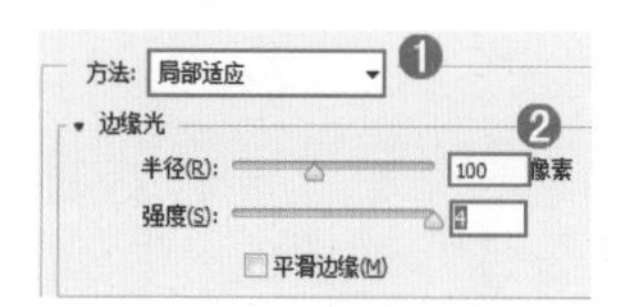

图 3-186

图 3-187

（3）接着调整“色调和细节”选项，调节该选项组中的选项可以使图像的色调和细节更加丰富细腻。设置“灰度系数”为 0.6，“细节”为 40%，参数设置如图 3-188 所示。此时画面效果如图 3-189 所示。

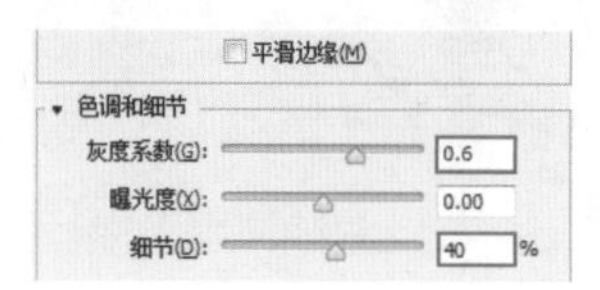

图 3-188

图 3-189

（4）此时颜色不够鲜艳，在高级选项中设置“自然饱和度”为 50%，参数设置如图 3-190 所示。此时画面效果如图 3-191 所示。

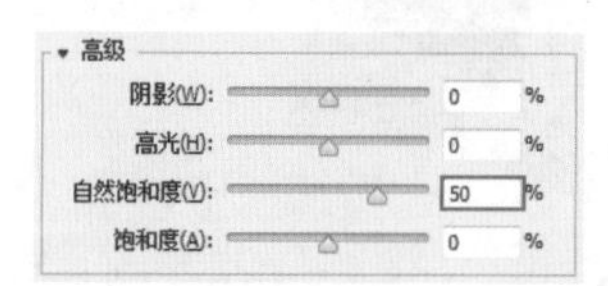

图 3-190

图 3-191

（5）接下来通过调整曲线，增加颜色的对比，曲线形状如图 3-192 所示。此时画面效果如图 3-193 所示。

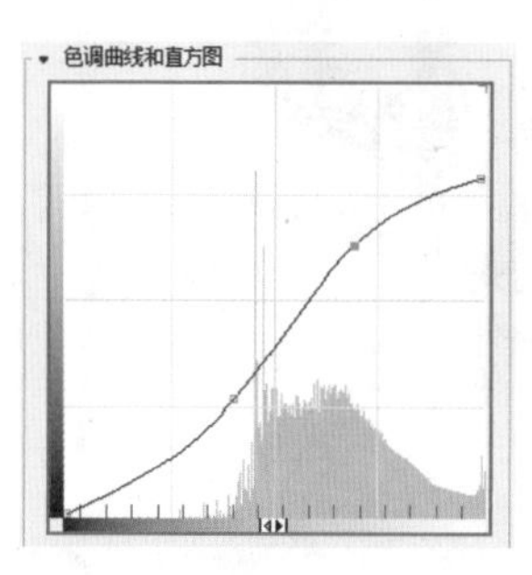

图 3-192

图 3-193

小提示：“HDR 色调”参数详解

预设：在下拉列表中可以选择预设的 HDR 效果，既有黑白效果，也有彩色效果。

高级：在该选项组中可以控制画面整体阴影、高光以及饱和度。

色调曲线和直方图：该选项组的使用方法与“曲线”命令的使用方法相同。

3.7 风格化调色技法

3.7.1 还原照片色感

案例文件：	还原照片色感 .psd
视频教学：	还原照片色感 .flv

案例效果：

操作步骤：

（1）执行“文件 > 打开”命令，打开一张人像照片“1.jpg”，如图 3-194 所示。

（2）人物背景湖水处曝光过度，执行“图层 > 新建调整图层 > 曲线”命令，在“曲线”属性面板中调整曲线形状，如图 3-195 所示。然后选择工具箱中的“画笔工具”，设置画笔颜色为黑色，在蒙版中涂抹人像及湖水暗部，效果如图 3-196 所示。

图 3-194

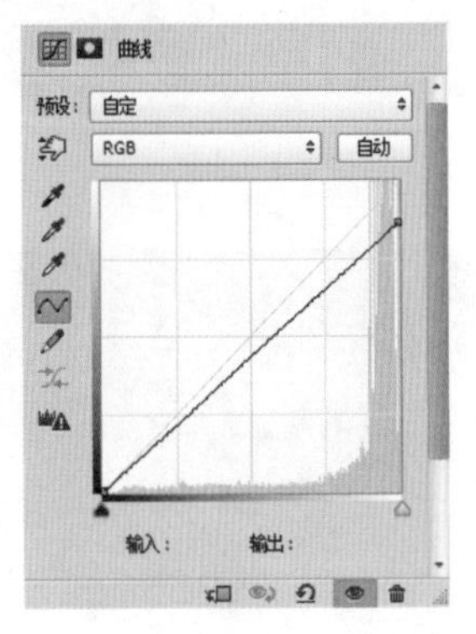

图 3-195

图 3-196

（3）下面整体调亮画面，执行“图层 > 新建调整图层 > 亮度 / 对比度”命令，在属性面板中设置“亮度”为 15，“对比度”为 40，如图 3-197 所示。画面效果如图 3-198 所示。

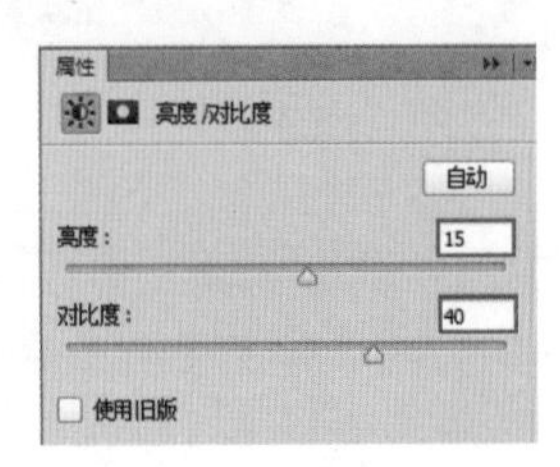

图 3-197

（4）可以看到人物身体与面部皮肤颜色差异较大，下面通过调整曲线调节人物身体皮肤色调。执行“图层 > 新建调整图层 > 曲线”命令，在“曲线”属性面板中调整曲线形状，如图 3-199 所示。然后设置前景色为黑色，按下填充前景色快捷键 <Alt+Delete> 为蒙版填充前景色，单击工具箱中的“画笔工具”，设置画笔颜色为白色，使用画笔在蒙版中涂抹人物胳膊部分，画面效果如图 3-200 所示。

图 3-198

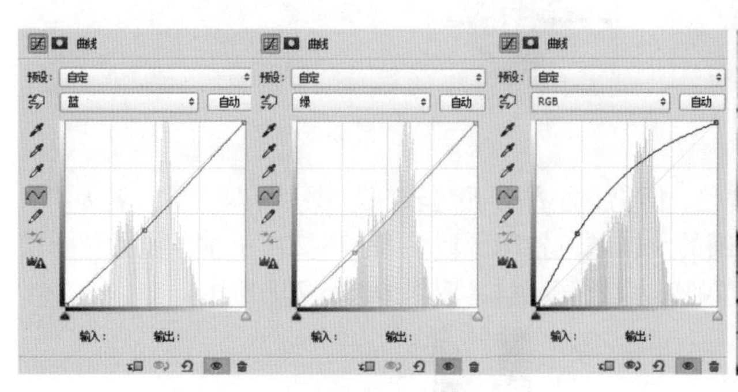

图 3-199

图 3-200

（5）此时观察到人像两只胳膊的颜色略有差异，继续使用上述方法调整内侧胳膊的颜色，调整曲线形状如图 3-201 所示。使用白色画笔涂抹蒙版中内侧胳膊的部分，画面效果如图 3-202 所示。

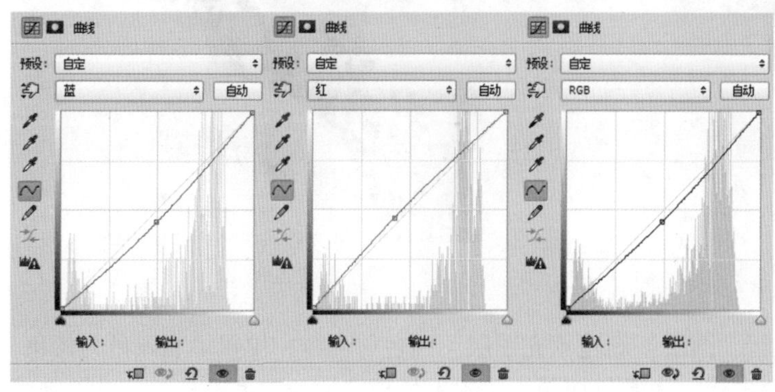

图 3-201

图 3-202

（6）人像面部颜色偏冷，通过调节曲线形状使其偏为暖调。执行“图层 > 新建调整图层 > 曲线”命令，调整曲线形状，如图 3-203 所示。将蒙版填充为黑色，使用白色画笔在面部及颈部区域涂抹，画面效果如图 3-204 所示。

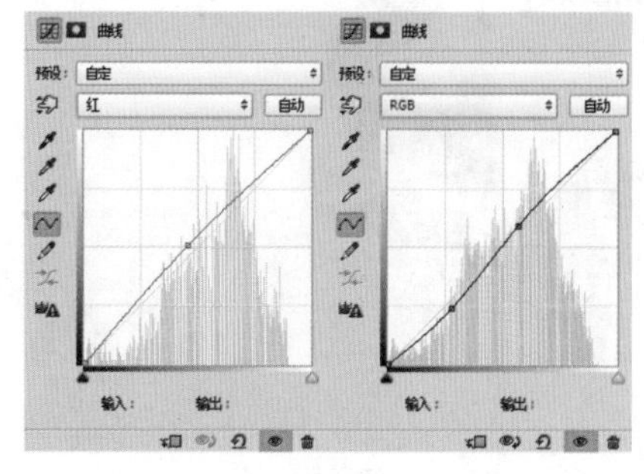

图 3-203

图 3-204

（7）接下来调整人物头发颜色，新建图层命名为“头发颜色”，单击工具箱中的“画笔工具”按钮，设置画笔颜色为红棕色，设置合适的画笔大小，在图层中涂抹人像头发区域，如图 3-205 所示。设置“图层混合模式”为颜色减淡，效果如图 3-206 所示。

图 3-205

图 3-206

（8）此时人物头发大部分区域变为黄色，但仍有小部分颜色较深。继续新建图层命名为“头发颜色 2”，使用上述方法在图层中小范围的涂抹颜色较深区域，如图 3-207 所示。设置“图层混合模式”为线性减淡，“不透明度”为 70%，设置完成后，效果如图 3-208 所示。

图 3-207

图 3-208

（9）下面调整湖水颜色。执行“图层 > 新建填充图层 > 纯色”命令，设置填充颜色为蓝色，如图 3-209 所示。设置“图层混合模式”为颜色加深，使用工具箱中的“画笔工具”，设置画笔样式为黑色，使用画笔在蒙版中涂抹人像及木板区域，效果如图 3-210 所示。

图 3-209

图 3-210

（10）最后执行“图层 > 新建调整图层 > 自然饱和度”命令，在“自然饱和度”属性面板中设置“自然饱和度”数值为 50，“饱和度”数值为 0，如图 3-211 所示。此案例制作完成，最终效果如图 3-212 所示。

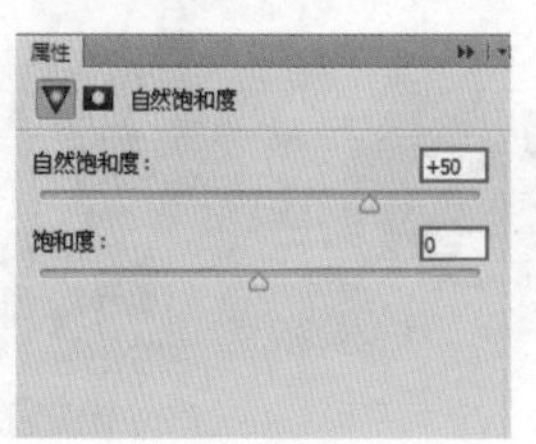

图 3-211

图 3-212

3.7.2 怀旧效果

案例文件：	怀旧效果 .psd
视频教学：	怀旧效果 .flv

案例效果：

操作步骤：

（1）打开一张室外的摄影作品，如图 3-213 所示。

图 3-213

（2）接下来利用“镜头校正”滤镜为画面添加暗角，执行“滤镜 > 镜头校正”命令，单击“自定”选项卡，然后设置“晕影”的数量为 –100，参数设置如图 3-214 所示。设置完成后单击“确定”按钮，此时画面效果如图 3-215 所示。

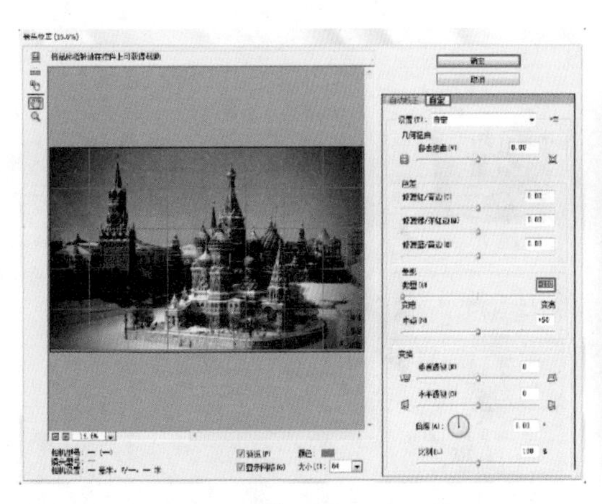

图 3-214

图 3-215

（3）下面为画面添加杂色。执行“滤镜 > 杂色 > 添加杂色”命令，打开“添加杂色”对话框，设置“数量”为 45%，设置“分布”为“平均分布”，参数设置如图 3-216 所示。设置完成后单击“确定”按钮，此时画面效果如图 3-217 所示。

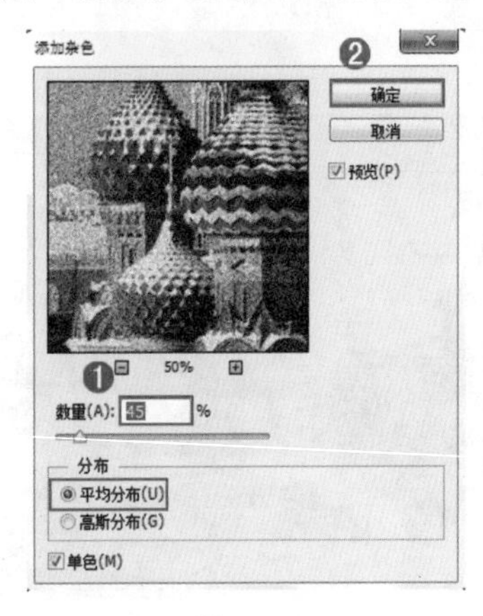

图 3-216

图 3-217

（4）接下来对画面进行调色。执行“图层 > 新建调整图层 > 照片滤镜”命令，勾选“颜色”，设置“颜色”为“橘黄色”，然后设置“浓度”为 60%，参数设置如图 3-218 所示。画面效果如图 3-219 所示。

图 3-218

图 3-219

（5）接着降低画面的颜色饱和度。执行“图层 > 新建调整图层 > 色相 / 饱和度”命令，设置“饱和度”为 -60，参数设置如图 3-220 所示。此时画面效果如图 3-221 所示。

图 3-220

图 3-221

（6）执行“图层 > 新建调整图层 > 曲线”命令，调整“绿”通道，曲线如图 3-222 所示。此时画面效果如图 3-223 所示。

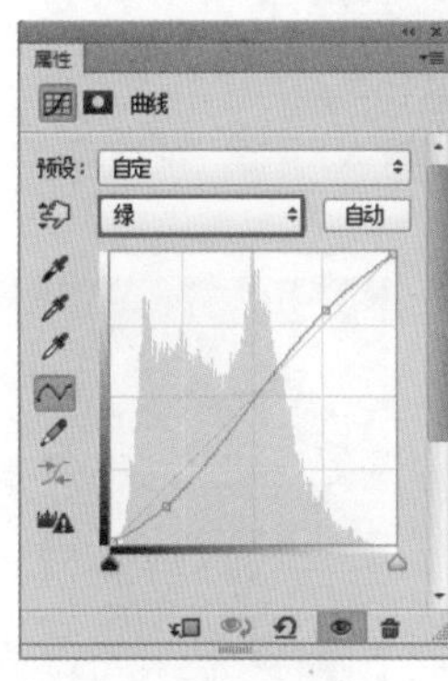

图 3-222

图 3-223

（7）接着降低画面中蓝色。设置通道为“蓝”，调整曲线形状如图 3-224 所示。此时画面效果如图 3-225 所示。

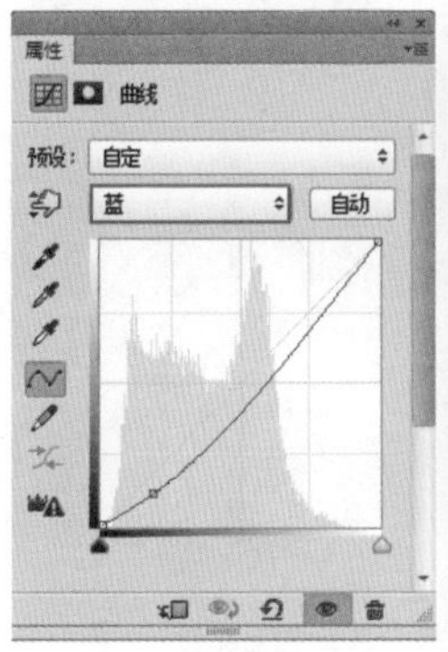

图 3-224

图 3-225

（8）接着增加画面颜色的整体的颜色对比。设置通道为“RGB”，调整曲线形状如图 3-226 所示。此时画面效果如图 3-227 所示。

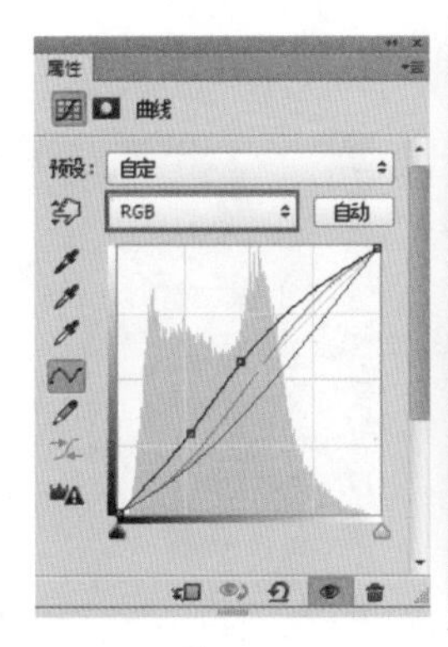

图 3-226

图 3-227

第 3 章

3.7.3 暗调诡异蓝紫色

案例文件：	暗调诡异蓝紫色 .psd
视频教学：	暗调诡异蓝紫色 .flv

案例效果：

操作步骤：

（1）执行“文件 > 打开”菜单命令，打开一张照片“1.jpg”，如图 3-228 所示。

图 3-228

（2）执行“图层 > 新建调整图层 > 曲线”命令，在属性面板中打开曲线调整面板，调整曲线形状以调节画面亮度，如图 3-229 所示。效果如图 3-230 所示。

（3）选中曲线图层，在图层面板底端单击“添加图层蒙版”按钮，为图层添加蒙版，然后单击工具箱中的“画笔工具”按钮，设置画笔颜色为黑色，使用画笔在蒙版中涂抹相应位置，如图 3-231 所示。效果如图 3-232 所示。

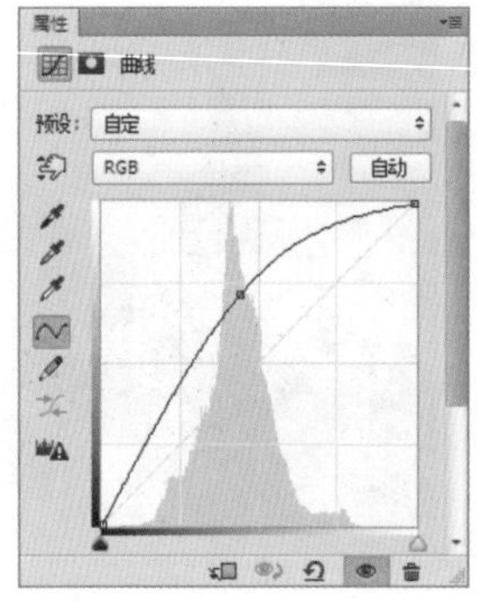

图 3-229

图 3-230

图 3-231

图 3-232

（4）继续执行“图层 > 新建调整图层 > 曲线”命令，调节曲线形状如图 3-233 所示。然后添加图层蒙版并使用画笔在蒙版中涂抹，以隐藏画面部分效果，如图 3-234 所示。

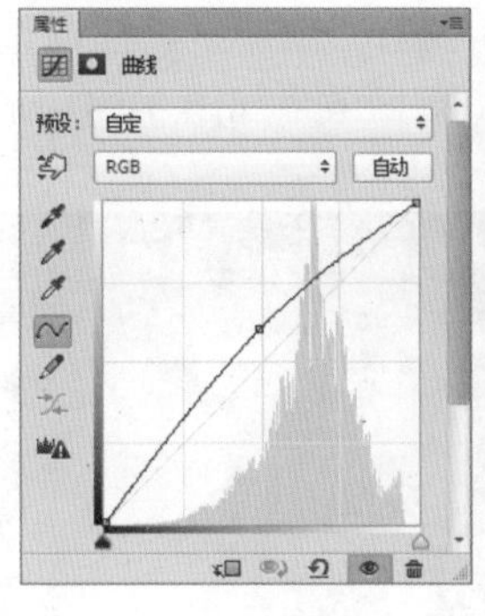

图 3-233

图 3-234

（5）接下来制作云雾效果，以增添画面梦幻感，执行“文件 > 置入”命令，置入云雾素材“2.jpg”，如图 3-235 所示。然后按下自由变换快捷键 <Ctrl+T>，当图像四周出现界定框时，将鼠标指针放置在角点将素材旋转，如图 3-236 所示。

图 3-235

图 3-236

（6）选中云雾图层，在图层面板中调节其图层混合模式为滤色，不透明度为 50%，如图 3-237 所示。效果如图 3-238 所示。

图 3-237

图 3-238

（7）在图层面板中单击“添加图层蒙版”按钮为图层添加图层蒙版，然后使用黑色柔角画笔在蒙版中涂抹人像部分，效果如图 3-239 所示。

图 3-239

（8）下面通过调节曲线来调整画面色调。执行“图层 > 新建调整图层 > 曲线”菜单命令，在属性面板中调整曲线形状，如图 3-240 所示。画面效果如图 3-241 所示。

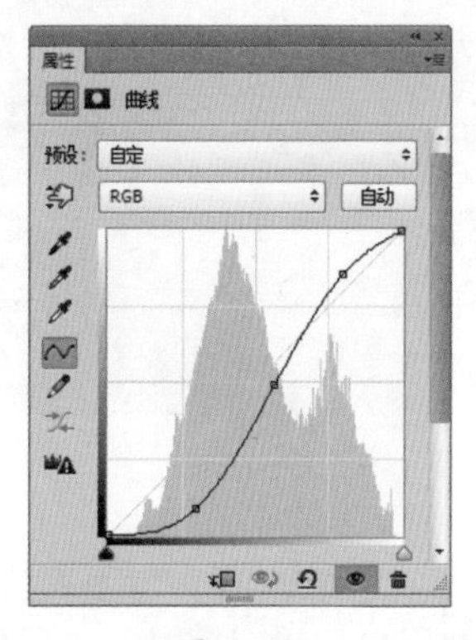

图 3-240

图 3-241

（9）继续执行“图层 > 新建调整图层 > 色彩平衡”菜单命令，在属性面板中选择色调为“阴影”，设置“洋红 – 绿色”数值为 20，“黄色 – 蓝色”数值为 25；选择“色调”为“中间调”，设置“黄色 – 蓝色”数值为 10；选择“色调”为“高光”，设置“黄色 – 蓝色”数值为 7，如图 3-242 所示。效果如图 3-243 所示。

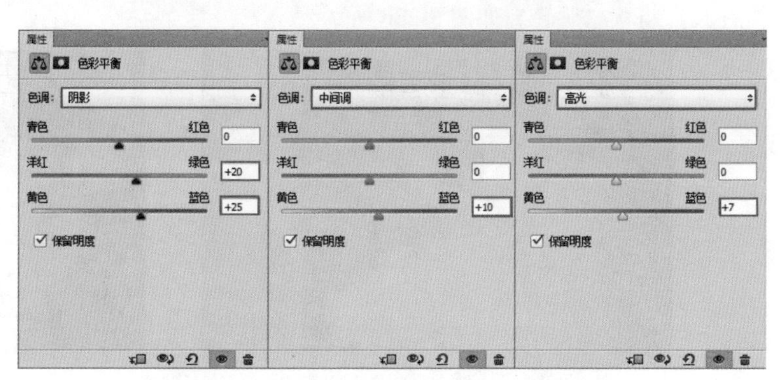

图 3-242

图 3-243

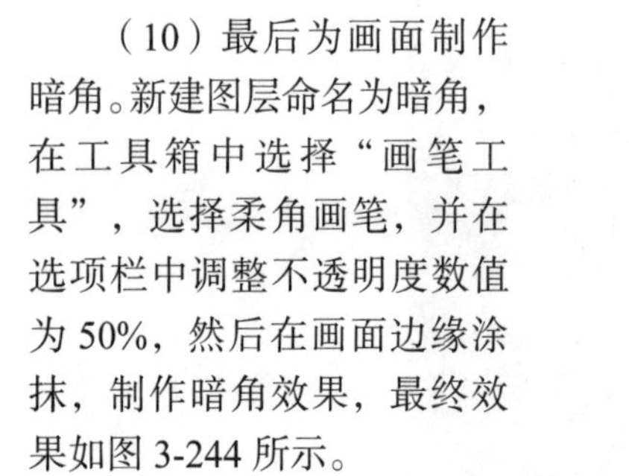

（10）最后为画面制作暗角。新建图层命名为暗角，在工具箱中选择“画笔工具”，选择柔角画笔，并在选项栏中调整不透明度数值为 50%，然后在画面边缘涂抹，制作暗角效果，最终效果如图 3-244 所示。

图 3-244

3.7.4 冷暖对比的青红色

案例文件：	冷暖对比的青红色 .psd
视频教学：	冷暖对比的青红色 .flv

案例效果：

操作步骤：

（1）执行“文件 > 打开”菜单命令，打开人像照片“1.jpg”，如图 3-245 所示。

（2）在图像中可以看到，人物皮肤处较为粗糙，因此执行“滤镜 > 模糊 > 表面模糊”菜单命令，在弹出的“表面模糊”窗口中设置“半径”为 10 像素，“阈值”为 20 色阶，参数设置如图 3-246 所示。效果如图 3-247 所示。

（3）然后单击图层面板底端的“添加图层蒙版”按钮，为图层添加蒙版，使用工具箱中的“画笔工具”，设置画笔颜色为黑色，使用画笔在蒙版中涂抹除人像皮肤以外的区域，效果如图 3-248 所示。

图 3-245

图 3-246

图 3-247

图 3-248

（4）下面调整画面整体色调，新建图层，设置前景颜色为青蓝色，选中该图层，按下填充前景色快捷键 <Alt+Delete> 为图层填充前景色，如图 3-249 所示。设置其图层混合模式为“正片叠底”，“透明度”为 60%，效果如图 3-250 所示。

（5）然后单击图层面板底端的“添加图层蒙版”按钮，为图层添加蒙版，使用黑色柔角画笔，在蒙版中涂抹人像皮肤区域，效果如图 3-251 所示。

图 3-249

图 3-250

（6）可以观察到在图像中四周光线较亮，而人物皮肤相对较暗，所以此时要对人物皮肤部分进行调整，执行“图层 > 新建调整图层 > 曲线”命令，在属性面板中调节曲线形状，如图 3-252 所示。效果如图 3-253 所示。

（7）此步骤操作只针对人像皮肤进行调节，因此要隐藏背景区域效果，使用黑色画笔工具，在曲线蒙版中涂抹除人像上半身皮肤外的所有区域，效果如图 3-254 所示。

图 3-251

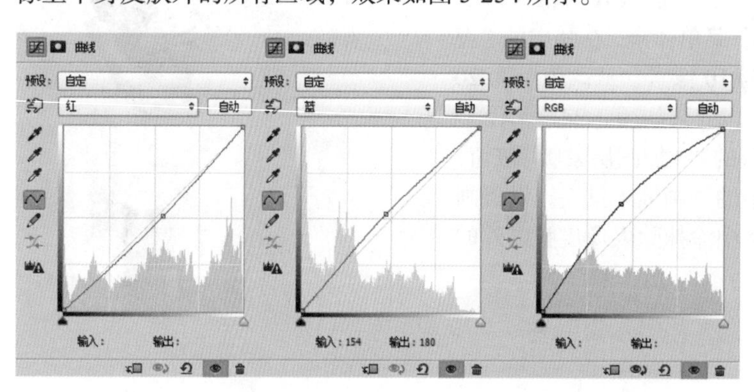

图 3-252

图 3-253

图 3-254

（8）接下来调节背景色调，执行“图层 > 新建调整图层 > 曲线”菜单命令，在面板中调节曲线形状，如图 3-255 所示。效果如图 3-256 所示。然后使用黑色柔角画笔在曲线蒙版中涂抹人像区域，效果如图 3-257 所示。

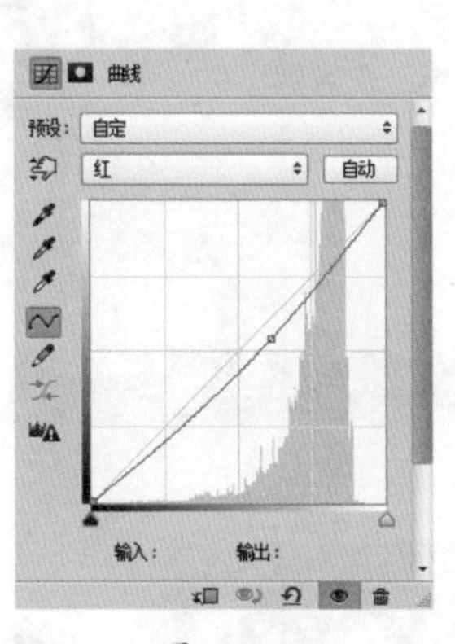

图 3-255

图 3-256

图 3-257

（9）最后将人像与背景进行柔和处理，新建图层，使用蓝色柔角画笔，并适当调整画笔大小及不透明度，使用画笔在图层中涂抹人像及背景边缘区域，如图 3-258 所示。涂抹完成后，设置其图层混合模式为“滤色”，效果如图 3-259 所示。

图 3-258

图 3-259

3.7.5 朦胧感外景照片

案例文件：	朦胧感外景照片 .psd
视频教学：	朦胧感外景照片 .flv

案例效果：

操作步骤：

（1）执行“文件 > 打开”命令，打开照片素材“1.jpg”文件，如图 3-260 所示。

（2）执行“图层 > 新建调整图层 > 曲线”命令，创建调整图层，在属性面板中调整“RGB”曲线的形状，将画面提亮，如图 3-261 所示。在调整图层蒙版上，使用黑色画笔绘制人像以外的部分，如图 3-262 所示。此时只有人像部分被提亮了，效果如图 3-263 所示。

图 3-260

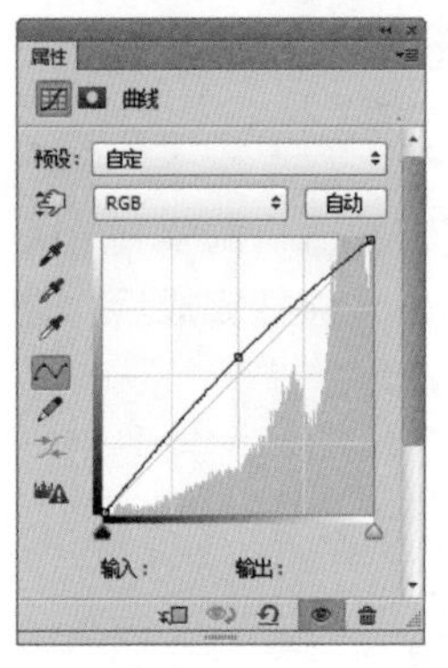

图 3-261

图 3-262

图 3-263

（3）继续新建图层，为其填充粉色，如图 3-264 所示。设置“混合模式”为“滤色”，“不透明度”为 60%，为其添加图层蒙版，使用黑色画笔绘制人像部分，如图 3-265 所示。效果如图 3-266 所示。

图 3-264

图 3-265

图 3-266

（4）执行“图层 > 新建调整图层 > 色彩平衡”命令，设置“色调”为“阴影”，数值为 0、−6、−20，如图 3-267 所示。设置“色调”为“中间调”，数值为 0、0、−8，如图 3-268 所示。设置“色调”为“高光”，数值为 2、0、−6，如图 3-269 所示。效果如图 3-270 所示。

（5）再次新建图层，设置“颜色”为“粉色”，为其填充粉色，设置图层的“混合模式”为“滤色”，“不透明度”为 40%，为其添加图层蒙版，使用渐变工具在蒙版中绘制黑白渐变，如图 3-271 所示。效果如图 3-272 所示。

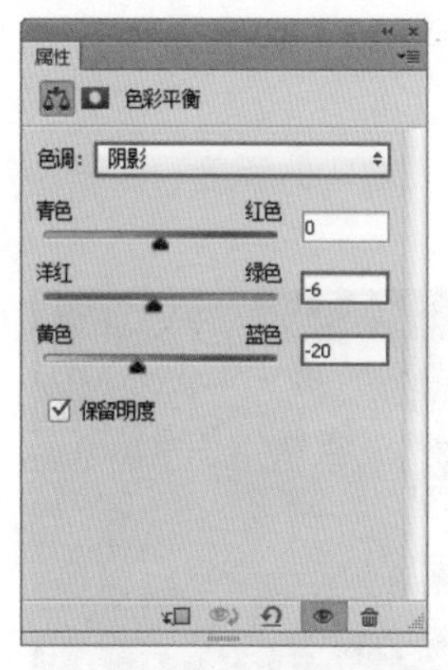

图 3-267

图 3-268

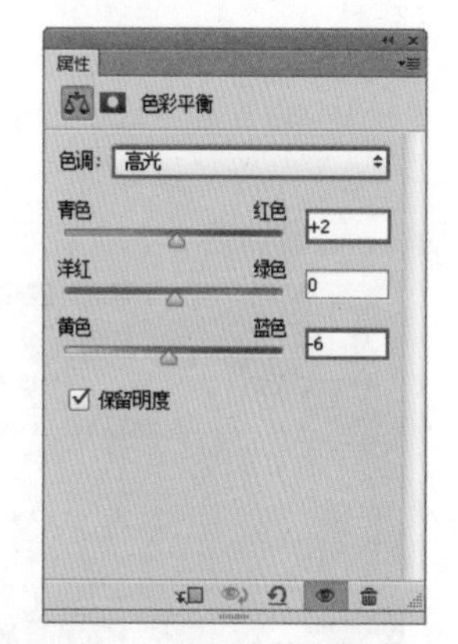

图 3-269

图 3-270

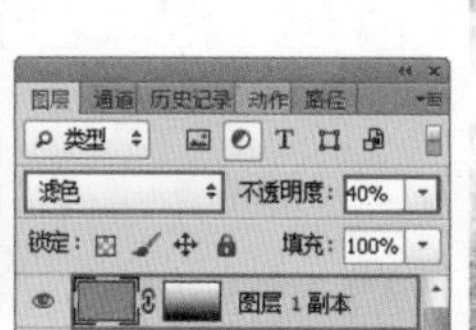

图 3-271

图 3-272

3.7.6　梦幻抽丝效果

案例文件：	梦幻抽丝效果 .psd
视频教学：	梦幻抽丝效果 .flv

案例效果：

操作步骤：

（1）首先在 Photoshop 中打开人物照片“1.jpg”，如图 3-273 所示。

（2）先为背景添加一个暗边，创建新的“曲线”调整图层，调整曲线的弯曲程度，如图 3-274 所示。效果如图 3-275 所示。

图 3-273

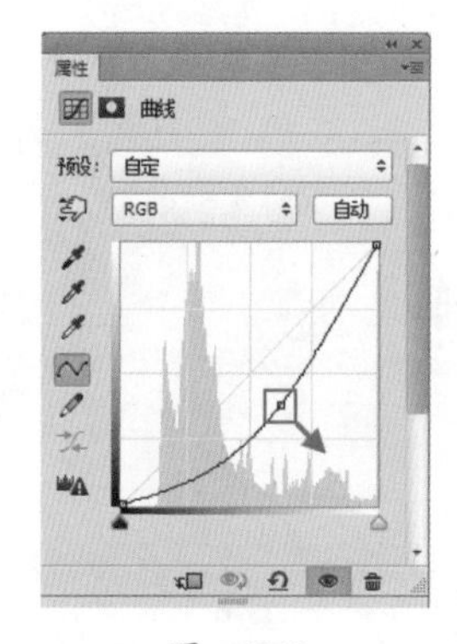

图 3-274

图 3-275

（3）此时添加“图层蒙版”，在蒙版中使用黑色画笔绘制中间区域，把人像部分显现出原来亮度，压暗四周，如图 3-276 所示。效果如图 3-277 所示。

（4）接着为中间部分提亮，创建新的“曲线 2”调整图层，调整曲线的弯曲程度，如图 3-278 所示。效果如图 3-279 所示。

图 3-276

图 3-277

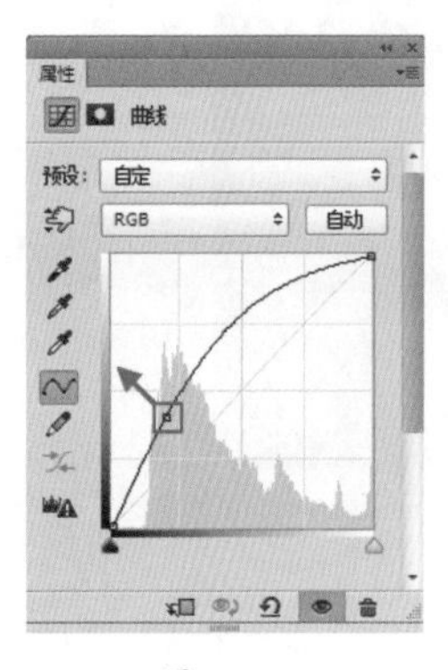

图 3-278

图 3-279

（5）此时为曲线2添加“图层蒙版”，设置“前景色”为“黑色”，按下快捷键 <Alt+Delete> 填充，在蒙版中用白色画笔绘制中间区域，把人像部分显现出当前亮度，如图 3-280 所示。效果如图 3-281 所示。

图 3-280

图 3-281

（6）接下来利用“曲线”进行调色。再次新建一个“曲线”调整图层，设置通道为“绿”，调整曲线形状如图 3-282 所示。此时画面效果如图 3-283 所示。

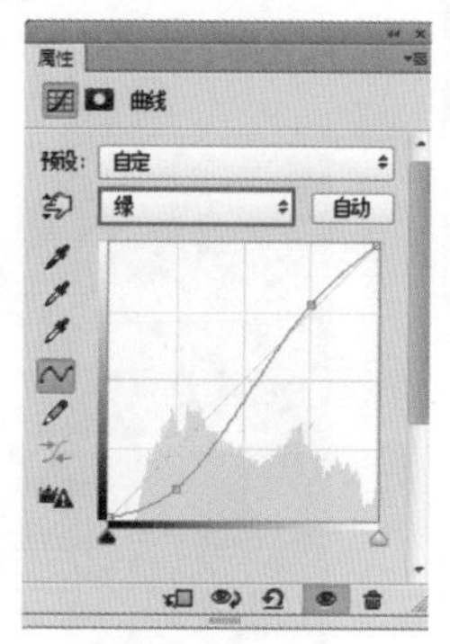

图 3-282

图 3-283

（7）接着设置通道为“蓝”，调整曲线形状如图 3-284 所示。此时画面效果如图 3-285 所示。

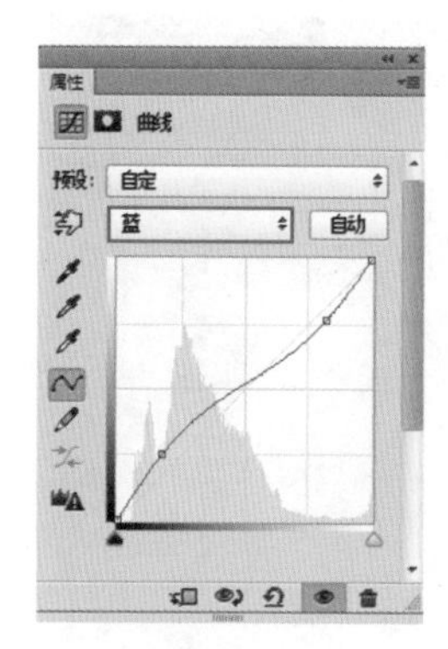

图 3-284

图 3-285

（8）接着设置通道为“RGB”提亮曲线形状，曲线形状如图 3-286 所示。此时画面效果如图 3-287 所示。

（9）单击工具箱中的“画笔工具”，然后将“前景色”设置为“白色”，接着单击选项栏中的“切换画笔面板”按钮，打开“画笔面板”，然后勾选“形状动态”，选择一个硬角画笔，设置“大小”为 5 像素，“间距”为 400%，参数设置如图 3-288 所示。设置完成后新建图层，按住 <Shift> 键绘制一竖排白点，如图 3-289 和图 3-290 所示。

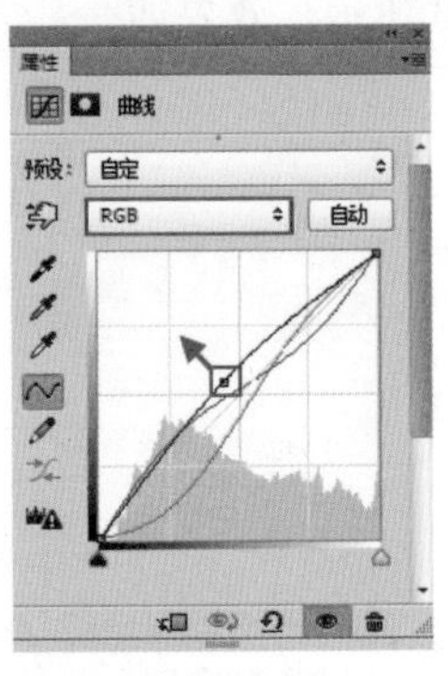

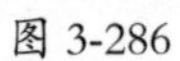

图 3-286

图 3-287

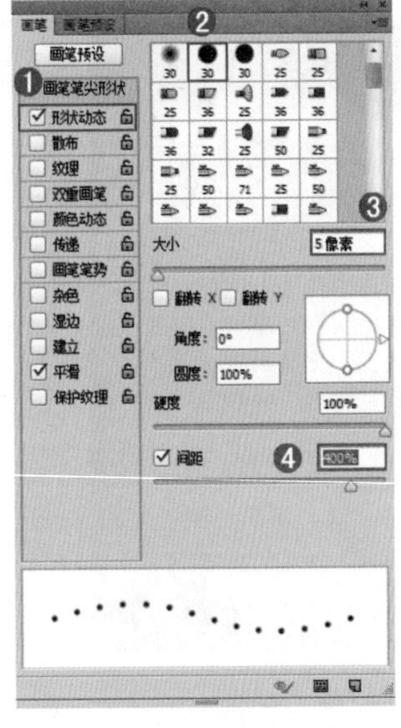

图 3-288

图 3-289

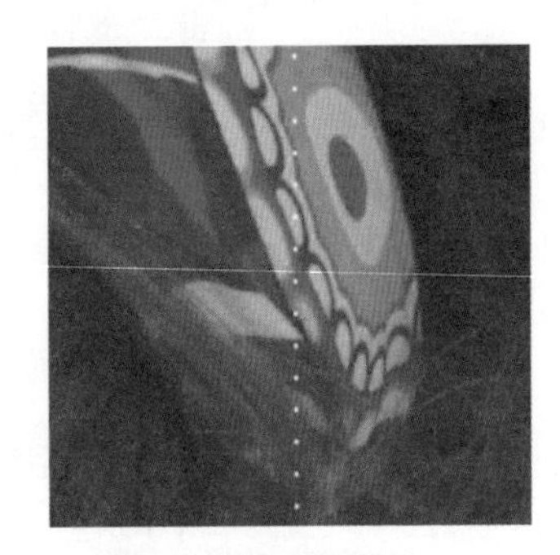

图 3-290

（10）选择“白点”图层，使用自由变换工具快捷键 <Ctrl+T> 调整位置，横向拉伸，确定按下 <Enter> 键，如图 3-291 和图 3-292 所示。

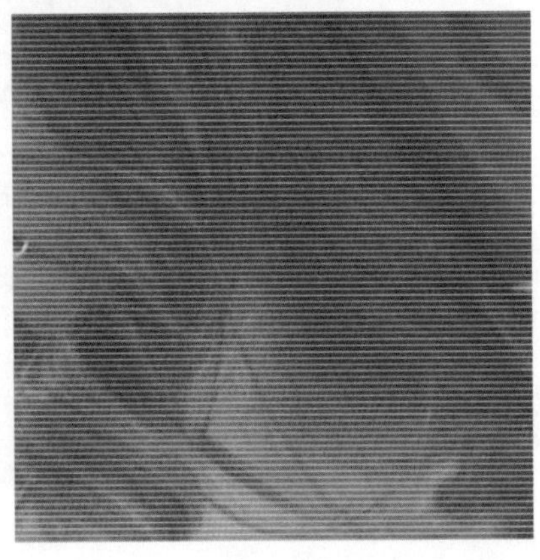

图 3-291

图 3-292

（11）再次使用自由变换工具快捷键 <Ctrl+T> 调整位置，旋转调整斜度，如图 3-293 和图 3-294 所示。

图 3-293

图 3-294

（12）下面为图片添加文字，使用文字工具，设置合适的字体，在画面右上角单击并键入文字，注意底部的文字对齐方式需要设置为右对齐，如图 3-295 所示。

（13）接下来制作光线。选择工具箱中的“画笔工具”，打开“画笔”面板，选择一个柔角画笔，设置“大小”为 10 像素，参数设置如图 3-296 所示。勾选“形状动态”，设置“控制”为“钢笔压力”，参数设置如图 3-297 所示。

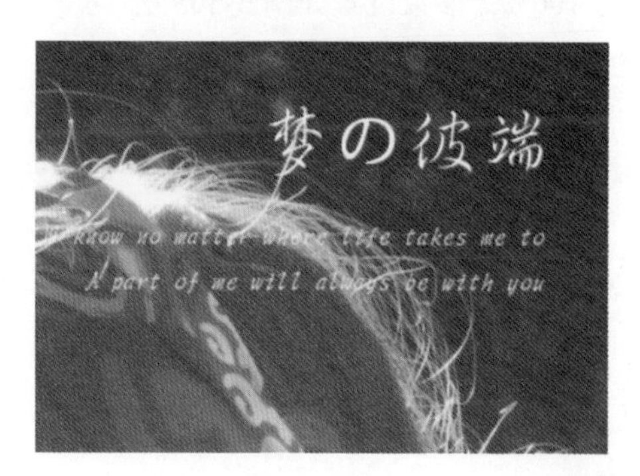

图 3-295

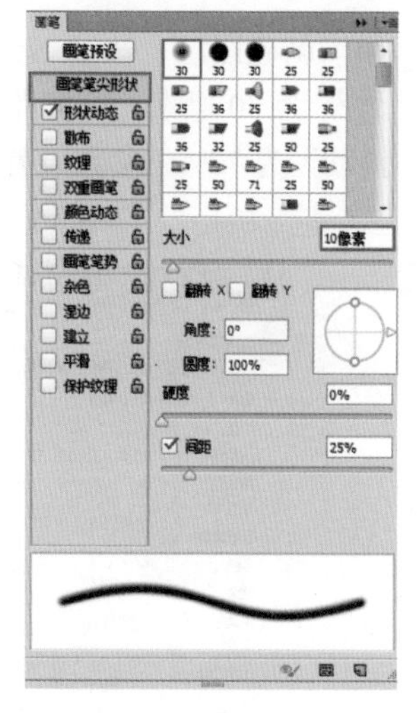

图 3-296

图 3-297

（14）新建图层，选择工具箱中的“钢笔工具”，设置“绘制模式”为“路径”，然后在画面中绘制一个弧线的路径，如图 3-298 所示。接着打开“路径”面板，单击“用画笔描边路径”按钮，进行描边路径，效果如图 3-299 所示。

图 3-298

图 3-299

（15）接下来对光效添加“外发光”样式。选择该图层执行“图层 > 图层样式 > 外发光”命令，设置“混合模式”为“滤色”，“不透明度”为 75%，“颜色”为“黄色”，“方法”为“柔和”，“大小”为 40 像素，“范围”为 50%，参数设置如图 3-300 所示。此时画面效果如图 3-301 所示。

（16）使用同样的方法制作其他的光效，如图 3-302 所示。

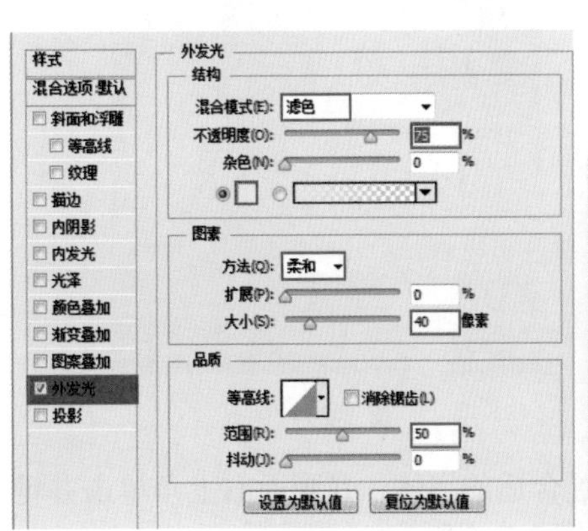

图 3-300

图 3-301

图 3-302

（17）接下来制作光斑效果。新建图层，选择工具箱中的“画笔工具”，打开“画笔”面板，选择一个柔角画笔，设置“大小”为 30 像素，“间距”为 160%，参数设置如图 3-303 所示。勾选“形状动态”，设置“大小抖动”为 70%，参数设置如图 3-304 所示。勾选“散布”，勾选“两轴”，数值为 1000%，设置“数量”为 1、“数量抖动”为 100%，参数设置如图 3-305 所示。

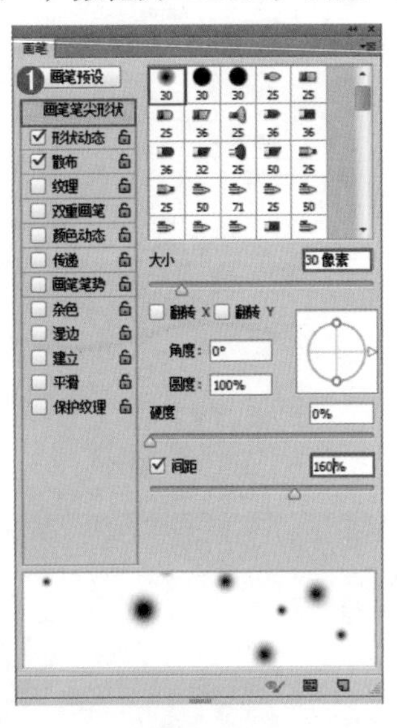

图 3-303

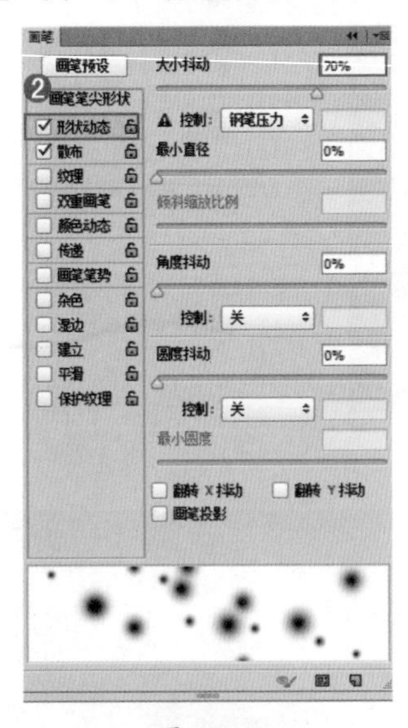

图 3-304

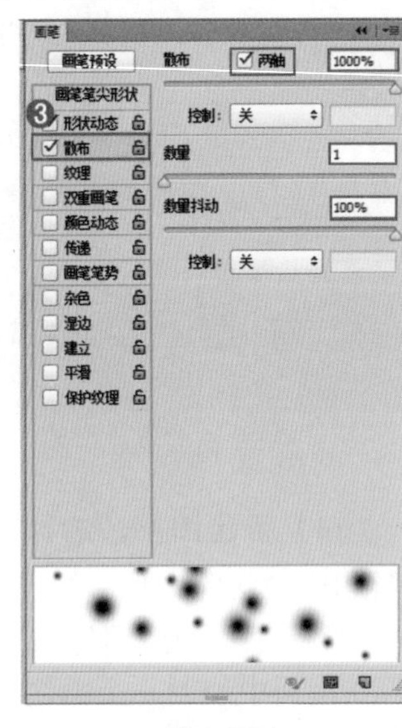

图 3-305

（18）画笔调整完成后，在画面中按住鼠标左键拖动进行绘制，如图 3-306 所示。

（19）接下来将“光线”图层的图层样式复制给“光斑”图层。将鼠标指针移动至“光线”图层的图层样式 fx 处，按住 <Alt> 键拖动至“光斑”图层，如图 3-307 所示。图层样式复制完成，此时画面效果如图 3-308 所示。本案例制作完成。

图 3-306

图 3-307

图 3-308

3.7.8　唯美粉紫色调

案例文件：	唯美粉紫色调 .psd
视频教学：	唯美粉紫色调 .flv

案例效果：

操作步骤：

（1）打开写真照片“1.jpg”，如图 3-309 所示。复制背景素材，并将其命名为“表面模糊”，如图 3-310 所示。

图 3-309

图 3-310

（2）执行“滤镜＞模糊＞表面模糊”命令，设置“半径”数值为 5，“阈值”为 10，如图 3-311 所示。并为其添加图层蒙版，为蒙版填充黑色，使用白色画笔绘制人物皮肤部分，如图 3-312 所示。效果如图 3-313 所示。

图 3-311

图 3-312

图 3-313

（3）执行“图像＞调整＞曲线”命令，调整曲线的形状，如图 3-314 所示。并使用同样方法为曲线调整图层添加蒙版，使曲线图层只对于皮肤部分起作用，如图 3-315 所示。效果如图 3-316 所示。

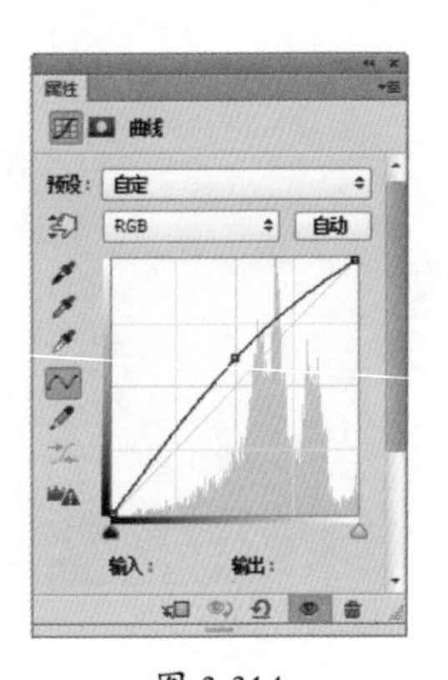

图 3-314

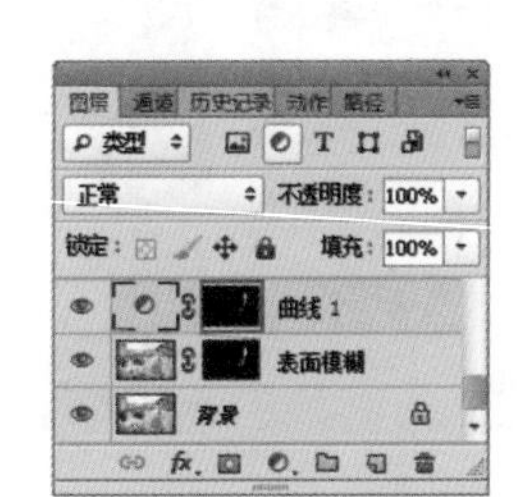

图 3-315

图 3-316

（4）执行“图层＞新建调整图层＞可选颜色”命令，设置“颜色”为“黄色”，“青色”数值为 50，“黄色”数值为－100，“黑色”数值为－100，如图 3-317 所示。设置“颜色”为“绿色”，“青色”数值为 100，“洋红”数值为 15，“黄色”数值为 50，如图 3-318 所示。效果如图 3-319 所示。

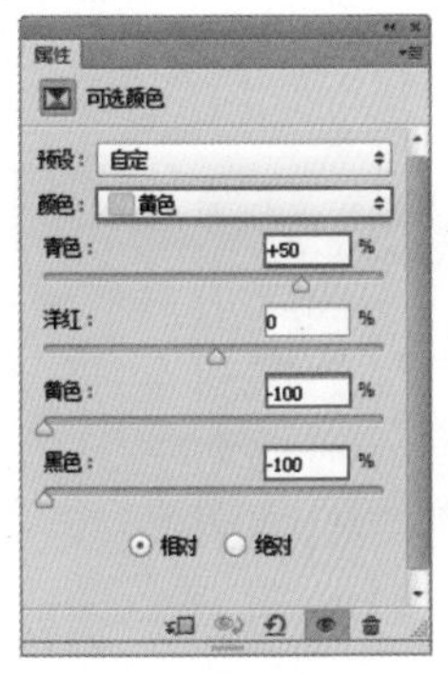

图 3-317

图 3-318

图 3-319

（5）执行“图层 > 新建调整图层 > 色彩平衡”命令，设置“色调”为“高光”，数值为 – 15、0、22，如图 3-320 所示。效果如图 3-321 所示。

图 3-320

图 3-321

（6）执行“图层 > 新建调整图层 > 色相饱和度”命令，设置通道为“红色”通道，“明度”数值为 33，如图 3-322 所示。设置通道为“黄色”通道，设置“饱和度”数值为 – 98，“明度”数值为 3，如图 3-323 所示。效果如图 3-324 所示。

图 3-322

图 3-323

图 3-324

（7）新建图层，单击工具箱中的“渐变工具”按钮，在选项栏中设置“渐变类型”为“线性模式”，编辑一种粉紫色系的渐变色，在画面中拖动填充渐变，如图 3-325 所示。效果如图 3-326 所示。

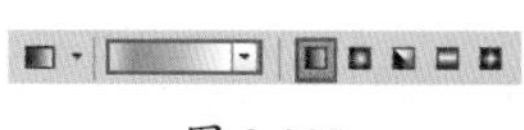

图 3-325

图 3-326

（8）选择渐变图层，为其添加图层蒙版，使用黑色画笔绘制人物的皮肤部分，设置“混合模式”为“线性加深”，设置“不透明度”为 45%，如图 3-327 所示。效果如图 3-328 所示。

图 3-327

图 3-328

（9）复制“图层 2 副本 1”得到“图层 2 副本 2”，并向上适当移动，使用黑色画笔在蒙版中绘制天空以外的部分，设置“副本 2”的“混合模式”为“正片叠底”，“不透明度”为 45%，如图 3-329 所示。效果如图 3-330 所示。

图 3-329

图 3-330

（10）导入光效素材“2.png”至于画面中合适位置，如图 3-331 所示。对其执行“图层 > 图层样式 > 外发光”命令，设置“混合模式”为“叠加”，“不透明度”为 68%，设置“颜色”为“深红色”，“方法”为“柔和”，“大小”为 71 像素，如图 3-332 所示。效果如图 3-333 所示。

图 3-331

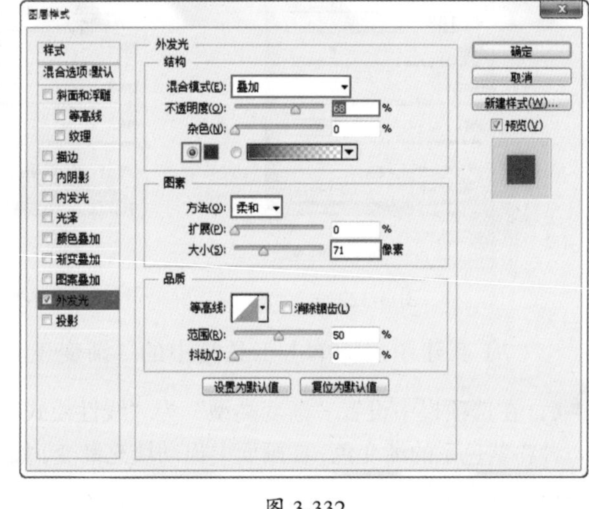

图 3-332

图 3-333

（11）设置合适的前景色，使用“横排文字工具”，设置合适的字体以及字号，在画面中单击并键入合适的文字，如图 3-334 所示。

图 3-334

3.7.9　樱花季节

案例文件：	樱花季节 .psd
视频教学：	樱花季节 .flv

案例效果：

操作步骤：

（1）打开一张冬季拍摄的风景照片，植物上的“树挂”使之产生雪白的效果，但画面整体显得比较暗淡，本案例要将白色的树转变成为粉色的樱花树，如图 3-335 所示。

图 3-335

（2）创建新的“色相 / 饱和度”调整图层，选择黄色通道，设置“明度”为 +100，如图 3-336 所示。选择红色通道，设置“明度”为 +100，如图 3-337 所示。将植物枝干上的颜色去除，如图 3-338 所示。

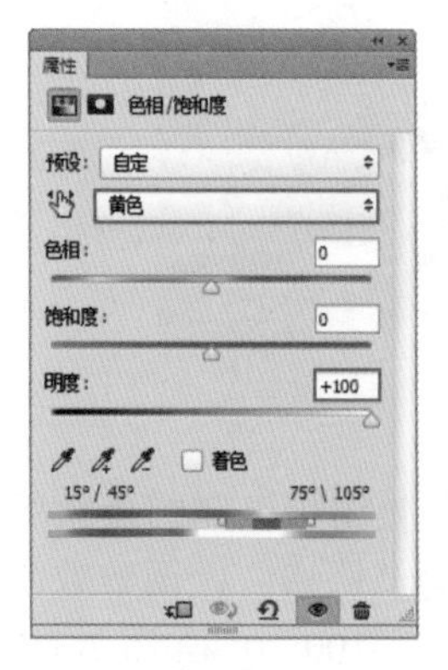

图 3-336

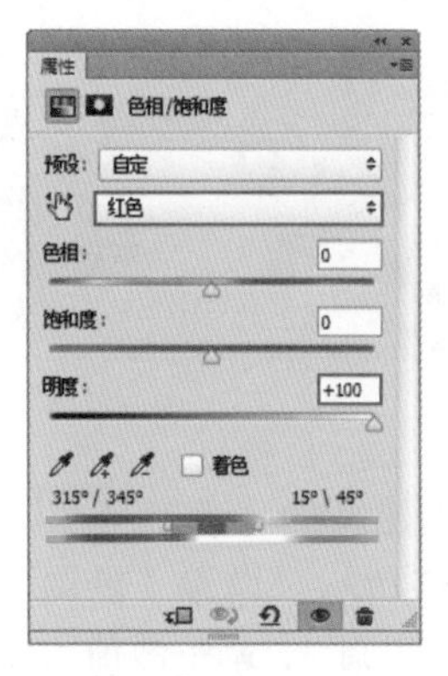

图 3-337

图 3-338

（3）创建新的“亮度 / 对比度”调整图层，设置“亮度”为 10，“对比度”为 50，如图 3-339 所示。此时画面亮度被提升，而且画面色感也通透了一些，如图 3-340 所示。

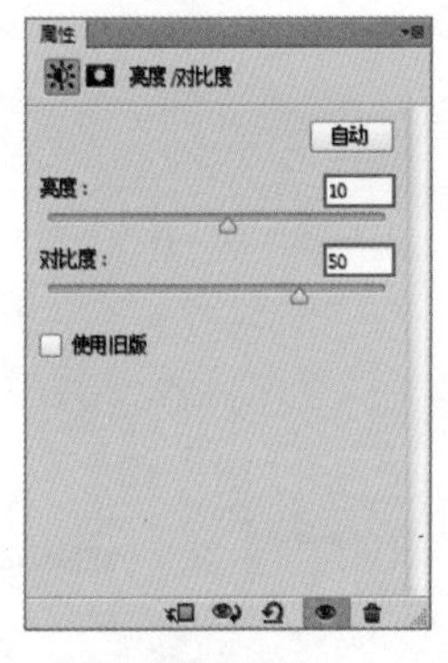

图 3-339

图 3-340

（4）创建新的“可选颜色”调整图层，设置“颜色”为“青色”，调节“青色”为 100%，“黄色”为 –100%，“黑色”为 50%，如图 3-341 所示。设置“颜色”为“蓝色”，调节“青色”为 50%，“黄色”为 –30%，“黑色”为 50%，如图 3-342 所示。

图 3-341

图 3-342

（5）在该可选颜色调整图层蒙版上使用黑色画笔涂抹湖水区域，如图 3-343 所示。此时天空的颜色变得更加的清透，如图 3-344 所示。

图 3-343

图 3-344

（6）最后利用色彩平衡将植物变为粉色，创建新的“色彩平衡”调整图层，在图层蒙版上使用黑色画笔涂抹除树以外的部分。如图 3-345 所示。设置“色调”为“阴影”，调整数值为 0、20、0，如图 3-346 所示。设置“色调”为“中间调”，调整数值为 60、–100、0，如图 3-347 所示。

图 3-345

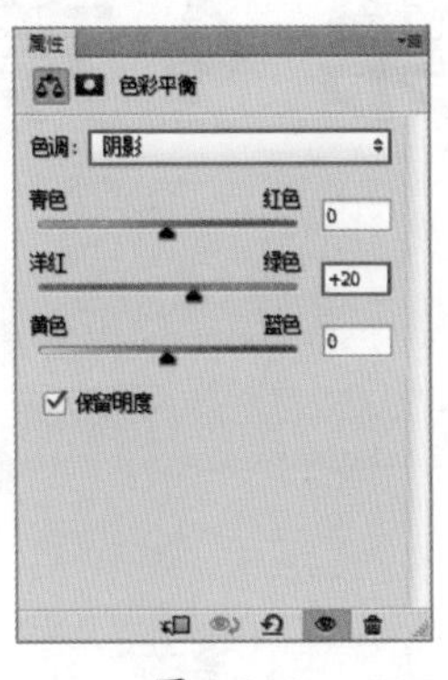

图 3-346

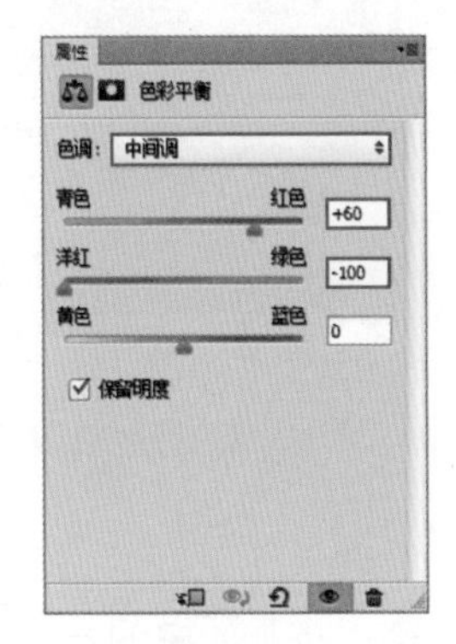

图 3-347

（7）设置“色调”为“高光”，调整数值为 0、－30、－15；设置“色调”为“阴影”，调整数值为 0、20、0；设置“色调”为“中间调”，调整数值为 60、－100、0。如图 3-348 所示。此时植物变为了樱花般的粉色，如图 3-349 所示。

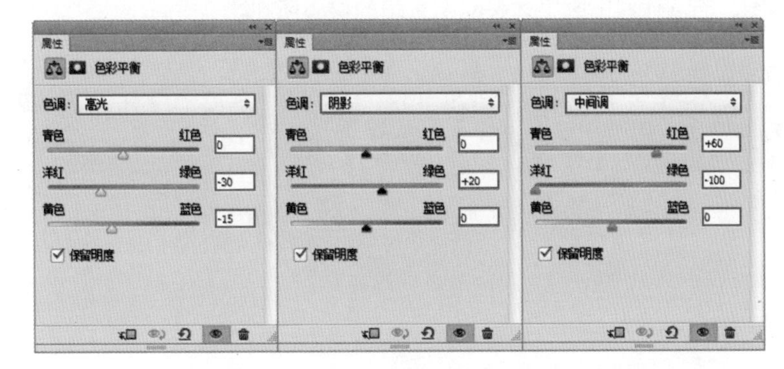

图 3-348

图 3-349

第4章

抠图与合成

关键词：抠图、去背、换背景、合成、蒙版、钢笔抠图、通道抠图

“抠图”是指将画面中的一部分从画面中分离的过程，也被称为“去背”。“抠图”的主要目的是为了将抠出的内容与其他图像合成，这在图像编辑和创意设计中是很常见的任务。“抠图”作为 Photoshop 最常进行的操作之一，并非是单一的工具或是命令操作。想要进行抠图几乎可以使用到Photoshop的大部分工具命令，例如擦除工具、修饰绘制工具、选区工具、蒙版技术、通道技术、图层操作、调色技术、滤镜等。虽然看起来抠图操作纷繁复杂，实际上大部分工具命令都是用于辅助用户进行更快捷、更容易的抠图，而制作“选区”才是抠图真正的核心所在。

佳作欣赏

4.1 认识抠图

抠图是把图片中我们需要的内容从原始图片或影像中分离出来成为单独的图层，主要是为了后期的合成做准备。例如需要制作一幅梦幻感的婚纱摄影合成的版面，首先需要找到一张婚纱摄影照片，如图 4-1 所示。然后通过使用 Photoshop 进行抠图，去除多余背景，如图 4-2 所示。最后为画面添加其他元素，制作出完整的版面效果，如图 4-3 所示。

图 4-1

图 4-2

图 4-3

4.1.1 抠图的两种思路

抠图有两种思路，我们可以根据图像的状况去选择抠图的思路。一种是“去除背景”，就是将画面中不需要的部分去除，只保留需要的部分。图 4-4 所示为原图，图 4-5 所示为使用“橡皮擦工具”擦除背景进行抠图的过程。

图 4-4

图 4-5

另一种是“提取主体”，“提取主体”则是制作出需要保留部分的选区，然后将它复制 / 剪切出来。例如要得到画面中水果的选区，就需要先得到水果的选区，如图 4-6 所示。然后将水果的选区复制到新文档中，如图 4-7 所示。

图 4-6

图 4-7

4.1.2 从抠图到合成的基本流程

抠图的主要目的就是为了合成，让画面呈现预想的一个效果。合成并不难，例如将在空白墙壁前拍摄的人像从单色的背景中抠取出来，然后换一个新背景，这样就是一个最简单的合成了。如图 4-8~ 图 4-10 所示。接下来就来了解从抠图到合成的基本流程。

图 4-8

图 4-9

图 4-10

（1）首先我们需要打开一张用于抠图的照片。按住 <Alt> 键并双击背景图层将其转换为普通图层，如图 4-11 所示。然后利用选区工具制作出需要去除部分的选区，如图 4-12 所示。接着按一下 <Delete> 键将选区中的内容删除，抠图就完成了，效果如图 4-13 所示。

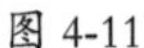

图 4-11

图 4-12

图 4-13

（2）将透明背景的对象置入或粘贴到人物文档中，一个简单的合成就制作完成了，效果如图 4-14 所示。

图 4-14

4.2 如何抠图

在 Photoshop 中有很多抠图的方法。不同的工具或命令适用于不同的情况。有些时候要使用多种方法配合使用才能成功将图像“抠”出来。例如抠人像时，经常是先使用“钢笔工具”将身体部分“抠”出来，然后在使用“通道”进行头发部分的抠图。所以在抠图之前通常需要分析图像的特征，然后找到一种适合的抠图方式后再进行操作。图 4-15 和图 4-16 所示为优秀的抠图合成作品。

图 4-15

图 4-16

4.2.1 根据边缘复杂程度进行抠图

在抠图时，边缘简单、明确的对象抠图是最简单的，例如圆形，方形，多边形等，如图 4-17 所示。每个人像照片都处于一个矩形区域内，使用“椭圆选框工具”沿着图像边缘绘制选区即可得到准确的选区，复制并粘贴到新的文件中，就完成了抠图的操作。图 4-18 所示中相框的边缘转角明显，使用“多边形套索工具”沿外轮廓绘制选区也可以轻松地进行抠图。

图 4-17

图 4-18

但是很多情况下，要抠取的对象边缘没有那么规则，而是一些边缘细节复杂且锐利的选区，例如图 4-19 和图 4-20 所示的内容。这些对象就没有办法使用套索、选框工具进行抠图了，这时就要使用“钢笔工具”进行抠图了。

图 4-19

图 4-20

4.2.2 根据颜色差异进行抠图

在每一个彩色照片中都有颜色、明度的差异，正因为如此，Photoshop 提供了多种基于色彩进行抠图的工具，可以根据颜色的差异来获取主体物的选区。图 4-21 所示中白色的内容与蓝色的背景颜色差别非常大，图 4-22 所示中花束比背景中人物的明度低。

图 4-21

图 4-22

4.2.3 边缘“虚化”的对象

在抠图中，抠毛发等边缘虚化的对象是很让人头痛的，如图 4-23 和图 4-24 所示。这些边缘异常复杂或包含羽化效果的对象使用“钢笔工具”仔细绘制显然不是合适的做法。这时就需要应用通道抠图法，通过调整通道的灰度图像制作复杂的选区。

图 4-23

图 4-24

4.2.4 透明 / 半透明对象

在抠图中还有一个难点，就是抠取透明或半透明的对象，例如云朵、婚纱、光效、冰块、玻璃等对象。例如，将人物从原图中抠出来，放置到其他颜色背景中进行合成，如图 4-25 所示。如果使用“钢笔工具”进行抠取并合成，此时婚纱的半透明蕾丝会看到原图中的背景，合成以后画面显得非常不自然，如图 4-26 所示。

图 4-25

图 4-26

此时可以利用通道中灰度图像与选区之间可以相互转换的关系，利用通道抠图配合图层蒙版进行抠取，得到半透明的效果，如图 4-27 所示。

图 4-27

4.3　抠图常用工具与技法

抠图有很多种方法，不同特征的图像适合于不同的抠图方法。对于边缘整齐、像素对比强烈，而且主体物颜色与背景颜色差异较大的情况，可以使用“魔棒工具”和“快速选择工具”等工具得到选区，然后进行抠图。若对于抠取人像、毛茸茸的动物，就需要使用通道抠图了。本节就来讲解抠图的常用工具与技法。图 4-28 和图 4-29 所示为优秀的抠图合成作品。

图 4-28

图 4-29

4.3.1　磁性套索工具：更换背景 DIY 宣传广告

使用“磁性套索工具” 会自动识别边缘像素，并沿着颜色差异的边缘建立选区，该工具特别适合于快速选择与背景对比强烈且边缘复杂的对象。

（1）打开一张人物照片，可以看到人物颜色与背景颜色差异较大，所以可以利用“磁性套索工具”进行抠图，如图 4-30 所示。选择工具箱中的“磁性套索工具” ，将鼠标指针移动至人像的边缘单击鼠标左键建立起始锚点，如图 4-31 所示。

图 4-30

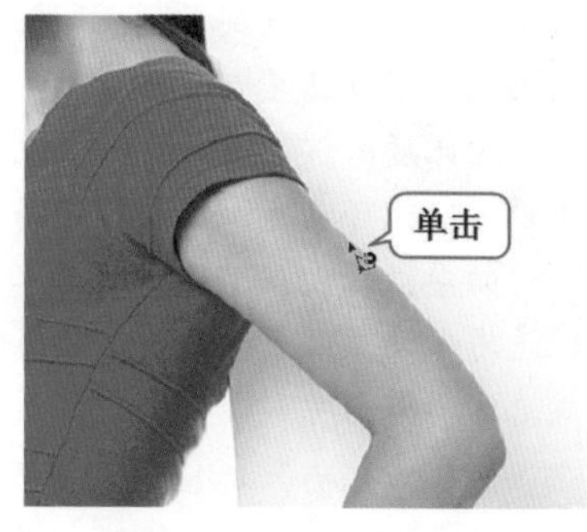

图 4-31

（2）将鼠标指针沿着人物边缘拖动鼠标（不用按住鼠标左键），随着拖动可以看到产生一条路径且路径上带有锚点，如图 4-32 所示。如果在勾画过程中生成的锚点位置远离了对象，可以按 <Delete> 键删除最近生成的一个锚点，然后继续绘制。继续拖动鼠标指针沿着人物边缘进行绘制，当鼠标指针移动至起始锚点的位置时，鼠标指针变为状，单击鼠标左键即可建立选区，如图 4-33 所示。

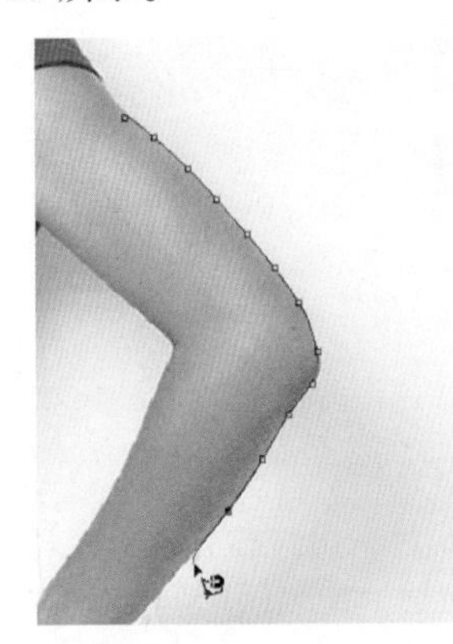

图 4-32

图 4-33

（3）得到人物选区后，选择背景图层，执行“编辑 > 复制”命令与“编辑 > 粘贴”命令，选区中的人像部分就被粘贴为独立图层了，隐藏原始人像图层，如图 4-34 所示。然后打开新背景，这样就制作出了一个简单的合成作品，如图 4-35 所示。

图 4-34

图 4-35

小技巧：“磁性套索工具”参数详解

宽度：“宽度”值决定了以鼠标指针中心为基准，鼠标指针周围有多少个像素能够被“磁性套索工具”检测到，如果对象的边缘比较清晰，可以设置较大的值；如果对象的边缘比较模糊，可以设置较小的值。

对比度：该选项主要用来设置“磁性套索工具”感应图像边缘的灵敏度。如果对象的边缘比较清晰，可以将该值设置得高一些；如果对象的边缘比较模糊，可以将该值设置得低一些。

频率：在使用“磁性套索工具”勾画选区时，Photoshop 会生成很多锚点，“频率”选项就是用来设置锚点的数量。数值越高，生成的锚点越多，捕捉到的边缘越准确，但是可能会造成选区不够平滑。

“钢笔压力”按钮：如果计算机配有数位板和压感笔，可以激活该按钮，Photoshop 会根据压感笔的压力自动调节“磁性套索工具”的检测范围。

4.3.2 快速选择：为宝贝照片换一个漂亮的背景

案例文件：	快速选择：为宝贝照片换一个漂亮的背景 .psd
视频教学：	快速选择：为宝贝照片换一个漂亮的背景 .flv

"快速选择工具"是一款智能选取工具，使用该工具可以自动寻找并沿着图像的边缘来描绘边界。

（1）打开一张人物照片，如图 4-36 所示。接下来通过"快速选择工具"得到人物选区，从而进行抠图。选择工具箱中的"快速选择工具"，将笔尖大小设置为 100 像素，然后在背景中拖动随即可以看到选区会追踪画面的颜色进行创建，如图 4-37 所示。

图 4-36

图 4-37

（2）继续拖动鼠标得到人物的选区。在拖动的过程中若有没有得到的背景部分的选区，可以单击选项栏中的"添加到选区"按钮，鼠标指针即可变为 ⊕ 状，然后在需要添加选区的位置进行涂抹，如图 4-38 所示。最后得到背景的选区，如图 4-39 所示。

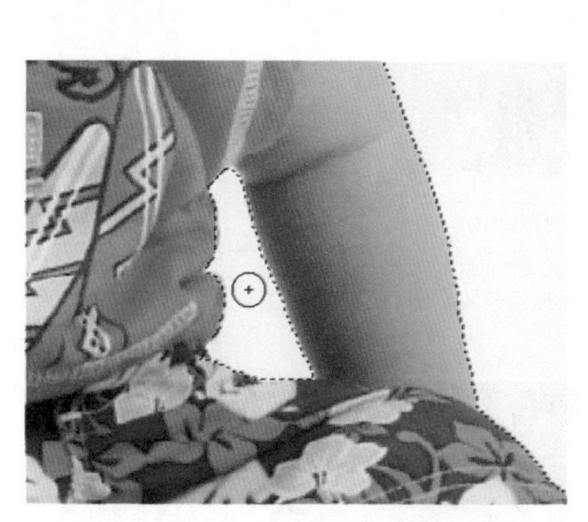

图 4-38

图 4-39

> **小提示："快速选择"工具的工具选项栏**
> **对所有图层取样：** Photoshop 会根据所有的图层建立选取范围，而不仅是只针对当前图层。
> **自动增强：** 可以降低选取范围边界的粗糙度与区块感。

（3）接着将选区执行“选择 > 反向”命令，得到人像部分的选区，然后执行“编辑 > 复制”命令、“编辑 > 粘贴”命令，粘贴为独立图层，并隐藏原始人像图层，如图 4-40 所示。执行“文件 > 置入”命令，置入新的背景素材，按下 <Enter> 键完成置入，效果如图 4-41 所示。

图 4-40

图 4-41

4.3.3 魔棒工具：去除相似颜色背景

“魔棒工具” 是通过分析颜色区域创建选择区域，所以在使用该工具时，首先要设置“容差”。“容差”决定所选像素之间的相似性或差异性，“容差”值高选择的范围大；“容差”值低选择的范围小。“魔棒工具”适合对颜色较为单一的图像进行快速选取。

（1）打开一张人物照片，如图 4-42 所示。下面就来使用“魔棒工具” 得到背景的选区，然后将人像抠取出来。选择工具箱中的“魔棒工具” ，设置“容差”为 15，设置完成后在背景部分单击鼠标左键，随即可以看到颜色相近的区域都被选中，如图 4-43 所示。

图 4-42

图 4-43

（2）得到选区后，可以将原来的背景删除或使用图层蒙版隐藏背景部分，如图 4-44 所示。然后为其更换一个新的背景，完成效果如图 4-45 所示。

图 4-44

图 4-45

小提示：魔棒工具选项栏详解

取样大小：用来设置魔棒工具的取样范围。选择“取样点”可以只对鼠标指针所在位置的像素进行取样；选择“3×3 平均”可以对鼠标指针所在位置三个像素区域内的平均颜色进行取样；其他的以此类推。

容差：决定所选像素之间的相似性或差异性，其取值范围从 0~255。数值越低，对像素的相似程度的要求越高，所选的颜色范围就越小；数值越高，对像素的相似程度的要求越低，所选的颜色范围就越广。

连续：当勾选该选项时，只选择颜色连续的区域；当关闭该选项时，可以选择与所选像素颜色接近的所有区域，当然也包含没有连接的区域。

对所有图层取样：如果文档中包含多个图层，当勾选该选项时，可以选择所有可见图层上颜色相近的区域；当关闭该选项时，仅选择当前图层上颜色相近的区域。

4.3.4　色彩范围：抠出复杂边缘的植物照片

案例文件：	色彩范围：抠出复杂边缘的植物照片 .psd
视频教学：	色彩范围：抠出复杂边缘的植物照片 .flv

选择菜单中的“色彩范围”命令，可根据图像中的某一颜色区域进行选择创建选区。它与“魔棒工具”比较相似。但是“色彩范围”命令提供了更多的控制选项，因此该命令的选择精度也要高一些。

（1）打开一张图片，按住 <Alt> 键双击背景图层将其转换为普通图层，如图 4-46 所示。接下来就通过“色彩范围”将花朵从背景中抠取出来。因为画面中背景色彩比较统一，我们可以先得到背景的选区，然后将选区反选得到花朵选区。执行“图层 > 色彩范围”命令，打开“色彩范围”对话框。设置“选择”为“取样颜色”，然后设置“颜色容差”为 30，设置完成后将鼠标指针移动到画面中单击鼠标，进行颜色的拾取，此时可以在“色彩范围”对话框中的缩览图中看到部分变为了白色，如图 4-47 所示。白色的区域就是我们想要得到的区域。

图 4-46

图 4-47

（2）继续选择背景。单击对话框中的“添加到取样”按钮，将鼠标指针移动到背景中的其他区域单击，随着单击鼠标可以看到白色的区域增大了，如图 4-48 所示。继续在背景处单击进行取样，直到缩览图中的背景变为了白色，如图 4-49 所示。

（3）单击“确定”按钮，得到背景选区，如图 4-50 所示。接着可以按下 <Delete> 键将背景删除，如图 4-51 所示。

（4）最后添加一个新的背景，完成效果如图 4-52 所示。

图 4-48

图 4-49

图 4-50

图 4-51

图 4-52

小提示：“色彩范围”参数详解

选择：用来设置选区的创建方式。

本地化颜色簇：勾选“本地化颜色簇”后，拖动“范围”滑块可以控制要包含在蒙版中的颜色与取样点的最大和最小距离。

选区预览图：选区预览图下面包含“选择范围”和“图像”两个选项。当勾选“选择范围”选项时，预览区域中的白色代表被选择的区域，黑色代表未选择的区域，灰色代表被部分选择的区域（即有羽化效果的区域）；当勾选“图像”选项时，预览区内会显示彩色图像。

选区预览：用来设置文档对话框中选区的预览方式。

存储 / 载入：单击“存储”按钮，可以将当前的设置状态保存为选区预设；单击“载入”按钮，可以载入存储的选区预设文件。

反相：将选区进行反转，也就是说创建选区以后，相当于执行了“选择 > 反向”菜单命令。

4.3.5 调整边缘：给长发美女换一个梦幻的背景

案例文件：	调整边缘：给长发美女换一个梦幻的背景 .psd
视频教学：	调整边缘：给长发美女换一个梦幻的背景 .flv

用 Photoshop 抠图时最常遇到一个问题就是建立的选区并不是特别标准，利用选区抠图之后经常会残留一些背景部分的像素，对于这类问题可以使用“调整边缘”命令解决。

（1）打开一张人物照片，选择工具箱中的“快速选择工具”，设置合适的笔尖大小，然后在人像上方拖动得到人物大致的选区，如图 4-53 所示。得到选区后可以看到头发的选区边缘并不准确，接下来就使用“调整边缘”进行选区的调整。得到选区后执行“选择 > 调整边缘”命令，打开“调整边缘”对话框，如图 4-54 所示。

图 4-53

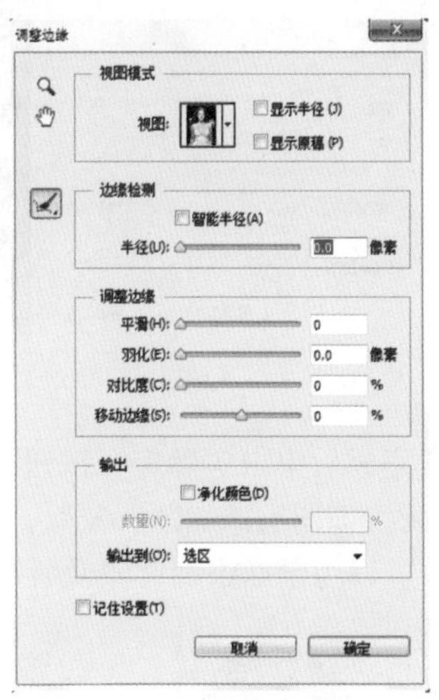

图 4-54

（2）首先选择“视图”，单击视图后的倒三角按钮，即可看到七种视图模式，在本案例中适合“黑底”这种视图模式，如图 4-55 所示。接下来调整头发的边缘。首先勾选“智能半径”，该选项是用来自动调整边界区域中发现的硬边缘和柔化边缘的半径。然后设置“半径”为 20 像素，“半径”选项确定发生边缘调整的选区边界的大小。对于锐边，可以使用较小的半径；对于较柔和的边缘，可以使用较大的半径。此时画面效果如图 4-56 所示。

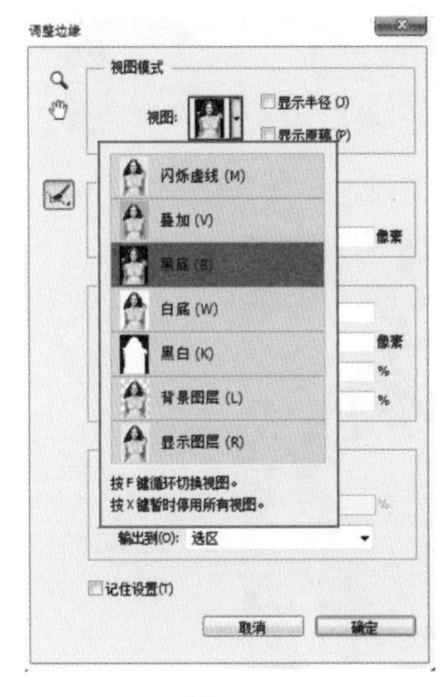

图 4-55

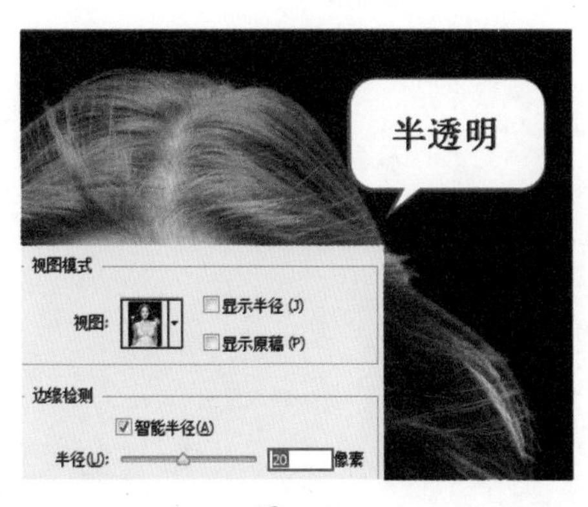

图 4-56

第 4 章

（3）此时头发的边缘还存在白色的边缘，接下来继续调整头发的边缘。单击对话框左侧的“调整半径工具” ，然后调整合适的笔尖大小，接着在头发边缘的白色像素处涂抹，如图 4-57 所示。随着涂抹可以看到白色的像素减少了，如图 4-58 所示。

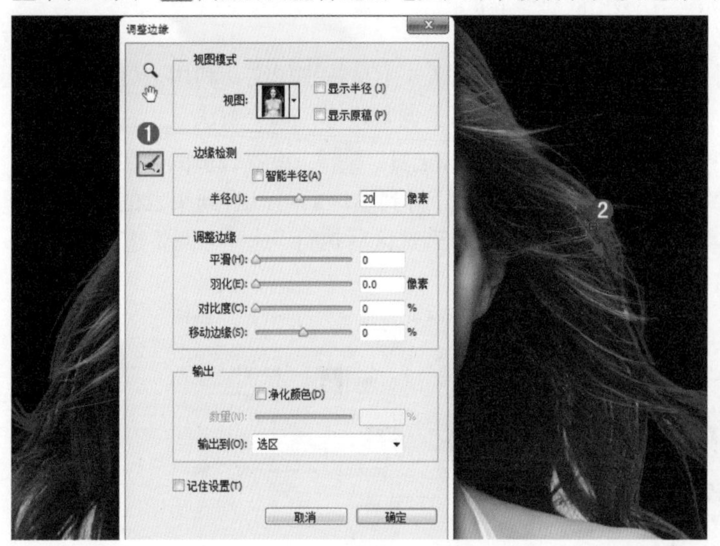

图 4-57

图 4-58

（4）设置完成后单击“确定”按钮，随即得到调整完成后的选区，如图 4-59 所示。得到选区后以当前选区为该图层添加图层蒙版，背景部分被隐藏，此时效果如图 4-60 所示。

（5）最后可以为画面添加背景及装饰文字，完成效果如图 4-61 所示。

图 4-59

图 4-60

图 4-61

小提示：“调整边缘”参数详解

“缩放工具”：使用该工具可以缩放图像，与“工具箱”中的“缩放工具”的使用方法相同。

“抓手工具”：使用该工具可以调整图像的显示位置，与“工具箱”中的“抓手工具”的使用方法相同。

“调整半径工具”/“抹除调整工具”：使用这两个工具可以精确调整发生边缘调整的边界区域。制作头发或毛皮选区时可以使用“调整半径工具”柔化区域以增加选区内的细节。

智能半径：自动调整边界区域中发现的硬边缘和柔化边缘的半径。

半径：确定发生边缘调整的选区边界的大小。对于锐边，可以使用较小的半径；对于较柔和的边缘，可以使用较大的半径。

平滑：减少选区边界中的不规则区域，以创建较平滑的轮廓。

羽化：模糊选区与周围的像素之间过渡效果。

对比度：锐化选区边缘并消除模糊的不协调感。在通常情况下，配合“智能半径”选项调整出来的选区效果会更好。

移动边缘：当设置为负值时，可以向内收缩选区边界；当设置为正值时，可以向外扩展选区边界。

净化颜色：将彩色杂边替换为附近完全选中的像素颜色。颜色替换的强度与选区边缘的羽化程度是成正比的。

数量：更改净化彩色杂边的替换程度。

输出到：设置选区的输出方式。

4.3.6　钢笔抠图：精确制作汽车选区

我们都知道钢笔工具可以绘制三种类型的对象：“形状”“路径”以及“像素”，而我们在进行钢笔抠图时只需要绘制出可以转化为选区的“路径”即可，所以就需要将绘制模式设置为“路径”。单击工具箱中的“钢笔工具”，然后在选项栏中单击“路径”选项，此时进行绘制可以创建工作路径，如图 4-62 所示。路径是一种轮廓，虽然路径不包含像素，但是可以使用颜色填充或描边路径。

路径　建立：选区...　蒙版　形状

图 4-62

（1）打开一张照片，如图 4-63 所示。单击工具箱中的“钢笔工具”，设置绘制模式为“路径”，然后将鼠标指针移动到汽车的边缘单击，单击完成后随即会建立锚点，如图 4-64 所示。

图 4-63

图 4-64

（2）接着将鼠标指针移动至下一个位置单击，即可建立下一个锚点，在两个锚点之间会有一段路径连接，如图 4-65 所示。继续使用“钢笔工具”沿着汽车边缘绘制路径，如图 4-66 所示。

图 4-65

图 4-66

（3）接下来调整锚点位置，让路径贴合汽车边缘。单击工具箱中的“直接选择工具”按钮，然后选择一个锚点，选中的锚点为黑色。然后将锚点向汽车边缘移动，如图 4-67 所示。继续移动锚点，当需要曲线路径时，单击工具箱中的“转换点工具”，选中需要转换为平滑点的锚点，使用“转换点工具”按住鼠标左键拖动锚点，让路径贴合汽车边缘。此时角点转换为平滑点，如图 4-68 所示。

图 4-67

图 4-68

（4）继续使用“直接选择工具”调整锚点的位置，锚点调整完后整个路径形状会发生很大的变化。也可以在适当的位置添加锚点，单击工具箱中的“添加锚点工具”按钮，将鼠标指针移动到需要添加锚点的路径处，单击鼠标左键添加锚点，如图 4-69 所示。在平滑路径上添加的锚点，也会变为平滑点，使用“转换点工具”可以将其转换为角点。然后使用“直接选择工具”继续调整锚点位置，完成效果如图 4-70 所示。

图 4-69

图 4-70

（5）路径绘制完成后，可以将其转换为选区。闭合路径绘制完成后在路径上单击鼠标右键，然后在弹出的菜单中选择“建立选区”命令，如图 4-71 所示。也可以使用快捷键，按 <Ctrl+Enter> 快捷键将路径转换为选区，如图 4-72 所示。

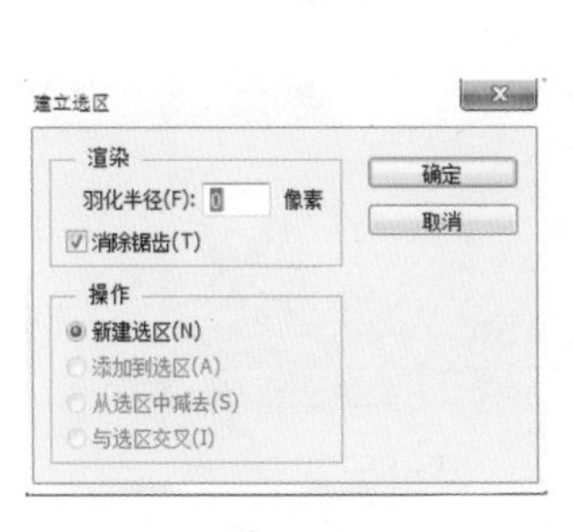

图 4-71

图 4-72

（6）转换为选区后，可以选择该图层，单击图层面板底部的添加“图层蒙版”按钮，基于选区为该图层添加图层蒙版，然后为其添加一个新的背景，如图 4-73 所示。接着为画面添加光效元素，一个简单的合成就制作完成了，效果如图 4-74 所示。

图 4-73

图 4-74

4.3.7 通道抠图：为毛茸茸的宠物换背景

抠图有很多种方式，但是我们在抠取半透明对象、毛茸茸的边缘时，边缘总是不是很自然。在 Photoshop 中有一种抠图方法——“通道抠图”可以说就是为抠取这种半透明、毛茸茸对象量身定制的抠图方法。

通道抠图流程如下：

（1）隐藏其他图层，进入通道面板，逐一观察并选择主体物与背景黑白对比最强烈的通道。

（2）在通道面板复制该通道。

（3）利用调整命令来增强复制出的通道黑白对比，使选区与背景区分离开。

（4）调整完毕后，选中该通道载入复制出的通道选区，为图层添加图层蒙版，即可将选区与背景分离开。

下面就利用通道抠取一只毛茸茸的小狗，进行合成。

（1）打开一张小狗图片，如图 4-75 所示。进入到“通道”面板中，观察各个通道中小狗与背景的对比，“红”通道的对比最为强烈，接着选择“红”通道将其复制，得到“红拷贝”层，如图 4-76 所示。

图 4-75

图 4-76

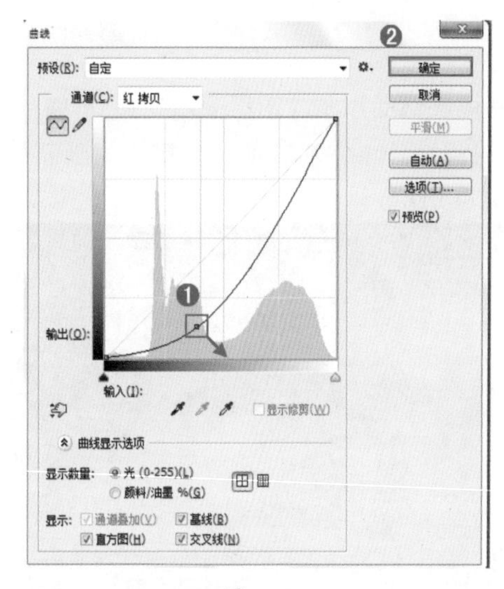

图 4-77

（2）选择“红拷贝”层，接下来增加前景与背景的对比，使用快捷键 <Ctrl+M> 调出“曲线”对话框，然后压暗画面中的暗部，调整曲线形状如图 4-77 所示。此时画面效果如图 4-78 所示。

图 4-78

（3）接着调整图像边缘与背景的对比。选择工具箱中的“加深工具”，设置合适的笔尖大小，设置“范围”为“高光”，“曝光度”为 60%，然后在小狗边缘涂抹，提高边缘的亮度，如图 4-79 所示。涂抹完成后，使用“画笔工具”，将前景色设置为白色，然后在小狗上方涂抹，效果如图 4-80 所示。然后使用“加深工具”，设置“范围”为“阴影”，“曝光度”为 60%，在背景处涂抹，使之变为黑色，如图 4-81 所示。

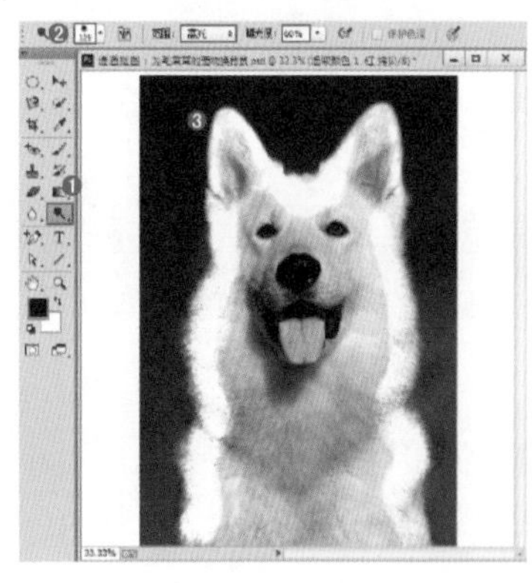

图 4-79

图 4-80

图 4-81

（4）接着单击“通道”面板底部的“将通道作为选区载入”按钮 ，得到画面中白色部分的选区，如图 4-82 所示。接着回到图层面板中，单击“添加图层蒙版”按钮 ，基于选区为该图层添加图层蒙版，抠图效果如图 4-83 所示。

图 4-82

图 4-83

（5）接着为小狗添加一个背景，效果如图 4-84 所示。然后置入前景素材，并对小狗的颜色进行适当调整，完成效果如图 4-85 所示。

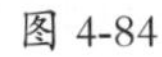

图 4-84

图 4-85

4.3.8　通道抠图：抠出半透明婚纱

案例文件：	通道抠图：抠出半透明婚纱 .psd
视频教学：	通道抠图：抠出半透明婚纱 .flv

“通道”抠图法也非常适用于抠取半透明的对象，例如冰块、婚纱等，接下来就利用“通道”抠取半透明的婚纱。

（1）打开一张穿着婚纱的人物照片，想要将人像从背景中分离出来，难点就在于半透明的头纱部分该如何提取，这一部分的抠图我们应用到了“通道抠图”功能，如图 4-86 所示。

图 4-86

（2）通常这样的图都会应用到两种抠图方式，首先使用钢笔抠图将人物的主体部分单独提取为独立图层，如图 4-87 所示。接着继续使用钢笔工具将头纱的部分复制到独立图层，接下来头纱的半透明效果需要利用通道抠图法进行提取，如图 4-88 所示。

图 4-87

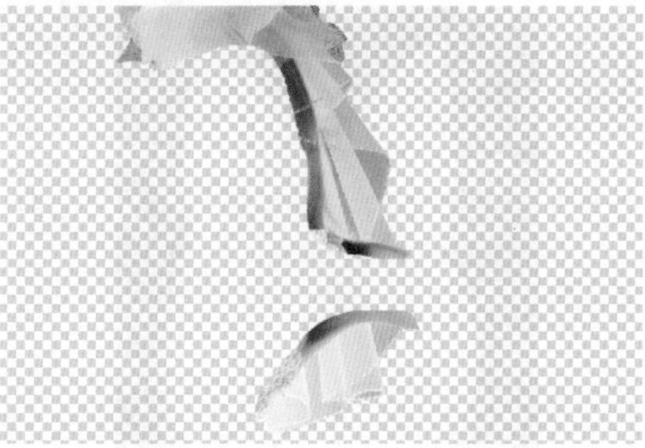

图 4-88

（3）隐藏其他图层，只显示“头纱”图层，进入到通道面板中观看各个通道的对比效果，“蓝”通道的对比最为强烈，所以将“蓝”通道进行复制，如图 4-89 所示。

图 4-89

（4）选择“蓝拷贝”层，使用快捷键<Ctrl+L>调出“色阶”对话框，然后将黑色的滑块向右侧拖动，增加黑色的数量，“色阶”面板如图 4-90 所示。画面效果如图 4-91 所示。

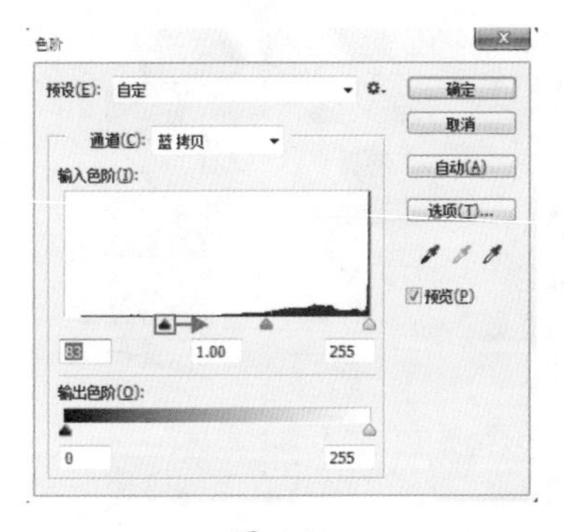

图 4-90

图 4-91

（5）单击“通道”面板底部的“将通道作为选区载入”按钮，得到画面中白色部分的选区，如图 4-92 所示。接着回到图层面板中，单击“添加图层蒙版”按钮，基于选区为该图层添加图层蒙版，抠图效果如图 4-93 所示。

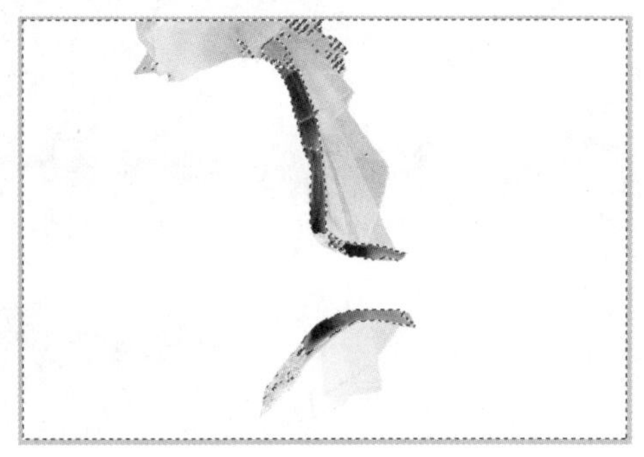

图 4-92

图 4-93

（6）显示人物图层，这时就可以看到完整的抠图效果，人像边缘锐利而准确，头纱部分则呈现出半透明效果，如图 4-94 所示。然后添加一个新的背景，效果如图 4-95 所示。

图 4-94

图 4-95

4.4 图像合成必备：蒙版

蒙版在图像合成过程中常常被用到，蒙版除了能保护选择区域以外的不被删除外，还可以利用图层蒙版制作透明或半透明的效果，所以蒙版工具经常被称为非破坏性的合成工具。图 4-96、图 4-97 所示为使用到该功能制作的作品。

图 4-96

图 4-97

4.4.1 图层蒙版：奇妙的水果

图层蒙版是比较常用的合成技术，通常会利用蒙版遮盖部分图像，只保留画面所需要的内容。这种隐藏而非删除的编辑方式是一种非常方便的非破坏性编辑方式。在 Photoshop 中蒙版是将不同的灰度色值转化为不同的透明度，并作用它所在图层，使图层不同部位的透明度产生相应的变化。图层蒙版是位图工具，通过使用画笔工具，填充命令等处理蒙版的黑白关系，从而控制图像的显示隐藏。在蒙版中显示黑色为完全透明，白色则是完全不透明。接下来就一起来了解下图层蒙版的工作原理吧！

在本案例中，主要是使用“画笔工具”对图层蒙版进行处理，将画面中不需要的内容利用蒙版进行隐藏。

图 4-98

（1）打开一张水果图片，如图 4-98 所示。然后将背景图层进行复制得到“背景拷贝”图层，然后将“背景拷贝”图层的“不透明度”设置为 30%，如图 4-99 所示。

图 4-99

（2）接下来将猕猴桃合成到画面中央的橙子上。选择工具箱中的“移动工具”，将图层进行移动，将猕猴桃移动到橙子的上方，我们可以利用不透明度来观看移动的位置，如图 4-100 所示。接着使用快捷键 <Ctrl+T> 调出定界框，然后将其放大，如图 4-101 所示。放大完成后，按一下 <Enter> 键。

图 4-100

图 4-101

（3）然后单击图层面板底部的“添加图层蒙版”，为该图层添加图层蒙版，如图 4-102 所示。

（4）接下来就利用图层蒙版将不需要的内容隐藏。选中图层蒙版，选择工具箱中的“画笔工具”，在画笔选取器中设置“大小”为 150 像素，“硬度”为 55%，然后将前景色设置为黑色，如图 4-103 所示。接着参照橙子的位置进行涂抹，保留猕猴桃的切面。涂抹完成后将图层的不透明度设置为 100%，如图 4-104 所示。

图 4-102

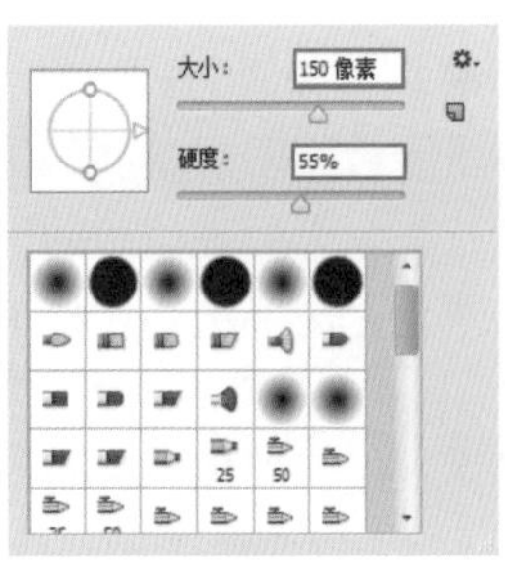

图 4-103

图 4-104

（5）此时可以看到猕猴桃的位置与水果本身的位置不相称，如果我们使用“移动工具”调整其位置，会发现整个图层的位置也随着改变，如图 4-105 所示。

（6）如想要移动猕猴桃在蒙版中的位置，首先需要将图层与蒙版取消链接。单击缩览图和蒙版中的按钮即可取消链接，如图 4-106 所示。选择图层的缩览图，然后使用“移动工具”拖动进行移动，调整猕猴桃的位置，效果如图 4-107 所示。

（7）使用同样的方法制作另外几个水果的合成效果，如图 4-108 所示。

图 4-105

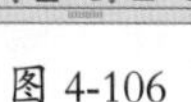

图 4-106

图 4-107

图 4-108

小提示：图层蒙版的其他基本操作

在图层蒙版上单击右键可以弹出蒙版操作的子菜单，在这里有一些常用的命令操作，如图 4-109 所示。

停用图层蒙版
删除图层蒙版
应用图层蒙版
添加蒙版到选区
从选区中减去蒙版
蒙版与选区交叉
调整蒙版...
蒙版选项...

图 4-109

停用图层蒙版：执行“停用图层蒙版”命令可以停用蒙版效果，在停用的图层蒙版的上方有个红色交叉线 ×。

启用图层蒙版：在停用图层蒙版以后如果要重新启用图层蒙版效果，可以在弹出的菜单中选择“启用图层蒙版”命令，或直接在蒙版缩略图上单击鼠标右键。

删除图层蒙版：删除图层蒙版即可去除蒙版对图像的影响，使之恢复到之前的效果。

应用图层蒙版：应用图层蒙版是指将图像中对应蒙版中的黑色区域删除，白色区域保留下来，而灰色区域将呈透明效果，并且删除图层蒙版。

添加蒙版到选区 / 从选区中减去蒙版 / 蒙版与选区交叉：将选区与蒙版进行相加相减的运算，从而得到新的选区。

调整蒙版：执行该命令可以打开“调整蒙版”对话框，该对话框与“调整选区”对话框的操作方法相同，主要用于调整蒙版边界效果。

蒙版选项：用于设置蒙版的显示效果。

4.4.2 图层蒙版：给照片换个漂亮的天空

案例文件：	图层蒙版：给照片换个漂亮的天空 .psd
视频教学：	图层蒙版：给照片换个漂亮的天空 .flv

在本案例中，利用图层蒙版进行合成，制作一个以大海为背景的外景照片。在本案例中，不仅使用“画笔工具”对蒙版进行处理，还使用到了“渐变工具”对蒙版进行处理。

（1）打开一张普通的人像摄影，如图 4-110 所示。我们可以看到画面中远处的天空不够蓝，水面的范围也比较小。在这里我们可以利用图层蒙版进行合成，制作出远方蓝天的效果。首先将天空素材置入到画面中，放置在画面的上方并将其栅格化，如图 4-111 所示。

图 4-110

图 4-111

（2）选择“天空”图层，单击图层面板底部的“添加图层蒙版”按钮，即可为该图层添加图层蒙版，如图 4-112 所示。选择工具箱中的“画笔工具”，将前景色设置为黑色，然后设置合适的笔尖大小，在人物的头部进行涂抹。随着涂抹可以看见“天空”图层中鼠标指针经过的位置的像素“消失了”，如图 4-113 所示。

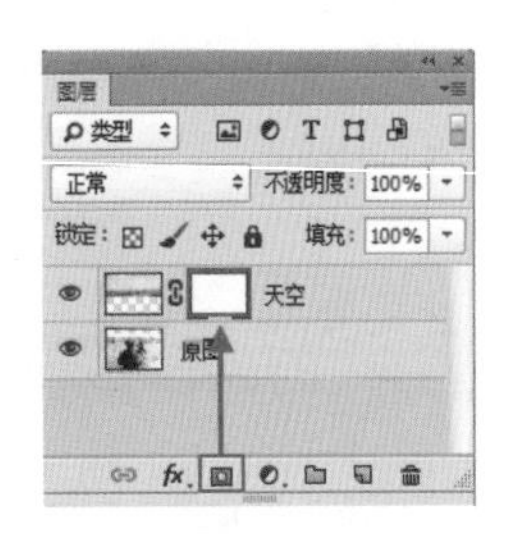

图 4-112

图 4-113

（3）为了更好地参照下方图层进行涂抹，可以将“天空”图层的不透明度降低到 60%，此时我们就可以参照背景图层的内容进行涂抹，如图 4-114 所示。涂抹完成后将不透明度调整为 100%，合成效果如图 4-115 所示。

图 4-114

图 4-115

（4）接下来对画面进行调色。执行“图层 > 新建调整图层 > 曲线”命令，提亮曲线，然后单击“创建剪贴蒙版”按钮，如图 4-116 所示。为了使天空更加有层次感，所以需要将天空的顶部明度降低，底部明度升高。选中图层蒙版，编辑一个由黑色到白色的渐变在蒙版中进行拖动填充，蒙版状态如图 4-117 所示。效果如图 4-118 所示。此时可以看到底部的天空明度比较高。

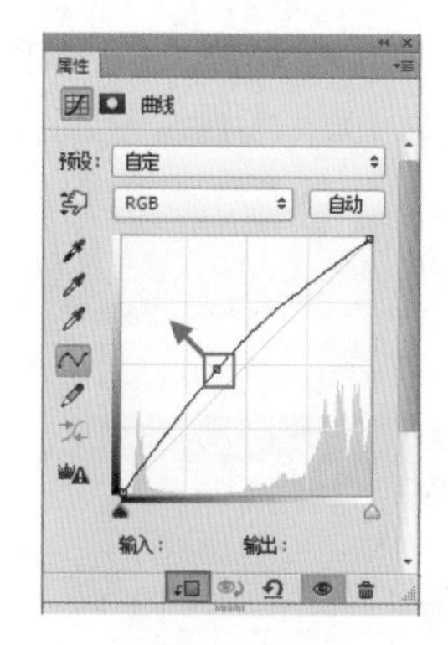

图 4-116

图 4-117

图 4-118

（5）继续加深顶部天空的颜色。再次新建一个曲线调整图层压暗曲线形状，然后单击“创建剪贴蒙版”按钮，如图 4-119 所示。然后编辑一个白色到黑色的渐变，在画面中拖动填充，蒙版状态如图 4-120 所示。此时画面效果如图 4-121 所示。

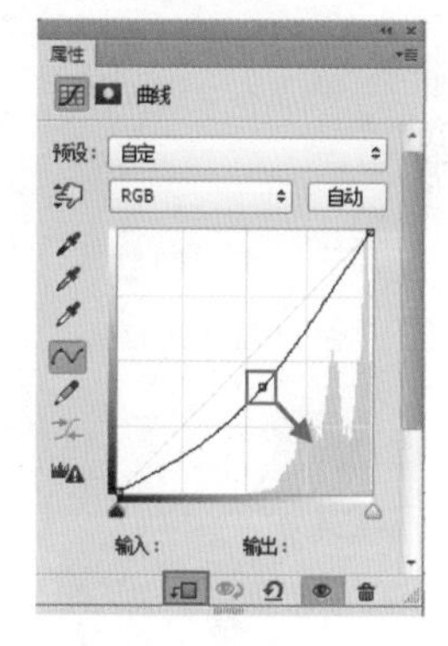

图 4-119

图 4-120

图 4-121

（6）最后为画面增加一些饱和度。执行“图层 > 新建调整图层 > 自然饱和度”命令，设置“自然饱和度”为 100，参数设置如图 4-122 所示。此时画面效果如图 4-123 所示。

图 4-122

图 4-123

4.4.3 剪贴蒙版：制作三角形照片拼图

剪贴蒙版主要由两部分组成，即“基底图层”和“内容图层”，这两个部分缺一不可，如图 4-124 所示。“剪贴蒙版”的工作原理是通过使用处于下方图层的形状来限制上方图层的显示状态，也就是说基底图层用于限定最终图像的形状，而内容图层则用于限定最终图像显示的颜色图案，如图 4-125 所示。

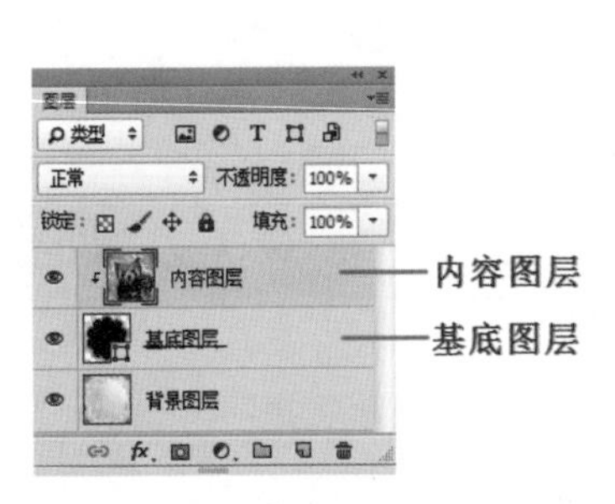

图 4-124

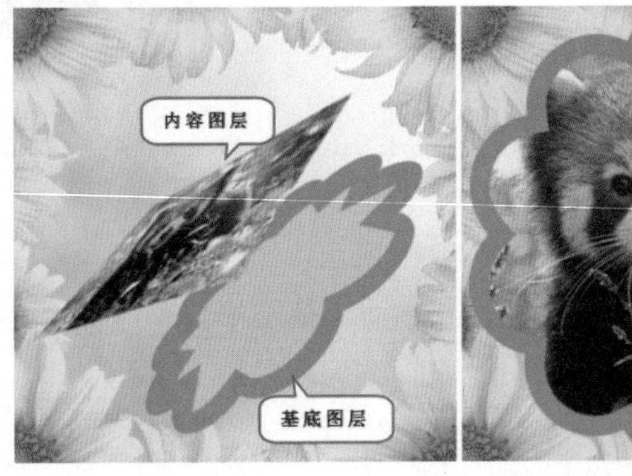

图 4-125

“基底图层”位于整个“剪贴蒙版”的最底层。决定了位于其上面的图像的显示范围。基底图层只有一个，如果对基底图层进行移动、变换等操作，那么上面的图像也会随之受到影响。“内容图层”位于剪贴蒙版的上方，可以有很多个。

“内容图层”可以是一个或多个，不仅可以是普通的像素图层还可以是“调整图层”“形状图层”“填充图层”等类型图层。对内容图层的操作不会影响基底图层，但是对其进行移动、变换等操作时，其显示范围也会随之而改变。需要注意的是剪贴蒙版虽然可以应用在多个图层中，但是这些图层不能是隔开的，必须是相邻的图层。

接下来通过一个案例来创建剪贴蒙版。

（1）执行“文件 > 新建”命令，新建一个宽度为 1580 像素，高度为 1332 像素的新文件，然后将其填充为淡青色，如图 4-126 所示。接着选择工具箱中的“矩形工具”，设置绘制模式为“形状”，“填充”为稍深一些的青色，然后在画面中的下方拖动绘制矩形，如图 4-127 所示。

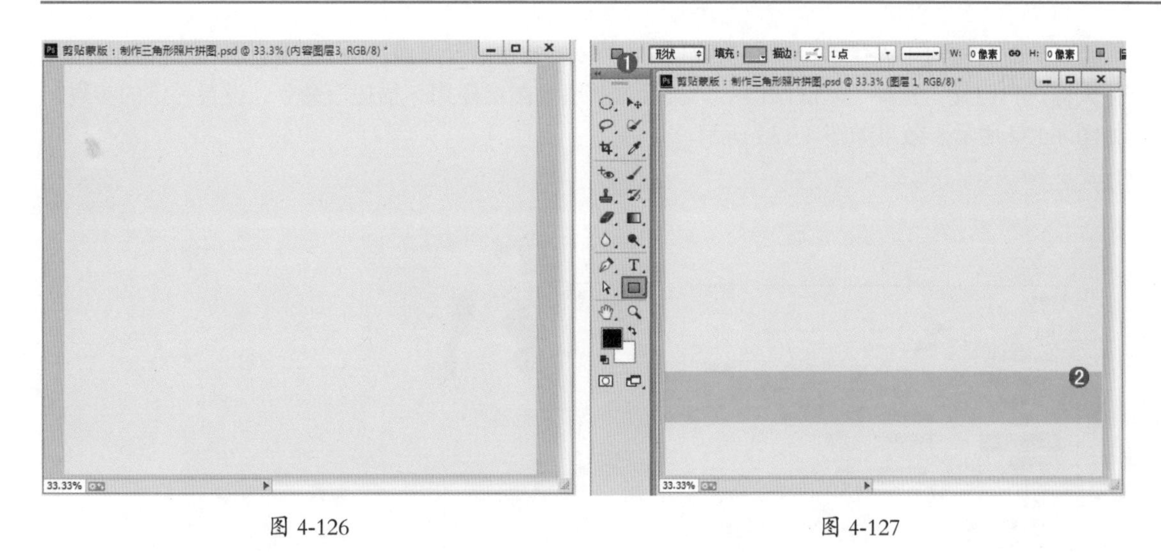

图 4-126　　　　图 4-127

（2）选择工具箱中的“多边形套索”工具，在画面中绘制一个四边形选区。新建图层，并填充为黑色，如图 4-128 所示。接着将人物素材置入到画面中并将其栅格化，如图 4-129 所示。

图 4-128

图 4-129

（3）选择人物图层，执行“图层 > 创建剪贴蒙版”命令，或者将鼠标指针移动至“内容图层”与“基底图层”中间，按住 <Alt> 键，鼠标指针变为状，如图 4-130 所示。即可创建剪贴蒙版，此时画面效果如图 4-131 所示。

图 4-130

图 4-131

（4）此时画面中人像部分没有从背景中凸显出来，我们可以通过为“基底图层”添加图层样式，让人像进行凸显。选择“基底图层”，执行“图层 > 图层样式 > 描边”命令，设置一定的参数，如图 4-132 所示。效果如图 4-133 所示。

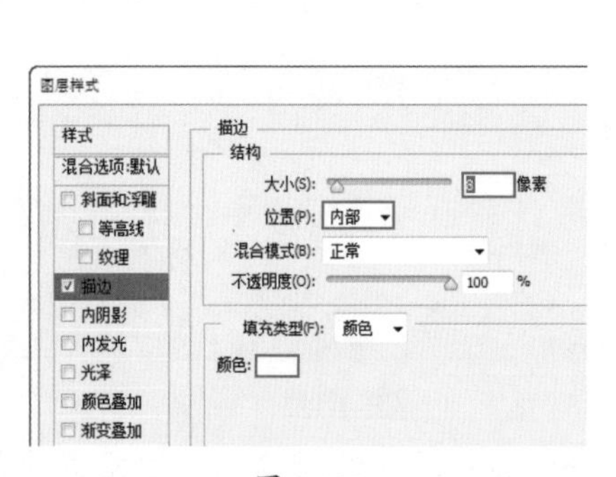

图 4-132

图 4-133

（5）继续绘制一个三角形图层，为其赋予相同的图层样式，如图 4-134 所示。将人物图层进行复制，然后将图层移动到三角形图层的上方并将人物放大，如图 4-135 所示。

图 4-134

图 4-135

（6）接着对复制的人像图层执行“图层 > 创建剪贴蒙版”命令，效果如图 4-136 所示。使用同样的方法制作另一处图像，效果如图 4-137 所示。

（7）使用横排文字工具键入装饰文字，完成效果如图 4-138 所示。

图 4-136

图 4-137

图 4-138

> **小技巧：** 剪贴蒙版小知识
>
> 在剪贴蒙版中内容图层之间可以进行顺序的调整，但是需要注意的是一旦移动到基底图层的下方就相当于释放剪贴蒙版。如果将剪贴蒙版以外的图层拖动到基底图层上方，则可将其加入到剪贴蒙版组中。

4.5 图层混合打造奇妙效果

两个或两个以上的图层之间可以进行不透明度以及混合模式的设置，通过设置图层的不透明度和混合模式能够得到多幅画面融合的艺术风格。本节就来学习图层混合打造奇妙的效果。图 4-139 和图 4-140 所示为使用到该功能制作的优秀作品。

图 4-139

图 4-140

4.5.1 使用图层不透明度混合图层

“不透明度”是指透光的程度，可以通俗地理解为通过上方图层去看下方图层的内容。不透明度数值越高，图层越不透明；不透明度越低，图层越透明。

（1）打开包含两个图层的文档，如图 4-141 所示。其图层面板如图 4-142 所示。

> **小提示：** 调整不透明度的快捷键
>
> 按键盘上的数字键即可快速修改图层的“不透明度”，例如按一下 <5> 键，“不透明度”会变为 50%。如果按两次 <5> 键，“不透明度”会变成 55%。

图 4-141

图 4-142

（2）选择“人物”图层，设置该图层的“不透明度”为 50%，参数设置如图 4-143 所示。此时画面效果如图 4-144 所示。

图 4-143

图 4-144

（3）将“不透明度”设置为 0%，参数设置如图 4-145 所示。此时效果如图 4-146 所示。

图 4-145

图 4-146

小提示：调整图层的填充

与“不透明度”选项不同，“填充”对附加的图层样式效果部分没有影响。设置“填充”为 20%，如图 4-147 所示。此时可看到画面中红的白色描边的“不透明度”没有改变，只有画面中的主体部分变透明了，如图 4-148 所示。

图 4-147

图 4-148

4.5.2 详解各类混合模式

使用混合模式可以创建各种特殊的混合效果，原理是上方图层与下方图层产生混合，不同的混合模式会产生不同的混合效果。

（1）打开包含多个图层的文件，如图 4-149 所示。图层面板如图 4-150 所示。

图 4-149

图 4-150

（2）默认情况下，图层的混合模式为“正常”，也就是不进行混合。单击“正常”按钮即可展开下拉菜单。可以看到其他的混合选项。“混合模式”分为 6 组，共 27 种，如图 4-151 所示。

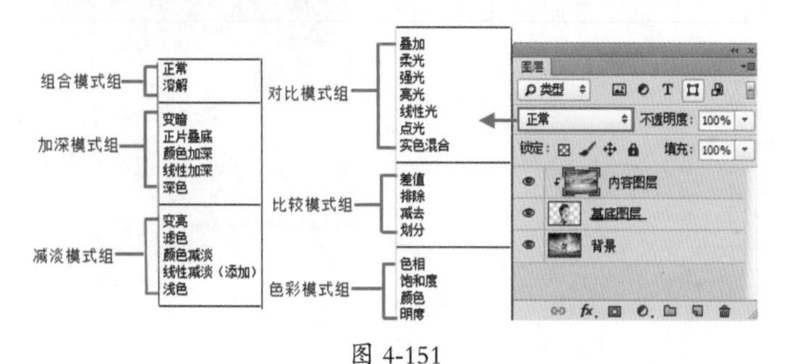

图 4-151

（3）若要设置图层的“混合模式”，在下拉菜单中选择相应的混合模式即可。在这里选择“内容图层”，设置图层的混合模式为“正片叠底”，即可达到如图 4-152 所示的效果。

图 4-152

1、“组合”模式组

“组合模式组”中的混合模式需要降低图层的“不透明度”或“填充”数值才能起作用，这两个参数的数值越低，就越能看到下面的图像。

- 正常：这种模式是 Photoshop 默认的模式。在正常情况下（“不透明度”为 100%），如图 4-153 所示。上层图像将完全遮盖住下层图像，只有降低“不透明度”数值以后才能与下层图像相混合，图 4-154 所示是设置“不透明度”为 60% 时的混合效果。

图 4-153

图 4-154

- 溶解：在“不透明度”和“填充”数值为 100% 时，该模式不会与下层图像相混合，只有这两个数值中的任何一个低于 100% 时才能产生效果，使透明度区域上的像素离散，如图 4-155 所示。

图 4-155

2.“加深”模式组

“加深模式组”中的混合模式可以使图像变暗。在混合过程中，当前图层的白色像素会被下层较暗的像素替代。

- 变暗：比较每个通道中的颜色信息，并选择基色或混合色中较暗的颜色作为结果色，同时替换比混合色亮的像素，而比混合色暗的像素保持不变，如图 4-156 所示。

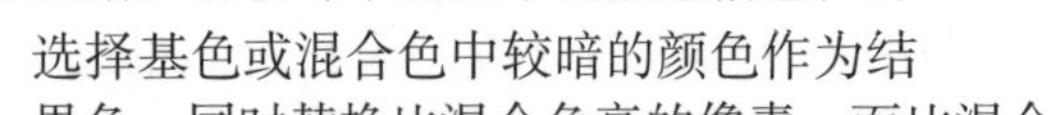

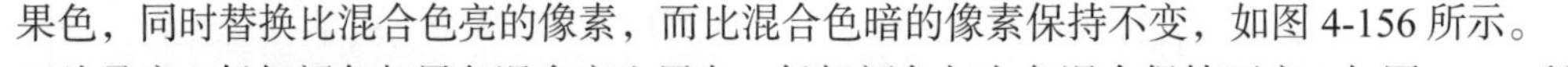

- 正片叠底：任何颜色与黑色混合产生黑色，任何颜色与白色混合保持不变，如图 4-157 所示。

图 4-156

图 4-157

- 颜色加深：通过增加上下层图像之间的对比度来使像素变暗，与白色混合后不产生变化，如图 4-158 所示。
- 线性加深：通过减小亮度使像素变暗，与白色混合不产生变化，如图 4-159 所示。
- 深色：通过比较两个图像的所有通道的数值的总和，然后显示数值较小的颜色，如图 4-160 所示。

图 4-158

图 4-159

3.“减淡”模式组

- “减淡模式组”与“加深模式组”产生的混合效果完全相反，它们可以使图像变亮。在混合过程中，图像中的黑色像素会被较亮的像素替换，而任何比黑色亮的像素都可能提亮下层图像。
- 变亮：比较每个通道中的颜色信息，并选择基色或混合色中较亮的颜色作为结果色，同时替换比混合色暗的像素，而比混合色亮的像素保持不变，如图 4-161 所示。

图 4-160

- 滤色：与黑色混合时颜色保持不变，与白色混合时产生白色，如图 4-162 所示。

图 4-161

图 4-162

- 颜色减淡：通过减小上下层图像之间的对比度来提亮底层图像的像素，如图 4-163 所示。
- 线性减淡（添加）：与“线性加深”模式产生的效果相反，可以通过提高亮度来减淡颜色，如图 4-164 所示。

图 4-163

图 4-164

- 浅色：通过比较两个图像的所有通道的数值的总和，然后显示数值较大的颜色，如图 4-165 所示。

图 4-165

4．“对比”模式组

“对比模式组”中的混合模式可以加强图像的差异。在混合时，50% 的灰色会完全消失，任何亮度值高于 50% 灰色的像素都可能提亮下层的图像，亮度值低于 50% 灰色的像素则可能使下层图像变暗。

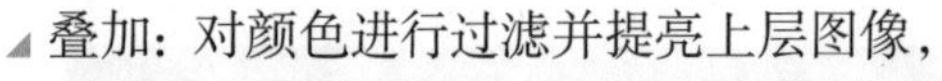
- 叠加：对颜色进行过滤并提亮上层图像，具体取决于底层颜色，同时保留底层图像的明暗对比，如图 4-166 所示。

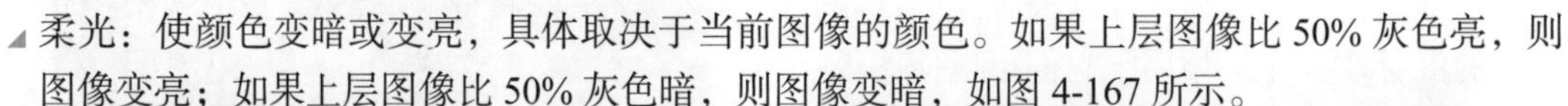
- 柔光：使颜色变暗或变亮，具体取决于当前图像的颜色。如果上层图像比 50% 灰色亮，则图像变亮；如果上层图像比 50% 灰色暗，则图像变暗，如图 4-167 所示。

图 4-166

图 4-167

- 强光：对颜色进行过滤，具体取决于当前图像的颜色。如果上层图像比 50% 灰色亮，则图像变亮；如果上层图像比 50% 灰色暗，则图像变暗，如图 4-168 所示。
- 亮光：通过增加或减小对比度来加深或减淡颜色，具体取决于上层图像的颜色。如果上层图像比 50% 灰色亮，则图像变亮；如果上层图像比 50% 灰色暗，则图像变暗，如图 4-169 所示。

图 4-168

图 4-169

- 线性光：通过减小或增加亮度来加深或减淡颜色，具体取决于上层图像的颜色。如果上层图像比 50% 灰色亮，则图像变亮；如果上层图像比 50% 灰色暗，则图像变暗，如图 4-170 所示。
- 点光：根据上层图像的颜色来替换颜色。如果上层图像比 50% 灰色亮，则替换比较暗的像素；如果上层图像比 50% 灰色暗，则替换较亮的像素，如图 4-171 所示。

图 4-170

图 4-171

- 实色混合：将上层图像的 RGB 通道值添加到底层图像的 RGB 值。如果上层图像比 50% 灰色亮，则使底层图像变亮；如果上层图像比 50% 灰色暗，则使底层图像变暗，如图 4-172 所示。

图 4-172

5. “比较”模式组

“比较模式组”中的混合模式可以比较当前图像与下层图像，将相同的区域显示为黑色，不同的区域显示为灰色或彩色。如果当前图层中包含白色，那么白色区域会使下层图像反相，而黑色不会对下层图像产生影响。

- 差值：上层图像与白色混合将反转底层图像的颜色，与黑色混合则不产生变化，如图 4-173 所示。
- 排除：创建一种与“差值”模式相似，但对比度更低的混合效果，如图 4-174 所示。

图 4-173

图 4-174

- 减去：从目标通道中相应的像素上减去源通道中的像素值，如图 4-175 所示。
- 划分：比较每个通道中的颜色信息，然后从底层图像中划分上层图像，如图 4-176 所示。

图 4-175

图 4-176

6. “色彩”模式组

使用“色彩模式组”中的混合模式时，Photoshop 会将色彩分为色相、饱和度和亮度三种成分，然后再将其中的一种或两种应用在混合后的图像中。

- 色相：用底层图像的亮度和饱和度以及上层图像的色相来创建结果色，如图 4-177 所示。
- 饱和度：用底层图像的亮度和色相以及上层图像的饱和度来创建结果色，在饱和度为 0 的灰度区域应用该模式不会产生任何变化，如图 4-178 所示。

图 4-177

图 4-178

- 颜色：用底层图像的亮度以及上层图像的色相和饱和度来创建结果色，这样可以保留图像中的灰阶，对于为单色图像上色或给彩色图像着色非常有用，如图 4-179 所示。
- 明度：用底层图像的色相和饱和度以及上层图像的亮度来创建结果色，如图 4-180 所示。

图 4-179

图 4-180

4.5.3 颜色叠加下的多彩世界——使用混合模式混合图层

图层混合模式是与其下图层的色彩叠加方式，经过混合的图像画面的样子换了，但是实质上图像的原始内容并没有发生变化。在图层面板中选择一个除“背景”以外的图层，单击面板顶部的 ⇕ 下拉按钮，在弹出的下拉列表中可以选择一种混合模式。图 4-181 和图 4-182 所示都可以借助混合模式进行制作。

图 4-181

图 4-182

在数码照片修饰的过程中经常会使用到图层的“混合模式”，很多时候图像本身的混合，或两张不同图片的混合都能产生非常神奇的效果。在想要使用混合模式时，我们往往会不知道使用哪种样式最合适，死记硬背每种混合模式的概念实际上并没有太多的帮助，最好的方法是选择一种混合模式，然后滚动鼠标中轮，切换其他模式进行观察，总会有一款模式适合你的。下面我们介绍几种比较常见的混合方式。

1. 暗调光效 + 滤色 = 炫彩光感

当我们看到一些照片上有绚丽的光斑却不知从何下手时，请把注意力移到一些偏暗（甚至是黑背景）的带有光斑的素材上，这类素材只要通过简单的混合模式的设置即可滤除图像中的黑色，使黑色之外的颜色（也就是光斑部分）保留下来，而想要滤除黑色，“滤色”模式与“变亮”模式是非常合适的，如图 4-183~ 图 4-185 所示。学会了这一招是不是想要制作出“火焰上身”的效果也非常容易了呢?

图 4-183

图 4-184

图 4-185

2. 白背景图 + 正片叠底 = 去除白色，融合背景

在抠取白色背景的图片时，使用钢笔工具、图层蒙版等进行抠图是比较保守的。不如换一种思路，使用混合模式进行抠图。既然要将白色背景去除，首先要选择“加深模式组”中的混合模式，在这个组中，“正片叠底”混合模式的效果最好，如图 4-186~ 图 4-188 所示。

图 4-186

图 4-187

图 4-188

3. 做旧纹理 + 正片叠底 = 旧照片

要制作照片上的纹理效果，通常会选择找到一张素材，然后与画面进行合成。使用抠图合成的方法是行不通的，因为生硬的边缘会让图像变得不自然。而且纹理素材上我们只需要纹理，这时就可使用“正片叠底”混合模式将素材中颜色浅的部分“过滤”掉，只保留纹理部分，而且效果还很自然，如图 4-189~ 图 4-191 所示。这样的方法适用于制作旧照片、为图像添加纹理等情况。

图 4-189

图 4-190

图 4-191

4. 偏灰照片 + 柔光 = 去“灰”增强对比度

画面色调偏灰的现象时有发生，处理这样的效果有很多方式，例如使用“曲线”“亮度 / 对比度”或进行“锐化”这些方式都是可以的。有一种方法既实用又简单。就是将偏灰的图层复制一份，然后将上方的图层的混合模式设置为“柔光”，即可校正图像偏灰现象。若画面清晰度仍然不够，可以将图层复制 1~2 份，如图 4-192~ 图 4-194 所示。

图 4-192

图 4-193

图 4-194

5. 纯色 + 混合模式 = 染色

更改图像颜色的方式有很多种，利用混合模式为画面添加色彩的方法是一种较为常见的方法。在需要“染色”的图层上方新建图层，然后进行绘制。接着可以设置该图层的混合模式，制作出染色的效果，如图 4-195~ 图 4-197 所示。使用这种“染色”的方法为画面调色、为面部添加腮红、画眼影等操作，屡试不爽哦！

6. 不相干两张照片 + 某种混合模式 = 二次曝光

“二次曝光”是一种特殊的摄像效果，不仅能够使用相机拍摄出这样的效果，还可以利用混合模式制作出这样的效果。在设置混合模式的时候可以通过滚动鼠标中轮的方法去设置混合模式，因为这样可以快速地去试验哪个混合模式更合适，如图 4-198~ 图 4-200 所示。

图 4-195

图 4-196

图 4-197

图 4-198

图 4-199

图 4-200

4.6　抠图实战：恐龙帝国

案例文件：	恐龙帝国 .psd
视频教学：	恐龙帝国 .flv

案例效果：

操作步骤：

（1）新建一个 A4 大小的文件，然后单击工具箱中的“渐变工具”，在“渐变编辑器”中编辑一个青色系渐变，如图 4-201 所示。编辑完成后设置渐变类型为“实底”，然后在画面中拖动填充，效果如图 4-202 所示。

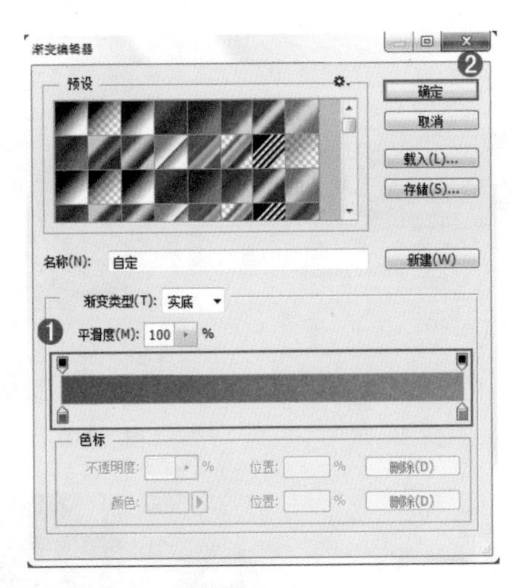

图 4-201

图 4-202

（2）选择工具箱中的“多边形工具” 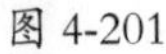，设置绘制模式为“形状”，“填充”为绿色系的渐变，设置“边”为 3，设置完成后在画面中绘制一个绿色的三角形，如图 4-203 所示。继续在画面中绘制两个三角形，如图 4-204 所示。

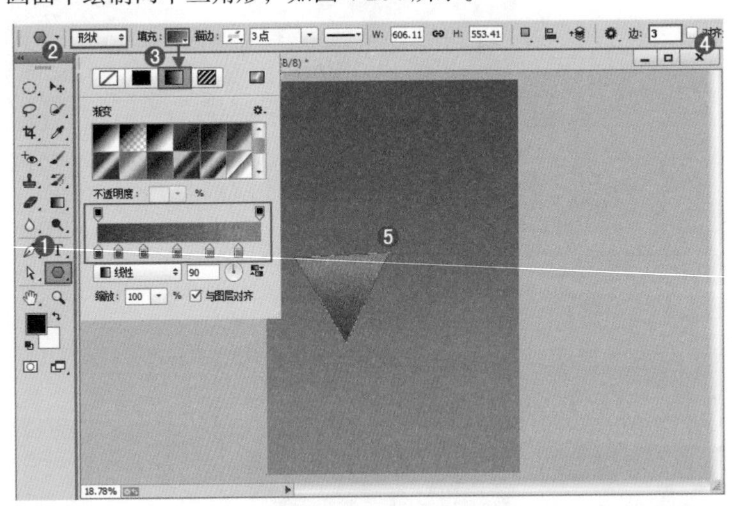

图 4-203

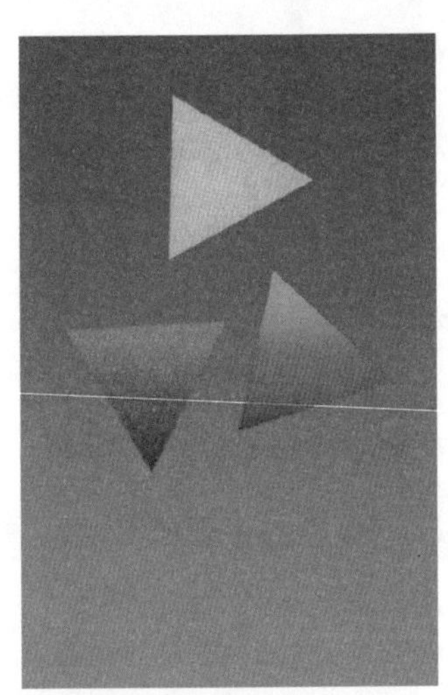

图 4-204

（3）执行“文件 > 置入”命令，将装饰素材“1.jpg”置入到画面中，然后按下 <Enter> 键完成置入，并将其栅格化，如图 4-205 所示。

（4）接下来使用“色彩范围”进行抠图。选择该图层，执行“选择色彩范围”命令，打开“色彩范围”对话框。设置“颜色容差”为 30，然后在黄色的背景处单击拾取颜色，如图 4-206 所示。此时还有没被选中的颜色，可以单击“色彩范围”对话框中的“添加到取样”按钮，然后继续在背景处单击拾取颜色，直至在缩览图中黄色背景部分呈现出白色效果，如图 4-207 所示。

图 4-205

图 4-206

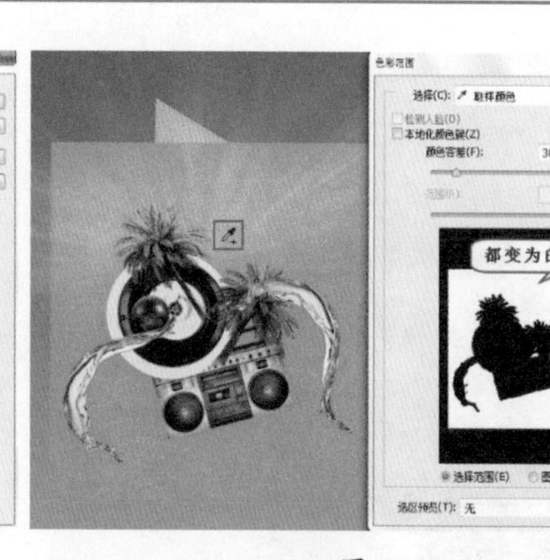

图 4-207

（5）编辑完成后单击“确定”按钮，得到背景位置的选区，然后使用快捷键 <Ctrl+Shift+I> 将选区进行反选。然后单击“添加图层蒙版”按钮 ，基于选区添加图层蒙版，此时画面效果如图 4-208 所示。

（6）置入光效素材“2.png”并将其栅格化，如图 4-209 所示。接着设置图层的混合模式为“叠加”，“不透明度”为 50%，参数设置如图 4-210 所示。此时画面效果如图 4-211 所示。

（7）将恐龙素材“3.jpg”置入到画面中并将其栅格化，如图 4-212 所示。接着选择工具箱中“快速选择工具” 设置合适的笔尖大小，在恐龙的上方拖动得到恐龙的选区，然后单击图层面板底部的“添加图层蒙版” 基于选区为该图层添加蒙版，如图 4-213 所示。

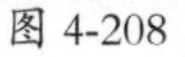
图 4-208

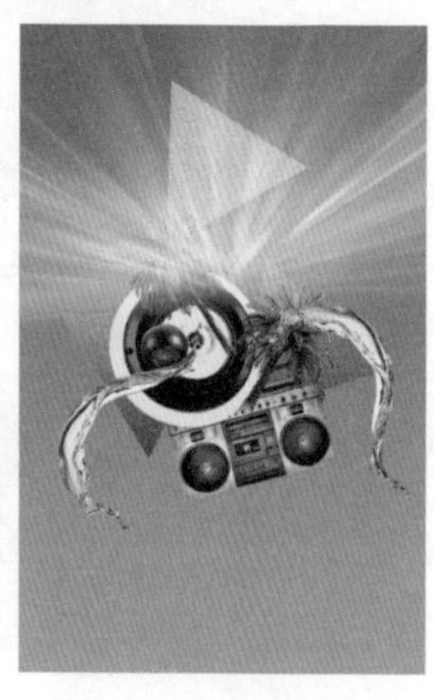

图 4-209

图 4-210

图 4-211

图 4-212

图 4-213

（8）选择该图层，使用自由变换快捷键 <Ctrl+T> 调出定界框将其进行缩放，然后移动到画面中间的位置，如图 4-214 所示。接着执行“图层 > 新建调整图层 > 自然饱和度”命令，设置“自然饱和度”为 60，然后单击“创建剪贴蒙版”按钮 ，参数设置如图 4-215 所示。此时画面效果如图 4-216 所示。

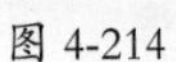

图 4-214　　图 4-215　　图 4-216

（9）将文字背景的光效素材“4.png”置入到画面中并将其栅格化，然后移动到恐龙的下方，如图 4-217 所示。选择工具箱中的“横排文字工具” T ，设置合适的字体、字号在画面中相应位置键入文字，如图 4-218 所示。

图 4-217　　图 4-218

（10）接下来载入样式去美化文字。执行“编辑 > 预设 > 预设管理器”命令，在“预设管理器”对话框中设置“预设类型”为“样式”，然后单击“载入”按钮，如图 4-219 所示。在“载入”对话框中找到样式素材“5.asl”的位置，单击“载入”按钮，如图 4-220 所示。

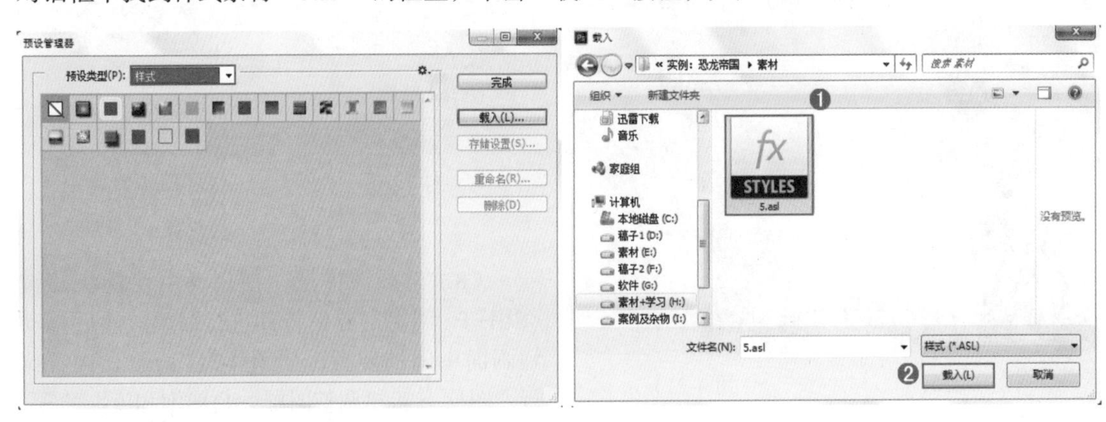

图 4-219　　图 4-220

（11）随即可以看到新的样式被载入到“预设管理器”中，如图 4-221 所示。接着执行“窗口 > 样式”命令，打开“样式”面板，选择文字图层，单击“样式 1”按钮即可快速为文字赋予样式，如图 4-222 所示。

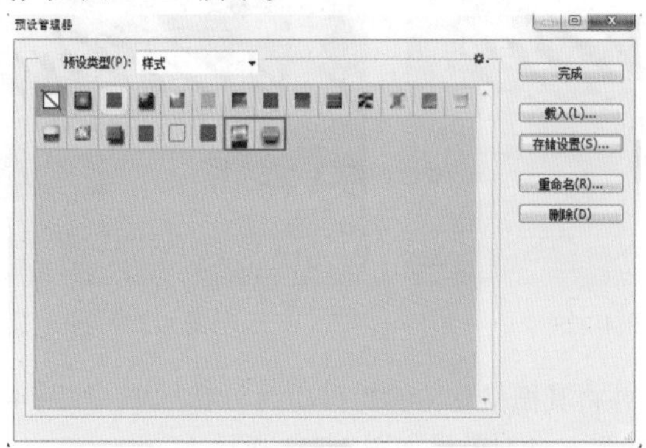

图 4-221

图 4-222

（12）继续将素材“6.jpg”置入到画面中并栅格化，然后选择工具箱中的“魔棒工具”，设置容差值为30，多次在蓝色背景处单击得到蓝色的选区，然后将选区进行反选，如图4-223所示。得到选区后，选中该图层，并单击“创建图层蒙版”按钮，基于选区为该图层添加图层蒙版，然后将素材移动到文字的附近，如图 4-224 所示。

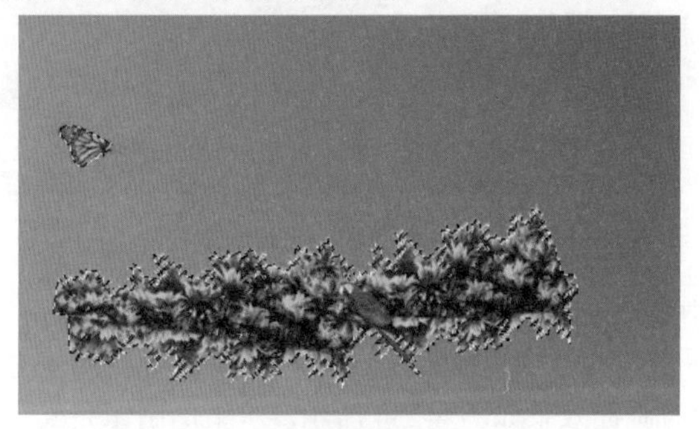

图 4-223

图 4-224

（13）继续使用文字工具键入文字，如图 4-225 所示。然后单击样式面板中的“样式 2”按钮为文字赋予样式，如图 4-226 所示。

图 4-225

图 4-226

（14）接下来为文字添加水珠的图案。将水珠素材“7.jpg”置入到画面中，如图 4-227 所示。接着按住 <Ctrl> 键单击“world”文字图层的缩览图得到文字选区，然后选择水珠图层，单击“添加图层蒙版”按钮，为该图层添加图层蒙版，如图 4-228 所示。设置水珠图层的混合模式为“叠加”，文字效果如图 4-229 所示。

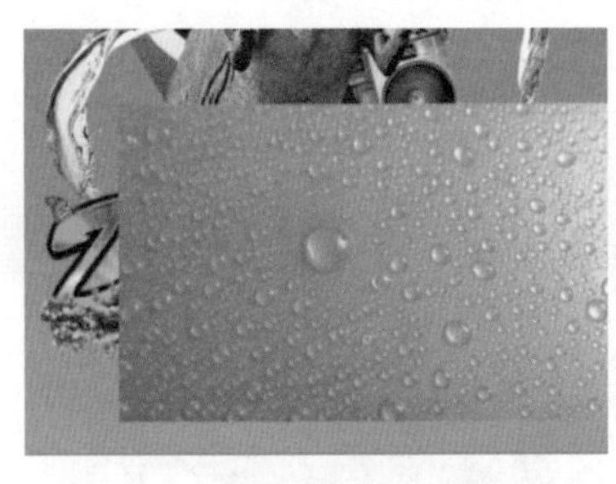

图 4-227

图 4-228

图 4-229

（15）将光效素材“8.png”置入到画面中并将其栅格化，然后移动到文字上方，如图 4-230 所示。接着设置该图层的“混合模式”为“滤色”，此时效果如图 4-231 所示。

图 4-230

图 4-231

（16）将鸽子素材“9.png”置入到画面中并移动到文字的上方，如图 4-232 所示。

（17）最后为画面进行调色。执行“图层 > 新建调整图层 > 曲线”命令，将曲线形状调整为“S 形”，增强画面对比度，如图 4-233 所示。此时画面效果如图 4-234 所示。本案例制作完成。

图 4-232

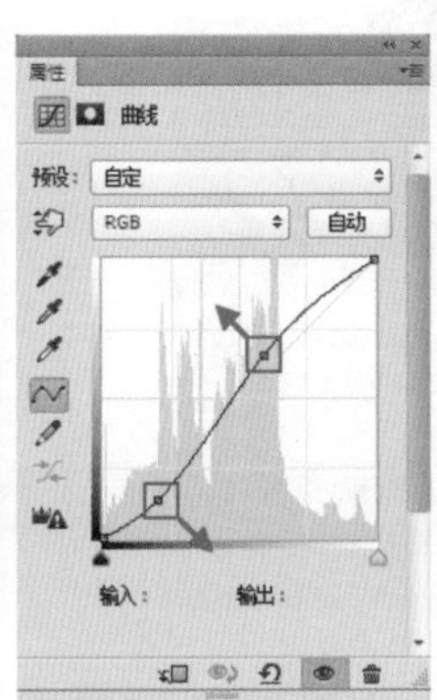

图 4-233

图 4-234

第5章

虚实之间——数码照片的锐化与模糊处理

关键词：锐化、清晰度、模糊、景深、降噪

模糊像是一把双刃剑，一方面会影响画面的质量，另一方面又可以用来制作一种朦胧的意境。当画面中主体模糊时，我们一般会将画面进行锐化，使照片更加清晰。若我们想制作景深效果，可以选择将画面中远景区域的内容进行模糊。所以，模糊与锐化都需要择情而定。图像的噪点往往会影响画面的质量，我们可以选择不同的方法进行降噪。

佳作欣赏

5.1 锐化工具与滤镜

想要提高照片的“清晰度”（也称为“锐度”），就需要对照片进行“锐化”处理。在 Photoshop 中想要对画面中小范围的区域进行锐化可以使用工具箱中的“锐化工具”。而想要提高整个画面的清晰度时，则可以使用锐化滤镜，执行“滤镜 > 锐化”命令，可以看到六种锐化滤镜，下面我们介绍其中几组较为常用的滤镜。图 5-1 所示为锐化前和锐化后的对比效果。

图 5-1

5.1.1 锐化工具：画面局部锐化

“锐化工具” 适合于手动去进行局部锐化，工作原理是增加图像中相邻像素之间的对比，以提高图像的清晰度。使用“锐化工具”在画面中涂抹，涂抹次数越多锐化程度越强。但是过度地进行锐化，会造成图像的失真。

（1）打开素材图片，如图 5-2 所示。可以看到眼球和睫毛的位置有些模糊，如图 5-3 所示。

图 5-2

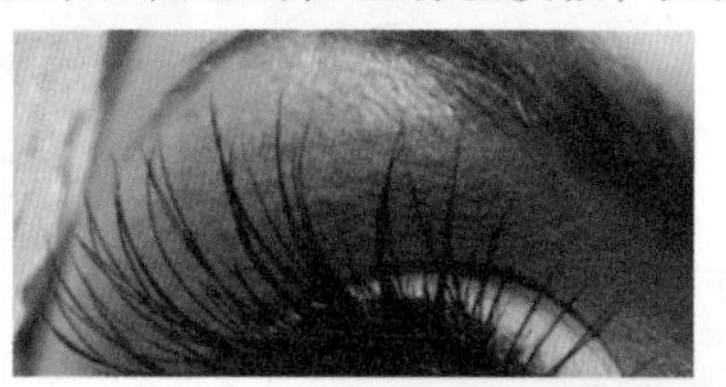

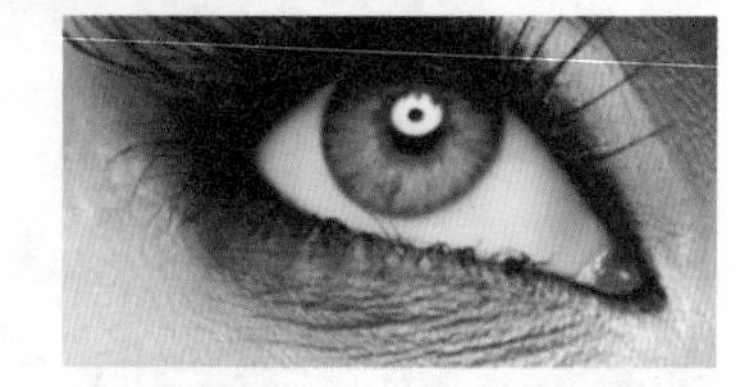

图 5-3

（2）选择工具箱中的“锐化工具” ，选取合适的笔尖大小，然后设置“模式”为“正常”，“强度”为 60%，设置完成后在眼球的位置涂抹进行锐化，效果如图 5-4 所示。继续在睫毛和上眼皮的位置涂抹进行锐化，完成效果如图 5-5 所示。

图 5-4

图 5-5

> **小提示：“锐化工具”的工具选项栏**
>
> **模式：**用来设置工具的混合模式。
>
> **强度：**用来设置锐化的程度，数值越高锐化的程度越强。
>
> **对所有图层取样：**如果文档中包含多个图层，勾选该选项，表示使用所有可见图层中的数据进行处理；取消勾选，则只处理当前图层中的数据。

5.1.2　智能锐化：一步照片变清晰

“智能锐化”是对整个画面进行锐化的常用滤镜，使用该滤镜能够达到更好的锐化清晰效果。执行“滤镜 > 锐化 > 智能锐化”命令。在“智能锐化”对话框中有两个数值特别常用：“数量”和“半径”。“数量”是用来设置锐化的精细程度，值越大像素边缘的对比度越强，看起来更加锐利。“半径”是用于设置每个像素周围的区域的大小，半径越大受影响的边缘就越宽，锐化的效果也就越明显。

使用“智能锐化”有两种常用的数值设置思路。第一种是设置较大的“数量”数值和较小的“半径”数值，这样调整出来的效果可以非常精细的增加画面的锐化程度。另一种方法是“数量”数值小，“半径”数值大，这样调整出来的图像可以打造一种 HDR 效果，细节丰富，对比度增强，而且颜色也变得更加鲜艳了。但是这种方法对图像的损害是极大的，若不追求特殊效果只是想进行锐化，这种方法是不推荐的。

（1）打开一张图片，如图 5-6 所示。接着执行“滤镜 > 锐化 > 智能锐化”命令，打开“智能锐化”对话框，设置“数量”为 100%，“半径”为 32 像素，“移去”为“高斯模糊”，参数设置如图 5-7 所示。设置完成后，单击“确定”按钮，此时可以看到画面变得清晰了，细节更加丰富，如图 5-8 所示。

图 5-6

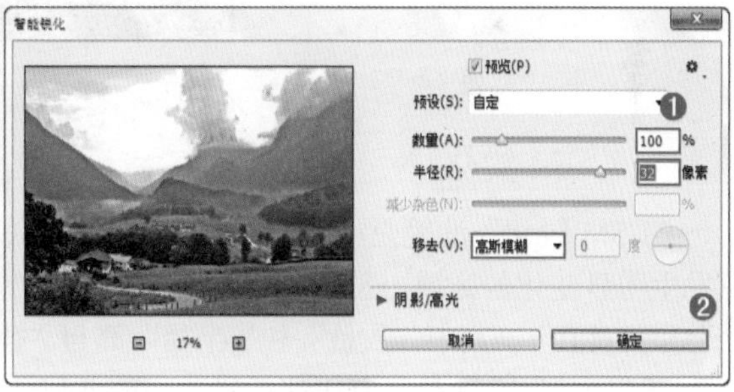

图 5-7

图 5-8

小提示：“智能锐化”的参数详解

移去：选择锐化图像的算法。选择“高斯模糊”选项，可以使用“USM 锐化”滤镜的方法锐化图像；选择“镜头模糊”选项，可以查找图像中的边缘和细节，并对细节进行更加精细的锐化，以减少锐化的光晕；选择“动感模糊”选项，可以激活下面的“角度”选项，通过设置“角度”值可以减少由于相机或对象移动而产生的模糊效果。

单击“阴影 / 高光”选项的三角按钮，即可展开高级选项，其中高级选项包括“阴影”和“高光”两个选项，在这两个选项中有三个一样的选项，其作用是相同的。

渐隐量：用于设置阴影或高光中的锐化程度。

色调宽度：用于设置阴影和高光中色调的修改范围。

半径：用于设置每个像素周围的区域的大小。

（2）经过锐化后此时颜色也发生了变化。若要让颜色更加鲜艳可以通过“曲线”命令调色。执行“图层 > 新建调整图层 > 曲线”命令，调整曲线形状如图 5-9 所示。此时画面效果如图 5-10 所示。

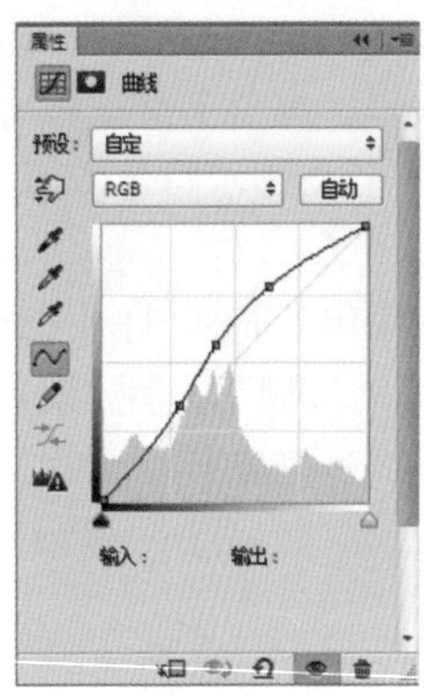

图 5-9

图 5-10

5.1.3 USM 锐化

“USM 锐化”滤镜是一款非常强大而灵活的锐化滤镜，使用“USM 锐化”可以查找图像颜色发生明显变化的区域，然后将其锐化。在“USM 锐化”对话框中，有三个参数分别是“数量”“半径”和“阈值”，其中“数量”和“半径”都与“智能锐化”滤镜的用途相同，唯独不同的是“阈值”。“阈值”选项是只有相邻像素之间的差值达到所设置的“阈值”数值时才会被锐化。该值越高，被锐化的像素就越少。

打开一张图片，如图 5-11 所示。执行“滤镜 > 锐化 >USM 锐化”，在“USM 锐化”对话框中设置“数量”为 100%、“半径”为 10 像素、“阈值”为 2 色阶，参数设置如图 5-12 所示。此时画面效果如图 5-13 所示。

图 5-11

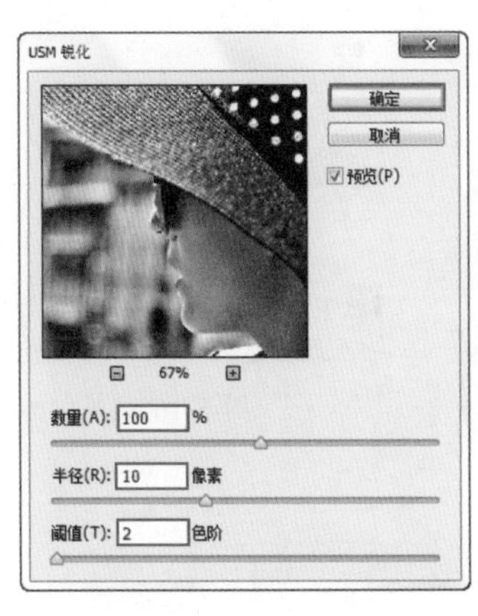

图 5-12

图 5-13

5.1.4 防抖

“防抖”功能是 Photoshop CC 版本中推出的一个新功能，使用防抖滤镜可以将因为拍摄原因产生虚化的照片进行还原修复。

（1）打开一张照片，可以看到人物面部不是很清晰，如图 5-14 所示。执行“滤镜 > 锐化 > 防抖”命令，接着会打开“防抖”对话框，设置“模糊描摹边界”为 10 像素，“平滑”为 3.5%，“伪像抑制”为 3.5%，我们可以在左侧的预览图查看锐化后的效果，如图 5-15 所示。

图 5-14

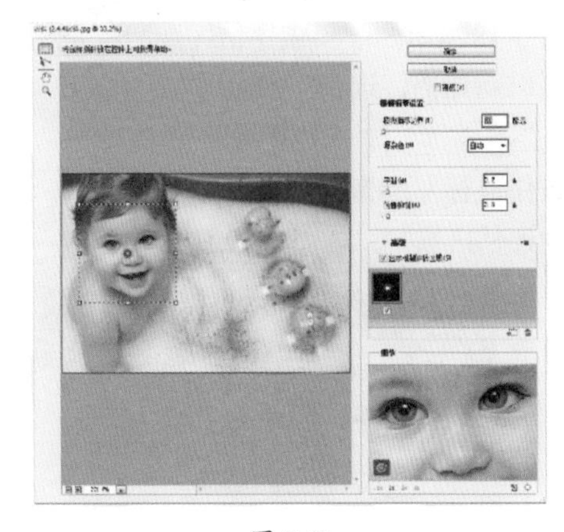

图 5-15

小提示：“防抖”面板选项

模糊描摹边界：“模糊临摹边界”是用来锐化的，它先勾出大体轮廓，再由其他参数辅助修正。取值范围为 10~199，数值越大锐化效果越明显。但是数值过大时，会产生晕影。所以在设置数值的时候既要保证画面足够清晰，还要保证不产生明显晕影。

源杂色：“源杂色”是对原片质量的一个界定，通俗来讲就是原片中的杂色是多还是少，有四个选项分别是“自动”“低”“中”“高”。最常用的选项为“自动”，因为在实践中“自动”的效果比较理想。

平滑：“平滑”是对模糊描摹边界所导致杂色的一个修正。取值范围在 0~100% 之间，值越大去杂色效果越好，但细节损失也大，需要在清晰度与杂点程度上加以均衡。

伪像抑制：用来处理锐化过度的问题，同样是 0~100% 的取值范围。

（2）在该对话框的右下角有一个“细节”对话框，将鼠标指针移动至“细节”对话框中按住鼠标左键拖动鼠标即可查看图像的细节，在查看细节过程中若还有模糊区域，可以单击该对话框左下角的“在放大镜位置处增强”按钮，随即就可以将“细节”对话框中的像素进行锐化，如图 5-16 所示。

图 5-16

（3）如果处理的图片比较特殊，在“防抖”滤镜中，可以以画面中某个位置进行取样，首先单击“高级”选项前方的三角按钮，然后展开高级选项。此时预览图中的虚线框就是“模糊评估区域”，我们可以理解为取样的范围，如图 5-17 所示。

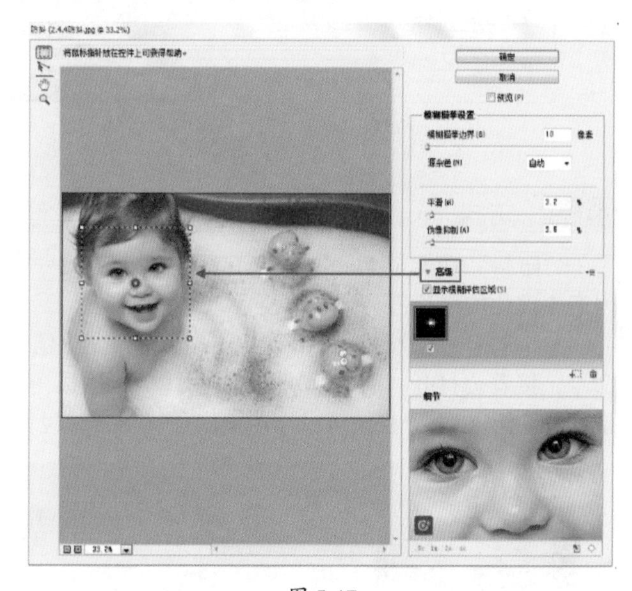

图 5-17

（4）“模糊评估区域”是可以移动的，将鼠标指针移动至“模糊评估区域”中心控制点的位置，按住鼠标左键拖动即可将其进行移动，如图 5-18 所示。“模糊评估区域”也是可以新建的，选择“模糊评估区域工具”，在需要新建取样的位置处按住鼠标左键拖动即可绘制新的“模糊评估区域”，如图 5-19 所示。

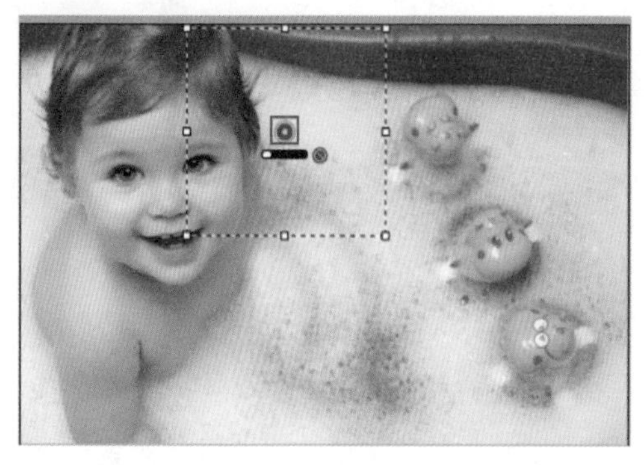

图 5-18

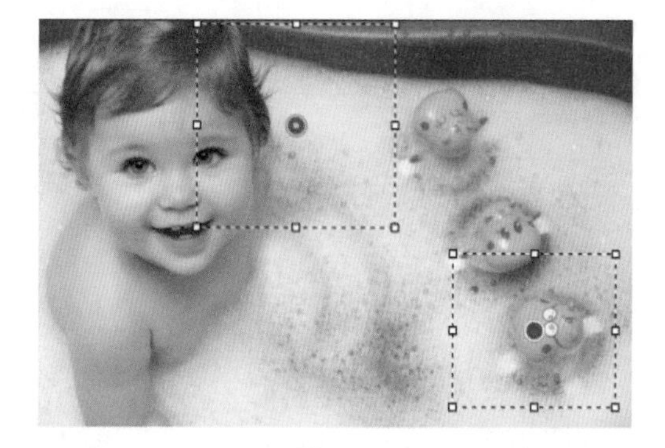

图 5-19

小提示：“锐化”滤镜组中的其他滤镜

在“锐化”滤镜组中还有三个锐化滤镜分别是“锐化”“进一步锐化”和“锐化边缘”三个滤镜。

“锐化”滤镜可以增加像素之间的对比度，使图像变得清晰。该滤镜没有参数设置面板。

“进一步锐化”滤镜比“锐化”滤镜的效果明显些，是“锐化”滤镜效果的 2~3 倍。

“锐化边缘”滤镜只锐化图像的边缘，同时保留总体的平滑度。

5.2 提高照片清晰度常用方法

提高照片的清晰度除了对画面进行锐化的方法以外，还可利用 Lab 颜色模式的明度通道进行低噪锐化和使用高反差保留进行锐化这两种方法。

5.2.1 利用 Lab 颜色模式的明度通道进行低噪锐化

在进行锐化时，如果直接针对画面进行锐化则是将画面中不同色彩的边缘变得更锐利了，但是如果参数设置不当会产生晕影和杂色。而利用 Lab 中的明度通道锐化，可以针对画面中的明暗程度进行锐化，使明暗反差变得更锐利，让锐化看起来更加的自然。

（1）打开一张图像，如图 5-20 所示。图像清晰度稍低，但是直接对图像使用锐化滤镜又会增加噪点。如果只针对明度通道进行锐化则可避免这种情况的发生，如图 5-21 所示。

图 5-20

图 5-21

（2）接下来将图像模式转换成“Lab 颜色”。为了保护原来图像，将“背景”图层进行复制。然后执行“图像 > 模式 >Lab 颜色”，如图 5-22 所示。在弹出的对话框中单击“不拼合”按钮，如图 5-23 所示。

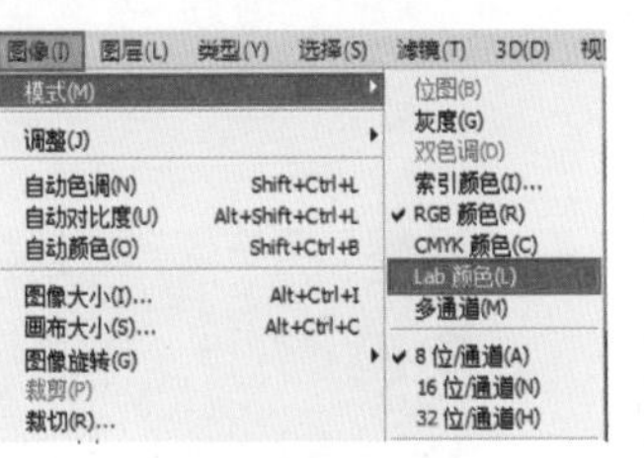

图 5-22

图 5-23

（3）转换为 Lab 模式后，打开通道面板，单击明度通道，如图 5-24 所示。

图 5-24

（4）执行“滤镜 > 锐化 > 智能锐化”，在打开的“智能锐化”对话框中设置“数量”为 180%，“半径”为 0.5 像素，如图 5-25 所示。设置完成后单击“确定”按钮，效果如图 5-26 所示。

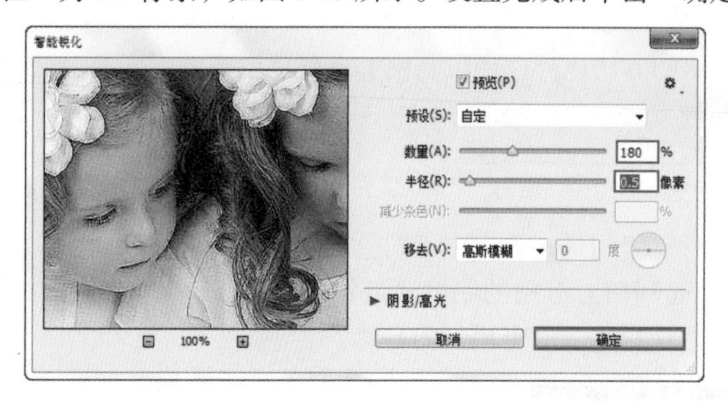

图 5-25

图 5-26

（5）锐化完成后，单击 Lab 复合通道，并执行“图像 > 模式 >RGB 颜色”命令，如图 5-27 所示。对比效果如图 5-28 所示。

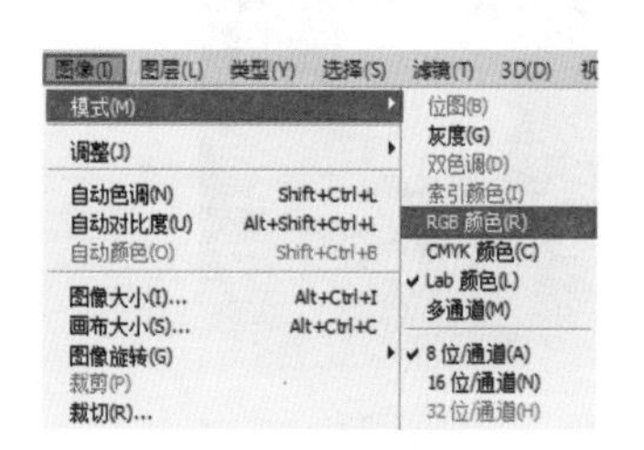

图 5-27

图 5-28

5.2.2 高反差保留锐化法

对彩色图像使用锐化滤镜可以提高图像清晰度，但是如果锐化过度则会出现较多的杂色，本案例通过使用高反差保留得到图像颜色交界边缘的灰度图像，并与原图进行叠加的方法强化图像清晰度。

（1）首先打开一张图像，并复制出背景图层副本命名为“高反差保留”，如图 5-29 和图 5-30 所示。

图 5-29

图 5-30

（2）执行“滤镜 > 其他 > 高反差保留”命令，在弹出的“高反差保留”对话框中，设置“半径”为 5 像素，如图 5-31 所示。此时得到的高反差保留图像将在后面的步骤中与原图进行混合提高原图清晰度，当前灰色图像中细节的丰富程度则决定了最后图像的锐化程度，如图 5-32 所示。

（3）将该图层的“混合模式”设置为“叠加”，如图 5-33 所示。此时可以看到图像中的边缘部分明显强化了很多，如图 5-34 所示。

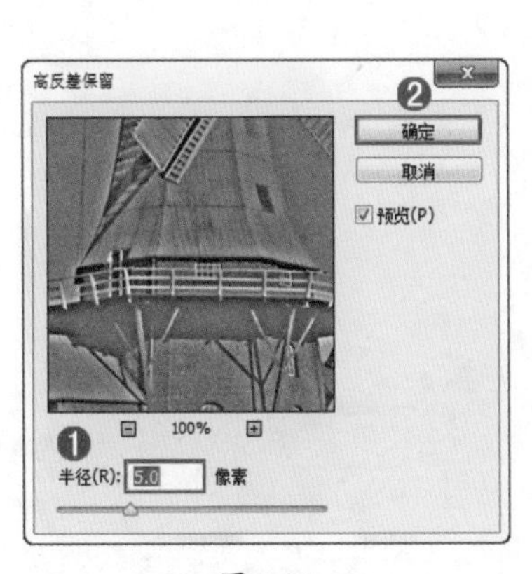

图 5-31　　　　图 5-32

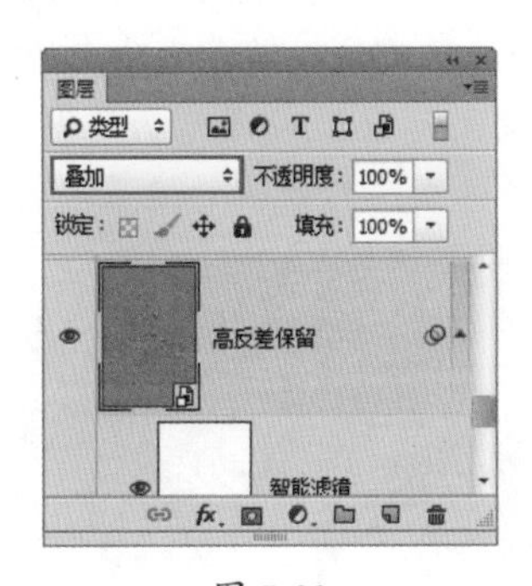

图 5-33　　　　图 5-34

（4）如果需要进一步增强图像清晰度可以复制高反差保留图层，得到“高反差保留拷贝”图层，如图 5-35 所示。然后通过智能滤镜打开“高反差保留”对话框，设置“半径”为 1 像素，参数设置如图 5-36 所示。此时画面效果如图 5-37 所示。

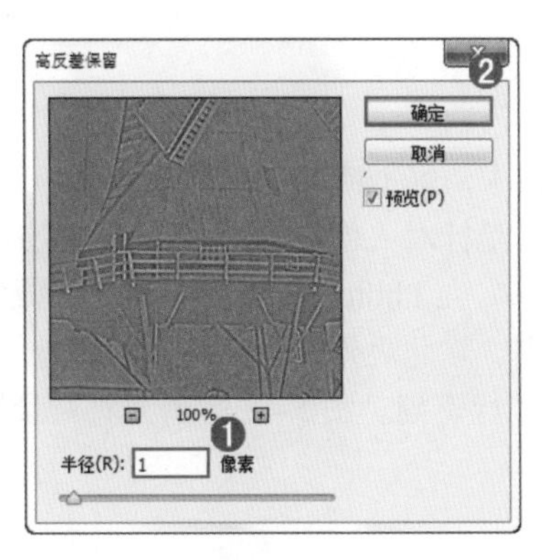

图 5-35　　　　图 5-36　　　　图 5-37

（5）若觉得锐化效果不够强烈，可以将“高反差保留拷贝”图层复制两份，细节对比效果如图 5-38 所示。

图 5-38

小提示：高反差保留锐化法的延伸

本案例所使用的锐化图像的思路与“浮雕滤镜锐化提到图像清晰度”的思路基本相同，不同的是浮雕滤镜处理过的灰度图像会保留较明显的边界，而高反差保留滤镜则能够提取出更小的细节。也就是说如果针对人像照片使用本案例中的方法可能会造成皮肤上的瑕疵更明显的问题，所以“高反差保留法”更适合针对风景照片的锐化。图 5-39 所示为原图，图 5-40 所示为使用浮雕滤镜进行锐化的效果，图 5-41 所示为高反差保留进行锐化的效果。

图 5-39　　图 5-40　　图 5-41

5.3 模糊工具与滤镜

大部分情况下，照片本身是追求清晰准确的记录画面的，但是为了营造意境或突出主题会将画面中的某个部分进行模糊。尤其是针对人像皮肤部分的后期处理，往往会对皮肤进行适当的模糊，以打造出柔和光洁的肌肤质感。在 Photoshop 中有一个“模糊”滤镜组，这些“模糊”滤镜比较适合对图像大面积的进行模糊。除此之外，在工具箱中还有一个“模糊工具”，使用这个工具可以手动的对画面的局部区域进行模糊。图 5-42 所示为对背景模糊处理的作品，图 5-43 所示为对肌肤模糊处理的作品。

图 5-42

图 5-43

5.3.1 模糊工具

“模糊工具”与“锐化工具”相反，使用“模糊工具”可柔化硬边缘或减少图像中的细节，使图像的局部区域进行模糊处理。其原理是降低相邻像素之间的反差，使图像的边界或区域变得柔和。该工具常用于人像磨皮以及制作景深的效果。

打开一张图片，如图 5-44 所示。选择工具箱中的“模糊工具”，通过设置“强度”数值去控制模糊的强度。然后在需要模糊的位置按住鼠标涂抹即可进行模糊，在同一位置涂抹的次数越多，模糊效果越强烈，效果如图 5-45 所示。

图 5-44

图 5-45

5.3.2 高斯模糊：模糊背景突出主体

案例文件：	高斯模糊：模糊背景突出主体 .psd
视频教学：	高斯模糊：模糊背景突出主体 .flv

“高斯模糊”滤镜是使用率较高的模糊滤镜，使用“高斯模糊”滤镜可以向图像中添加低频细节，使图像产生一种朦胧的模糊效果。图 5-46 和图 5-47 所示为对比效果。

图 5-46

图 5-47

（1）打开一个带有两个图层的文档，如图 5-48 所示。将图层“1”显示，画面效果如图 5-49 所示。此时由于背景较为凌乱，前景中的照片没能凸显出来。我们可以采用虚化背景的方式去突出前景。

图 5-48

图 5-49

（2）选择“背景”图层，执行“滤镜 > 模糊 > 高斯模糊”命令，打开“高斯模糊”对话框。在高斯模糊对话框中通过设置“半径”控制模糊的程度，数值越大，产生的模糊效果越强。在这里设置“半径”为 30 像素，参数设置如图 5-50 所示。设置完成后单击“确定”按钮，画面效果如图 5-51 所示。

图 5-50

图 5-51

5.3.3 镜头模糊：模拟大光圈景深感

案例文件：	镜头模糊：模拟大光圈景深感 .psd
视频教学：	镜头模糊：模拟大光圈景深感 .flv

“镜头模糊”滤镜可以向图像中添加模拟相机镜头产生的近实远虚般的模糊感。模糊效果取决于模糊的“源”设置，如果图像中存在 Alpha 通道或图层蒙版，则可以为图像中的特定对象创建景深效果。图 5-52 和图 5-53 所示为对比效果。

图 5-52

图 5-53

（1）打开素材文件，接下来就针对这张图打造景深效果。首先分析一下图片，画面右侧的部分为远景，所以应该最模糊，左侧的松树为近景所以要轻度的模糊，如图 5-54 所示。

图 5-54

（2）因为使用“镜头模糊”滤镜需要根据 Alpha 通道的黑白关系来控制画面内容的模糊程度。选择工具箱中的“快速选择工具”，设置合适的笔尖大小然后在人物上方拖动得到人物的选区，如图 5-55 所示。执行“窗口 > 通道”命令，打开通道面板，单击“新建新通道”按钮新建一个 Alpha 通道，然后将选区填充为白色，如图 5-56 所示。

图 5-55

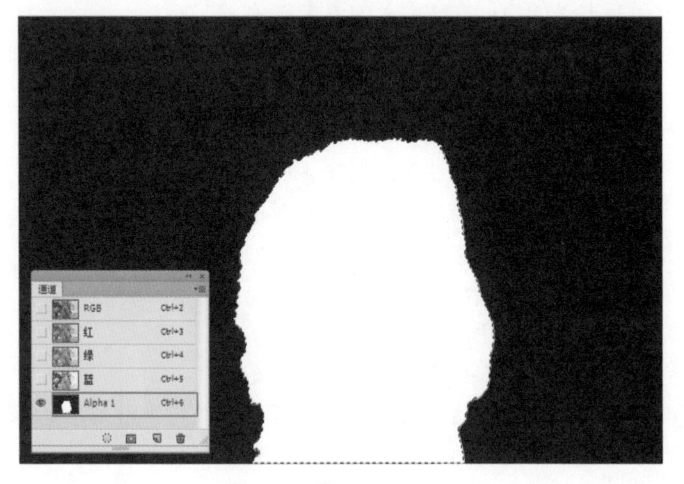

图 5-56

（3）因为在“镜头模糊”滤镜中，白色为模糊的区域，黑色为不模糊的区域，所以需要将颜色进行反相。使用快捷键 <Ctrl+I> 将颜色进行反相，效果如图 5-57 所示。

图 5-57

（4）在通道中灰色为半模糊区域，灰色的颜色越深模糊的程度越低，灰色的颜色越浅模糊的程度越高。选择 Alpha 通道，单击“将通道作为选区载入”按钮得到白色部分的选区，单击“渐变工具”，编辑一个浅灰色到白色的线性渐变，然后在选区内拖动填充，渐变效果如图 5-58 所示。填充效果如图 5-59 所示。（为选区添加灰色系渐变的目的是让画面左侧的位置模糊效果轻一些，右侧模糊效果重一些，且中间过程柔和、自然。）

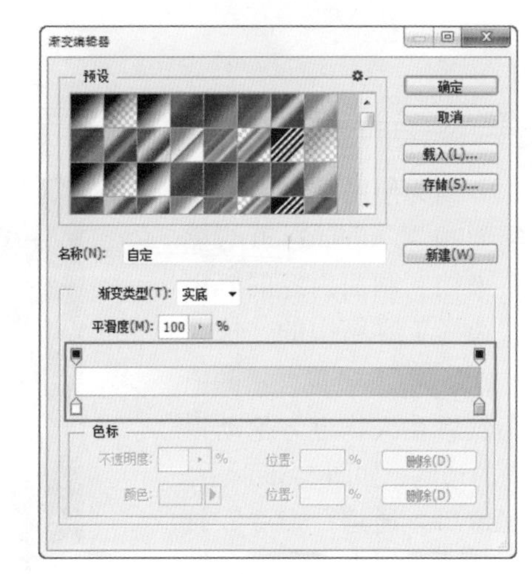

图 5-58

图 5-59

小提示：“镜头模糊”对话框的选项

预览：用来设置预览模糊效果的方式。选择“更快”选项，可以提高预览速度；选择“更加准确”选项，可以查看模糊的最终效果，但生成的预览时间更长。

深度映射：从“源”下拉列表中可以选择使用 Alpha 通道或图层蒙版来创建景深效果（前提是图像中存在 Alpha 通道或图层蒙版），其中通道或蒙版中的白色区域将被模糊，而黑色区域则保持原样；“模糊焦距”选项用来设置位于角点内的像素的深度；“反相”选项用来反转 Alpha 通道或图层蒙版。

光圈：该选项组用来设置模糊的显示方式。“形状”选项用来选择光圈的形状；“半径”选项用来设置模糊的数量；“叶片弯度”选项用来设置对光圈边缘进行平滑处理的程度；“旋转”选项用来旋转光圈。

镜面高光：该选项组用来设置镜面高光的范围。“亮度”选项用来设置高光的亮度；“阈值”选项用来设置亮度的停止点，比停止点值亮的所有像素都被视为镜面高光。

杂色：“数量”选项用来在图像中添加或减少杂色；“分布”选项用来设置杂色的分布方式，包含“平均分布”和“高斯分布”两种；如果为“单色”选项，则添加的杂色为单一颜色。

（5）通道调整完成后回到图层面板中，执行“滤镜 > 模糊 > 镜头模糊”命令，在打开的“镜头模糊”对话框中设置“源”为 Alpha 1，“半径”为 50，参数设置如图 5-60 所示。设置完成后单击“确定”按钮，景深效果如图 5-61 所示。

图 5-60

图 5-61

（6）此时画面整体偏暗，可以新建一个曲线调整图层，提亮曲线形状，如图 5-62 所示。最后完成效果如图 5-63 所示。

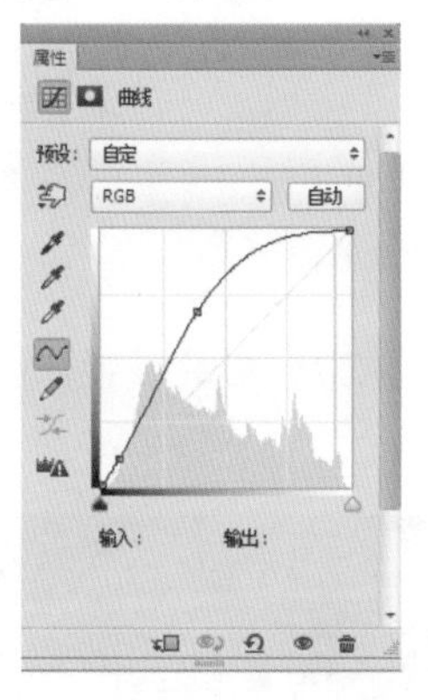

图 5-62

图 5-63

5.3.4 动感模糊：制作炫彩动感效果

案例文件：	动感模糊：制作炫彩动感效果 .psd
视频教学：	动感模糊：制作炫彩动感效果 .flv

“动感模糊”滤镜可以模拟用固定的曝光时间给运动的物体拍照的效果。接下来就通过“动感模糊”滤镜制作出炫彩动感效果。图 5-64 所示为原图，效果如图 5-65 所示。

图 5-64

图 5-65

（1）打开人物照片，如图 5-66 所示。接下来使用“快速选择工具”在人物上拖动得到人物的选区，如图 5-67 所示。

图 5-66

图 5-67

（2）得到人物选区后，使用快捷键 <Ctrl+J> 将选区中的内容复制到独立图层，然后再复制一份。接着将这两个图层分别命名为“动感模糊 1”和“动感模糊 2”，如图 5-68 所示。选择“动感模糊 1”图层，将“动感模糊 2”图层隐藏，如图 5-69 所示。

图 5-68

图 5-69

（3）下面为图层添加“动感模糊”滤镜。执行“滤镜 > 模糊 > 动感模糊”命令，然后在“动感模糊”对话框中设置“角度”为 – 30 度，“距离”为 1000 像素，参数设置如图 5-70 所示。设置完成后单击“确定”按钮，效果如图 5-71 所示。

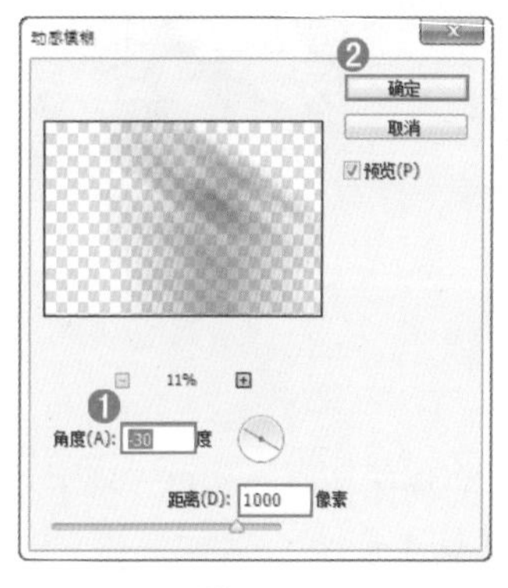

图 5-70

图 5-71

（4）接着使用图层蒙版将人物主体部分的动感模糊效果隐藏。单击图层面板底部的“添加图层蒙版”按钮，为该图层添加图层蒙版。然后使用黑色的柔角画笔在人物上涂抹，此时效果如图 5-72 所示。

图 5-72

（5）接下来制作人物边缘强烈的光感。显示“动感模糊 2”图层，然后选择该图层执行“滤镜 > 模糊 > 动感模糊”命令，设置“角度”为 – 30 度，“距离”为 300 像素，参数设置如图 5-73 所示。效果如图 5-74 所示。然后为该图层添加图层蒙版将人物主体部分的模糊效果隐藏，保留人像边缘的部分，效果如图 5-75 所示。

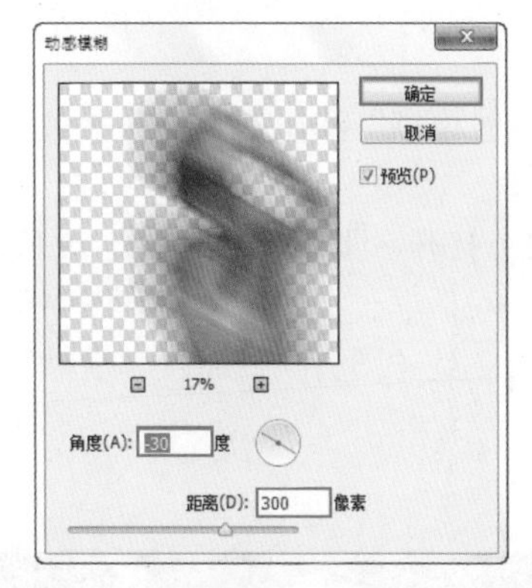

图 5-73

图 5-74

图 5-75

（6）将光效素材置入到画面中，然后设置图层的混合模式为“滤色”，效果如图 5-76 所示。最后新建一个曲线调整图层，调整曲线形状如图 5-77 所示。完成效果如图 5-78 所示。

图 5-76

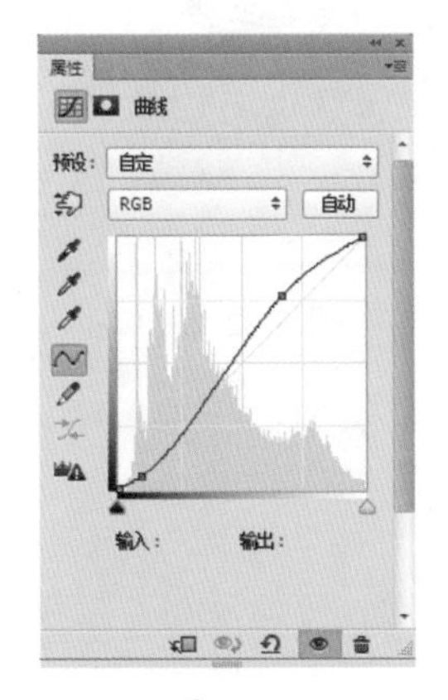

图 5-77

图 5-78

5.3.5 场景模糊

“场景模糊”滤镜是为景深效果量身定制的模糊滤镜，使用这个滤镜可以非常便捷的打造景深效果。

（1）打开一张照片，如图 5-79 所示。接着执行“滤镜 > 模糊 > 场景模糊”命令，打开“场景模糊”对话框，在左侧的缩览图中可以看到图像变得模糊，这是因为默认情况下会在图像的中央位置有一处“图钉”，而且“模糊”参数为 15 像素，效果如图 5-80 所示。

图 5-79

图 5-80

（2）因为要制作景深效果，所以要将背景的位置进行模糊，所以选择这个图钉将其向左上拖动，如图 5-81 所示。因为模糊效果还是影响了整个画面，所以要新建图钉，将鼠标指针移动到人物头部单击即可建立图钉，然后设置该图钉的“模糊”为 0 像素，使头部区域变清晰，如图 5-82 所示。

图 5-81

图 5-82

小技巧：快速调整模糊强度

在图钉周围有个灰色圆环。按住鼠标左键顺时针拖动，可以增加“模糊”的强度，逆时针拖动可以减少“模糊”的强度。

（3）接着在画面的右侧新建图钉，并设置一定的模糊数值，如图 5-83 所示。设置完成后，单击 确定 按钮，效果如图 5-84 所示。

图 5-83

图 5-84

5.3.6　光圈模糊：制作微距摄影效果

“光圈模糊”滤镜可以非常便捷的制作出画面四角的模糊效果。图 5-85 和图 5-86 所示为对比效果。

图 5-85

图 5-86

（1）打开一张照片，如图 5-87 所示。然后执行“滤镜 > 模糊 > 光圈模糊”命令，可以在打开的对话框中有一个椭圆形的调节框，这个调节框是用来控制模糊的范围，拖动调整框右上侧的控制点即可调整控制框的大小，如图 5-88 所示。

图 5-87

图 5-88

（2）选择中心位置的图钉，按住鼠标左键向下拖动即可移动模糊影响的区域，如图 5-89 所示。

（3）若要调整模糊过度的区域，拖动调节框内侧的圆心控制点即可，如图 5-90 所示。在对话框的右侧位置可以设置“模糊”为 20 像素，然后单击“确定”按钮，最终效果如图 5-91 所示。

（4）最后可以为画面添加边框和文字进行装饰，案例完成效果如图 5-92 所示。

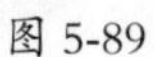

图 5-89

图 5-90

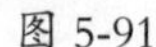

图 5-91

图 5-92

5.3.7 移轴模糊：模拟玩具世界般的移轴摄影

移轴摄影，即移轴镜摄影，泛指利用移轴镜头创作的作品。拍摄的照片效果就像是缩微模型一样，非常特别。在 Photoshop 中使用“移轴模糊”滤镜可以轻松地模拟“移轴摄影”效果。接下来就使用“移轴模糊”滤镜打造玩具般的世界。图 5-93 和图 5-94 所示为对比效果。

图 5-93

图 5-94

（1）打开风景照片，如图 5-95 所示。接着执行“滤镜 > 模糊 > 移轴模糊”命令，打开“移轴模糊”对话框，会看到移轴模糊的控制框，如图 5-96 所示。

（2）首先调整模糊的区域。选中控制点将其向下拖动，使清晰的区域为建筑的位置，如图 5-97 所示。为了让模糊效果过度柔和，可以通过拖动的方法移动虚线的位置，如图 5-98 所示。

图 5-95

图 5-96

图 5-97

图 5-98

（3）为了让模糊效果更加强烈，可以设置“模糊”为 20 像素，接着设置“扭曲度”，“扭曲度”是用来设置模糊的扭曲程度，当参数为负数时扭曲为弧线；当参数为正数时，扭曲为向外放射状。在这里设置“扭曲度”为 70%，参数设置如图 5-99 所示。设置完成后单击“确定”按钮，效果如图 5-100 所示。

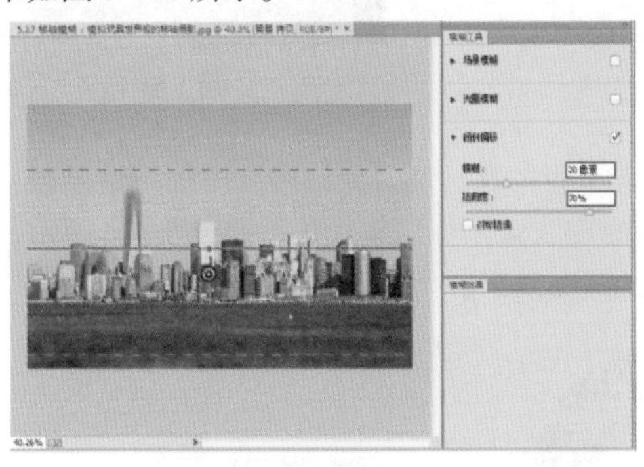

图 5-99

图 5-100

5.3.8　表面模糊：噪点图像的降噪处理

案例文件：	表面模糊：噪点图像的降噪处理 .psd
视频教学：	表面模糊：噪点图像的降噪处理 .flv

“表面模糊”滤镜可以在保留边缘的同时模糊图像，可以用该滤镜创建特殊效果并消除杂色或粒度。图 5-101 所示为降噪前后对比效果。

图 5-101

（1）打开一张照片，如图 5-102 所示。在人像的暗部我们可以看到很多的噪点，如图 5-103 所示。

（2）将背景图层复制，得到“背景复制”图层。然后选择该图层执行“滤镜 > 模糊 > 表面模糊”命令，在“表面模糊”对话框中设置“半径”为 5 像素，“阈值”为 15 色阶，参数设置如图 5-104 所示。设置完毕后单击“确定”按钮，此时人物皮肤变得非常的光滑，效果如图 5-105 所示。

图 5-102

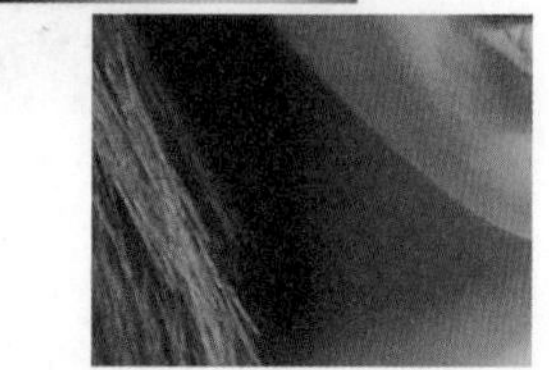

图 5-103

> **小提示：其他的模糊滤镜**
>
> 在“模糊”滤镜组中还有其他的模糊滤镜，这些模糊滤镜在处理人像中少有应用。可以尝试应用一下这些模糊滤镜，查看其滤镜效果。

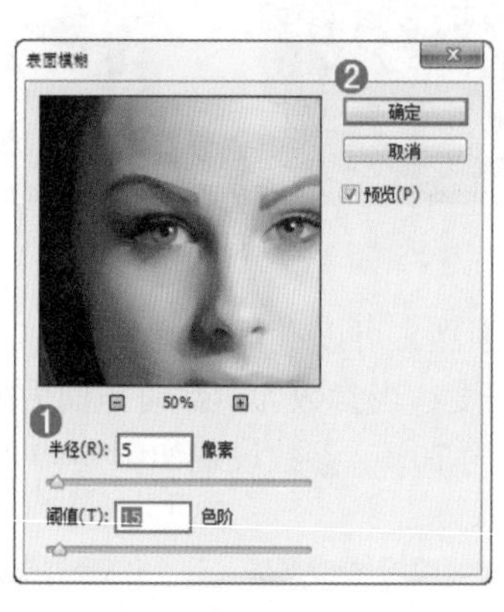

图 5-104

图 5-105

（3）虽然人物的皮肤变得光滑，但是画面却有一些失真。接着为该图层添加图层蒙版，然后将图层蒙版填充为黑色，使用白色的画笔在人物的皮肤上涂抹，蒙版状态如图 5-106 所示，画面效果如图 5-107 所示。图 5-108 所示为图片细节的降噪效果。

图 5-106

图 5-107

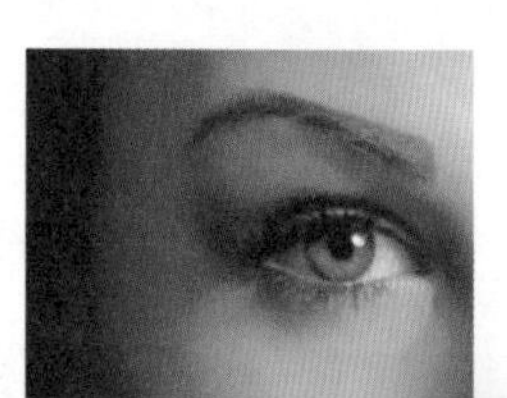

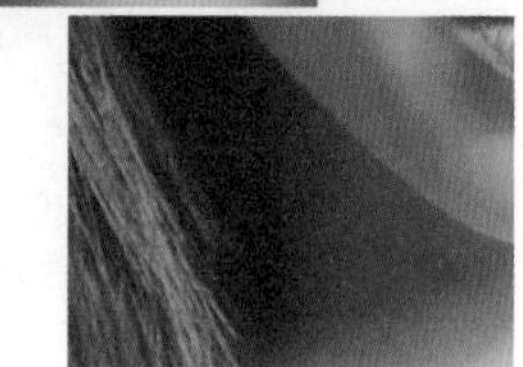

图 5-108

5.4 降噪

图像的噪点是指图像中不该出现的外来像素，看起来就像图像被“弄脏”了，布满一些细小的噪点。对于图像中的噪点就应该进行降噪。使用 Photoshop 可以使用“减少杂色”“蒙尘与划痕”“祛斑”和“中间值”进行降噪。至于选择那种降噪的方法，还是因图而异，对症下药。

5.4.1 使用“减少杂色”滤镜降噪

“减少杂色”滤镜可以基于影响整个图像或各个通道的参数设置来保留边缘并减少图像中的杂色。如图 5-109 所示为原图，图 5-110 所示为使用“减少杂色”滤镜降噪的效果，图 5-111 所示为细节对比效果。

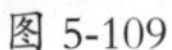

图 5-109

图 5-110

图 5-111

（1）打开人物素材，可以看到人物皮肤比较粗糙，如图 5-112 所示。对于人像摄影来说，皮肤上的毛孔、雀斑等瑕疵也是皮肤上的噪点。接下来使用“减少杂色”滤镜降噪。首先将“背景”图层进行复制，执行“滤镜 > 杂色 > 减少杂色”命令，打开“减少杂色”对话框，然后将所有的参数设置为 0，如图 5-113 所示。

图 5-112

图 5-113

第 5 章

（2）首先设置“强度”参数，该参数用来设置应用于所有图像通道的明亮度杂色的减少量。接着设置“强度”为10，设置完成后可以在左侧的缩览图中看到皮肤变得模糊了，如图5-114所示。此时人物皮肤虽然变得光滑但是眼睛、眉毛的位置变得模糊。我们可以通过设置“保留细节”来控制保留图像的边缘和细节的程度，数值为10%时，可以保留图像的大部分细节，但是会将明亮度杂色减到最低。设置“保留细节”为10%，可以看见眼睛、眉毛的位置变得清晰，而且皮肤上有很自然的毛孔，如图5-115所示。

图 5-114

图 5-115

（3）接着设置“减少杂色”，移去随机的颜色像素。数值越大，减少的颜色杂色越多。设置“减少杂色”为100%，如图5-116所示。接着设置“锐化细节”用来设置移去图像杂色时锐化图像的程度。设置“锐化细节”为50%，效果如图5-117所示。

图 5-116

图 5-117

（4）勾选“移除JPEG不自然感”，勾选该选项以后，可以移去因JPEG压缩而产生的不自然块。

小提示：“减少杂色”的高级选项设置

在“减少杂色”对话框中勾选“高级”选项，可以设置“减少杂色”滤镜的高级参数。其中“整体”选项卡与基本参数完全相同。“每通道”选项卡可以基于红、绿、蓝通道来减少通道中的杂色，如图5-118所示。

图 5-118

5.4.2 蒙尘与划痕：减少细节制作绘画感照片

案例文件：	蒙尘与划痕：减少细节制作绘画感照片 .psd
视频教学：	蒙尘与划痕：减少细节制作绘画感照片 .flv

“蒙尘与划痕”滤镜可以通过修改具有差异化的像素来减少杂色，可以有效地去除图像中的杂点和划痕。

（1）打开一张照片，画面整体颜色非常清新，很适合用来制作绘画效果，如图 5-119 所示。

图 5-119

（2）使用快捷键 <Ctrl+J> 将“背景”图层进行复制得到“背景拷贝”图层，然后选择该图层执行“滤镜 > 杂色 > 蒙尘与划痕”命令，打开“蒙尘与划痕”对话框。通过设置“半径”来设置柔化图像边缘的范围。设置“阈值”选项是用来定义像素的差异有多大才被视为杂点。数值越高，消除杂点的能力越弱。设置“半径”为 12 像素，参数设置如图 5-120 所示。设置完成后单击“确定”按钮，效果如图 5-121 所示。

图 5-120

图 5-121

（3）接着为该图层添加图层蒙版，使用浅灰色的柔角画笔在人物和背景处涂抹，蒙版状态如图 5-122 所示。此时画面效果如图 5-123 所示。此时画面有了非常清新的插画效果。

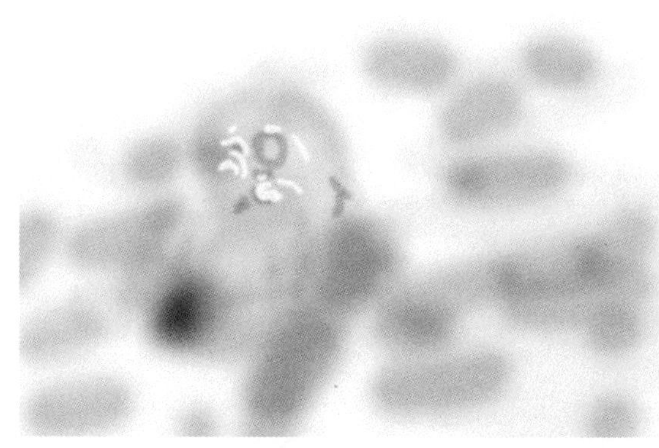

图 5-122

图 5-123

（4）为了让插画效果更加丰满，可以使用不规则的笔尖，设置合适不透明度、流量在蒙版中进行涂抹，蒙版状态如图 5-124 所示。此时画面呈现出手绘的效果如图 5-125 所示。

图 5-124

图 5-125

（5）接着对画面进行调色。执行“图层 > 新建调整图层 > 自然饱和度”命令，设置“自然饱和度”为 80，参数设置如图 5-126 所示。此时画面效果如图 5-127 所示。

图 5-126

图 5-127

（6）最后使用“文字工具”在画面中键入花式字体，一张清新的插画就制作完成了，效果如图 5-128 所示。

图 5-128

5.4.3 去斑：去除画面噪点

“去斑”滤镜可以检测图像的边缘（发生显著颜色变化的区域），并模糊那些边缘外的所有区域，同时会保留图像的细节（该滤镜没有参数设置对话框）。

（1）打开一张照片，如图 5-129 所示。可以看到画面中暗部有很多的噪点，如图 5-130 所示。

图 5-129

图 5-130

（2）执行“滤镜 > 杂色 > 去斑”命令，细节效果如图 5-131 所示。如果觉得降噪效果不理想，可以再次执行“去斑”命令，效果如图 5-132 所示。

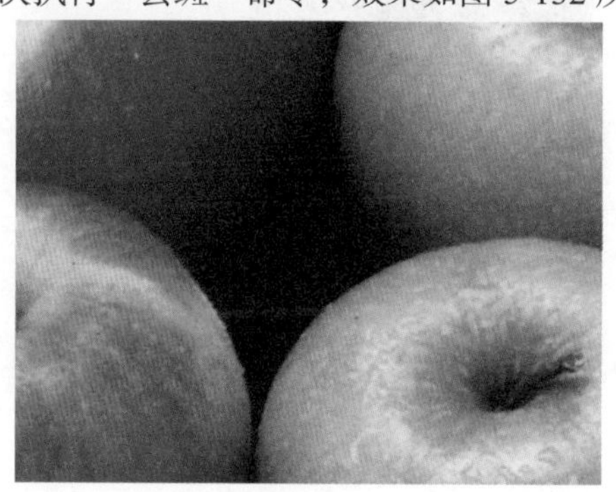

图 5-131

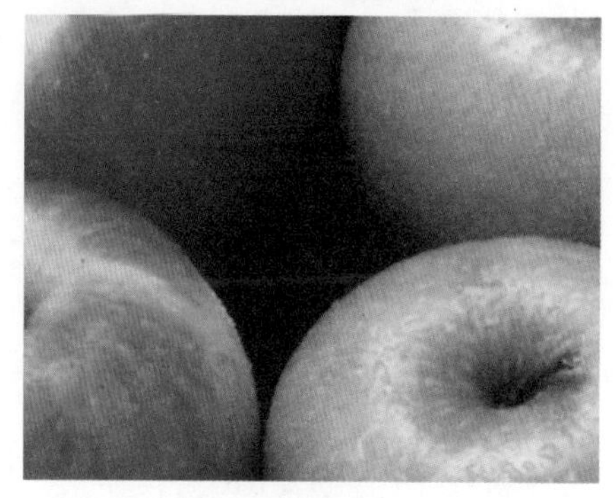

图 5-132

5.4.4 中间值：减少人像肌肤上的瑕疵

案例文件：	中间值：减少人像肌肤上的瑕疵 .psd
视频教学：	中间值：减少人像肌肤上的瑕疵 .flv

“中间值”滤镜可以混合选区中像素的亮度来减少图像的杂色。该滤镜会搜索像素选区的半径范围以查找亮度相近的像素，并且会扔掉与相邻像素差异太大的像素，然后用搜索到的像素的中间亮度值来替换中心像素。下面就来使用“中间值”滤镜减少人像肌肤上的瑕疵，为画面进行降噪。图 5-133 所示为降噪的前后对比效果。

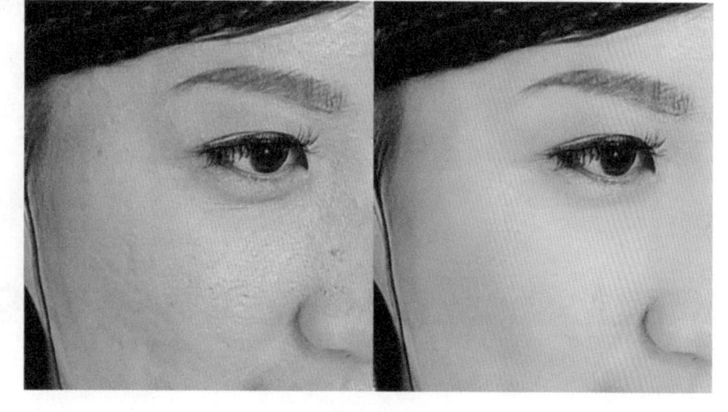

图 5-133

（1）打开一张人像照片，可以看到人物的皮肤比较粗糙，如图 5-134 和图 5-135 所示。

图 5-134

图 5-135

（2）执行“滤镜 > 杂色 > 中间值”模块，在“中间值”对话框中设置“半径”参数，该参数是用于设置搜索像素选区的半径范围，在这里设置“半径”为 15 像素，参数设置如图 5-136 所示。此时人物效果如图 5-137 所示。

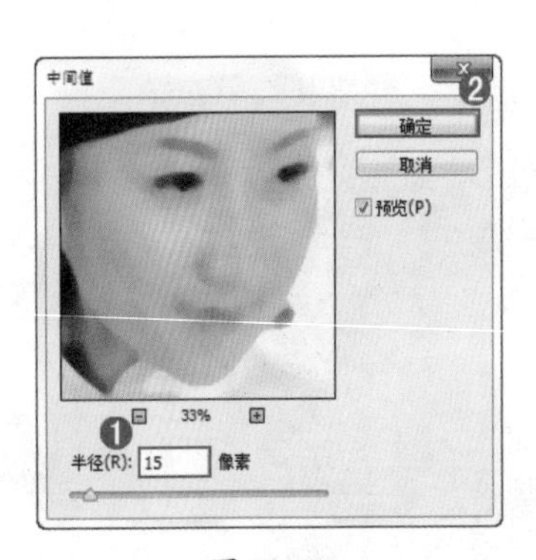

图 5-136

图 5-137

（3）接着为该图层添加图层蒙版，然后将蒙版填充为黑色，使用白色的画面在人物面板进行涂抹，蒙版状态如图 5-138 所示。此时皮肤效果如图 5-139 所示。

图 5-138

图 5-139

（4）提亮皮肤颜色。执行“图层 > 新建调整图层 > 曲线”命令，首先调整 RGB 曲线形状如图 5-140 所示。因为此时皮肤颜色偏红，所以要降低红色的数量。进入“红”通道，压暗红通道，如图 5-141 所示。

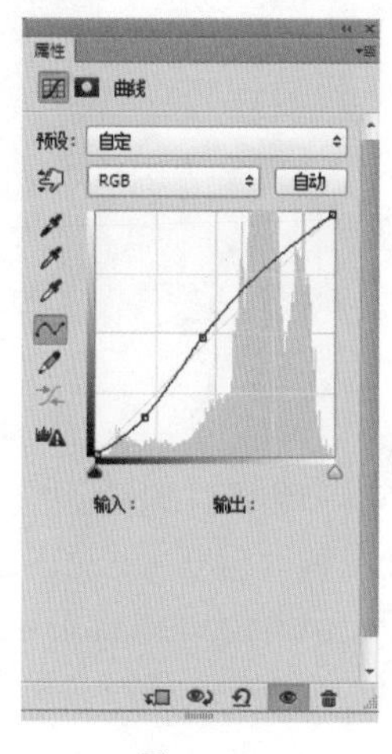

图 5-140

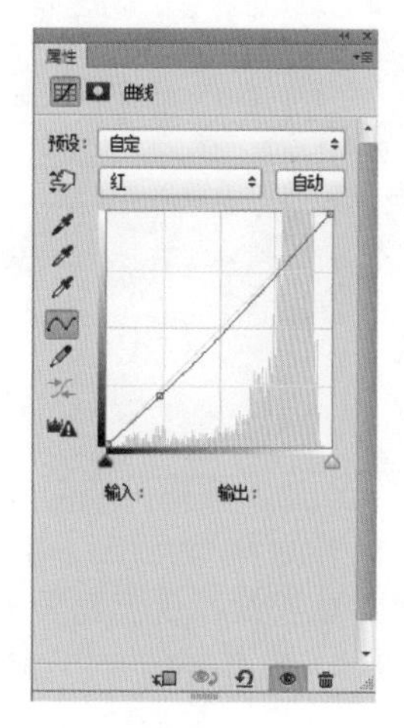

图 5-141

（5）然后将蒙版填充为黑色，使用白色的画面在人物面板进行涂抹，蒙版状态如图 5-142 所示。此时画面效果如图 5-143 所示。

图 5-142

图 5-143

第6章

有趣的特效滤镜

关键词：滤镜、特效、滤镜库、滤镜组

在摄影的世界中为了丰富照片的图像效果，摄影师们经常在照相机的镜头前加上各种特殊“镜片”，这样拍摄得到的照片就包含了所加镜片的特殊效果，这个镜片就是我们所说的“滤镜”。而在Photoshop中滤镜的功能却不仅仅局限于摄影中的一些效果，Photoshop的滤镜菜单中内容非常丰富，其中包含很多种滤镜，这些滤镜可以单独使用也可以配合多个使用制作出奇妙的视觉效果。

佳作欣赏

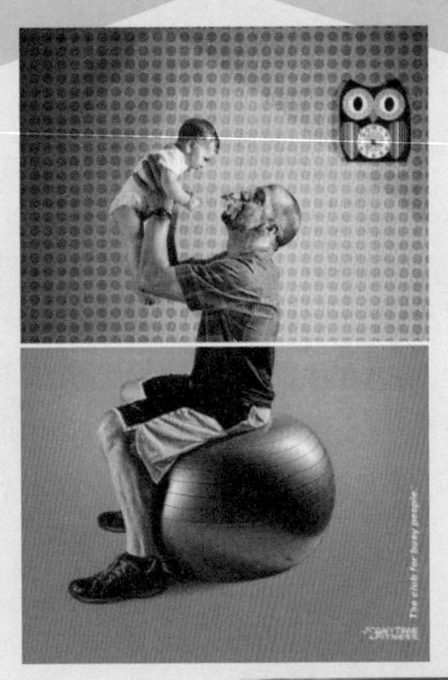

6.1 滤镜的使用方法

滤镜菜单中的子菜单虽然很多，但是用于制作特殊效果的滤镜几乎都集中在“滤镜库”和滤镜菜单的下半部分中，而且这些滤镜的参数设置都比较简单，只需要拖动鼠标调整数值就能直观地观察到画面效果。下面我们就来学习一下滤镜库的操作方法以及菜单中滤镜的使用方法。图 6-1 和图 6-2 所示为可以使用到滤镜制作的作品。

图 6-1

图 6-2

6.1.1 使用滤镜库打造逼真的油画效果

滤镜库是一个包含着很多滤镜的大宝库，在“滤镜库”中包含“风格化”“画笔描边”“扭曲”“素描”“纹理”和“艺术效果”滤镜组。在“滤镜库”中可以通过缩览图查看滤镜效果，而且可以将多个滤镜同时应用在一个图像之中。

（1）打开一张照片，如图 6-3 所示。接着执行“滤镜 > 滤镜库”命令，如图 6-4 所示。

图 6-3

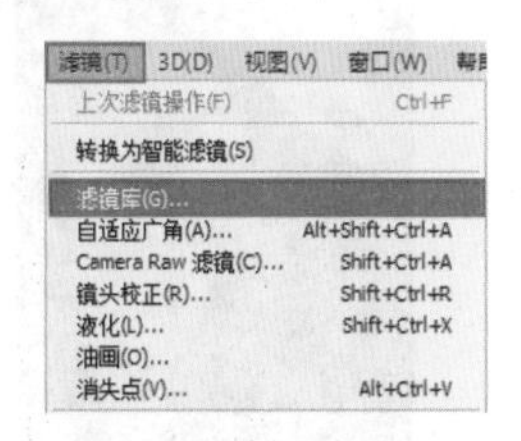

图 6-4

第6章

（2）随即会打开“滤镜库”对话框，在该对话框中最左侧为缩览图，当应用某个滤镜后可以在缩览图中查看滤镜效果，对话框中间的是滤镜组的合集，单击滤镜组的名称可以展开这个滤镜组，然后在展开的面板中单击选择滤镜。滤镜选择完成后可以在对话框的右侧设置参数，如图 6-5 所示。

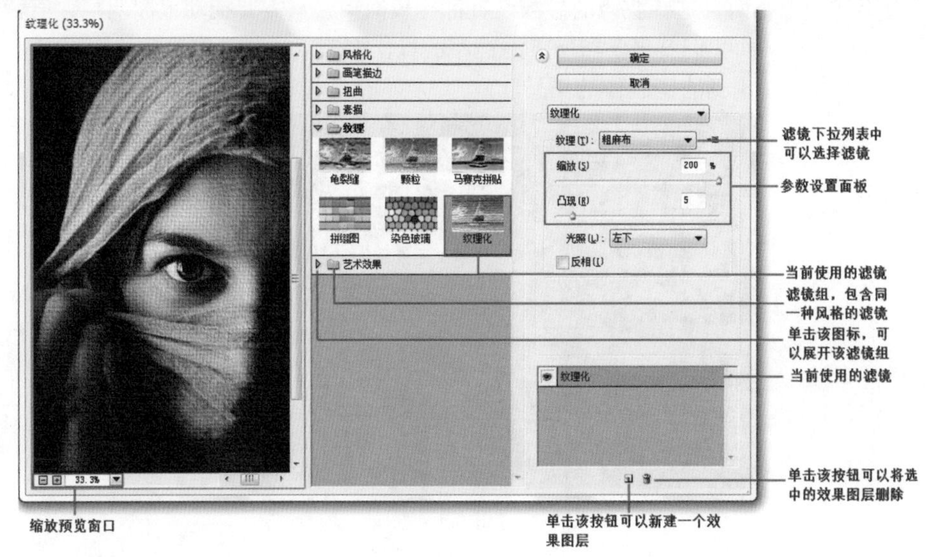

图 6-5

（3）在“滤镜库”中还可以一次性为照片添加多个滤镜效果，单击滤镜库对话框底部的新建滤镜效果按钮，此时在滤镜列表中出现了一个相同的滤镜项目，如图 6-6 所示。接下来可以重新在滤镜组中选择合适滤镜并进行参数设置，此时滤镜效果会在之前滤镜效果的基础上进行变换，如图 6-7 所示。

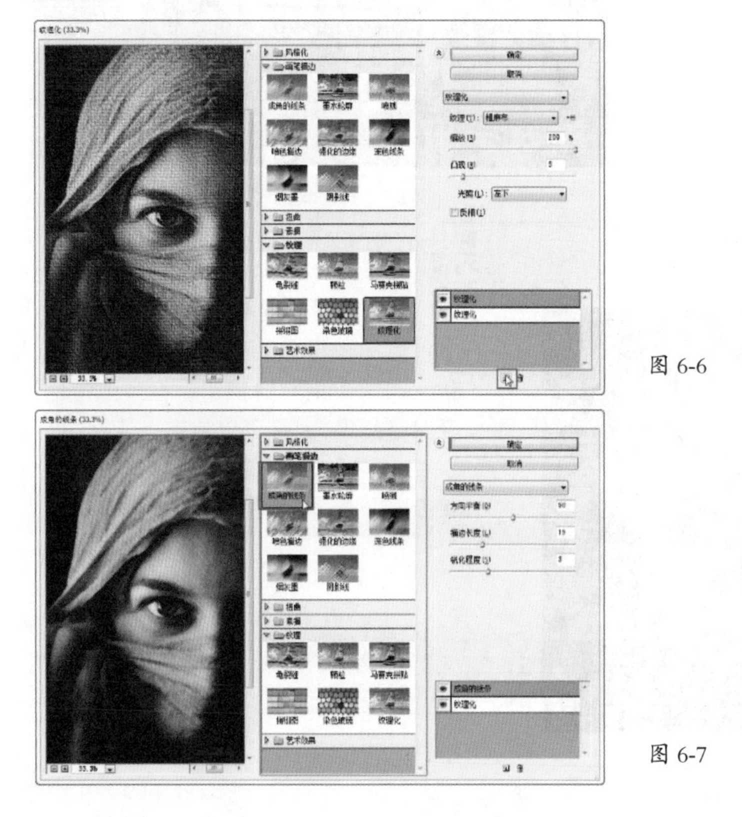

图 6-6

图 6-7

（4）设置完成后，单击“确定”按钮就可以为图层添加滤镜了，效果如图 6-8 所示。最后可以为画面添加相框作为装饰，完成效果如图 6-9 所示。

图 6-8

图 6-9

6.1.2　其他滤镜的使用方法

除了滤镜库中的滤镜以外，在“滤镜”菜单中还有很多种滤镜，有一些滤镜有设置对话框，有一些则没有设置对话框。虽然滤镜的效果不同但使用方法却大同小异，接下来就来讲解滤镜的基本使用方法。

（1）打开一张图像，如图 6-10 所示。执行“滤镜 > 风格化 > 查找边缘”命令，这个滤镜没有设置对话框，直接会引用滤镜效果参数，如图 6-11 所示。

图 6-10

图 6-11

（2）使用 <Ctrl+Z> 键将上一步进行还原。接着执行“滤镜 > 风格化 > 拼贴”命令，这是一个需要进行参数设置的滤镜。所以随即会打开“拼贴”对话框，在该对话框中设置相应参数，如图 6-12 所示。设置完成后单击“确定”按钮完成滤镜操作，效果如图 6-13 所示。

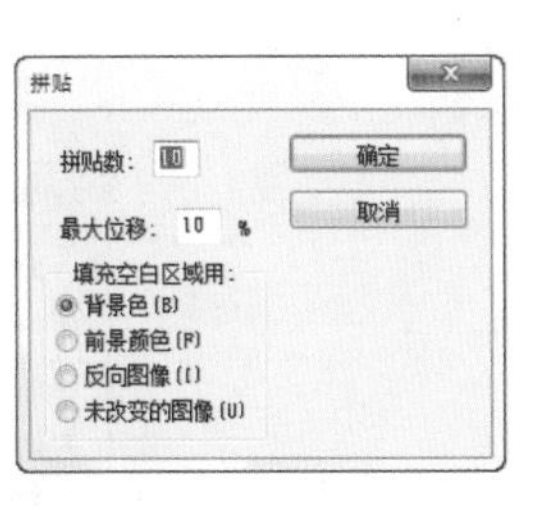

图 6-12

图 6-13

（3）当应用完一个滤镜以后，“滤镜”菜单下的第 1 行会出现该滤镜的名称，如图 6-14 所示。执行该命令或按 <Ctrl+F> 快捷键，可以按照上一次应用该滤镜的参数配置再次对图像应用该滤镜。另外，按 <Alt+Ctrl+F> 快捷键可以重新打开滤镜的对话框，对滤镜参数进行重新设置。

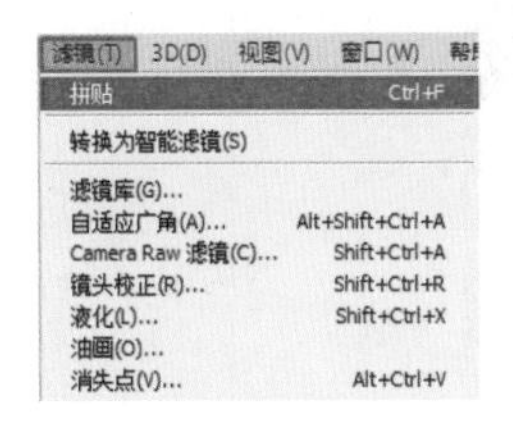

图 6-14

（4）智能滤镜就是应用于智能对象的滤镜。因为智能滤镜应用之后还可以对参数以及滤镜应用范围进行调整，所以它属于“非破坏性滤镜”。因为智能滤镜应用于“智能对象”，所以在操作之前首先需要将普通图层转换为智能对象。在普通图层的缩略图上单击鼠标右键，在弹出的菜单中选择“转换为智能对象”命令，即可将普通图层转换为智能对象，如图 6-15 所示。之后为智能对象添加滤镜效果，如图 6-16 所示。在图层面板中可以看到该图层下方出现智能滤镜，如图 6-17 所示。

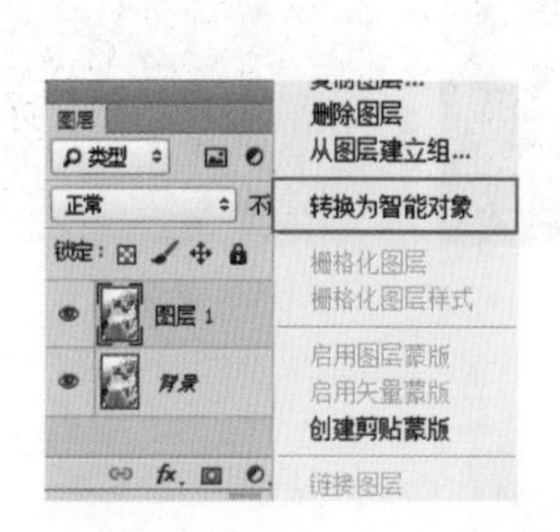

图 6-15

图 6-16

图 6-17

（5）添加了智能滤镜后该图层底部出现了智能滤镜的列表，在这里可以通过单击鼠标右键进行滤镜的隐藏、停用和删除滤镜，如图 6-18 所示。也可以在智能滤镜的蒙版中涂抹绘制，以隐藏部分区域的滤镜效果，如图 6-19 所示。

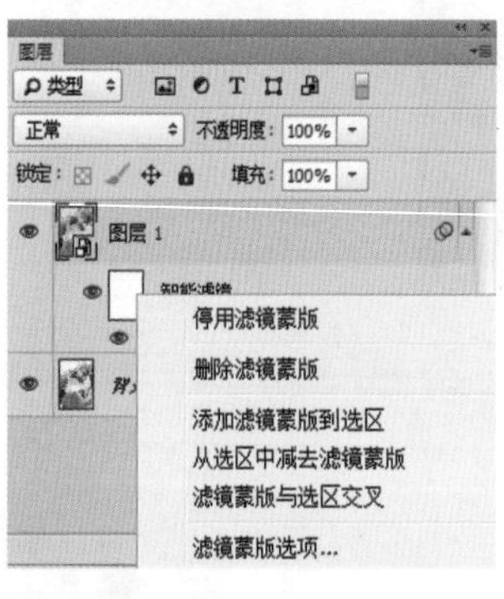

图 6-18

图 6-19

（6）另外，在图层面板中还可以设置智能滤镜与图像的混合模式，双击滤镜名称右侧的图标，如图 6-20 所示。可以在弹出的“混合选项”对话框中调节滤镜的“模式”和“不透明度”，如图 6-21 所示。

图 6-20

图 6-21

6.2 认识滤镜组

Photoshop 的滤镜菜单中包含多个滤镜组，每个滤镜组又都包含多个滤镜。在上面的章节中我们已经学习了滤镜的使用方法，下面我们来了解一下各种滤镜的用途吧！具体各种滤镜的详细参数解释请参阅本书光盘赠送的《Photoshop 滤镜速查手册》。图 6-22、图 6-23 所示为可以使用到滤镜功能制作的作品。

图 6-22

图 6-23

6.2.1 风格化

“风格化”组可以通过置换图像的像素和增加图像的对比度产生不同的作品风格效果。执行“滤镜 > 风格化”命令可以看到这一滤镜组中的八种不同风格的滤镜。图 6-24 所示为一张图片的原始效果。

- 查找边缘：该滤镜可以自动识别图像像素对比度变换强烈的边界，并在查找到的图像边缘勾勒出轮廓线，同时硬边会变成线条，柔边会变粗，从而形成一个清晰的轮廓，如图 6-25 所示。
- 等高线：该滤镜用于自动识别图像亮部区域和暗部区域的边界，并用颜色较浅较细的线条勾勒出来，使其产生线稿的效果，如图 6-26 所示。
- 风：通过移动像素位置，产生一些细小的水平线条来模拟风吹效果，如图 6-27 所示。

图 6-24

图 6-25

图 6-26

图 6-27

- 浮雕效果：该滤镜可以将图像的底色转换为灰色，使图像的边缘突出来生成在木板或石板上凹陷或凸起的浮雕效果，如图 6-28 所示。
- 扩散：该滤镜可以分散图像边缘的像素，让图像形成一种类似于透过磨砂玻璃观察物体时的模糊效果，如图 6-29 所示。
- 拼贴：该滤镜可以将图像分解为一系列块状，并使其偏离其原来的位置，以产生不规则拼砖的图像效果，如图 6-30 所示。
- 曝光过度：该滤镜可以混合负片和正片图像，类似于将摄影照片短暂曝光的效果，如图 6-31 所示。
- 突出：该滤镜可以使图像生成具有突出感的块状或者锥状的立体效果。使用此滤镜，可以轻松为图像构建 3D 效果，如图 6-32 所示。

图 6-28

图 6-29

图 6-30

图 6-31

图 6-32

6.2.2 扭曲

“扭曲”组可以使图像变形，使图像产生各种扭曲变形的效果。执行“滤镜 > 扭曲”命令可以看到这一滤镜组中九个不同风格的滤镜。图 6-33 所示为一张图片的原始效果。

- 波浪：该滤镜是一种通过移动像素位置达到图像扭曲效果的滤镜，该滤镜可以在图像上创建类似于波浪起伏的效果，如图 6-34 所示。
- 波纹：该滤镜似水波的涟漪效果，常用于制作水面的倒影，如图 6-35 所示。

图 6-33

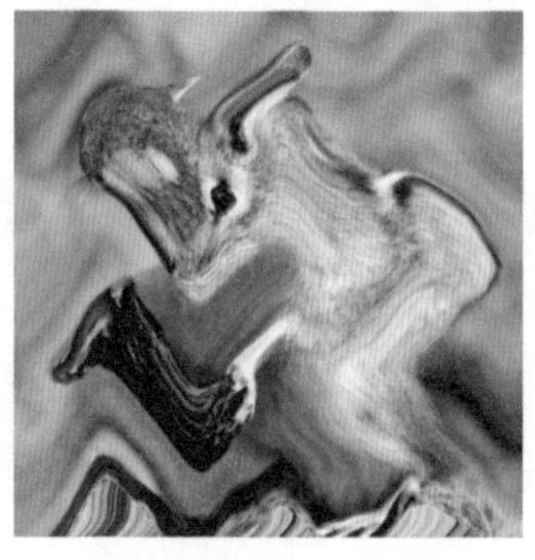

图 6-34

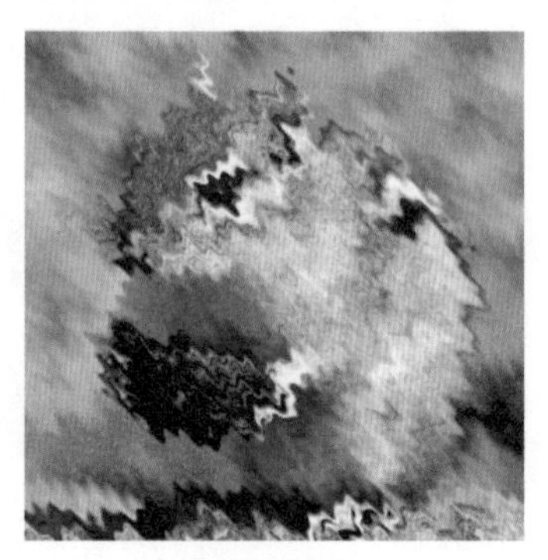

图 6-35

- 极坐标：该滤镜可以说是一种“极度变形”的滤镜，它可以将图像从拉直到弯曲，从弯曲到拉直。平面坐标转换到极坐标，或从极坐标转换到平面坐标，如图 6-36 所示。
- 挤压：该滤镜可以将图像进行挤压变形。在弹出的对话框中“数量”用于调整图像扭曲变形的程度和形式，如图 6-37 所示。
- 切变：该滤镜是将图像沿一条曲线进行扭曲，通过拖动调整框中的曲线可以应用相应的扭曲效果，如图 6-38 所示。
- 球面化：该滤镜可以使图像产生映射在球面上的突起或凹陷的效果，如图 6-39 所示。

图 6-36

图 6-37

图 6-38

图 6-39

- 水波：该滤镜可以使图像按各种设定产生抖动的扭曲，并按同心环状由中心向外排布，产生的效果就像透过荡起阵阵涟漪的湖面一样。为原图创建一个选区，如图 6-40 所示。
- 旋转扭曲：该滤镜是以画面中心为圆点，按照顺时针或逆时针的方向旋转图像，产生类似漩涡的旋转效果，如图 6-41 所示。
- 置换：该滤镜需要两个图像文件才能完成，一个是进行置换变形的图像文件，另一个则是决定如何进行置换变形的文件，且该文件必须是 PSD 格式的文件。执行此滤镜时，它会按照这个“置换图”的像素颜色值，对原图像文件进行变形，如图 6-42 所示。

图 6-40

图 6-41

图 6-42

6.2.3 像素化

- “像素化”组可以通过将图像分成一定的区域，将这些区域转变为相应的色块，再由色块构成图像，能够创造出独特的艺术效果。执行“滤镜 > 像素化”命令可以看到这一滤镜组中七个不同风格的滤镜。图 6-43 所示为一张图片的原始效果。

- 彩块化：该滤镜可以将纯色或相近色的像素结成相近颜色的像素块，使图像产生手绘的效果。由于“彩块化在图像上产生的效果不明显，可以通过重复按下 <Ctrl+F> 键多次使用该滤镜加强画面效果。“彩块化”常用来制作手绘图像、抽象派绘画等艺术效果，如图 6-44 所示。
- 彩色半调：该滤镜可以在图像中添加网版化的效果，模拟在图像的每个通道上使用放大的半调网屏的效果。应用“彩色半调”后，在图像的每个颜色通道都将转化为网点。网点的大小受到图像亮度的影响，如图 6-45 所示。
- 点状化：该滤镜可以将图像中颜色相近的像素结合在一起，变成一个个的颜色点，并使用背景色作为颜色点之间的画布区域，如图 6-46 所示。

图 6-43

图 6-44

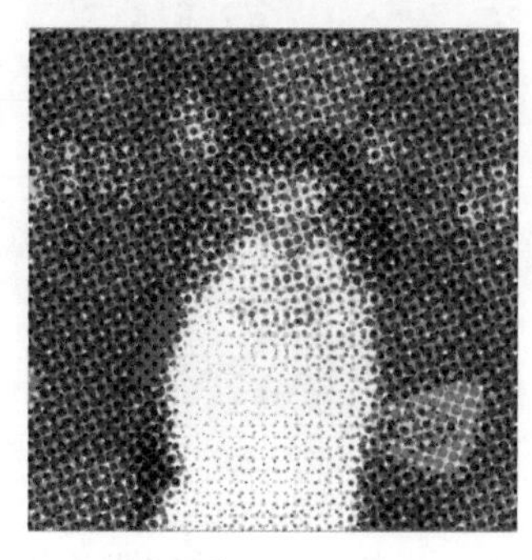

图 6-45

图 6-46

- 晶格化：该滤镜可以使图像中颜色相近的像素结块形成多边形纯色晶格化效果，如图 6-47 所示。
- 马赛克：该滤镜是比较常用的滤镜效果。使用该滤镜会将原有图像处理为以单元格为单位，而且每一个单元的所有像素颜色统一，从而使图像丧失原貌，只保留图像的轮廓，创建出类似于马赛克瓷砖的效果，如图 6-48 所示。
- 碎片：该滤镜可以将图像中的像素复制四次，然后将复制的像素平均分布，并使其相互偏移，产生一种类似与重影的效果，如图 6-49 所示。
- 铜板雕刻：该滤镜可以将图像用点、线条或笔划的样式转换为黑白区域的随机图案或彩色图像中完全饱和颜色的随机图案，如图 6-50 所示。

图 6-47

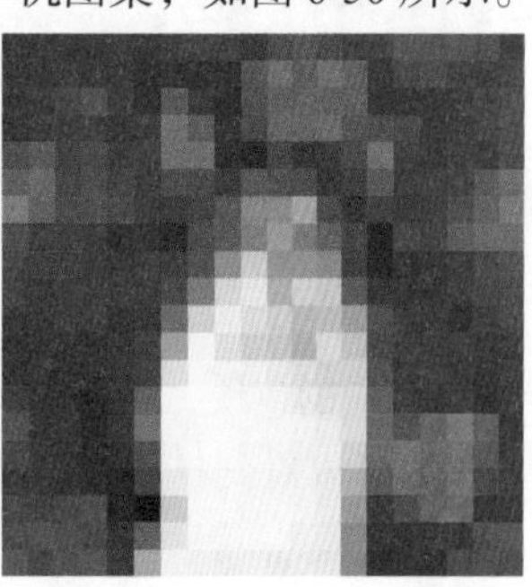

图 6-48

图 6-49

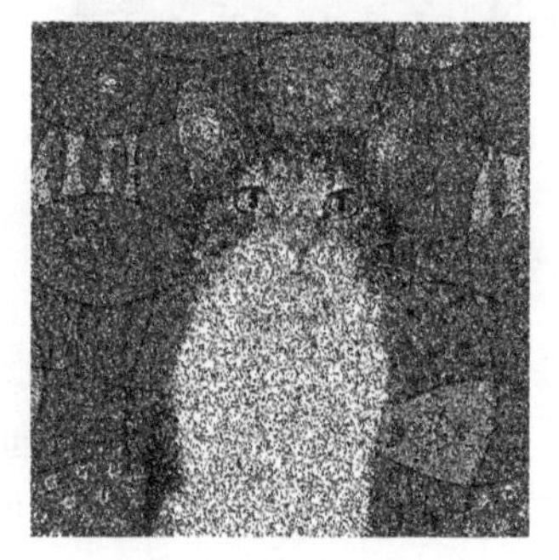

图 6-50

6.2.4 渲染

“渲染”组可以改变图像的光感效果，主要用来在图像中创建 3D 形状、云彩照片、折射照片和模拟光反射效果。执行“滤镜 > 渲染”命令可以看到这一滤镜组中五个不同风格的滤镜。图 6-51 所示为一张图片的原始效果。

- 分层云彩：该滤镜使用随机生成的介于前景色与背景色之间的值，将云彩数据和原有的图像像素混合，生成云彩照片。多次应用该滤镜可创建出与大理石纹理相似的照片，如图 6-52 所示。
- 光照效果：该滤镜通过改变图像的光源方向、光照强度等使图像产生更加丰富的光效。“光照效果”不仅可以在 ?RGB? 图像上产生多种光照效果。也可以使用灰度文件的凹凸纹理图产生类似 3D 的效果，并存储为自定样式以在其他图像中使用，如图 6-53 所示。

图 6-51

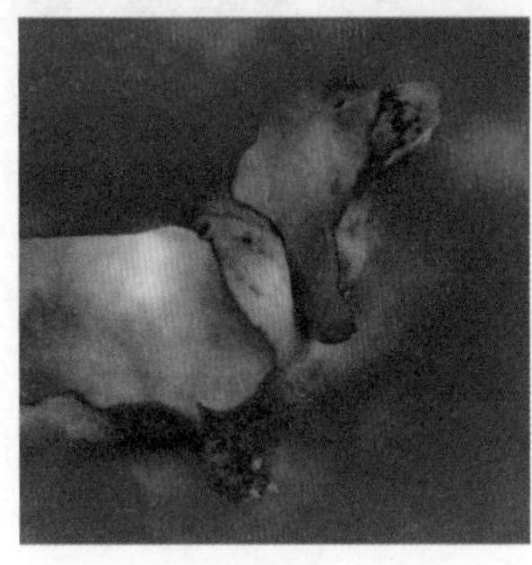

图 6-52

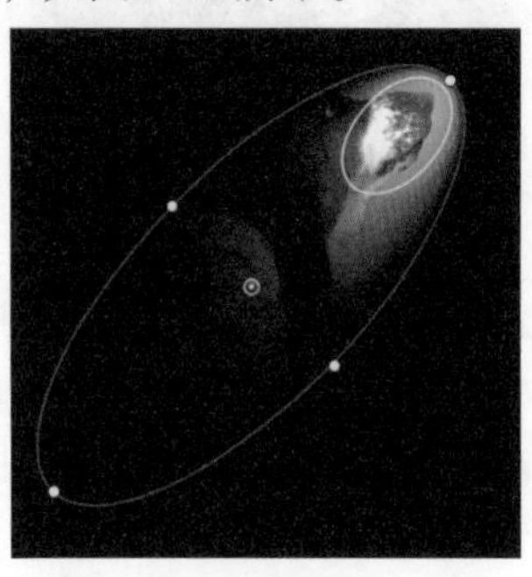

图 6-53

- 镜头光晕：该滤镜可以模拟亮光照射到相机镜头所产生的折射效果，使图像产生炫光的效果。常用于创建星光、强烈的日光以及其他光芒效果，如图 6-54 所示。
- 纤维：该滤镜可以根据前景色和背景色来创建类似编织的纤维效果，原图像会被纤维效果代替，如图 6-55 所示。
- 云彩：该滤镜可以根据前景色和背景色随机生成云彩图案，如图 6-56 所示。

图 6-54

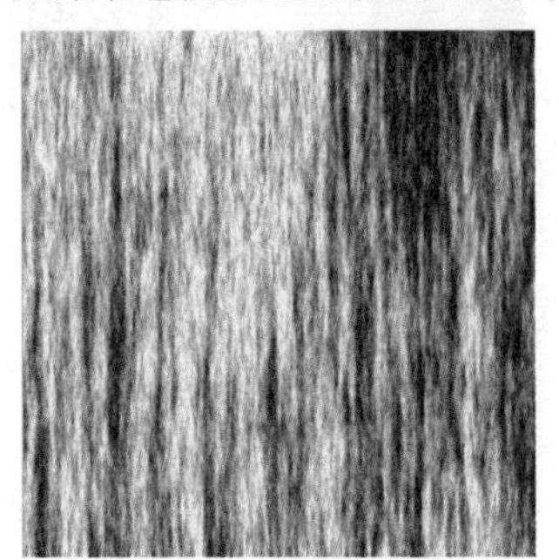

图 6-55

图 6-56

6.2.5 杂色

“杂色”是指图像中随机分布的彩色像素点，“杂色”组滤镜可以为图像添加或去掉杂点，有助于将选择的像素混合到周围的像素中。可以矫正图像的缺陷，移去图像中不需要的痕迹。执行“滤镜 > 杂色”命令可以看到这一滤镜组中五个不同风格的滤镜。图 6-57 所示为一张图片的原始效果。

- 减少杂色：该滤镜是通过融合颜色相似的像素实现杂色的减少，而且该滤镜还可以针对单个通道的杂色减少进行参数设置，如图 6-58 所示。

- 蒙尘与划痕：该滤镜可以根据亮度的过渡差值，找出与图像反差较大的区域，并用周围的颜色填充这些区域，以有效地去除图像中的杂点和划痕。但是该滤镜会降低图像的清晰度，如图 6-59 所示。

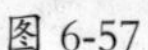
图 6-57

图 6-58

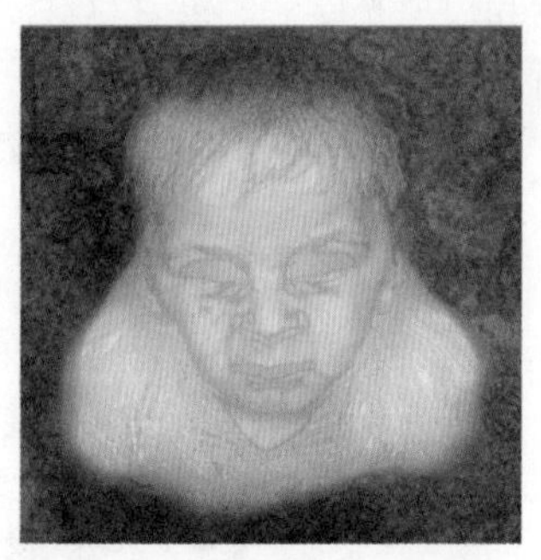
图 6-59

- 祛斑：该滤镜自动探测图像中颜色变化较大的区域，然后模糊除边缘以外的部分，使图像中杂点减少。该滤镜可以用于为人物磨皮，如图 6-60 所示。
- 添加杂色：该滤镜可以在图像中添加随机像素，减少羽化选区或渐进填充中的条纹，使经过重大修饰的区域看起来更真实，并可以使混合时产生的色彩具有散漫的效果，如图 6-61 所示。
- 中间值：该滤镜可以搜索图像中亮度相近的像素，扔掉与相邻像素差异太大的像素，并用搜索到的像素的中间亮度值替换中心像素，使图像的区域平滑化。在消除或减少图像的动感效果时非常有用，如图 6-62 所示。

图 6-60

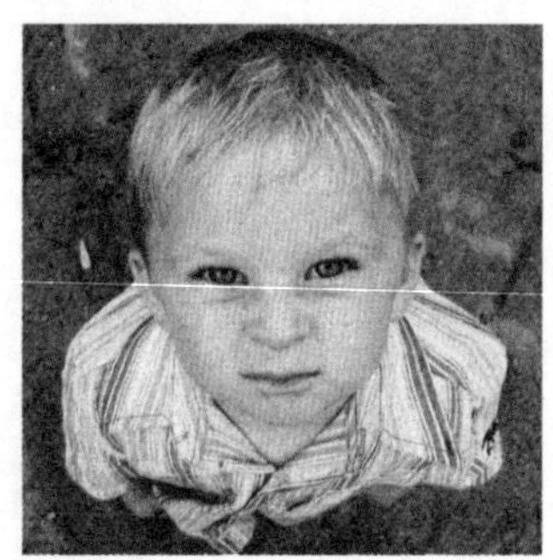
图 6-61

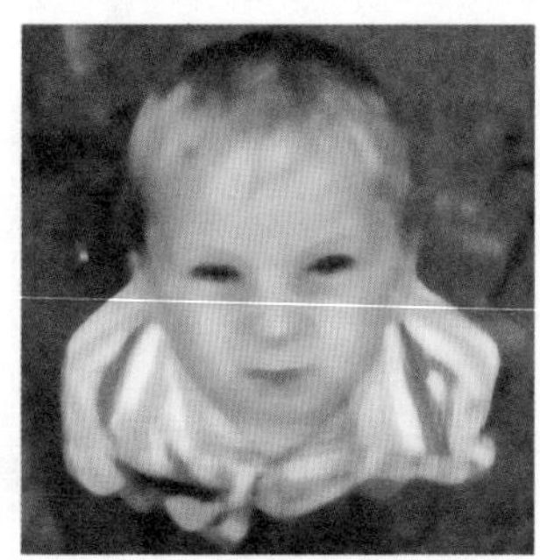
图 6-62

6.3 使用滤镜制作各种趣味效果

6.3.1 镜头光晕：为照片加上绚丽光芒

案例文件：	镜头光晕：为照片加上绚丽光芒 .psd
视频教学：	镜头光晕：为照片加上绚丽光芒 .flv

案例效果：

操作步骤：

（1）执行“文件 > 打开”命令，打开图片“1.jpg”，如图 6-63 所示。首先新建图层，再将前景色设置为黑色，使用填充前景色快捷键 <Alt+Delete> 填充图层，如图 6-64 所示。

图 6-63

图 6-64

（2）使用“镜头光晕”滤镜为照片加上绚丽光芒。选中新图层，执行“滤镜 > 渲染 > 镜头光晕”命令，弹出“镜头光晕”对话框后将光晕放置左上角，设置“亮度”为 150%，如图 6-65 所示。效果如图 6-66 所示。

图 6-65

图 6-66

（3）最后设置图层的“混合模式”为“滤色”，如图 6-67 所示。效果如图 6-68 所示。

图 6-67

图 6-68

第 6 章

6.3.2 添加杂色：制作飘雪效果

案例文件：	添加杂色：制作飘雪效果 .psd
视频教学：	添加杂色：制作飘雪效果 .flv

案例效果：

操作步骤：

（1）执行“文件 > 打开”命令，打开图片“1.jpg”，如图 6-69 所示。由于添加杂色滤镜需要在包含像素信息的图层上进行，所以我们需要有一个黑色的图层（黑色部分可以通过混合模式的设置滤除掉）。首先新建图层，接着将前景色设置为黑色，使用前景色填充快捷键 <Alt+Delete> 填充新图层，如图 6-70 所示。

图 6-69

图 6-70

（2）接下来使用“添加杂色”滤镜制作飘雪效果。选中黑色的图层，执行“滤镜 > 杂色 > 添加杂色”命令，弹出“添加杂色”对话框后设置“数量”为 33%，设置“分布”为“高斯分布”，勾选“单色”，参数设置如图 6-71 所示。效果如图 6-72 所示。

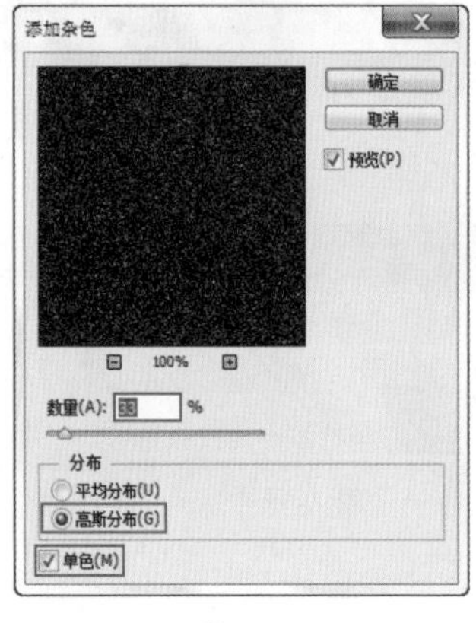

图 6-71

图 6-72

（3）接下来设置“杂色”图层的“混合模式”为“滤色”，如图 6-73 所示。此时可以看到“杂色”图层的黑色部分被隐去，只留下白色的杂点，效果如图 6-74 所示。

（4）此时我们发现画面当前的白色杂点太小，接下来使用“自由变换”快捷键 <Ctrl+T> 调出定界框，拖动控制点将“杂色”图层放大，以增大雪花的大小，效果如图 6-75 所示。

图 6-73

图 6-74

图 6-75

（5）下面需要制作出雪花飘落的动态效果。对雪花图层执行“滤镜 > 模糊 > 动感模糊”命令，设置“角度”为 50 度，“距离”为 5 像素，参数设置如图 6-76 所示。此时雪花出现了动态的模糊感，效果如图 6-77 所示。

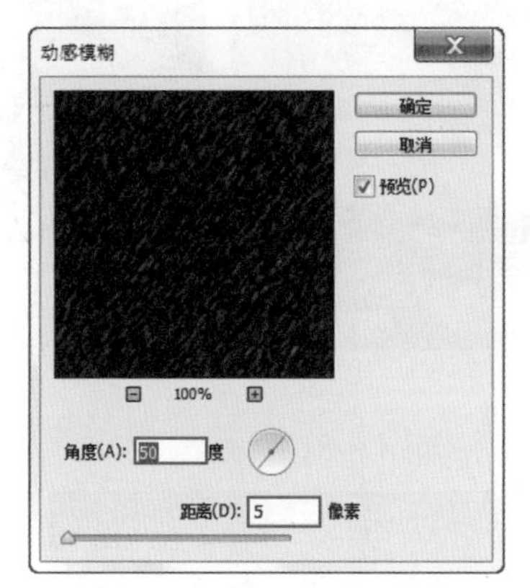

图 6-76

图 6-77

（6）增加飘雪的层次感。首先单击图层面板下方的“添加图层蒙版”按钮，为雪花图层添加图层蒙版。然后点击工具箱中的“画笔工具”，在画笔选取器中选择“大小”合适，“硬度”为 0 的笔尖，设置画笔的“不透明度”为 25%，在蒙版上涂抹，蒙版效果如图 6-78 所示。效果如图 6-79 所示。

图 6-78

图 6-79

（7）最后为画面添加近景的飘雪效果。复制“飘雪”图层，利用上述方法放大新复制出的图层，使画面中雪花显得更加有层次感，最终效果如图 6-80 所示。

图 6-80

6.3.3 极坐标：风景照片变身迷你星球

案例文件：	极坐标：风景照片变身迷你星球 .psd
视频教学：	极坐标：风景照片变身迷你星球 .flv

案例效果：

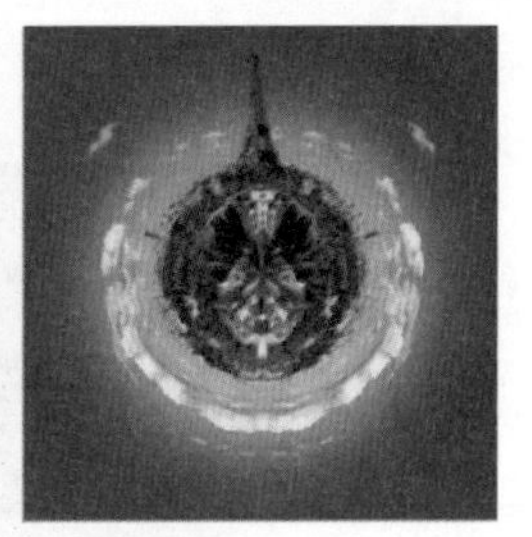

操作步骤：

（1）执行“文件 > 打开”命令，打开图片“1.jpg”，如图 6-81 所示。

图 6-81

（2）按住 <Alt> 键同时双击“背景”图层，将其转换为普通图层，然后执行“编辑 > 变换 > 垂直翻转”命令，将“背景”图层翻转，如图 6-82 所示。

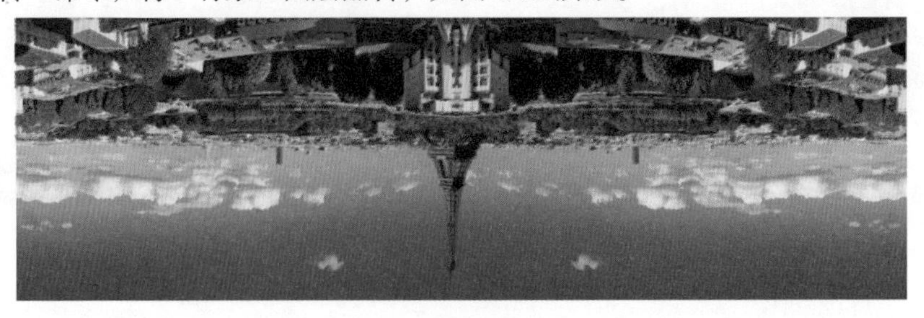

图 6-82

（3）使用“极坐标”滤镜将图片制作成星球效果。执行“滤镜 > 扭曲 > 极坐标”命令，在弹出的“极坐标”面板中选择“平面坐标到极坐标”，如图 6-83 所示。效果如图 6-84 所示。

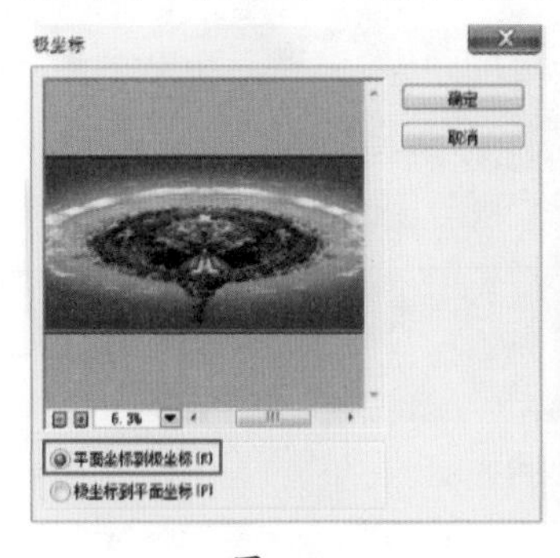

图 6-83

图 6-84

（4）最后调整画面比例。使用“自由变换”快捷键 <Ctrl+T> 调出定界框，将当前图层进行横向缩放，如图 6-85 所示。接着单击工具箱中的“裁剪工具” ，调整裁剪框，裁去画面中多余的区域，最终效果如图 6-86 所示。

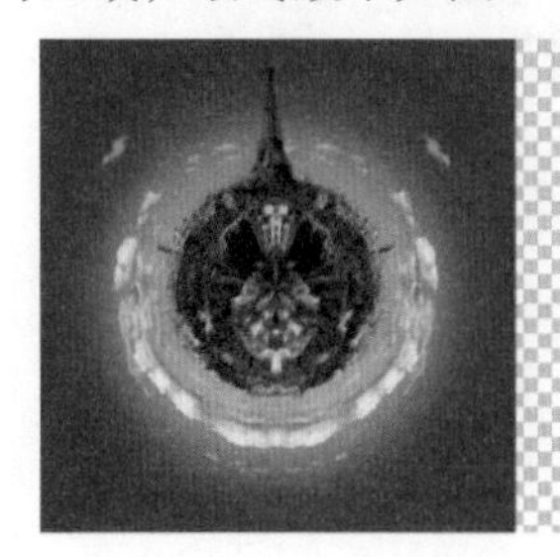

图 6-85

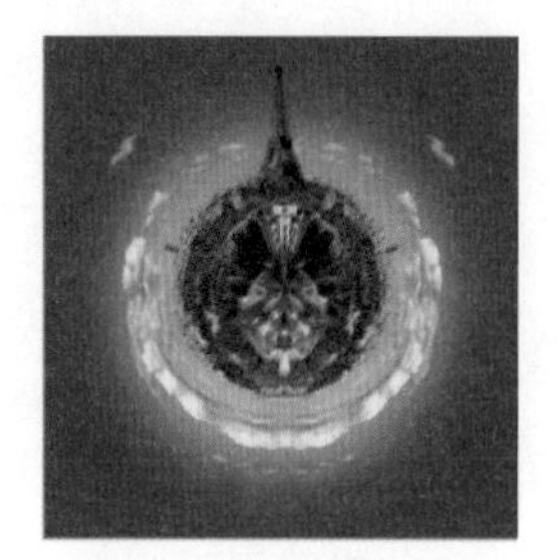

图 6-86

6.3.4　云彩：打造梦幻感的云雾效果

案例文件：	云彩：打造梦幻感的云雾效果 .psd
视频教学：	云彩：打造梦幻感的云雾效果 .flv

案例效果：

操作步骤：

（1）执行“文件 > 打开”命令，打开图片“1.jpg”，如图 6-87 所示。

（2）制作云雾效果。首先执行“图层 > 新建 > 图层”命令，新建图层。然后按快捷键 <D> 将前景色与背景色恢复为默认的黑白色，使用填充前景色快捷键 <Alt+Delete> 填充图层。执行“滤镜 > 渲染 > 云彩”命令，效果如图 6-88 所示。接着设置图层的“混合模式”为“滤色”，原本黑色的部分被隐藏了，云雾就出现在画面中了。为了增加云雾的真实感，我们设置“云雾”图层的“不透明度”为 82%，如图 6-89 所示。效果如图 6-90 所示。

图 6-87

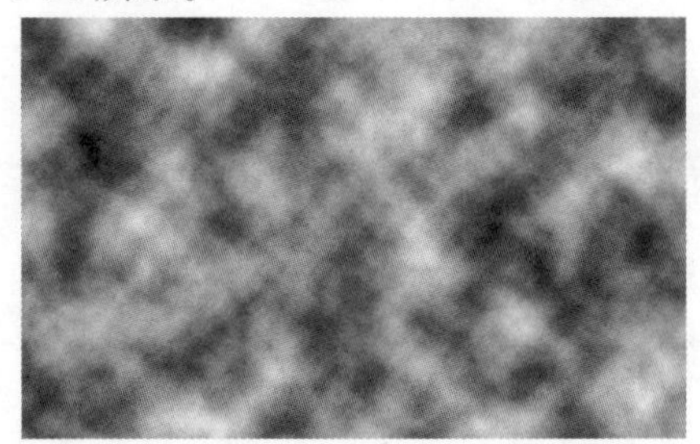

图 6-88

图 6-89

图 6-90

（3）接下来我们将画面中遮挡人物的云雾去除。选中云雾所在的图层，点击图层面板下方的“添加图层蒙版”按钮，为云雾图层添加图层蒙版，然后将前景色设置为黑色，单击工具箱中的“画笔工具”，在画笔选取器中选择“大小”合适，“硬度”为 0 的柔角笔尖在画面上涂抹，蒙版效果如图 6-91 所示。效果如图 6-92 所示。

图 6-91

图 6-92

（4）增加画面中的云雾效果。使用快捷键 <Ctrl+J> 复制“云雾”图层，复制完成后我们需要重新调整新图层的图层蒙版效果。首先将前景色设置为白色，使用快捷键 <Alt+Delete> 填充图层蒙版，再将前景色设置为黑色，单击工具箱中的“画笔工具”在画面上涂抹，蒙版效果如图 6-93 所示。最终效果如图 6-94 所示。

图 6-93

图 6-94

6.3.5 照亮边缘：照片变素描画

案例文件：	照亮边缘：照片变素描画 .psd
视频教学：	照亮边缘：照片变素描画 .flv

案例效果：

操作步骤：

（1）执行“文件 > 打开”命令，打开图片“1.jpg”，如图 6-95 所示。为保护“背景”图层，首先使用快捷键 Ctrl+J 复制“背景”图层，得到“背景拷贝”图层。接下来执行“滤镜 > 滤镜库”命令，弹出“滤镜库”对话框后，选择“风格化”中的“照亮边缘”，设置“边缘宽度”为 1，“边缘亮度”为 11，“平滑度”为 5，参数设置以及效果如图 6-96 所示。

图 6-95

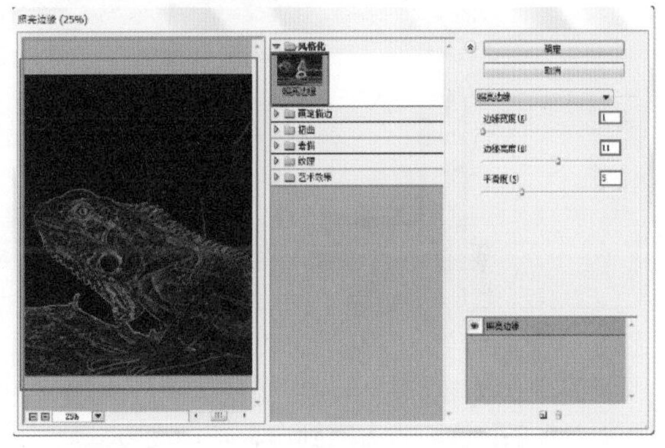

图 6-96

（2）因为我们想要将图片制作成素描画的效果，所以先使用“黑白”对图片去色。执行“图层 > 新建调整图层 > 黑白”命令，效果如图 6-97 所示。接着使用“反相”继续塑造素描效果。执行“图层 > 新建调整图层 > 反相”命令，效果如图 6-98 所示。

图 6-97

图 6-98

（3）接下来使用“曲线”工具来加深画面中的线条轮廓。执行“图层 > 新建调整图层 > 曲线”命令，弹出“曲线”对话框后调整曲线，曲线形态如图 6-99 所示。效果如图 6-100 所示。

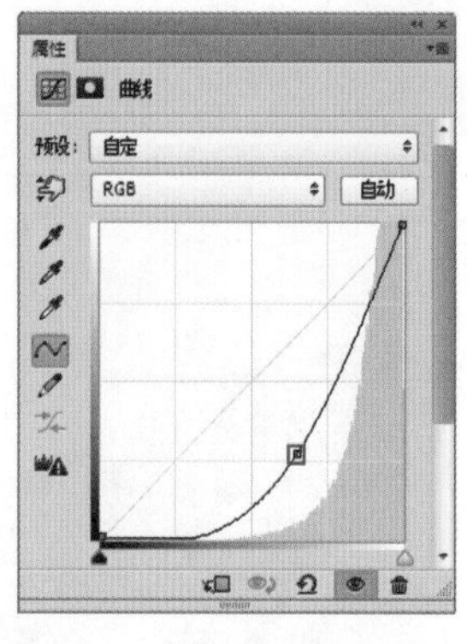

图 6-99

图 6-100

（4）使用“曲线”工具来加深画面中变色龙的后半部分。执行“图层 > 新建调整图层 > 曲线”命令，弹出“曲线”对话框后调整曲线，曲线形态如图 6-101 所示。效果如图 6-102 所示。

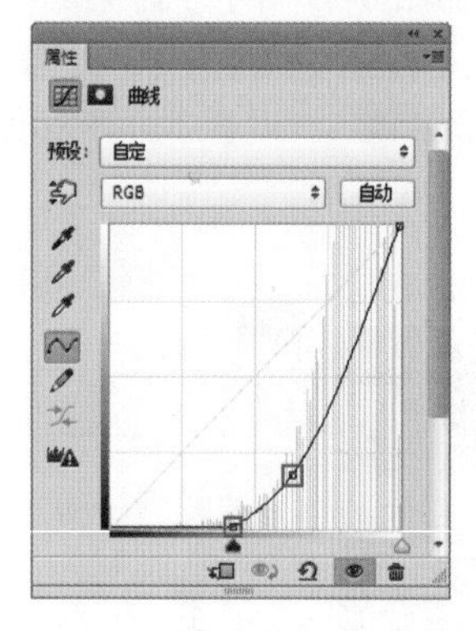

图 6-101

图 6-102

（5）因为我们只想加深变色龙的后半部分，所以接下来单击工具箱中的“渐变工具”，设置“渐变颜色”为由黑到白，“渐变方式”为“线性渐变”，使用“渐变工具”在“曲线”图层蒙版中由右下角向左上角拖动鼠标，蒙版效果如图 6-103 所示。效果如图 6-104 所示。

图 6-103

图 6-104

（6）最后为增强画面效果，执行“文件 > 置入”命令，置入纸张素材，按下 <Enter> 键确认置入，并将其栅格化。接着设置素材图层的“混合模式”为“正片叠底”，如图 6-105 所示。效果如图 6-106 所示。

图 6-105

图 6-106

6.3.6 海报边缘：制作矢量感插画

案例文件：	海报边缘：制作矢量感插画 .psd
视频教学：	海报边缘：制作矢量感插画 .flv

案例效果：

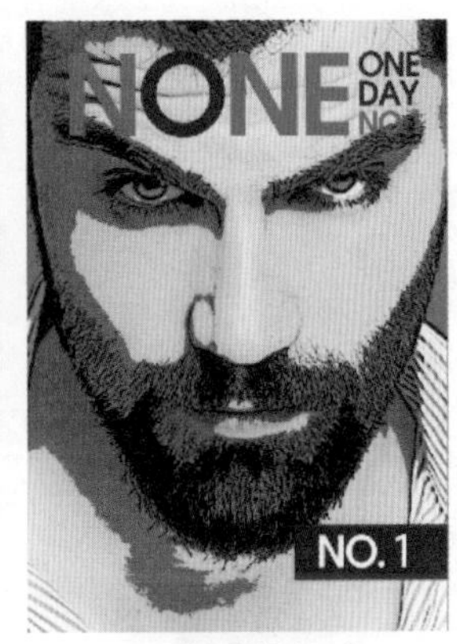

操作步骤：

（1）执行“文件 > 打开”命令，打开图片“1.jpg”，如图 6-107 所示。接下来使用“海报边缘”滤镜制作矢量感效果。首先使用快捷键 <Ctrl+J> 复制“背景”图层，然后对新图层执行“滤镜 > 滤镜库”命令，弹出“滤镜库”对话框后选择“艺术效果”中的“海报边缘”，设置“边缘厚度”为 10，“边缘强度”为 2，“海报化”数值为 0，参数设置以及效果如图 6-108 所示。

图 6-107

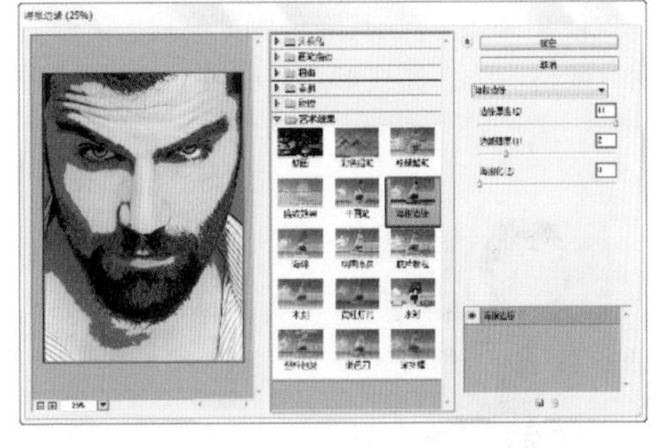

图 6-108

（2）为画面添加文字。单击工具箱中的“横排文字工具” T，选择合适的字体以及字号，设置恰当的前景色，键入文字，如图 6-109 所示。执行“新建图层”命令，单击工具箱中的“矩形选框工具”，在新图层上绘制矩形选区。将前景色设置为红褐色，使用填充前景色快捷键 <Alt+Delete> 填充选区，如图 6-110 所示。将新图层下移一个图层，如图 6-111 所示。

图 6-109

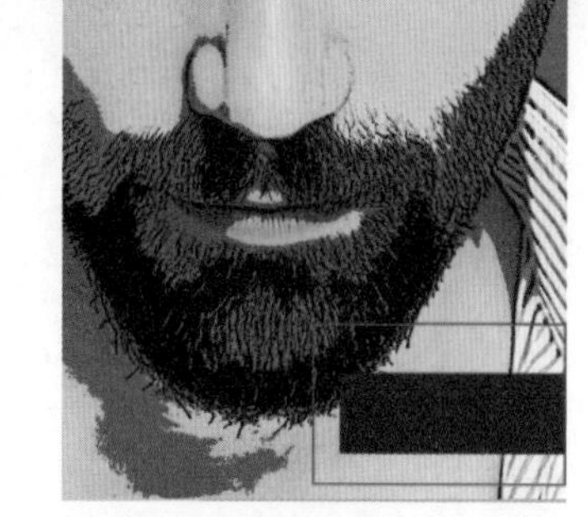

图 6-110

图 6-111

6.3.7 彩色半调：制作漫画效果

案例文件：	彩色半调：制作漫画效果 .psd
视频教学：	彩色半调：制作漫画效果 .flv

案例效果：

操作步骤：

（1）执行“文件 > 打开”命令，打开图片“1.jpg”，如图 6-112 所示。

（2）首先使用“曲线”工具降低画面亮度。执行“图层 > 新建调整图层 > 曲线”命令，弹出“曲线”对话框后调整曲线，曲线形态如图 6-113 所示。效果如图 6-114 所示。

图 6-112

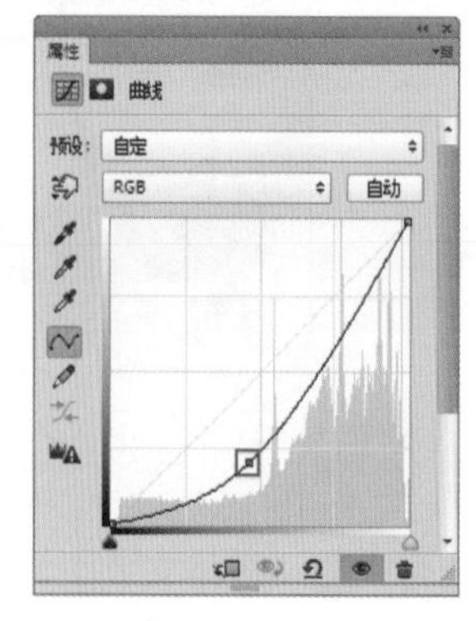

图 6-113

图 6-114

（3）下面需要使用“彩色半调”制作漫画效果的背景。首先使用盖印图层快捷键 <Shift+Ctrl+Alt+E> 盖印图层，然后执行“滤镜 > 像素化 > 彩色半调”命令，弹出“彩色半调”对话框后设置“最大半径”为 15，“通道 1”为 108，“通道 2”为 162，“通道 3”为 90，“通道 4”为 45，参数设置如图 6-115 所示。效果如图 6-116 所示。

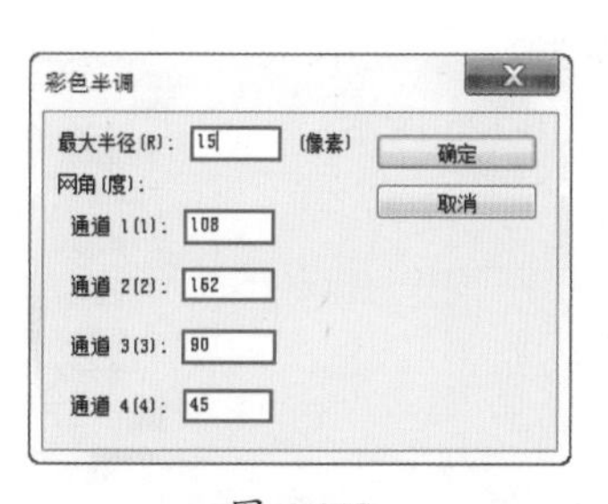

图 6-115

图 6-116

（4）使用“渐变映射”制作黑白背景。执行“图层 > 新建调整图层 > 渐变映射”命令，设置渐变“颜色”为由黑到白，如图 6-117 所示。效果如图 6-118 所示。

图 6-117

图 6-118

（5）使用“曲线”工具来增加画面亮度。执行“图层 > 新建调整图层 > 曲线”命令，弹出“曲线”对话框后调整曲线，曲线形态如图 6-119 所示。效果如图 6-120 所示。

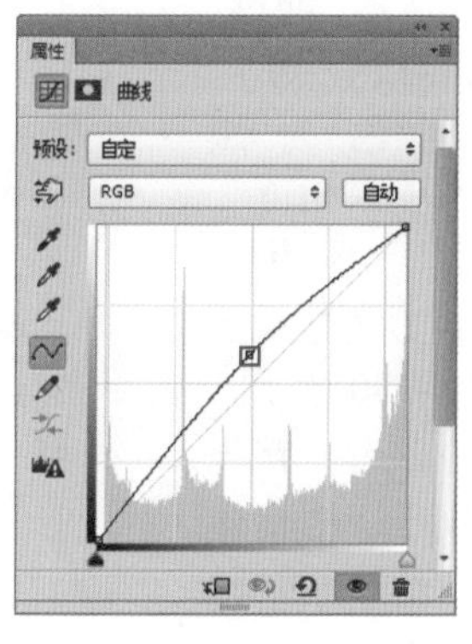

图 6-119

图 6-120

（6）执行“文件 > 置入”命令，置入边框素材，按下 <Enter> 键确认置入，并将其栅格化，如图 6-121 所示。

（7）接下来将人物图层显示出来。首先使用快捷键 <Ctrl+J> 复制“背景”图层，得到“背景拷贝”图层。将“背景拷贝”图层移动到“边框”图层上方。然后单击工具箱中的“钢笔工具”，设置“绘制模式”为“路径”，沿人物外轮廓处绘制路径，如图 6-122 所示。绘制完成后按 <Ctrl+Enter> 键将路径转化为选区。最后单击图层面板下方的“添加图层蒙版按钮”，为“背景拷贝”图层添加图层蒙版，效果如图 6-123 所示。

图 6-121

图 6-122

图 6-123

（8）接下来为“背景拷贝”图层添加图层样式。执行“图层 > 图层样式 > 描边”命令，弹出“图层样式”对话框后设置“描边大小”为 13 像素，“位置”为“内部”，“颜色”为“白色”，参数设置如图 6-124 所示。接着勾选“投影”，设置“投影颜色”为“黑色”，“不透明度”为 100%，“角度”为 30 度，“扩展”为 28%，“大小”为 13 像素，参数设置如图 6-125 所示。效果如图 6-126 所示。

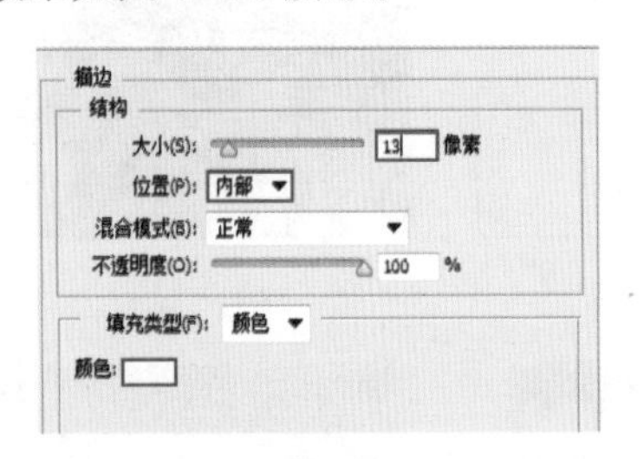

图 6-124

图 6-125

图 6-126

（9）为画面添加文字。首先将前景色设置为黑色，再单击工具箱中的“横排文字工具” T，选择合适的字体以及字号，在画面上方键入文字，如图 6-127 所示。

图 6-127

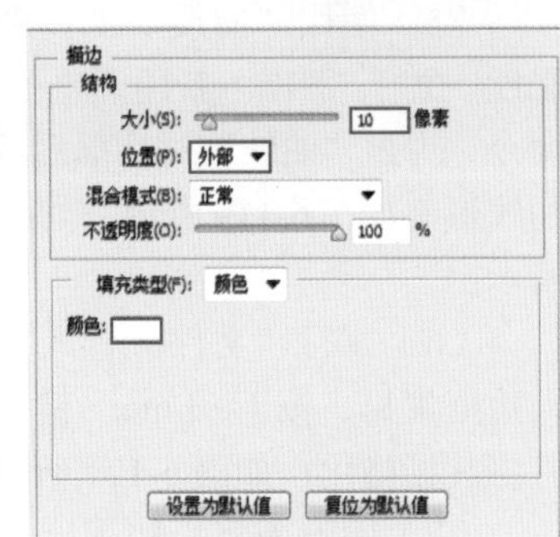

图 6-128

（10）为文字添加样式。执行“图层 > 图层样式 > 描边”命令，弹出“图层样式”对话框后设置“描边大小”为 10 像素，“位置”为“外部”，“颜色”为“白色”，参数设置如图 6-128 所示。接着勾选“投影”，设置“投影颜色”为“黑色”，“不透明度”为 100%，“角度”为 30 度，“距离”为 17 像素，“扩展”为 28%，“大小”为 15 像素，参数设置如图 6-129 所示。效果如图 6-130 所示。

图 6-129

图 6-130

（11）最后调整文字的形态。首先鼠标右击“文字”图层，执行“栅格化文字”命令，如图 6-131 所示。然后执行“编辑 > 变换 > 扭曲”命令，调整界定框形态，制作出带有透视感的文字效果，效果如图 6-132 所示。

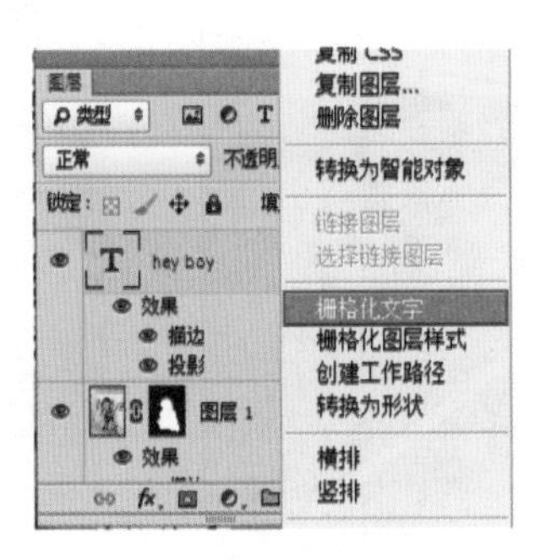

图 6-131

图 6-132

6.3.8 铬黄渐变：制作冰雕效果

案例文件：	铬黄渐变：制作冰雕效果 .psd
视频教学：	铬黄渐变：制作冰雕效果 .flv

案例效果：

操作步骤：

（1）执行“文件 > 打开”命令，打开图片“1.jpg”，如图 6-133 所示。

（2）首先使用“色相”为画面创造偏蓝的冷色调。执行“图层 > 新建调整图层 > 色相 / 饱和度”命令，弹出“色相”对话框后勾选“着色”，设置“色相”为 211，“饱和度”为 29，参数设置如图 6-134 所示。效果如图 6-135 所示。

图 6-133

图 6-134

图 6-135

（3）接下来使用“铬黄渐变”滤镜制作冰冻效果。首先使用盖印图层快捷键 <Ctrl+Shift+Alt+E> 盖印图层，利用“快速选择”工具提取背景部分选区，并按下 <Detele> 键将背景部分删除掉。然后执行“滤镜 > 滤镜库”命令，弹出“滤镜库”对话框后选择“素描”中的“铬黄渐变”，设置“细节”为 0，“平滑度”为 10，参数设置以及效果如图 6-136 所示。

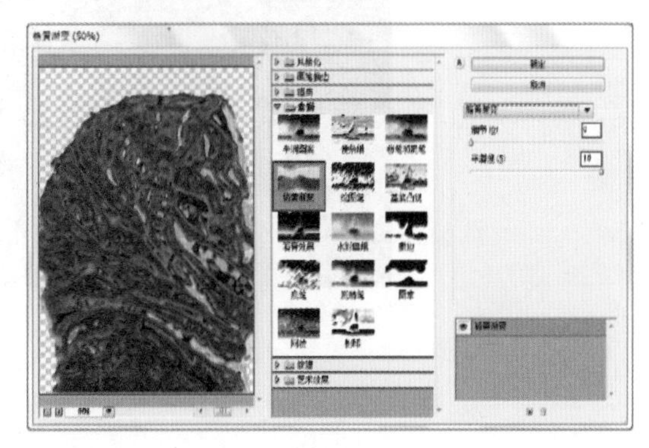

图 6-136

（4）设置“盖印”图层的“混合模式”为“颜色减淡”，“不透明度”为 70%，如图 6-137 所示。效果如图 6-138 所示。

图 6-137

图 6-138

（5）利用图层蒙版将人物头饰的“铬黄渐变”效果去除。首先单击图层面板下方的“添加图层蒙版”按钮，为“盖印”图层添加图层蒙版。然后将前景色设置为黑色，使用“画笔工具” 在蒙版中人物头饰的位置上涂抹，蒙版效果如图 6-139 所示。最终效果如图 6-140 所示。

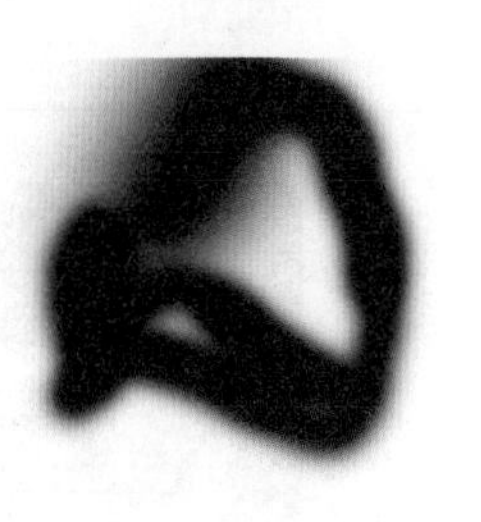
图 6-139

图 6-140

（6）接下来执行“图层 > 新建调整图层 > 曲线”命令，弹出“曲线”对话框后调整曲线，曲线形态如图 6-141 所示。效果如图 6-142 所示。

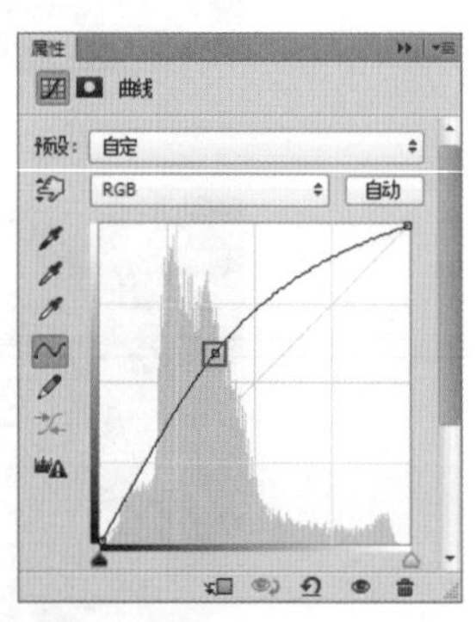

图 6-141

图 6-142

（7）我们只想提亮人物的肩部，接下来先将蒙版填充为黑色，然后使用白色的柔角画笔在肩膀处涂抹，蒙版效果如图 6-143 所示。最终效果如图 6-144 所示。

图 6-143

图 6-144

（8）对人物整体调色。执行“图层 > 新建调整图层 > 曲线”，弹出“曲线”对话框后调整曲线，曲线形态如图 6-145 所示。效果如图 6-146 所示。

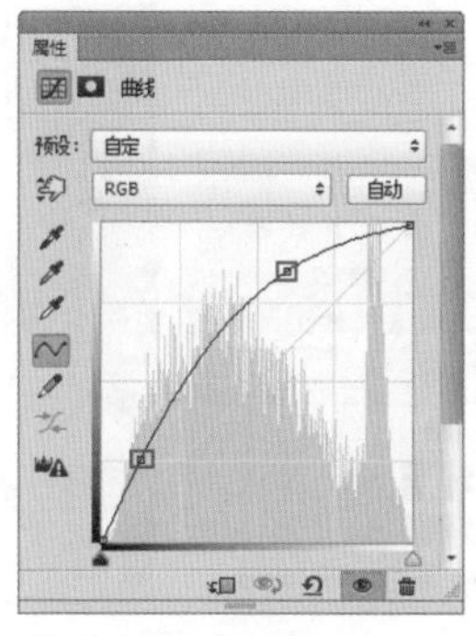

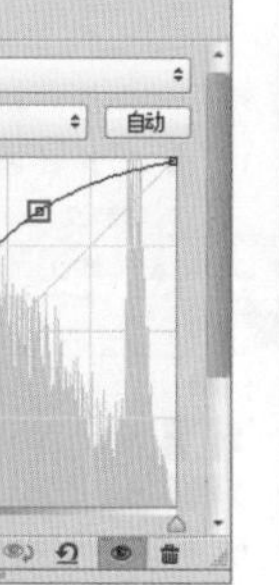

图 6-145

图 6-146

（9）因为我们只想调整人物，接下来将前景色设置为黑色，使用快捷键 <Alt+Delete> 填充“曲线”图层蒙版。然后单击工具箱中的“钢笔工具”，沿人物轮廓进行绘制，如图 6-147 所示。绘制完成后按快捷键 <Ctrl+Enter> 将路径转换为选区，再将前景色设置为白色，填充“曲线”图层蒙版的选区，效果如图 6-148 所示。

图 6-147

图 6-148

（10）为人物头饰添加蓝色调。首先执行“图层 > 新建 > 图层”命令，新建图层，然后将前景色设置为深蓝色，在工具箱中单击“画笔工具”，在画笔选取器中选择“大小”合适，“硬度”为 0 的柔角笔尖在新图层上涂抹，如图 6-149 所示。然后设置图层“混合模式”为“颜色”，如图 6-150 所示。效果如图 6-151 所示。

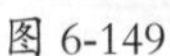

图 6-149

图 6-150

（11）为画面制作飘雪效果。首先新建图层，将前景色设置为黑色，使用填充前景色快捷键 <Alt+Delete> 填充图层。再执行“滤镜 > 杂色 > 添加杂色”命令，弹出“添加杂色”对话框后设置“数量”为 33%，单击“高斯分布”，勾选“单色”，参数设置如图 6-152 所示。效果如图 6-153 所示。

图 6-151

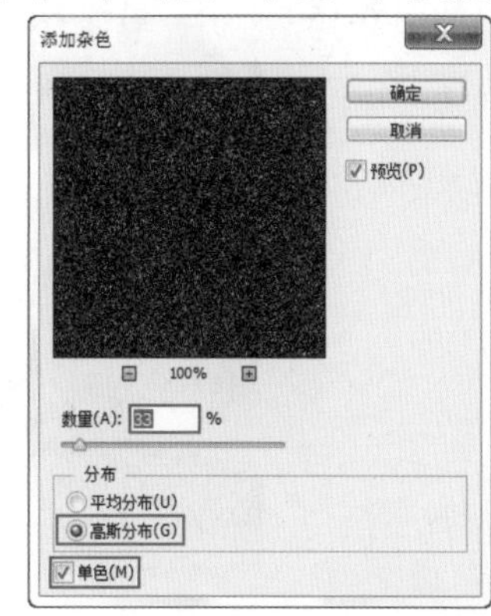

图 6-152

图 6-153

（12）设置“杂色”图层的“混合模式”为“滤色”，如图 6-154 所示。此时可以看到“杂色”图层的黑色部分被隐去，只留下白色的杂点，效果如图 6-155 所示。

图 6-154

图 6-155

（13）此时我们发现画面当前的白色杂点太小，使用“自由变换”快捷键<Ctrl+T>调出定界框，拖动控制点将“杂色”图层放大，以增大雪花的大小，效果如图 6-156 所示。

（14）制作动感的飘雪效果。首先对“杂色”图层执行“滤镜 > 模糊 > 动感模糊”命令，设置“角度”为 50 度，“距离”为 5 像素，参数设置如图 6-157 所示。效果如图 6-158 所示。

图 6-156

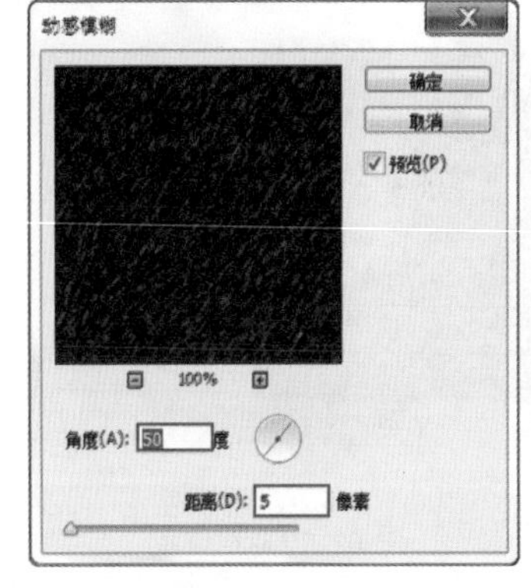

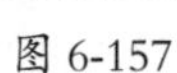

图 6-157

图 6-158

（15）增加飘雪的层次感。单击图层面板下方的“添加图层蒙版”按钮，为“杂色”图层添加图层蒙版。单击工具箱中的“画笔工具”，在画笔选取器中选择“大小”合适，“硬度”为 0 的笔尖，设置画笔的“不透明度”为 25%，在画面上涂抹，蒙版效果如图 6-159 所示。最终效果如图 6-160 所示。

图 6-159

图 6-160

6.3.9 海绵滤镜：风景照片变身水墨画

案例文件：	海绵滤镜：风景照片变身水墨画 .psd
视频教学：	海绵滤镜：风景照片变身水墨画 .flv

案例效果：

操作步骤：

（1）执行“文件 > 打开”命令，打开图片“1.jpg”，如图 6-161 所示。

图 6-161

（2）首先观察图片，发现图片暗部区域过于偏暗，所以我们使用“阴影 / 高光”为画面提亮。执行“图像 > 调整 > 阴影 / 高光”命令，弹出“阴影 / 高光”对话框后设置“阴影”数量为 35%，“高光”数量为 0，参数设置如图 6-162 所示。画面效果如图 6-163 所示。

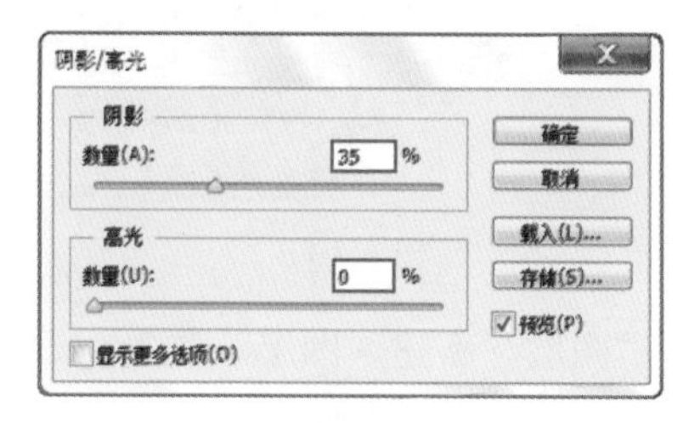

图 6-162

图 6-163

（3）接下来使用“黑白”为画面去色。执行“图层 > 新建调整图层 > 黑白”命令，效果如图 6-164 所示。

图 6-164

（4）下面使用“海绵”滤镜为画面制作水墨晕染的效果。首先使用盖印图层快捷键 <Ctrl+Shift+Alt+E> 盖印图层，将盖印后的图层命名为“盖印”图层，然后对“盖印”图层执行“滤镜 > 滤镜库”命令，弹出“滤镜库”后选择“艺术效果”中的“海绵”，设置“画笔大小”为 10，“清晰度”为 0，“平滑度”为 4，参数设置以及效果如图 6-165 所示。接着设置图层“混合模式”为“变暗”，如图 6-166 所示。效果如图 6-167 所示。

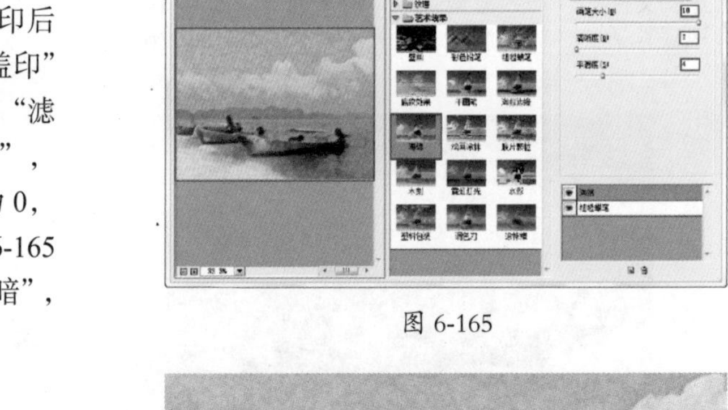

图 6-165

（5）此时观察图片发现因为“海绵”滤镜的作用，导致画面中船的某些细节不明显。所以接下来单击图层面板下方的“添加图层蒙版”按钮，为“盖印”图层添加图层蒙版。再将前景色设置为黑色，在工具箱中单击“画笔工具”，设置合适的笔尖大小，“不透明度”为 25%，在画面中船的部位涂抹，蒙版效果如图 6-168 所示。最终效果如图 6-169 所示。

图 6-166

图 6-167

图 6-168　　图 6-169

（6）接下来为画面营造云雾缭绕的效果。首先执行“图层 > 新建 > 图层”命令，新建图层，再在工具箱中单击“画笔工具”，在画笔选取器中选择“大小”合适，“硬度”为 0 的柔角笔尖，设置“不透明度”为 35%，在新图层中画面的顶部及底部进行绘制，效果如图 6-170 所示。

（7）最后为画面置入文字素材。执行“文件 > 置入”命令，置入文字素材，按下 <Enter> 键确认置入，并将其栅格化，最终效果如图 6-171 所示。

图 6-170

图 6-171

6.3.10　球面化：鱼眼镜头效果的萌猫大头照

案例文件：	球面化：鱼眼镜头效果的萌猫大头照 .psd
视频教学：	球面化：鱼眼镜头效果的萌猫大头照 .flv

案例效果：

操作步骤：

（1）首先执行“文件 > 打开”命令，打开图片“1.jpg”，如图 6-172 所示。

（2）使用“球面化”滤镜制作萌猫效果。执行“滤镜 > 扭曲 > 球面化”命令，弹出“球面化”对话框后设置“数量”为 100%，“模式”为“正常”，参数设置以及效果如图 6-173 所示。

图 6-172

图 6-173

（3）接下来为增加画面效果，我们使用“椭圆选框工具”对画面进行调整。单击工具箱中的“椭圆选框工具”，按住 <Shift> 键绘制正圆选区，如图 6-174 所示。接着执行“图层 > 新建 > 通过拷贝的图层”命令，复制选区内容并得到“选区”图层。再将“背景”图层隐藏，画面如图 6-175 所示。

图 6-174

图 6-175

（4）填补画面的背景。在“选区”图层下新建图层，将前景色设置为橙色，使用填充前景色快捷键 <Alt+Delete> 填充图层。再使用“合并图层”快捷键 <Ctrl+E> 合并图层，效果如图 6-176 所示。

图 6-176

（5）利用相同方法将其他素材制作成萌猫效果，如图 6-177~ 图 6-179 所示。

图 6-177

图 6-178

图 6-179

（6）将萌猫图像排版。执行“文件 > 新建”命令，弹出“新建”对话框后，将文件“宽度”设置为 2053 像素，“高度”设置为 2096 像素，“分辨率”设置为 72 像素，“背景内容”为“透明”，参数设置如图 6-180 所示。接着回到萌猫图像对话框，选择合并的图层并使用“移动工具”，将该图层拖动到新建的文件中，如图 6-181 所示。

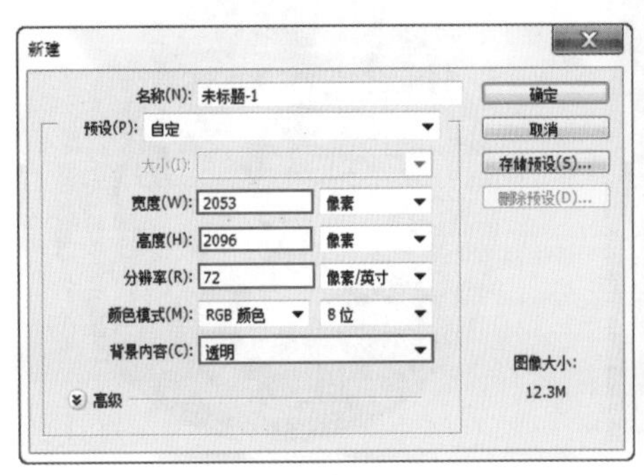

图 6-180

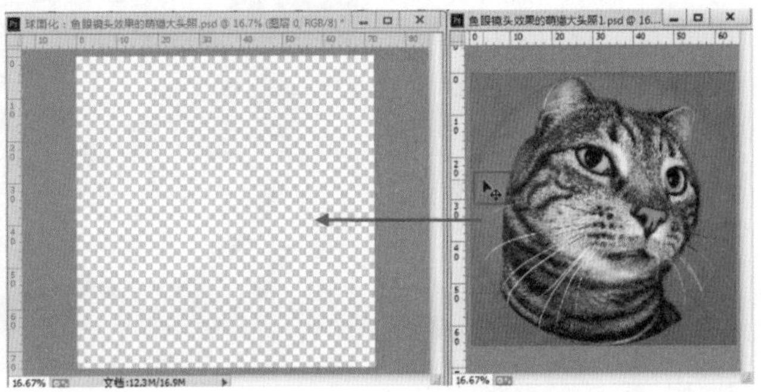

图 6-181

（7）选择该图层使用自由变换快捷键 <Ctrl+T> 调出定界框，然后按住 <Shift> 键等比缩放，缩放完成后将其移动到左上角，如图 6-182 所示。利用相同方法拖动其他萌猫图像并摆放至合适位置，如图 6-183 所示。

图 6-182

图 6-183

（8）接着将前景色设置为白色，单击工具箱中的“横排文字工具” T，选择合适的字体以及字号，键入文字，如图 6-184 所示。

图 6-184

（9）为画面添加边框。首先新建图层，将前景色设置为白色，使用填充前景色快捷键 <Alt+Delete> 填充图层。接着单击工具箱中的“圆角矩形工具”，将“绘制模式”设置为“路径”，“半径”为 70 像素，在新图层上进行绘制，如图 6-185 所示。然后按快捷键 <Ctrl+Enter> 将路径转换为选区，再按 <Delete> 键删除选区内容，最终效果如图 6-186 所示。

图 6-185

图 6-186

第 7 章

日常照片处理小妙招

7.1 实例：自动对齐制作全景图

案例文件：	自动对齐制作全景图 .psd
视频教学：	自动对齐制作全景图 .flv

案例效果：

操作步骤：

（1）当我们想要拍摄一幅全景图时，往往会出现限于设备的原因，无法一次性拍摄出完整的全景照片。但我们能够利用 Photoshop 对分开拍摄的多幅照片进行编辑，来得到全景图。打开素材文件“1.psd”，在这个文档中包含三个图层，如图 7-1 所示。将这三个图层按顺序摆好，图层面板如图 7-2 所示。

图 7-1

图 7-2

（2）展开“原图”图层组，按住 <Ctrl> 键依次加选这三个图层，然后执行“编辑 > 自动对齐图层”命令，打开“自动对齐图层”对话框，选择“自动”，然后单击“确定”按钮，如图 7-3 所示。稍等片刻即可完成对齐，此时画面效果如图 7-4 所示。

（3）对齐完成后可以发现照片边缘有空白的像素，接下来利用图层蒙版制作出整齐的边缘。选择工具箱中的“矩形选框”工具，在画面中绘制一个矩形选区，如图 7-5 所示。然后选择图层组，单击“创建图层蒙版”按钮，基于选区添加蒙版，如图 7-6 所示。

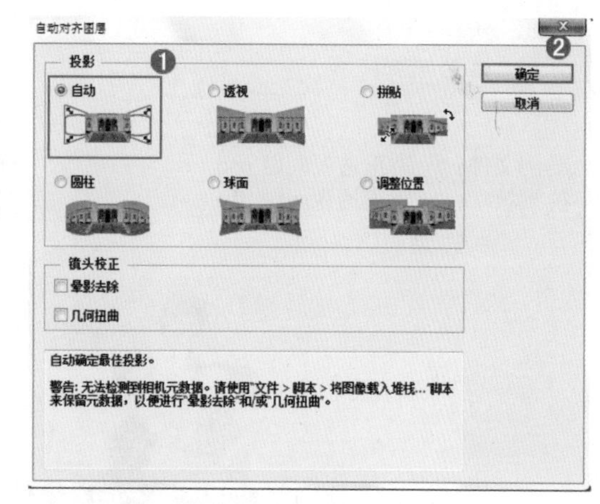

图 7-3

图 7-4

图 7-5

图 7-6

（4）接着执行“图像 > 裁切”命令，打开“裁切”对话框勾选“透明像素”选项，设置完成后单击“确定”按钮，如图 7-7 所示。此时一张全景照片就制作完成了，效果如图 7-8 所示。

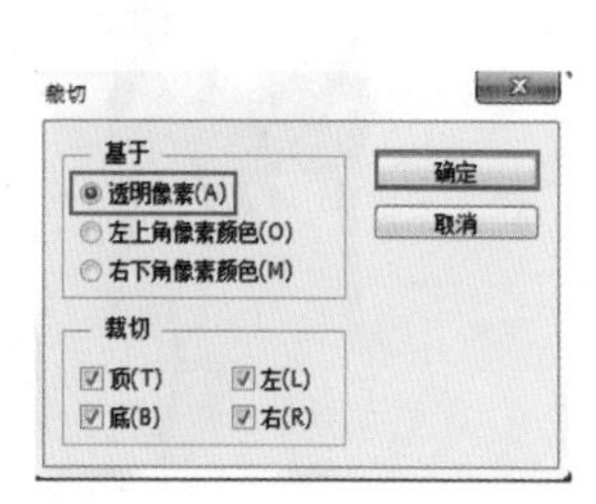

图 7-7

图 7-8

7.2 实例：矫正透视问题

案例文件：	矫正透视问题 psd
视频教学：	矫正透视问题 .flv

案例效果：

操作步骤：

（1）打开人像素材，通过观察可以看到人物照片由于拍摄角度原因，使画面产生了不合理的透视关系，所以人像的身形显得不那么纤长，这种问题我们可以利用“变换”命令进行校正，如图 7-9 所示。使用快捷键 <Ctrl+J> 将“背景”图层进行复制，然后将复制的图层命名为“透视”，如图 7-10 所示。

图 7-9

图 7-10

（2）选择“透视”图层，执行“编辑 > 变换 > 斜切”命令调出定界框，然后将左上角的控制点向右侧拖动，将右上角的控制点向左侧拖动，随着调整画面整体产生了一定的透视感，人像的腿部被明显拉长，身形自然也就被拉长了，如图 7-11 所示。调整完成后按一下 <Enter> 键确定变形操作，完成效果如图 7-12 所示。

图 7-11

图 7-12

7.3 实例：调整建筑透视感

案例文件：	调整建筑透视感 .psd
视频教学：	调整建筑透视感 .flv

案例效果：

操作步骤：

（1）打开一张室外拍摄的摄影作品，可以看到楼房呈现出倾斜的状态，这是由于拍摄角度以及相机镜头等问题造成的变形，如图 7-13 所示。

（2）接下来调整楼房的透视。首先选择“背景”图层，使用快捷键 <Ctrl+J> 将“背景”图层进行复制。然后将复制得到的图层命名为“透视”，如图 7-14 所示。使用快捷键 <Ctrl+R> 调出标尺，然后拖动两条参考线，如图 7-15 所示。

图 7-13

图 7-14

图 7-15

（3）选择“透视”图层，执行“编辑 > 变换 > 扭曲”命令调出定界框。然后将左上角的控制点向左拖动，将右上角的控制点向右拖动，在拖动时注意建筑边缘与参考线平行即可，如图 7-16 所示。调整完成后按一下 <Enter> 键确定变形操作，效果如图 7-17 所示。

图 7-16

图 7-17

（4）接着对画面进行调色，首先添加画面的饱和度。执行“图层 > 新建调整图层 > 自然饱和度”命令，设置“自然饱和度”为 100，参数设置如图 7-18 所示。此时画面效果如图 7-19 所示。

图 7-18

图 7-19

（5）接下来调整画面颜色的对比度，执行“图层 > 新建调整图层 > 曲线”命令，调整曲线形状如图 7-20 所示。此时画面效果如图 7-21 所示。本案例制作完成。

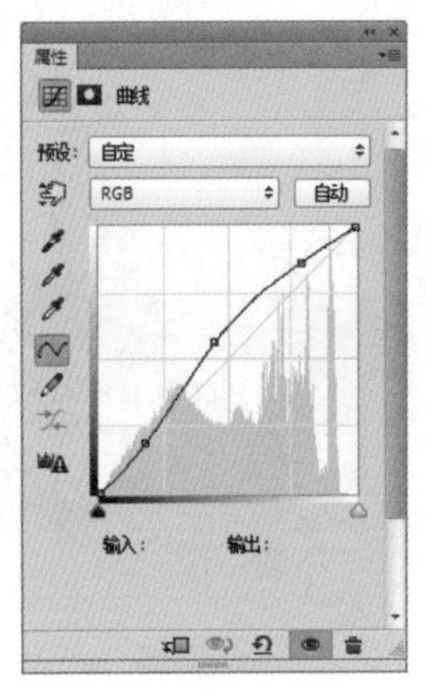

图 7-20

图 7-21

7.4 实例：照片背景的特殊处理

案例文件：	照片背景的特殊处理 .psd
视频教学：	照片背景的特殊处理 .flv

案例效果：

操作步骤：

（1）执行“文件 > 打开”命令，打开人物素材“1.jpg”，如图 7-22 所示。本案例将要对人像照片中不太美观的背景部分进行处理。

图 7-22

（2）选择“背景”图层，使用快捷键 <Ctrl+J> 将背景图层复制，得到“背景拷贝”图层，选择该图层执行“滤镜 > 像素化 > 马赛克”命令，在“马赛克”对话框中设置“单元格大小”为 15 方形，如图 7-23 所示。设置完成后单击“确定”按钮，如图 7-24 所示。

图 7-23

图 7-24

（3）然后选择该图层，单击图层面板底部的“添加图层蒙版”按钮，为该图层添加图层蒙版，然后使用黑色的柔和画笔在人物的上方涂抹，在蒙版中将人物上方的马赛克效果隐藏，蒙版状态如图 7-25 所示。此时画面效果如图 7-26 所示。

（4）除了为背景添加马赛克效果外，我们也可以将背景制作出其他的艺术化效果。例如可以制作出模拟手绘的效果。执行“滤镜 > 滤镜库”命令，在滤镜库中打开“画笔描边”滤镜组，单击“成角的线条”滤镜，设置“方向平衡”为 100，“描边长度”为 50，“锐化程度”为 0，参数设置如图 7-27 所示。画面效果如图 7-28 所示。

图 7-25

图 7-26

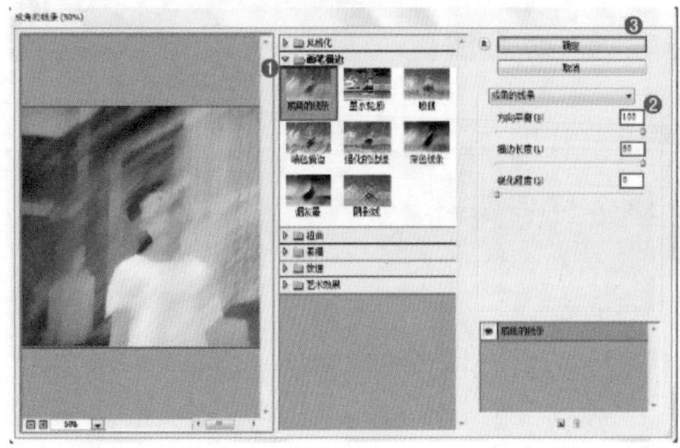

图 7-27

图 7-28

7.5 实例：小图放大并增强清晰度

案例文件：	小图放大并增强清晰度 .psd
视频教学：	小图放大并增强清晰度 .flv

案例效果：

操作步骤：

（1）本案例主要讲解如何将放大后的图像进行锐化，使其变得更加清晰。这样的操作在实际生活中非常实用，因为我们会遇到素材尺寸不够大，但是还必须使用的情况。如果直接进行放大会出现“变虚、模糊”的状况，无法直接使用，所以需要通过“智能锐化”对变虚的图像进行锐化。执行“文件 > 打开”命令，打开素材“1.jpg”，如图 7-29 所示。执行“图像 > 图像大小”命令，打开“图像大小”对话框，在这里可以看到文档的尺寸，如图 7-30 所示。

图 7-29

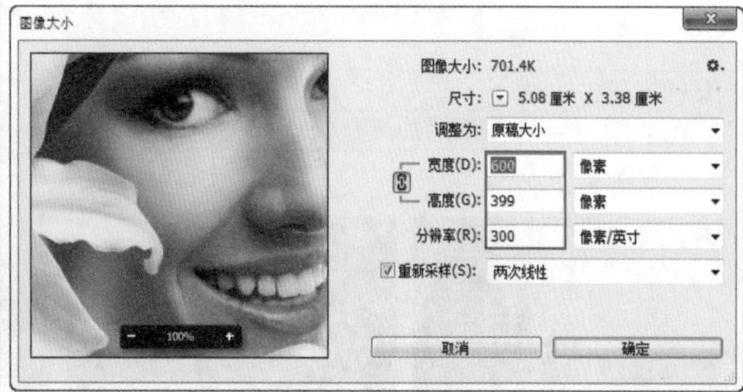

图 7-30

（2）没有经过更改的图像清晰度较高，但是尺寸较小，所以我们需要在“图像大小”对话框中更改“宽度”为 1000 像素，“高度”为 665 像素，“分辨率”为 300 像素 / 英寸。此时在预览对话框中可以看到图像的清晰度有些降低了，单击“确定”按钮完成操作，如图 7-31 所示。

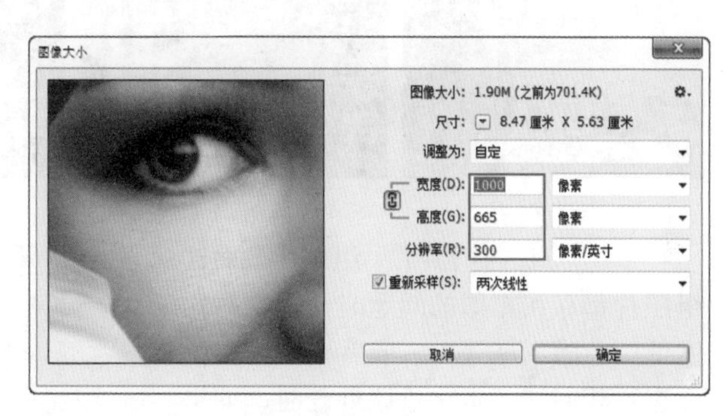

图 7-31

（3）经过放大的照片明显的可以看到变得模糊，接下来就利用智能锐化加强画面的清晰度。执行“滤镜 > 锐化 > 智能锐化”命令，设置“数量”为 450%，“半径”为 1.0 像素，“移去”为“高斯模糊”，参数设置如图 7-32 所示。锐化后的图片效果如图 7-33 所示。

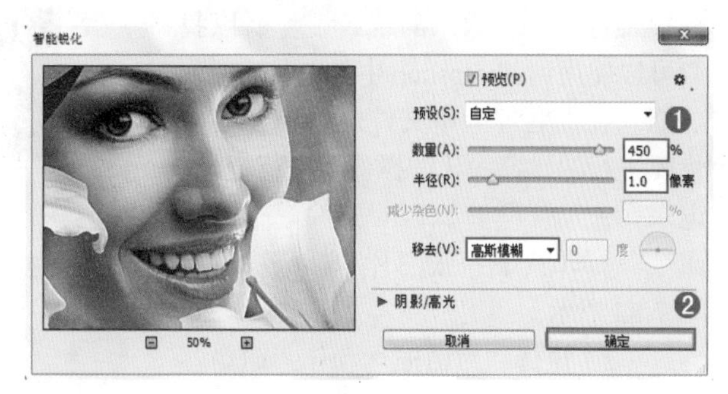

图 7-32

图 7-33

7.6 实例：对多张照片进行快速统一的处理

案例文件：	无
视频教学：	对多张照片进行快速统一的处理 .flv

案例效果：

操作步骤：

（1）当我们拍摄了一组照片，而这组照片都存在相似的问题时（例如对比度低、色感不足等），或者要对一组照片进行相同的艺术化色调处理时，如果一张一张进行处理，不仅耽误时间，而且很难保证处理效果的统一性。所以我们可以使用到 Photoshop 中的“批处理”功能。在批处理大量文件之前首先需要将要进行的“统一化的操作”进行记录，记录为“动作”。执行“文件 > 打开”命令，打开其中一张图片“1.jpg”，如图 7-34 所示。

图 7-34

（2）执行“对话框 > 动作”命令，弹出“动作”面板后在“动作”面板中单击“创建新组”按钮，如图 7-35 所示。接着在弹出的“新建组”对话框中设置“名称”为“组 1”，单击“确定”按钮，如图 7-36 所示。

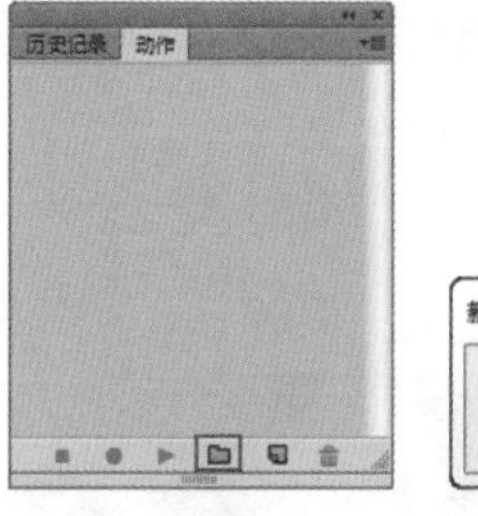

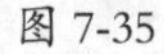

图 7-35

图 7-36

（3）接着在“动作”面板中单击“创建新动作”按钮，在弹出的“新建动作”对话框中设置“名称”为“动作 1”，单击“记录”按钮，开始记录操作，如图 7-37 所示。

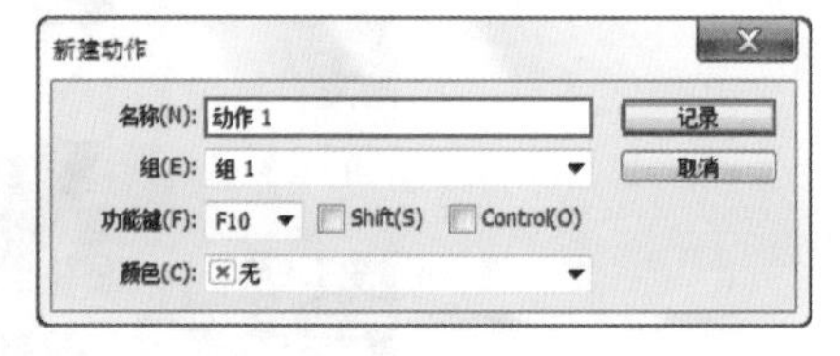

图 7-37

（4）下面开始对照片进行操作。执行“图像 > 调整 > 色相 / 饱和度”命令，弹出“色相 / 饱和度”对话框后设置“色相”为 13%，“饱和度”为 6，参数设置如图 7-38 所示。此时在“动作”面板中会自动记录当前进行的“色相 / 饱和度”动作，如图 7-39 所示。此时效果如图 7-40 所示。

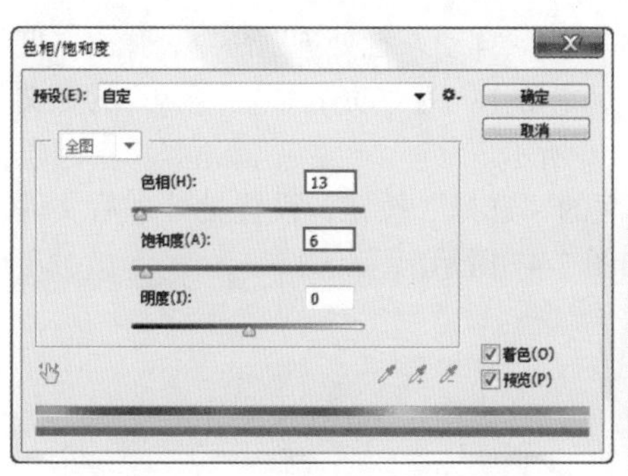

图 7-38

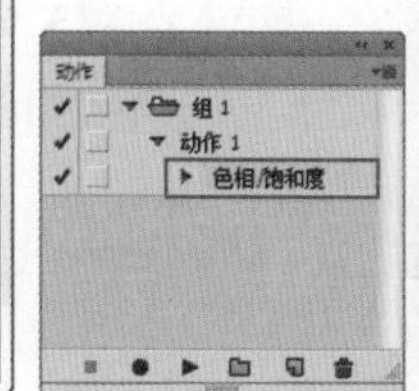

图 7-39

图 7-40

（5）接着执行“图像 > 调整 > 阴影 / 高光”命令，弹出“阴影 / 高光”对话框后设置“阴影”数量为 11%，“高光”数量为 0，参数设置如图 7-41 所示。此时在“动作”面板中会自动记录当前进行的“阴影 / 高光”动作，如图 7-42 所示。此时效果如图 7-43 所示。

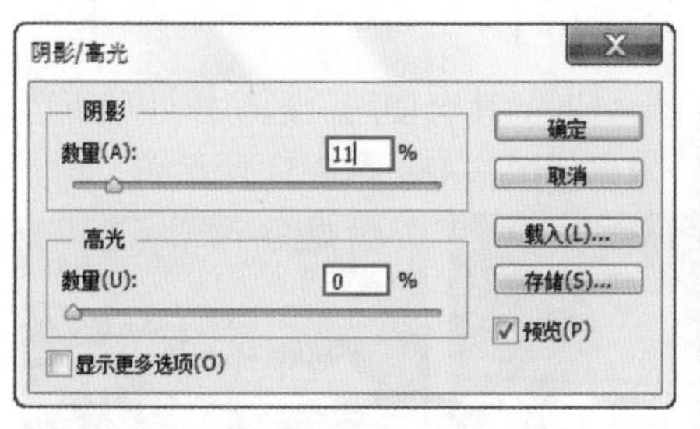

图 7-41

图 7-42

图 7-43

（6）为图片调整完颜色以后，在计算机中新建一个文件夹，命名为“素材效果”，然后回到 Photoshop，执行“文件 > 储存为”命令，弹出“另存为”对话框以后，找到“素材效果”文件夹后单击“打开”按钮，再单击“保存”按钮，将图片保存在“素材效果”文件夹中，如图 7-44 所示。然后关闭当前文件，接着单击“动作”面板中的“停止播放 / 记录”按钮，完成动作的录制。此时可以看到“动作”面板中记录了所有对图片的操作。如图 7-45 所示。

图 7-44

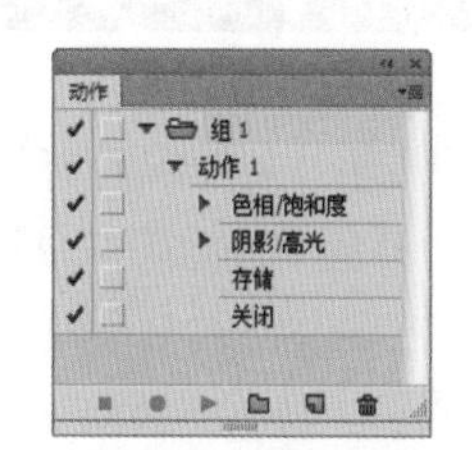

图 7-45

（7）接下来使用录制的动作处理剩余的素材。执行“文件 > 自动 > 批处理”命令，弹出“批处理”对话框后在“播放”的选项中设置“组”为“组 1”，“动作”为“动作 1”，“源”为“文件夹”，“选择”中选择要批处理的素材文件夹，如图 7-46 所示。

（8）接着设置“目标”为“文件夹”，然后单击下面的“选择”按钮，设置批处理后文件的保存路径，勾选“覆盖动作中的存储为命令”选项，如图 7-47 所示。

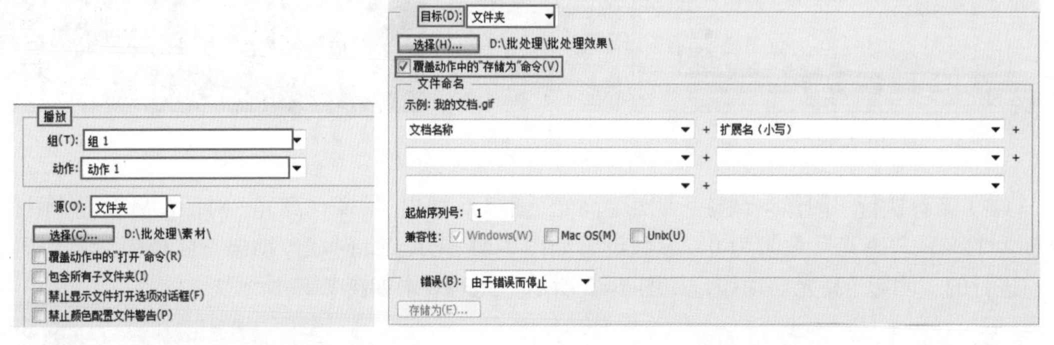

图 7-46　　　　图 7-47

（9）最后在“批处理”对话框中单击“确定”按钮，Photoshop 就会使用所选动作处理所选文件夹中的所有图像，并将其保存到事先设置的文件夹中，效果如图 7-48~ 图 7-51 所示。

图 7-48

图 7-49

图 7-50

图 7-51

7.7 实例：快速矫正偏色图像

案例文件：	快速矫正偏色图像 .psd
视频教学：	快速矫正偏色图像 .flv

案例效果：

操作步骤：

（1）执行“文件 > 打开”命令，打开人物素材“1.jpg”。可以看到原图偏黄而且较暗。本案例利用“补色矫正法”对图像的偏色问题进行纠正，如图 7-52 所示。

（2）选中人物素材图层，单击鼠标右键，在弹出的快捷菜单里选择“复制图层”，将背景图层进行复制，如图 7-53 所示。选中复制的图层，执行“滤镜 > 模糊 > 平均”命令，画面变成了咖啡色，这个颜色基本可以确定为图像整体的颜色倾向，如图 7-54 所示。

图 7-52

图 7-53

图 7-54

（3）继续执行“图像 > 调整 > 反相”命令，此时画面变成了淡蓝色，也就是图像颜色倾向的补色，如图 7-55 所示。

（4）选中“反相”图层，在图层面板调整图层“混合模式”为“颜色”，“不透明度”为 50%，如图 7-56 所示。此时可以看到，照片中人物的肤色明显的变亮了，而且画面中黄色的成分减少，如图 7-57 所示。

图 7-55

图 7-56

图 7-57

（5）继续执行“图层 > 新建调整图层 > 亮度和对比度”命令，新建“亮度 / 对比度”图层，如图 7-58 所示。设置“亮度”数值为 20、“对比度”数值为 55，画面明显变亮了，如图 7-59 所示。

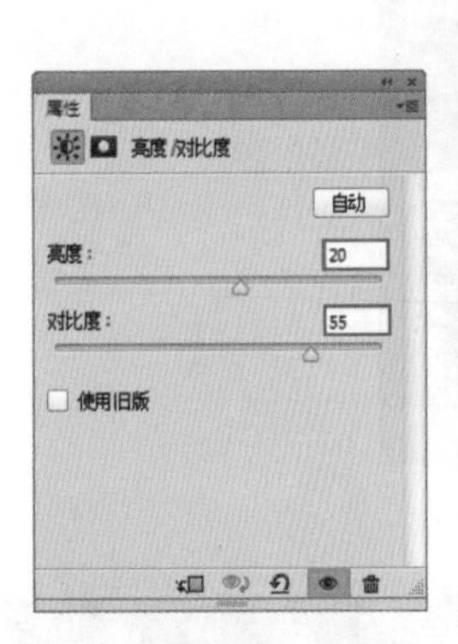

图 7-58

图 7-59

（6）为了使画面颜色更加明亮鲜艳，接下来提高画面的自然饱和度。执行“图层 > 新建调整图层 > 自然饱和度”命令，新建“自然饱和度调整图层”。设置“自然饱和度”数值为 70，“饱和度”数值为 0，如图 7-60 所示。画面最终效果如图 7-61 所示。

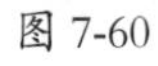

图 7-60

图 7-61

7.8 实例：“证件照”自己做

案例文件：	“证件照”自己做 .psd
视频教学：	“证件照”自己做 .flv

案例效果：

操作步骤：

（1）证件照是我们经常会使用到的一种照片，早些年里我们需要到照相馆进行一寸照的拍摄，费时费力，而且效果往往不如人愿，而现如今数码相机、智能手机、拍照神器等产品的普及，使拍照成为了轻松简单的事情，与其去照相馆拍摄一张“无法直视”的证件照，不如自己动手，将日常照片 DIY 成美观的证件照吧！首先执行“文件 > 打开”命令，打开人物素材“1.jpg”，由于证件照需要正面的照片，所以我们选择了这样一张浅色背景，正对镜头的日常照片，如图 7-62 所示。

图 7-62

（2）由于我们要制作的是“一寸照”，所以接下来要裁切图像。选择工具箱中的“裁切工具”。在选项栏中设置“宽度”为 2.5 厘米，“高度”为 3.5 厘米，然后在人像上方绘制一个合适的区域，如图 7-63 所示。绘制完成后，按一下 <Enter> 键确定裁切操作，如图 7-64 所示。

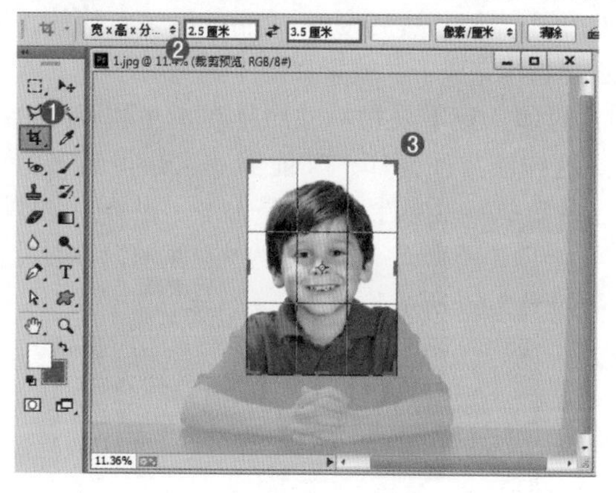

图 7-63

图 7-64

（3）接着创建一个一寸照大小的文档。执行“文件 > 新建”命令，设置“宽度”为 2.5 厘米，“高度”为 3.5 厘米，如图 7-65 所示。

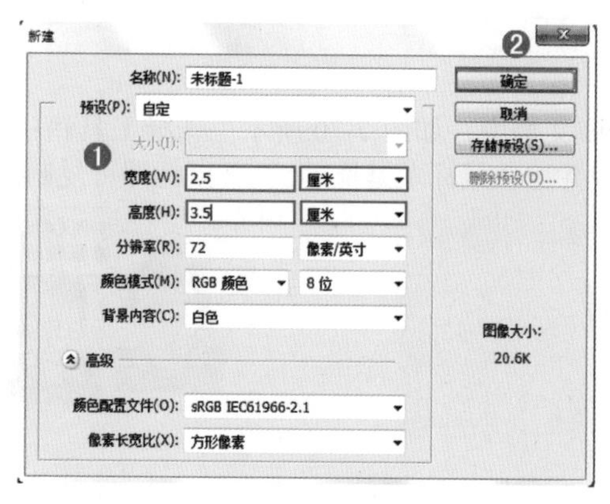

图 7-65

（4）回到人物文档中，使用快捷键 <Ctrl+A> 进行全选，然后使用复制快捷键 <Ctrl+C> 将人物进行复制，如图 7-66 所示。接着回到新建文档中，使用快捷键 <Ctrl+V> 进行粘贴，如图 7-67 所示。

图 7-66

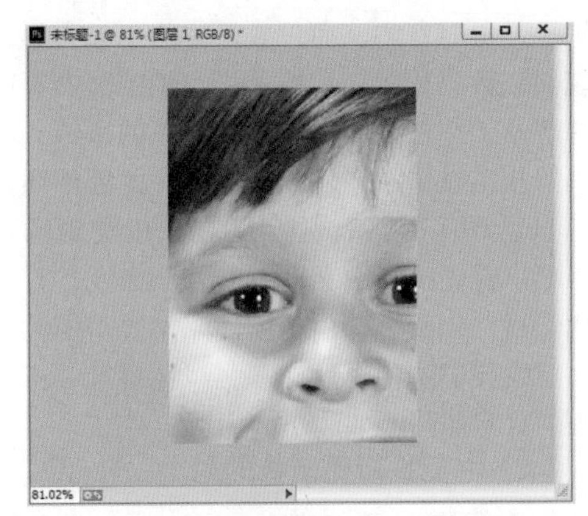

图 7-67

（5）选择人物图层，使用快捷键 <Ctrl+T> 调出定界框，然后按住 <Shift> 键进行缩放，缩放完成后按一下 <Enter> 键确定操作。一张一寸照就制作完成了，效果如图 7-68 所示。

（6）当然我们不能拿着这一张照片去打印社打印，接下来将一寸照排在 5 寸的版面上，这样既方便打印，又能够一次性得到多张照片。执行“文件 > 新建”命令，设置“宽度”为 12.7 厘米，“高度”为 8.9 厘米，参数设置如图 7-69 所示。

图 7-68

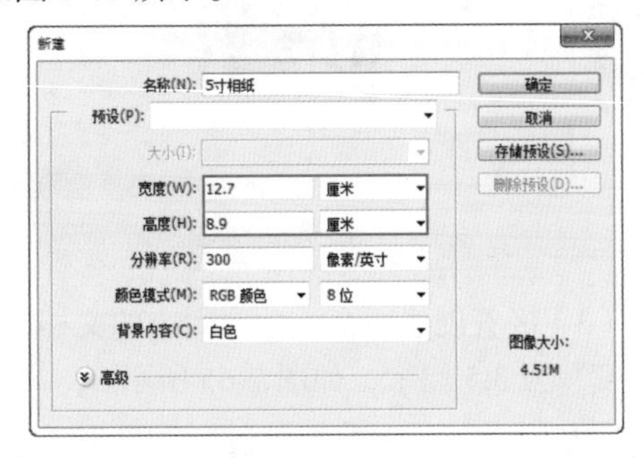

图 7-69

（7）将一寸照复制到该文档中，如图 7-70 所示。选择工具箱中的“移动工具”，然后选择人物图层，按住 <Alt> 键并按住鼠标左键拖动，松开鼠标即可复制出人像图层，如图 7-71 所示。

图 7-70

图 7-71

（8）继续复制两份人像，如图 7-72 所示。

（9）接下来将照片进行对齐。将四个照片图层按住 <Ctrl> 键进行加选，如图 7-73 所示。然后选择“移动工具”，单击选项栏中的“垂直居中对齐”按钮，再单击“水平居中分布”按钮，此时画面效果如图 7-74 所示。

（10）接着在加选四个人物图层的状态下，使用“移动工具”按住 <Alt+Shift> 键向下拖动，这样可以垂直移动并复制，如图 7-75 所示。接下来将这张照片存储成 JPEG 格式的文档，去打印社打印到 5 寸相纸上吧！

图 7-72

图 7-73

图 7-74

图 7-75

7.9 实例：制作动态相册

案例文件：	制作动态相册 .psd
视频教学：	制作动态相册 .flv

案例效果：

操作步骤：

（1）动态图片相信大家都见过，比如网络聊天时发送的动态表情，会动的网络头像，网页上一闪一闪的图标，等等。其实这些动态的图片利用 Photoshop 都能够轻松地制作出来，思路也非常简单，就是将多张不同的图片切换显示就呈现出了动画效果。说到这里，我们是不是也可以尝试将自己拍摄的照片制作成不停更换的动态相册效果呢？下面我们就来尝试一下吧！首先打开素材文件“1.psd”，画面效果如图 7-76 所示。在这里有两个图层，一个背景图层，一个前景图层，而我们的照片都需要放在这两个图层之间，“图层”面板如图 7-77 所示。

图 7-76

图 7-77

（2）想要制作动画效果就需要利用到“时间轴”面板，执行“对话框 > 时间轴”命令，打开“时间轴”面板，单击“创建帧动画”按钮，如图 7-78 所示。

（3）此时在动画帧面板中能够看到只有一帧，单击“时间轴”面板中缩览图下方的 按钮在下拉面板中选择 0.5 秒，如图 7-79 所示。然后设置“循环模式”，单击 按钮在下拉面板中选择“永远”，如图 7-80 所示。

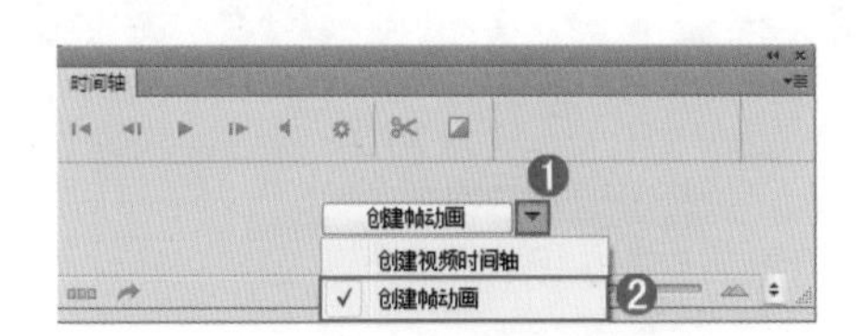

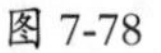

图 7-78

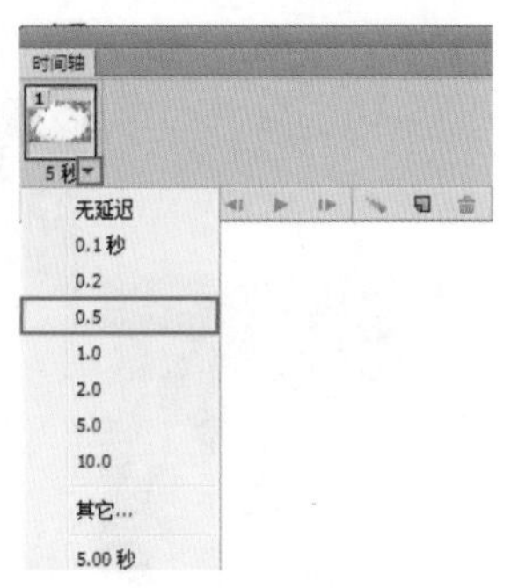

图 7-79

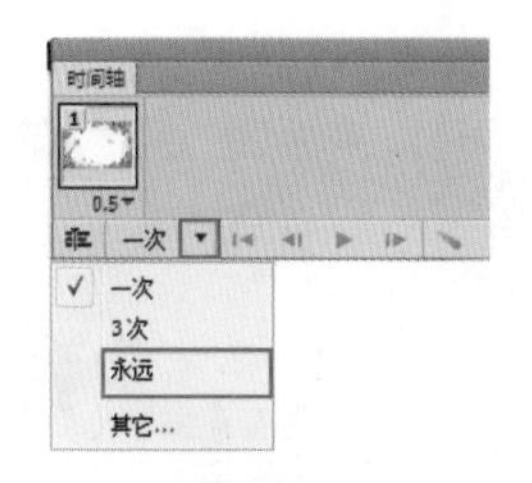

图 7-80

（4）为了制作出动态的效果需要创建更多的帧，单击两次“复制所选帧”按钮 ，创建出另外两帧，如图 7-81 所示。

图 7-81

（5）接下来为相册添加照片。选择“背景”图层，执行“文件 > 置入”命令，打开“置入”对话框选择“2.jpg”，单击“置入”按钮，如图 7-82 所示。按下 <Enter> 键完成置入，将图片置入到画面中，如图 7-83 所示。

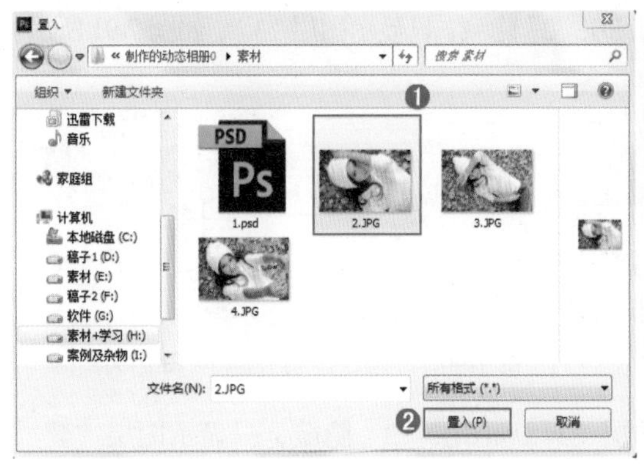

图 7-82

图 7-83

（6）接着将照片进行旋转，然后按住 <Shift> 键进行缩放，将其移动到相纸的中心位置。调整完成后按一下 <Enter> 键确定变换操作，如图 7-84 所示。

图 7-84

（7）使用同样的方法，将素材“3.jpg”和“4.jpg”置入到画面中，如图 7-85 和图 7-86 所示。图层面板如图 7-87 所示。

图 7-85

图 7-86

图 7-87

（8）在“时间轴”面板中选择第一帧，如图 7-88 所示。然后将图层“3”和图层“4”隐藏，只显示图层“2”，如图 7-89 所示。

（9）选择第二帧，如图 7-90 所示。将图层“4”和图层“2”隐藏，只显示图层“3”，如图 7-91 所示。

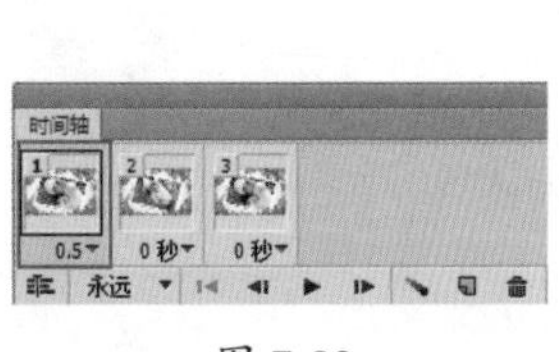

图 7-88

图 7-89

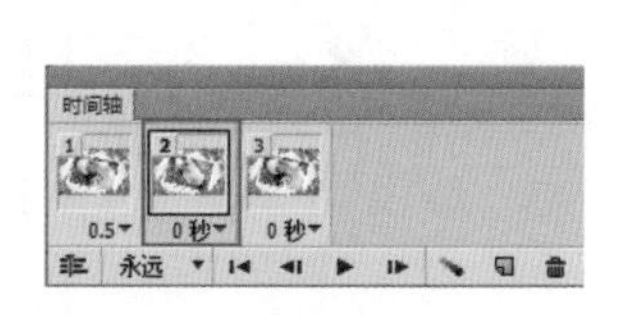

图 7-90

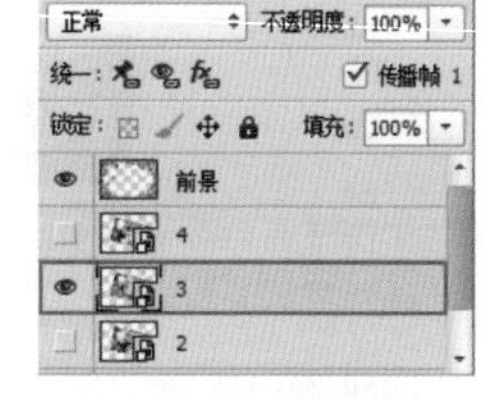

图 7-91

（10）设置选择第三帧，如图 7-92 所示。将图层“3”和图层“2”隐藏，只显示图层“4”，如图 7-93 所示。

（11）动画设置完成，下面执行“文件 > 存储为 Web 所用格式”命令，将制作的动态图像进行输出，如图 7-94 所示。在弹出的“存储为 Web 所用格式”对话框中设置格式为 GIF，选择“可选择”，“颜色”为 128，选择“扩散”，“仿色”为 100%，单击底部“存储”按钮，并选择输出路径即可，如图 7-95 所示。

图 7-92

图 7-93

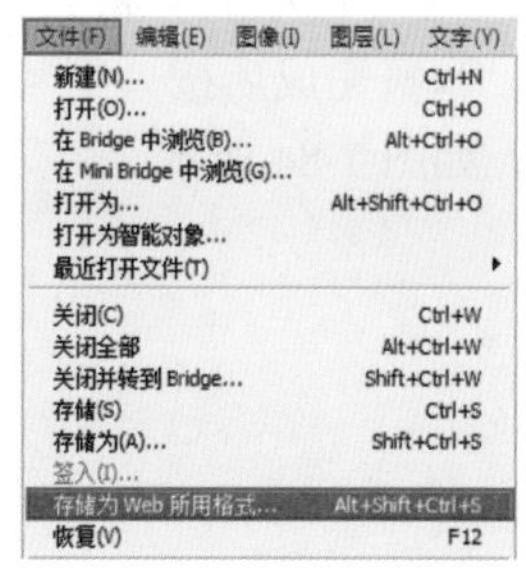

图 7-94

图 7-95

（12）储存之后会得到一个 GIF 格式的动态图片，双击即可播放动态效果，如图 7-96~ 图 7-98 所示。

图 7-96

图 7-97

图 7-98

7.10　实例：巧妙套用模板制作成长相册

案例文件：	巧妙套用模板制作成长相册 .psd
视频教学：	巧妙套用模板制作成长相册 .flv

案例效果：

操作步骤：

（1）当我们在影楼拍摄婚纱照片、写真照片、儿童照片时，影楼的美工人员往往会对我们的照片进行排版，使多张照片按照不同的方式排布在画面中，最后呈现在相册里。但是，这些漂亮的排版并不只有影楼的美工人员能用，我们大家也都可以的！只要在网络上搜索“照片模板下载”“PSD 照片模板下载”“影楼模板下载”等的关键词就能够看到很多可供下载的 PSD 文件。而 PSD 文件都是分层的，所以我们可以在其中添加自己的照片，或者对布局进行更改，轻轻松松的制作出属于我们自己的相册。本案例主要来讲解利用模板制作相册，首先执行“文件 > 打开”命令，打开模板素材“1.psd”，在这里可以看到文档中的内容都是分层的，如图 7-99 所示。

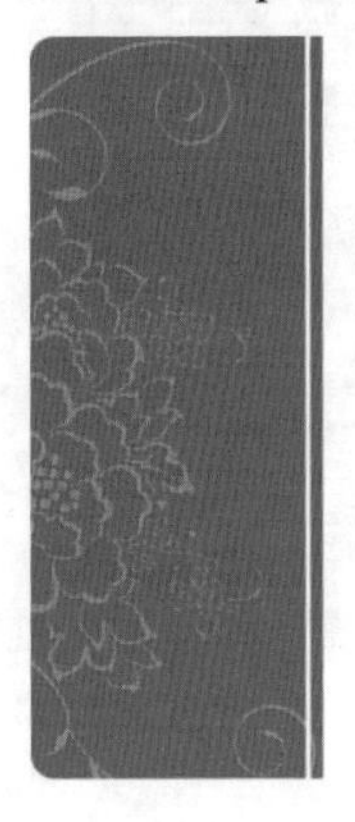

图 7-99

（2）接着为画面左侧添加照片图像。选中“背景”图层，执行“文件 > 置入”命令，将人物素材“2.jpg”置入到画面中，如图 7-100 所示。此时人像上面有一个定界框，按一下 <Enter> 键确定操作，如图 7-101 所示。

图 7-100

图 7-101

（3）接着将人物素材“3.jpg”置入到画面中并将其栅格化，然后将人像移动至画面的左侧，如图 7-102 所示。

图 7-102

（4）接下来利用图层蒙版将不需要的内容隐藏。选择工具箱中的“圆角矩形工具”，设置“绘制模式”为“路径”，“半径”为 30 像素，然后在小女孩的上方绘制一个圆角矩形，如图 7-103 所示。路径绘制完成后，使用快捷键 <Ctrl+Enter> 将路径转换为选区，如图 7-104 所示。

图 7-103

图 7-104

（5）选中这张照片图层，接着单击图层面板底部的“添加图层蒙版”按钮，基于选区为该图层添加蒙版，效果如图 7-105 所示。使用同样的方法制作另外两个小照片，本案例制作完成，效果如图 7-106 所示。

图 7-105

图 7-106

第 8 章

简单好玩的照片特效

8.1 实例：轻松打造 LOMO 照片

案例文件：	轻松打造 LOMO 照片 .psd
视频教学：	轻松打造 LOMO 照片 .flv

案例效果：

操作步骤：

（1）首先执行“文件 > 新建”命令，弹出“新建”对话框后设置“宽度”为 4575 像素，“高度”为 3578 像素，“分辨率”为 72 像素，参数设置如图 8-1 所示。执行“文件 > 置入”命令，置入图片“1.jpg”，按下 <Enter> 键完成置入，并将其栅格化，如图 8-2 所示。

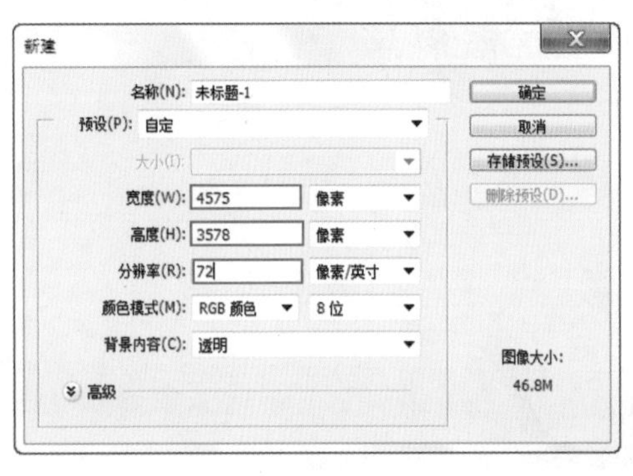

图 8-1

图 8-2

（2）首先我们对照片的亮度、颜色进行调整。首先使用“自然饱和度”来增加图像的自然饱和度。执行“图层 > 新建调整图层 > 自然饱和度”命令，弹出“自然饱和度”对话框后设置“自然饱和度”为 100，“饱和度”为 61，单击“此调整剪切到此图层”按钮，参数设置如图 8-3 所示。效果如图 8-4 所示。

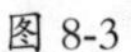
图 8-3

图 8-4

（3）接着使用“亮度 / 对比度”来提高图像的亮度以及对比度。执行“图层 > 新建调整图层 > 亮度 / 对比度”命令，弹出“亮度 / 对比度”对话框后设置“亮度”为 90，“对比度”为 20，单击“此调整剪切到此图层”按钮，参数设置如图 8-5 所示。效果如图 8-6 所示。

图 8-5

图 8-6

（4）接下来使用“曲线”工具调整画面蓝色调，为画面增添活泼童真的气氛。执行“图层 > 新建调整图层 > 曲线”命令，弹出“曲线”对话框后选择“蓝”通道，并在蓝通道中调整曲线，单击“此调整剪切到此图层”按钮，曲线形态如图 8-7 所示。此时画面中亮部倾向于黄色，暗部倾向于蓝紫色，效果如图 8-8 所示。

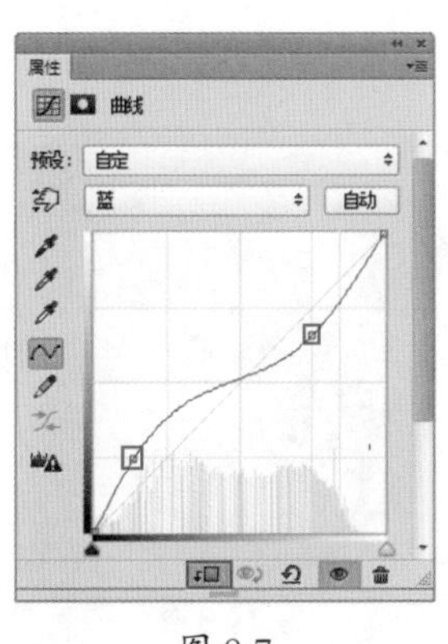

图 8-7

图 8-8

（5）下面为画面制作画框。首先在人物图层下方新建图层，将前景色设置为白色，使用填充前景色快捷键 <Alt+Delete> 填充图层，接着单击工具箱中的“矩形选框工具”，在图层上绘制选区，如图 8-9 所示。执行“选择 > 反向”命令，将选区反向，按下 <Delete> 键，删除选区内容，如图 8-10 所示。

图 8-9

图 8-10

（6）为画框添加图层样式，以增强立体感。执行“图层 > 图层样式 > 投影”命令，弹出“图层样式”对话框后，设置“不透明度”为 30%，“角度”为 45 度，“距离”为 20 像素，“扩展”为 0，“大小”为 1 像素，参数设置如图 8-11 所示。效果如图 8-12 所示。

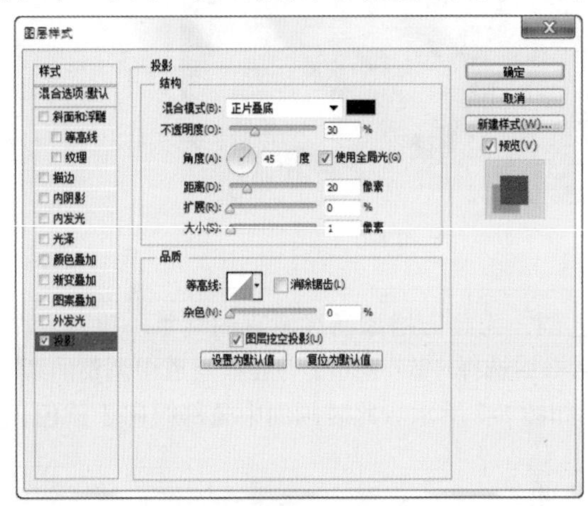

图 8-11

图 8-12

（7）最后为画面添加文字。在工具箱中单击“横排文字工具”，选择合适的字体以及字号，键入文字，如图 8-13 所示。

图 8-13

8.2 实例：怀旧老照片

案例文件：	怀旧老照片 .psd
视频教学：	怀旧老照片 .flv

案例效果：

操作步骤：

（1）本案例要处理的照片本身就具有一定的沧桑感和故事感，所以将其处理成怀旧效果的老照片最适合不过了。首先执行“文件 > 打开”命令，打开图片“1.jpg”，如图 8-14 所示。再执行“文件 > 置入”命令，置入素材“2.jpg”，按下 <Enter> 键完成置入，并将其栅格化，如图 8-15 所示。

图 8-14

图 8-15

（2）设置人物图层的“混合模式”为“正片叠底”，如图 8-16 所示。此时人物照片上也能看到底部旧纸张的纹理，效果如图 8-17 所示。

图 8-16

图 8-17

（3）为了制作出照片的老旧感，接下来利用“图层蒙版”来调整画面。单击图层面板下方的“添加图层蒙版”按钮，为人物图层添加蒙版。接着将前景色设置为黑色，单击工具箱中的“画笔工具”，在画笔选取器中选择“大小”合适，“硬度”为 0 的柔角笔尖，在图层蒙版的四周涂抹，图层蒙版效果如图 8-18 所示。效果如图 8-19 所示。

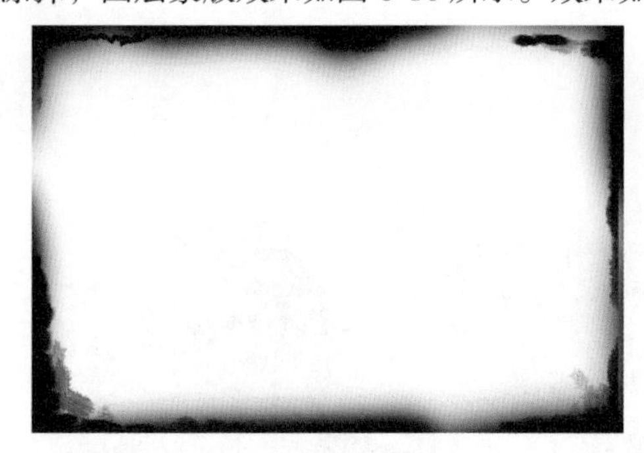

图 8-18

图 8-19

（4）接下来使用“渐变映射”为画面调色。执行“图层 > 新建调整图层 > 渐变映射”命令，弹出“渐变映射”的对话框后设置“渐变颜色”由黑到白，如图 8-20 所示。单击“此调整剪贴到此图层”按钮，效果如图 8-21 所示。

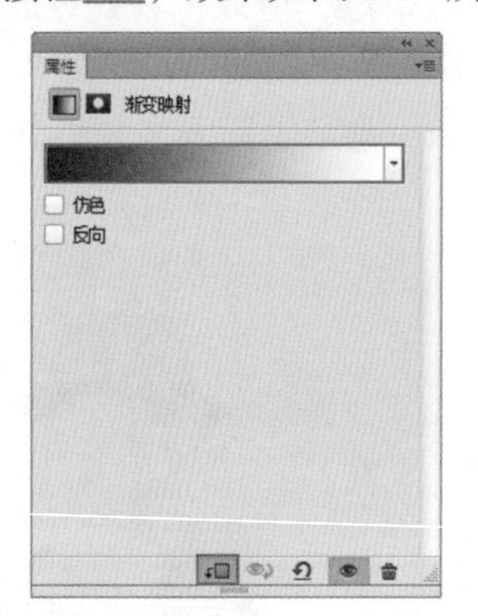

图 8-20

图 8-21

（5）接下来使用“曲线”工具将画面提亮。执行“图层 > 新建调整图层 > 曲线”命令，弹出“曲线”对话框后调整曲线，单击“此调整剪贴到此图层”按钮，曲线形态如图 8-22 所示。效果如图 8-23 所示。

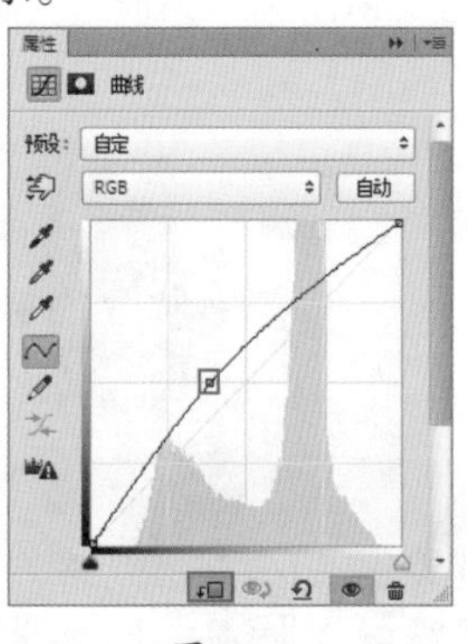

图 8-22

图 8-23

（6）最后进一步强化照片的古旧感，执行“文件 > 置入”命令，置入素材“3.jpg”，按下 <Enter> 键完成置入，并将其栅格化，如图 8-24 所示。设置纹理素材图层“混合模式”为“柔光”，“不透明度”为 65%，如图 8-25 所示。效果如图 8-26 所示。

图 8-24

图 8-25

图 8-26

8.3 实例：淡雅小清新风格照片

案例文件：	淡雅小清新风格照片 .psd
视频教学：	淡雅小清新风格照片 .flv

案例效果：

操作步骤：

（1）本案例想要制作的是一种朦胧、淡雅、清新的色调，这种色调也常常被称为“小清新”风格。这种风格的最大特点是：大面积留白 + 高明度 + 低对比度 + 一定程度的偏色，接下来我们就抓住这几个特点进行调整。执行“文件 > 打开”命令，打开图片“1.jpg”，如图 8-27 所示。观察图片，发现由于拍摄角度原因致使人物的头发部分细节缺失，下面我们使用“曲线”工具来调整。执行“图层 > 新建调整图层 > 曲线”命令，弹出“曲线”对话框后调整曲线，曲线形态如图 8-28 所示。效果如图 8-29 所示。

图 8-27

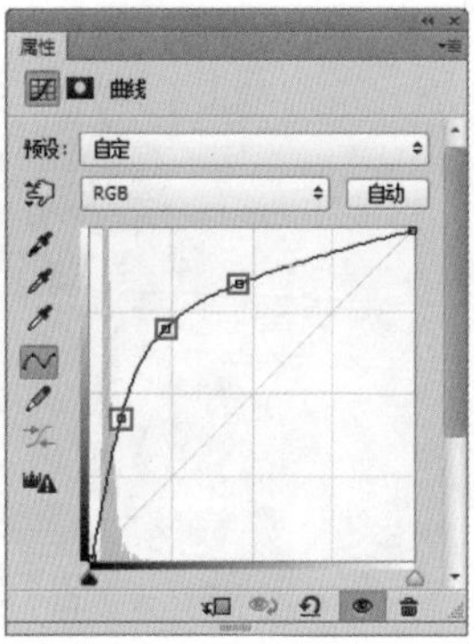

图 8-28

图 8-29

（2）因为我们只想调整人物的头发，所以接下来通过调整“曲线”的图层蒙版来将头发以外的效果隐藏。首先将前景色设置成黑色，使用填充前景色快捷键 <Alt+Delete> 填充图层蒙版。再将前景色设置为白色，单击工具箱中的“画笔工具”，在画笔选取器中选择“大小”合适，“硬度”为 0 的柔角笔尖，设置画笔的“不透明度”为 35%，在人物头发上涂抹，蒙版效果如图 8-30 所示。效果如图 8-31 所示。

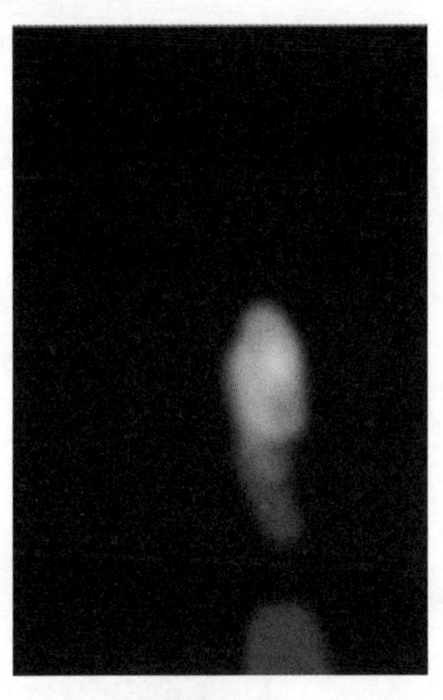

图 8-30

图 8-31

（3）因为我们想将画面调整为淡雅清新的风格，所以接下来使用“曲线”工具来提高画面的亮度，并降低画面的对比度。执行“图层 > 新建调整图层 > 曲线”命令，弹出“曲线”对话框后调整曲线，曲线形态如图 8-32 所示。效果如图 8-33 所示。

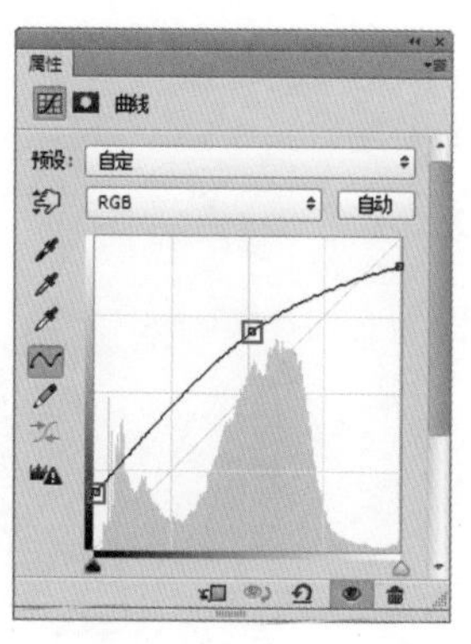

图 8-32

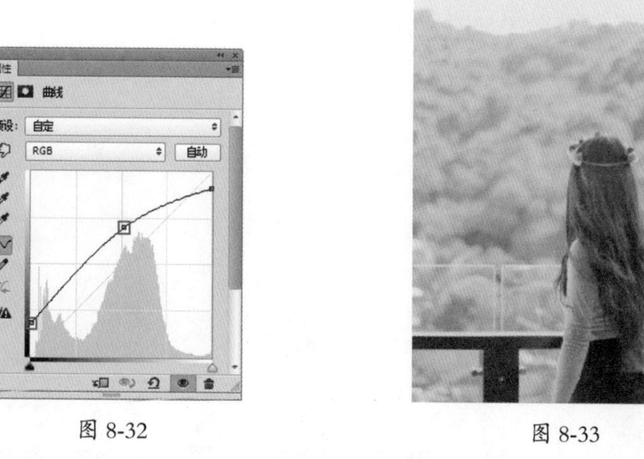

图 8-33

（4）接下来使用“自然饱和度”来降低画面自然饱和度。执行“图层 > 新建调整图层 > 自然饱和度”命令，弹出“自然饱和度”对话框后设置“自然饱和度”为 –36，参数设置如图 8-34 所示。效果如图 8-35 所示。

（5）接着使用“可选颜色”来为画面增添黄色调。执行“图层 > 新建调整图层 > 可选颜色”命令，弹出“可选颜色”对话框后设置“颜色”为“白色”，设置“白色”中“黄色”为 100%，参数设置如图 8-36 所示。再设置“颜色”为“黑色”，设置“黑色”中“青色”为 40%，“洋红”为“–15%”，“黄色”为 –15%，参数设置如图 8-37 所示。此时画面如图 8-38 所示。

图 8-34

图 8-35

图 8-36

图 8-37

图 8-38

（6）使用“曲线”工具增加画面对比度。执行“图层 > 新建调整图层 > 曲线”命令，弹出“曲线”对话框后调整曲线，曲线形态如图 8-39 所示。效果如图 8-40 所示。最后利用文字工具在画面左上角键入装饰文字，最终效果如图 8-41 所示。

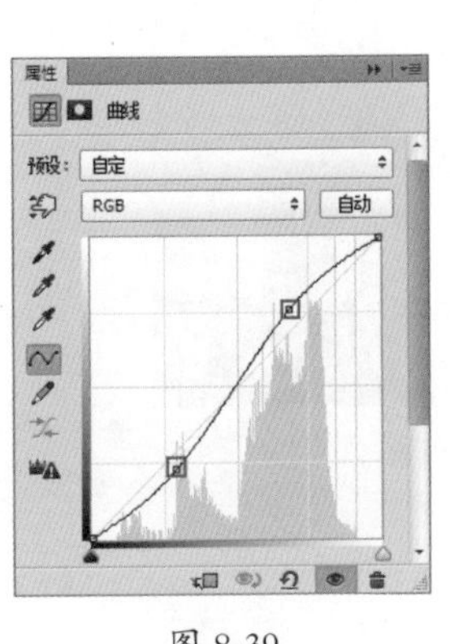

图 8-39

图 8-40

图 8-41

8.4 实例：让照片看起来“高大上”的小技巧——光效

案例文件：	让照片看起来“高大上”的小技巧——光效 .psd
视频教学：	让照片看起来“高大上”的小技巧——光效 .flv

案例效果：

操作步骤：

（1）“光效素材”泛指背景为黑色或接近黑色的暗调背景上包含有高明度光斑、光晕、光带等内容的图片，因为这类图片中的黑色部分可以利用图层的混合模式轻松的被滤除掉，而高亮度的漂亮光效部分则被保留在画面中，使画面整体产生绚丽的效果。所以利用光效素材进行照片处理也是非常常见的手段。执行“文件 > 打开”命令，打开图片“1.jpg”，如图 8-42 所示。

图 8-42

（2）本案例的光效分为两个部分制作，首先使用“画笔工具”为画面绘制星星。单击工具箱中的“画笔工具”，打开画笔预设面板，单击菜单按钮，选择“载入画笔”，选择画笔笔刷素材“2.abr”，如图 8-43 所示。

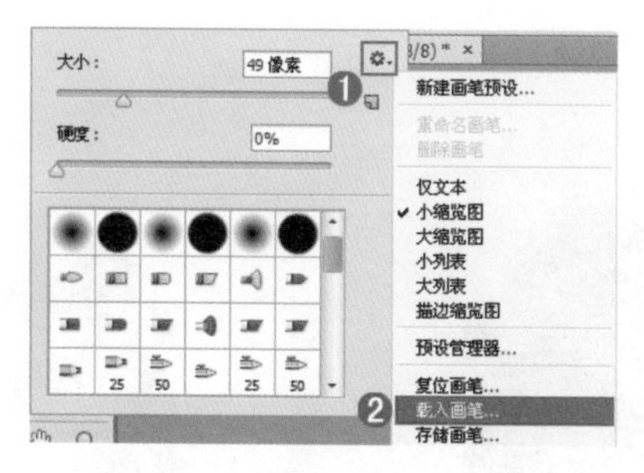

图 8-43

（3）接着在画笔面板中勾选“形状动态”，设置“大小抖动”为 100%，“最小直径”为 53%，如图 8-44 所示。勾选“散布”选项，设置“两轴”为 220%，如图 8-45 所示。接着新建图层，设置前景色为白色，使用星形画笔在新图层上单击并拖动绘制，如图 8-46 所示。

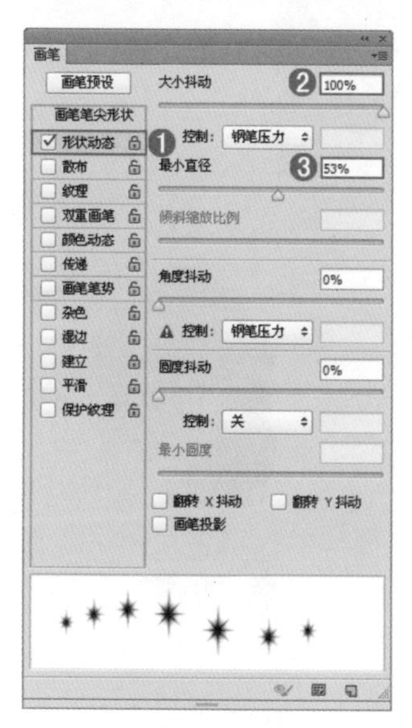

图 8-44

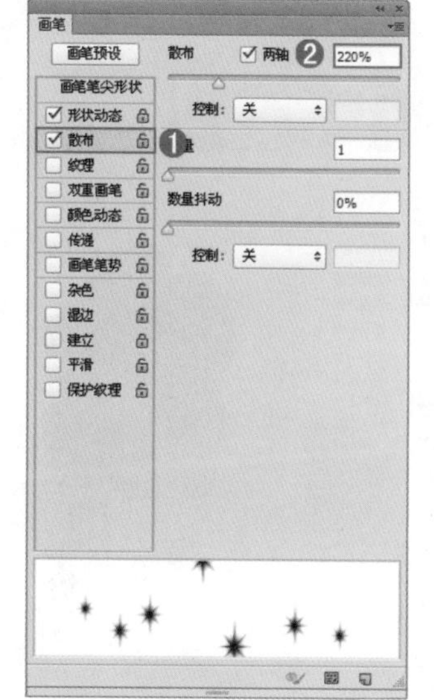

图 8-45

图 8-46

（4）执行“文件 > 置入”命令，置入光效素材文件，按下 <Enter> 键完成置入，并将其栅格化。接着设置光效图层的“混合模式”为“滤色”，如图 8-47 所示。最终效果如图 8-48 所示。

图 8-47

图 8-48

8.5 实例：多彩版画效果

案例文件：	多彩版画效果.psd
视频教学：	多彩版画效果.flv

案例效果：

操作步骤：

（1）本案例需要将真实的照片处理成抽象的绘画效果，所以首先需要去除照片中大量的细节。执行“文件>打开”命令，打开人像素材“1.jpg”，如图8-49所示。执行“编辑>变换>水平翻转”命令，效果如图8-50所示。

（2）使用工具箱中的“魔棒工具”，单击人像白色背景部分，如图8-51所示。按下<Delete>键，此时背景部分被删除，如图8-52所示。

图8-49

图8-50

图8-51

图8-52

（3）执行“图像>调整>阈值”命令，右键单击阈值图层，执行“创建剪贴蒙版”命令，为图层创建剪贴蒙版，如图8-53所示。选中人像图层，然后执行“图层>图层样式>渐变叠加”命令，在对话框中设置“混合模式”为“滤色”，“不透明度”为68%，“样式”为“线性”，“角度”为130度，“缩放”为108%，如图8-54所示。效果如图8-55所示。

图 8-53

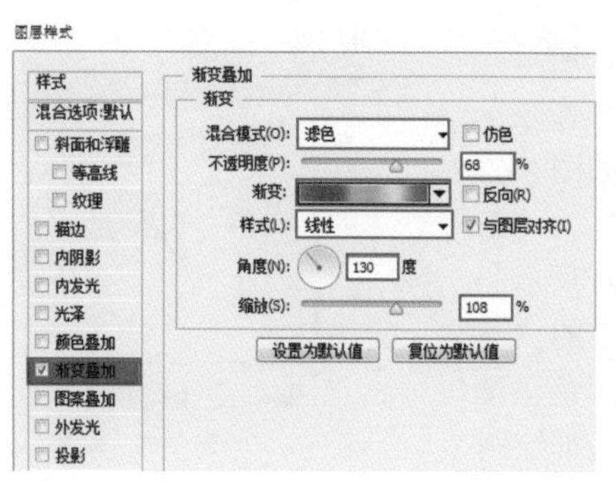

图 8-54

图 8-55

（4）此时人物轮廓不清晰，执行“图像 > 新建调整图层 > 曲线”命令，在“曲线”属性面板中调整曲线形状，如图 8-56 所示。设置前景色为黑色，按下填充前景色快捷键 <Alt+Delete> 为蒙版填充前景色，然后使用工具箱中的“画笔工具”，设置画笔颜色为白色，使用画笔在蒙版中涂抹人像面部及身体区域，并为图层创建剪贴蒙版，如图 8-57 所示。

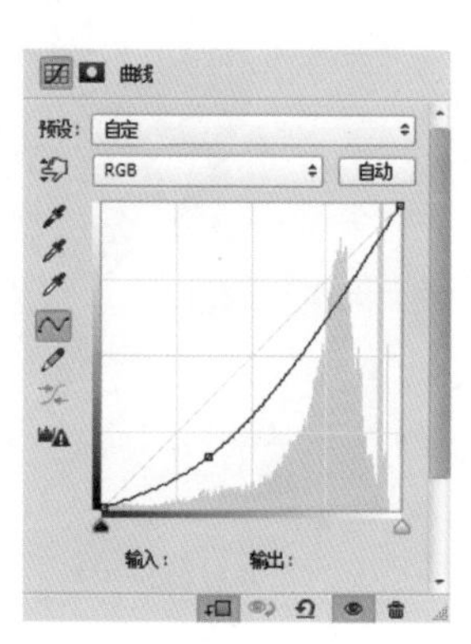

图 8-56

图 8-57

（5）继续调亮人物头发区域，执行“图像 > 新建调整图层 > 曲线”命令，在“曲线”属性面板中调整曲线形状，如图 8-58 所示。填充蒙版颜色为黑色，使用白色画笔在蒙版中涂抹人物头发区域，然后为图层创建剪贴蒙版，效果如图 8-59 所示。

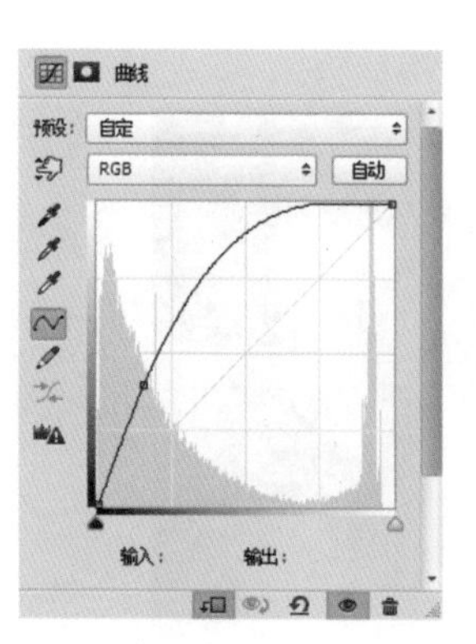

图 8-58

图 8-59

（6）接下来调整整幅图片的亮度，执行“图像 > 新建调整图层 > 曲线”命令，在“曲线”属性面板中调整曲线形状，如图 8-60 所示。并为图层创建剪贴蒙版，如图 8-61 所示。

（7）执行“文件 > 置入”命令，置入旧纸张素材“2.jpg”，如图 8-62 所示。设置“图层混合模式”为“正片叠底”，画面效果如图 8-63 所示。

（8）最后使用工具箱中的“画笔工具”，设置画笔颜色为黑色，设置适当的画笔大小，在画面底部绘制艺术字，画面最终效果如图 8-64 所示。

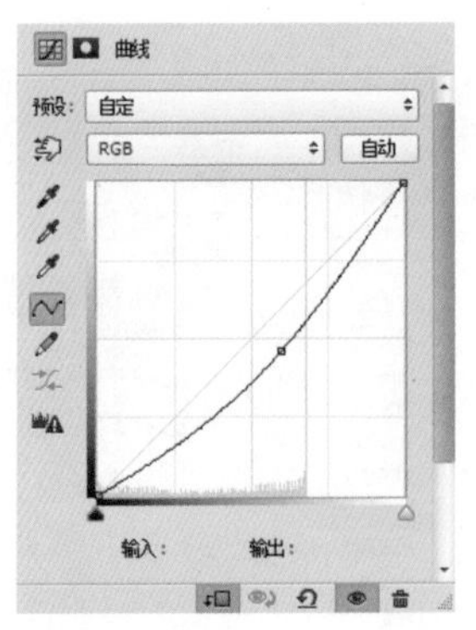

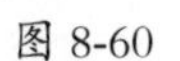

图 8-60

图 8-61

图 8-62

图 8-63

图 8-64

8.6 实例：素描效果

案例文件：	素描效果 .psd
视频教学：	素描效果 .flv

案例效果：

操作步骤：

（1）想要一幅素描画，但却没学习过绘画？没关系，Photoshop 帮你满足这个愿望。执行“文件 > 打开”命令，打开图片“1.jpg”。首先按住 <Alt> 键双击背景图层，将背景图层转换为普通图层。接着执行“图像 > 调整 > 去色”命令，效果如图 8-65 所示。

图 8-65

（2）使用复制图层快捷键 <Ctrl+J>，复制出一个灰度照片图层。对顶部的灰度照片图层执行“滤镜 > 其他 > 最大值”命令，设置半径为“1”像素，如图 8-66 所示。接着对这个图层执行“图像 > 调整 > 反向”命令，如图 8-67 所示。

图 8-66

图 8-67

（3）执行“图层 > 图层样式 > 混合选项”命令，弹出“图层样式”对话框后，设置“混合模式”为“颜色减淡”，“不透明”为 100%，在“下一层”中按住 <Alt> 键向右拖动滑块，数值为“115”。效果如图 8-68 所示。

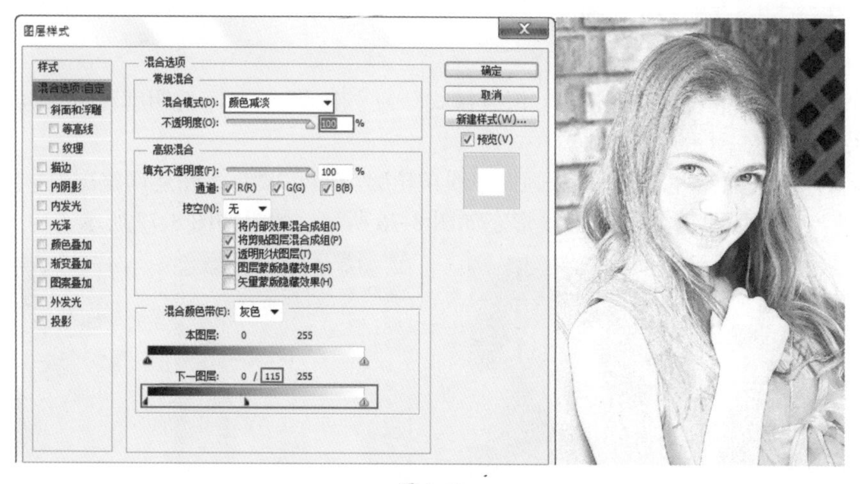

图 8-68

（4）按下快捷键 <Ctrl+E> 合并图层。为了制作出素描的风格，我们先将图层添加图层蒙版。单击图层面板下方“添加图层蒙版”按钮，为人物图层添加蒙版，将前景色设置为黑色，单击工具箱中的“画笔工具” ，在画笔选取器中选择“大小”合适，“硬度”为 0 的柔角笔尖，在图层蒙版四周绘制，蒙版效果如图 8-69 所示。最终效果如图 8-70 所示。最后补充画面中空白部分。首先在人物图层下方新建图层，再将前景色设置为白色，使用填充前景色快捷键 <Alt+Delete> 填充图层，效果如图 8-71 所示。

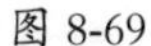

图 8-69

图 8-70

图 8-71

（5）接下来使用“滤镜”继续塑造素描效果。首先使用快捷键 <Ctrl+J> 复制人物图层，对新图层执行“滤镜 > 像素化 > 铜版雕刻”命令，设置“类型”为“精细点”，参数以及效果如图 8-72 所示。再执行“滤镜 > 模糊 > 动感模糊”命令，弹出“动感模糊”对话框后设置“角度”为 45 度，“距离”为 154 像素，参数以及效果如图 8-73 所示。

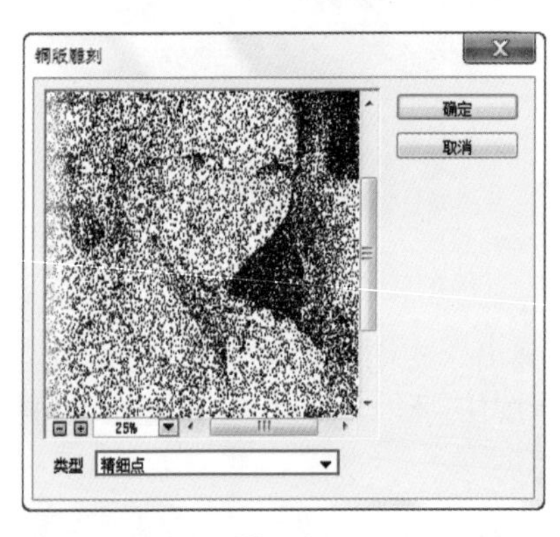

图 8-72

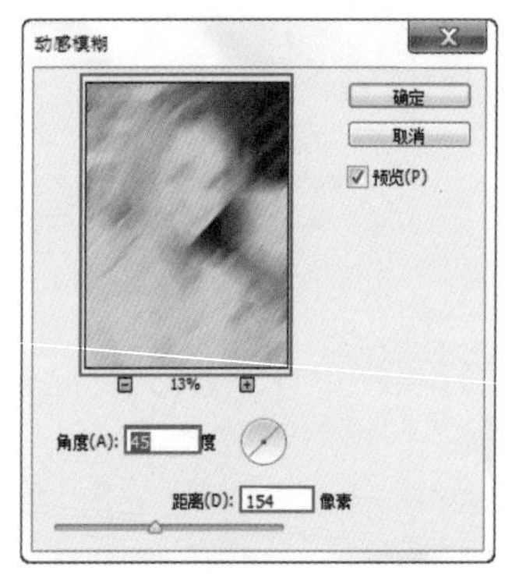

图 8-73

（6）调整新图层。设置新图层的“混合模式”为“变暗”，“不透明度”为 50%，如图 8-74 所示。效果如图 8-75 所示。

（7）最后使用“曲线”工具来加深画面中线条轮廓。执行“图层 > 新建调整图层 > 曲线”命令，弹出“曲线”对话框后调整曲线，曲线形态如图 8-76 所示。效果如图 8-77 所示。

图 8-74

图 8-75

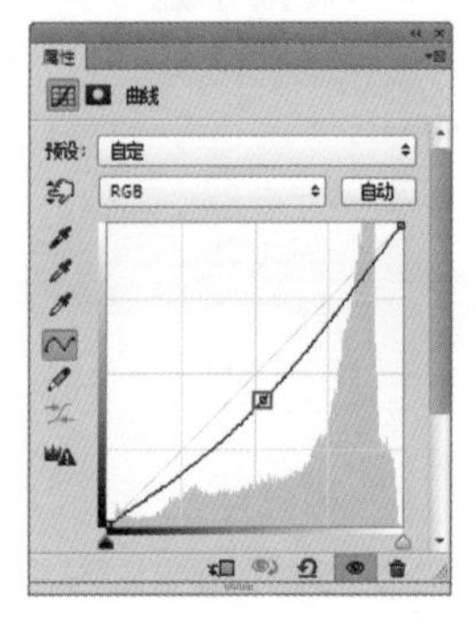

图 8-76

图 8-77

8.7 实例：变身封面人物

案例文件：	变身封面人物 .psd
视频教学：	变身封面人物 .flv

案例效果：

操作步骤：

（1）时尚杂志上的美女帅哥们一个个时尚耀眼、光鲜亮丽。不要羡慕，今天就让你也尝试一次登上杂志封面的感觉！执行“文件 > 打开”命令，打开素材“1.jpg”，在这里我们选择了一张竖版的照片（为了配合杂志封面的比例），照片内容明确，主体人像与背景颜色差异很大，并且背景的颜色也比较单一，适合添加文字，如图 8-78 所示。

（2）杂志封面最主要的特点就是其上包含很多文字，单击工具箱中的“横排文字工具” T，选择合适的字体以及字号，将前景色设置为红色，在画面右侧键入文字，如图 8-79 所示。执行“文件 > 置入”命令，置入素材“2.jpg”，按下 <Enter> 键完成置入，将其栅格化，如图 8-80 所示。

图 8-78

图 8-79

图 8-80

（3）接下来调整“素材”图层。单击图层面板下方的“添加图层蒙版”按钮，为“素材”图层添加图层蒙版。将前景色设置为黑色，使用填充前景色快捷键 <Alt+Delete> 填充图层蒙版，再单击工具箱中的“圆角矩形工具”，设置“绘制模式”为“路径”，在画面上绘制，如图 8-81 所示。绘制完成后，按快捷键 <Ctrl+Enter> 将路径转化成选区。以当前选区为照片添加图层蒙版，使背景部分隐藏，效果如图 8-82 所示。

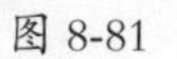

图 8-81

图 8-82

（4）继续丰富画面细节。新建图层，单击工具箱中的“矩形选框工具”，在画面绘制选区，将前景色设置为红色，填充选区，如图 8-83 所示。再单击工具箱中的“横排文字工具”，选择合适的字体以及字号，设置合适的前景色，在画面左侧键入文字，如图 8-84 所示。

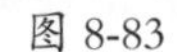

图 8-83

图 8-84

（5）最后在画面顶部键入刊名文字，但是随着文字的键入此时发现人物头部被文字遮挡，如图 8-85 所示。单击图层面板下方的“添加图层蒙版”按钮，为文字图层添加图层蒙版，单击工具箱中的“椭圆选框工具”，在画面上绘制人头部形态，如图 8-86 所示。将前景色设置为黑色，填充图层蒙版选区，效果如图 8-87 所示。

图 8-85

图 8-86

图 8-87

8.8 实例：变换通道打造炫酷双色海报

案例文件：	变换通道打造炫酷双色海报 .psd
视频教学：	变换通道打造炫酷双色海报 .flv

案例效果：

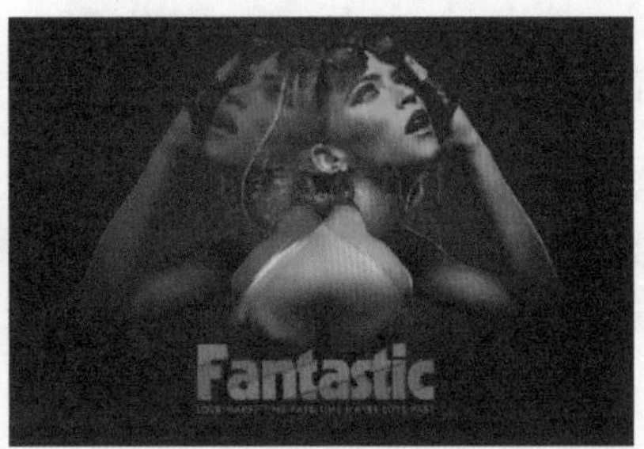

操作步骤：

（1）本案例制作出一种奇幻的效果，这种效果主要利用了“通道”功能。首先执行“文件>打开”命令，打开图片“1.jpg”，如图 8-88 所示。

图 8-88

（2）在通道中单击“红”通道，如图 8-89 所示。接着按下快捷键 <Ctrl+A> 全选，然后执行“编辑>变换>水平翻转”命令，按下 <Enter> 键完成变换。接着单击“RGB”通道，此时效果如图 8-90 所示。

（3）回到图层面板，为画面制作暗角效果。执行“图层>新建调整图层>曝光度”命令，弹出“曝光度”对话框后设置“曝光度”为 –20，参数设置如图 8-91 所示。接下来将前景色设置为黑色，单击工具箱中的“画笔工具”，在画笔选取器中选择“大小”合适，“硬度”为 0 的柔角笔尖，在“曝光度”图层蒙版上单击，效果如图 8-92 所示。

图 8-89

图 8-90

图 8-91

图 8-92

（4）下面为画面添加文字。在工具箱中单击“横排文字工具”，选择合适的字体以及字号，设置“文本颜色”为“绿色”，键入文字，如图 8-93 所示。使用快捷键 <Ctrl+J> 复制文字图层，更改上层文字的“文本颜色”，设置为红色，效果如图 8-94 所示。

图 8-93

图 8-94

（5）为方便操作，单击图层面板下方的“创建群组”按钮，将红色的文字拖动到组中。接下来单击工具箱中的“多边形套索工具”，绘制选区，如图 8-95 所示。再单击图层面板下方的“添加图层蒙版”按钮，为红色文字组添加图层蒙版，效果如图 8-96 所示。

图 8-95

图 8-96

（6）接下来为红色文字组添加图层样式。对文字组执行“图层 > 图层样式 > 投影”命令，弹出“图层样式”对话框后，设置投影的“不透明度”为 75%，“角度”为 129，“距离”为 0，“扩展”为 0，“大小”为 8 像素，参数设置如图 8-97 所示。效果如图 8-98 所示。

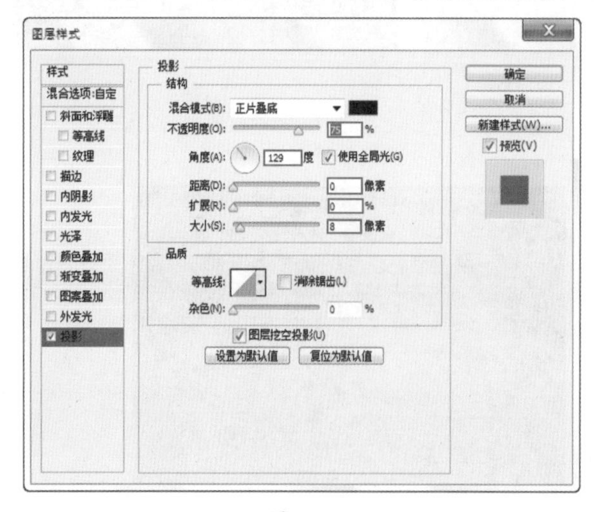

图 8-97

图 8-98

8.9　实例：复古感胶片效果

案例文件：	复古感胶片效果 .psd
视频教学：	复古感胶片效果 .flv

案例效果：

操作步骤：

（1）执行“文件 > 打开”命令，打开图片“1.jpg”，如图 8-99 所示。

图 8-99

（2）接下来使用“滤镜”为图片打造复古感胶片效果。首先按下快捷键 <Ctrl+J> 复制背景图层，然后在新图层上执行“滤镜 > 模糊 > 高斯模糊”命令，弹出“高斯模糊”对话框，设置“半径”为 15.0 像素，如图 8-100 所示。单击“确定”按钮，画面效果如图 8-101 所示。

（3）继续执行“滤镜 > 杂色 > 添加杂色”命令，弹出“添加杂色”对话框，设置“数量”为 20%，“分布方式”为“高斯分布”，勾选“单色”，如图 8-102 所示。单击“确定”按钮，画面效果如图 8-103 所示。

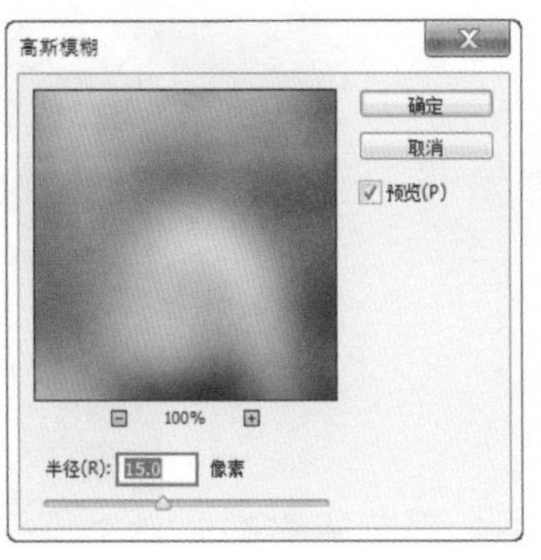

图 8-100

图 8-101

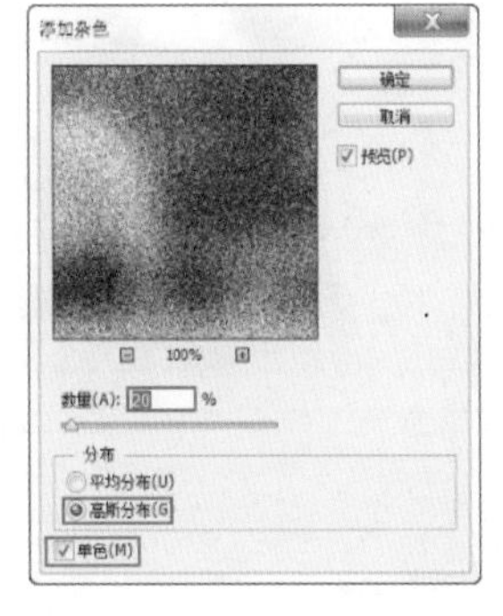

图 8-102

图 8-103

（4）此时设置图层 1 的“混合模式”为“柔光”，如图 8-104 所示。效果如图 8-105 所示。

（5）下面为了营造画面复古的气氛，使用“自然饱和度”来调整画面色调。执行“图层 > 新建调整图层 > 自然饱和度”命令，弹出“自然饱和度”属性面板后设置“自然饱和度”为 –60，“饱和度”为 0，参数设置如图 8-106 所示。画面效果如图 8-107 所示。

（6）接下来为画面制作暗角效果。执行“图层 > 新建调整图层 > 曝光度”命令，弹出“曝光度”属性面板后设置“曝光度”为 –2.92，“位移”为 – 0.1404，“灰度系数校正”为 0.51，参数设置如图 8-108 所示。此时画面变成了黑色，如图 8-109 所示。

（7）接下来将前景色设置为黑色，单击工具箱中的“画笔工具”，在画笔选取器中选择“大小”合适，“硬度”为 0 的柔角画笔，单击“曝光度”的图层蒙版，蒙版效果如图 8-110 所示。最终效果如图 8-111 所示。

图 8-104

图 8-105

图 8-106

图 8-107

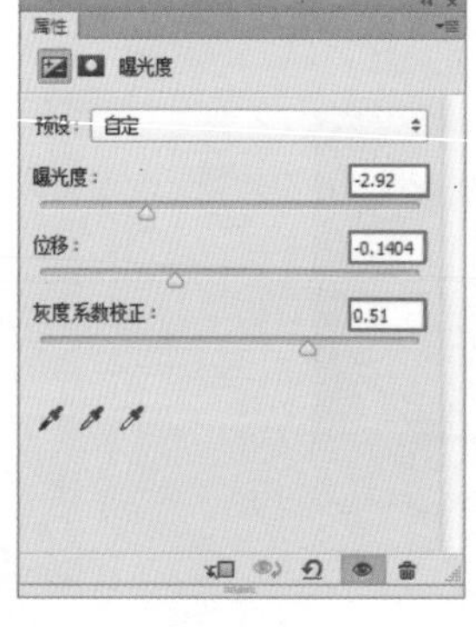

图 8-108

图 8-109

图 8-110

图 8-111

8.10 实例：多重曝光

案例文件：	多重曝光 .psd
视频教学：	多重曝光 .flv

案例效果：

操作步骤：

（1）多重曝光是摄影中一种采用两次或者更多次独立曝光，然后将它们重叠起来，组成单一照片的技术方法。由于其中各次曝光的参数不同，因此最后的照片会产生独特的视觉效果。但是对于不擅长前期拍摄的朋友可能这种摄影技巧很难理解，那么想要制作出梦幻的多重曝光效果则可以利用 Photoshop。首先执行“文件 > 打开”菜单命令，打开背景素材“1.jpg”，如图 8-112 所示。

图 8-112

（2）执行“图层 > 新建调整图层 > 曲线”菜单命令，在属性面板中调整曲线形状以压暗画面色调，如图 8-113 所示。效果如图 8-114 所示。

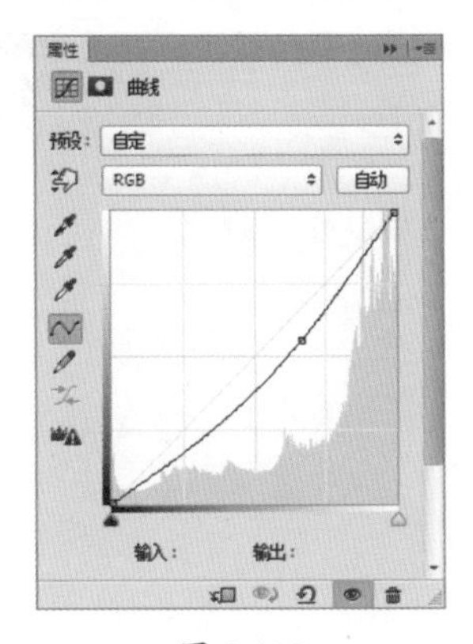

图 8-113

图 8-114

（3）执行“文件 > 置入”菜单命令，置入人像素材“2.jpg”，按下 <Enter> 键完成置入，并将其栅格化，如图 8-115 所示。单击图层面板底端的“添加图层蒙版”按钮，为人像图层添加蒙版，然后在工具箱中选择“渐变工具”，在蒙版中填充渐变色以隐藏画面左上角的黄色部分，绘制效果如图 8-116 所示。画面效果如图 8-117 所示。

图 8-115

图 8-116

图 8-117

（4）接下来对人像进行调色，重新置入背景素材“1.jpg”，按下 <Enter> 键完成置入，并将其栅格化，设置图层“混合模式”为“叠加”，“不透明度”为 35%，如图 8-118 所示。效果如图 8-119 所示。

图 8-118

图 8-119

（5）下面为图层创建剪贴蒙版，选中背景图层，右键单击该图层，在菜单中选择“创建剪贴蒙版”命令，为图层创建剪贴蒙版，如图 8-120 所示。效果如图 8-121 所示。

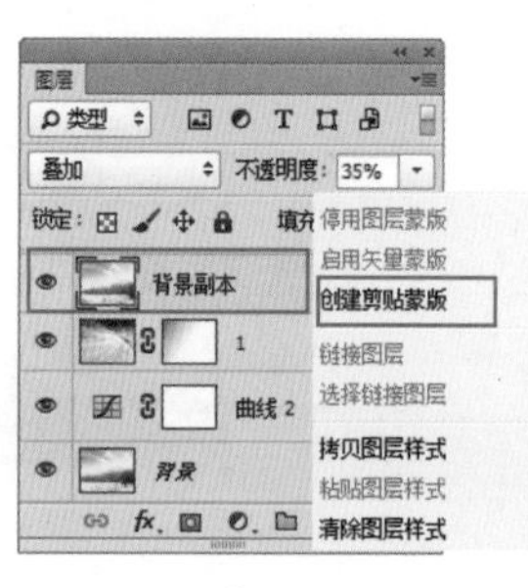

图 8-120

图 8-121

（6）继续执行“文件 > 置入”命令，置入人像素材“3.jpg”，按下 <Enter> 键完成置入，并将其栅格化，并调整至合适位置，如图 8-122 所示。然后为图层添加图层蒙版，将前景色设置为黑色，在工具箱中单击“画笔工具”，在画笔选取器中选择“大小”合适，“硬度”为 0 的柔角画笔在图层蒙版中涂抹人像背景区域，如图 8-123 所示。

图 8-122

图 8-123

（7）继续置入背景素材“1.jpg”，然后设置其图层“混合模式”为“叠加”，并为其创建剪贴蒙版，效果如图 8-124 所示。接下来选中“人像 3”图层及“背景”图层，按下创建组快捷键 <Ctrl+G>，将图层合并成组，如图 8-125 所示。

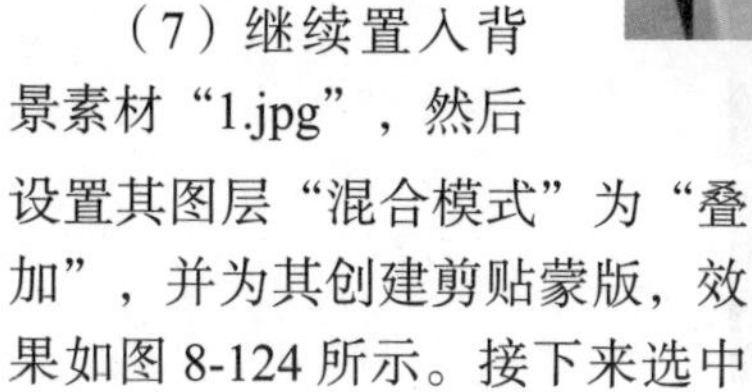

图 8-124

图 8-125

（8）然后选择图层组，并为其添加图层蒙版。再将前景色设置为黑色，在工具箱中单击“画笔工具”，在画笔选取器中选择“大小”合适，“硬度”为 0 的柔角画笔，并调整至合适的画笔大小，使用画笔在蒙版中涂抹人像裙摆处，如图 8-126 所示。接着选中图层组，设置其混合模式为“正片叠底”，效果如图 8-127 所示。

图 8-126

图 8-127

（9）此时可以看到，该画面左侧处偏亮，下面针对此处进行调节；执行“图层 > 新建调整图层 > 曲线”菜单命令，然后在“曲线”图层蒙版中填充渐变色，如图 8-128 所示。画面效果如图 8-129 所示。

图 8-128

图 8-129

第 8 章

8.11 实例：照片拼图

案例文件：	照片拼图 .psd
视频教学：	照片拼图 .flv

案例效果：

操作步骤：

（1）当我们拍了一组动感十足的跑车照片时，单独浏览每一张照片似乎都不足以体现出“震撼感”，这时就可以尝试利用 Photoshop 对这些照片进行一定的排版。执行“文件 > 新建”命令，弹出“新建”对话框后设置“宽度”为 2480 像素，“高度”为 3508 像素，“分别率”为 300 像素，“背景内容”为“白色”，参数设置如图 8-130 所示。执行“文件 > 置入”命令，置入素材“1.jpg”，按下 <Enter> 键完成置入，并将其栅格化摆放至合适位置，如图 8-131 所示。

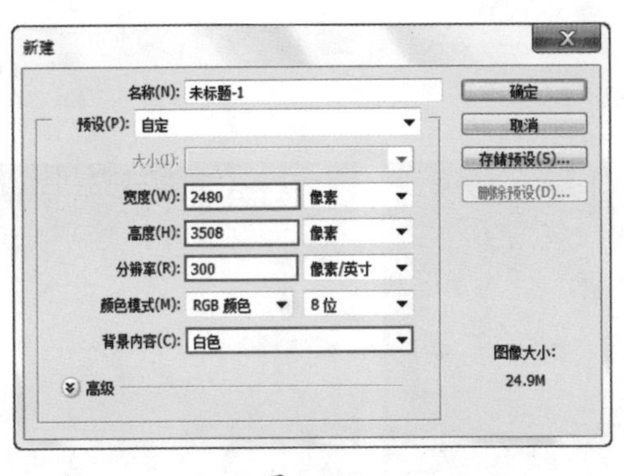

图 8-130

图 8-131

（2）接下来为画面中添加红色的分隔带。新建图层，单击工具箱中的“矩形选框工具”，在新图层上绘制选区，如图 8-132 所示。将前景色设置为红色，使用填充前景色快捷键 <Alt+Delete> 填充选区，如图 8-133 所示。使用相同方法制作两个倾斜的彩条，如图 8-134 所示。

图 8-132

图 8-133

图 8-134

（3）接下来执行“文件 > 置入”命令，置入素材“2.jpg”，按下 <Enter> 键完成置入，并将其栅格化摆放至合适位置，如图 8-135 所示。接着调整素材 2，单击工具箱中的“多边形套索工具”，在画面上绘制选区，如图 8-136 所示。单击图层面板下方的“添加图层蒙版按钮”，为素材 2 图层添加图层蒙版，使多余的部分隐藏，如图 8-137 所示。

图 8-135

图 8-136

图 8-137

（4）利用相同方法制作画面其他部分的汽车，如图 8-138 所示。接着制作画面其他部分。新建图层，单击工具箱中的“椭圆选区工具”，按住 <Shift> 键绘制正圆选区，如图 8-139 所示。将前景色设置为白色，填充选区，如图 8-140 所示。

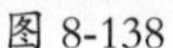

图 8-138

图 8-139

图 8-140

（5）执行“文件 > 置入”命令，置入素材“7.jpg”，按下 <Enter> 键完成置入，并将其栅格化摆放至合适位置，如图 8-141 所示。接下来调整素材 7。首先单击工具箱中的“钢笔工具”，设置“绘制模式”为“路径”，然后沿汽车轮廓进行绘制，如图 8-142 所示。绘制完成后，按下快捷键 <Ctrl+Enter> 将路径转换为选区，然后单击图层面板下方的“添加图层蒙版”按钮，为素材 7 添加图层蒙版，效果如图 8-143 所示。

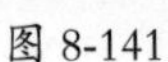

图 8-141

图 8-142

图 8-143

（6）接着为画面添加文字。首先将前景色设置为白色，再单击工具箱中的“横排文字工具” T，选择合适的字体以及字号，键入文字，如图 8-144 所示。再利用上述方法丰富画面细节，如图 8-145 所示。

（7）下面来制作顶部的大标题。选择合适的字体以及字号，键入文字，将文字摆放在合适位置，如图 8-146 所示。为方便操作，单击图层面板下方的“创建新组”按钮，将文字图层归为一组。接下来对“激”字进行变形。右键单击“激”字图层，选择“转换为形状”命令，如图 8-147 所示。再单击工具箱中的“直接选择工具”，拖移锚点，将文字变形。用相同方法将其他文字变形，效果如图 8-148 所示。

图 8-144

图 8-145

图 8-146

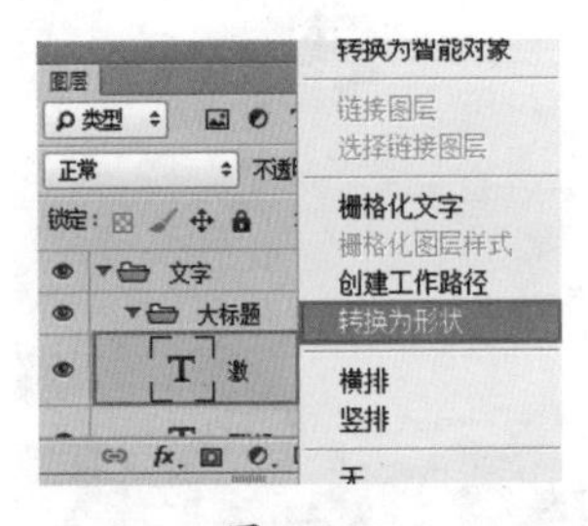

图 8-147

图 8-148

（8）最后为文字添加图层样式。对文字组执行“图层 > 图层样式 > 投影”命令，弹出“图层样式”对话框后设置投影“不透明度”为 75%，“角度”为 132，“距离”为 5 像素，“扩展”为 0，“大小”为 5 像素，参数设置如图 8-149 所示。效果如图 8-150 所示。

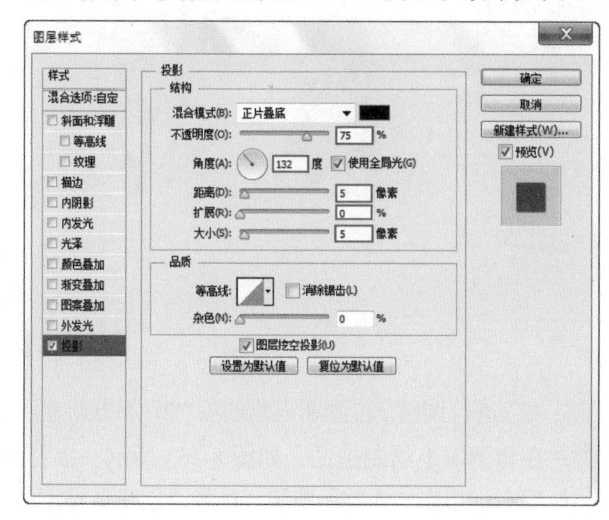

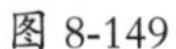
图 8-149

图 8-150

8.12　实例：把照片版式排出电影海报的感觉

案例文件：	把照片版式排出电影海报的感觉 .psd
视频教学：	把照片版式排出电影海报的感觉 .flv

案例效果：

操作步骤：

（1）执行“文件 > 新建”命令，弹出“新建”对话框后，设置“宽度”为 3508 像素，“高度”为 4961 像素，“分辨率”为 300 像素，“背景内容”为“白色”，参数设置如图 8-151 所示。新建文件完成后，执行“文件 > 置入”命令，置入素材“1.jpg”，并将其栅格化，如图 8-152 所示。

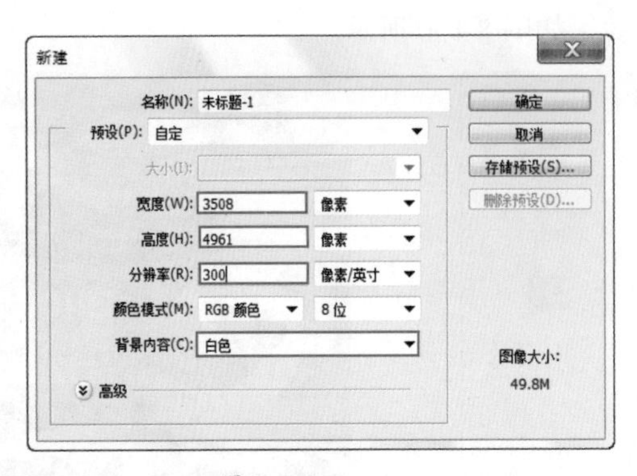

图 8-151

图 8-152

（2）接下来利用“剪贴蒙版”对人物图层“2”进行调整。首先在人物图层“2”下方新建图层，再单击工具箱中的“多边形套索工具”，在新图层上绘制选区，如图 8-153 所示。接着使用填充前景色快捷键 <Alt+Delete> 填充选区。最后右键单击“人物”图层，选择“创建剪贴蒙版”，如图 8-154 所示。此时画面如图 8-155 所示。

图 8-153

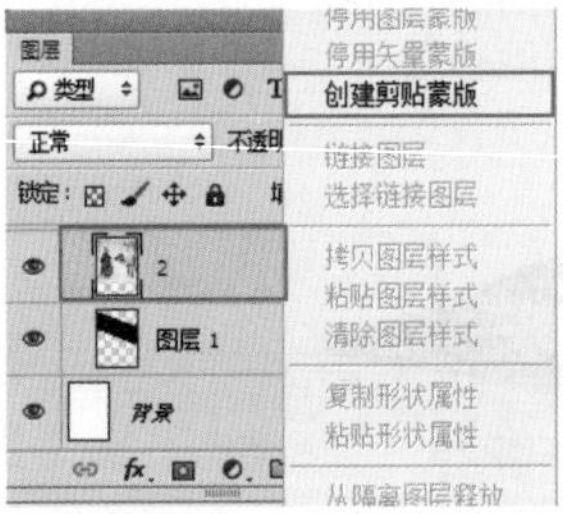

图 8-154

图 8-155

（3）执行“文件 > 置入”命令，置入素材“2.jpg”，按下 <Enter> 键完成置入，并将其栅格化，如图 8-156 所示。利用上述方法为素材 2 创建“剪贴蒙版”，调整画面，如图 8-157 所示。

图 8-156

图 8-157

（4）接下来丰富画面细节。首先新建图层，单击工具箱中的“多边形套索工具”，在新图层上绘制选区，如图 8-158 所示。再将前景色设置为白色，使用填充前景色快捷键 <Alt+Delete> 填充选区。设置图层的“不透明度”为 50%，如图 8-159 所示。效果如图 8-160 所示。

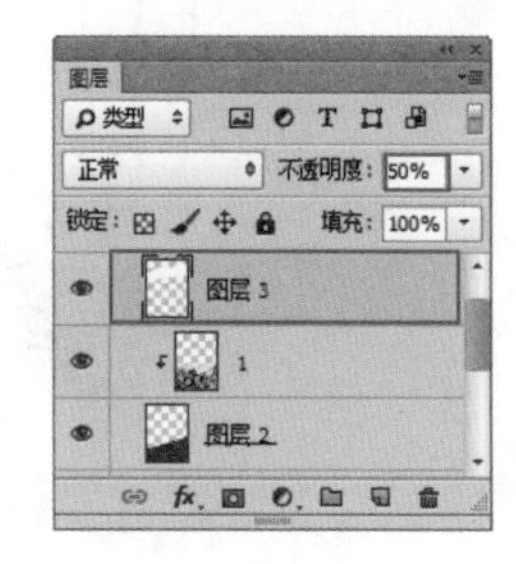

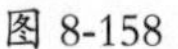

图 8-158　　图 8-159　　图 8-160

（5）利用上述方法制作画面其他部分的细节，如图 8-161 所示。

（6）接下来为画面添加文字。单击工具箱中的“横排文字工具”，选择合适的字体以及字号，单击“左对齐文本”按钮，键入画面左侧文字，如图 8-162 所示。再单击“右对齐文本”按钮，选择合适的字体以及字号，键入画面右侧文字，如图 8-163 所示。

图 8-161　　图 8-162　　图 8-163

（7）单击工具箱中的“矩形工具”，设置“绘制方式”为“形状”，“填充”为黑色，在画面绘制，如图 8-164 所示。接下来使用复制图层快捷键 <Ctrl+J> 复制“矩形”图层，并使用“自由变换”快捷键 <Ctrl+T> 调出定界框，调整矩形大小，效果如图 8-165 所示。

图 8-164

图 8-165

第 9 章 风景照片美化术

9.1 实例：使阴影区域中的内容清晰可见

案例文件：	使阴影区域中的内容清晰可见 .psd
视频教学：	使阴影区域中的内容清晰可见 .flv

案例效果：

操作步骤：

（1）执行“文件 > 打开”命令，打开图片“1.jpg”，如图 9-1 所示。从照片中我们能够发现画面中大部分区域都处于阴影范围内，比如湖泊和近处的植物部分。由于光照不足致使这部分画面曝光度不足，暗部的细节非常模糊，本案例将通过提升暗部区域的曝光度，使细节清晰可见。

（2）首先使用“曲线”工具来调整画面中阴影部分。执行“图层 > 新建调整图层 > 曲线”命令，弹出“曲线”对话框后调整曲线，曲线形态如图 9-2 所示。效果如图 9-3 所示。

图 9-1

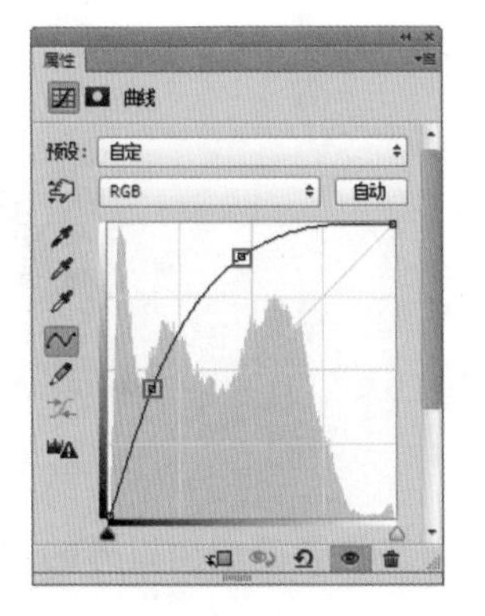

图 9-2

图 9-3

（3）因为我们只想调整画面中阴影的部分，所以接下来我们将阴影部分以外的效果隐藏。首先将前景色设置为黑色，然后单击工具箱中的“画笔工具”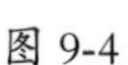，在画笔选取器中选择“大小”合适，“硬度”为 0 的柔角笔尖，适当变换画笔的“不透明度”，在“曲线”的图层蒙版上进行涂抹，蒙版效果如图 9-4 所示。最终效果如图 9-5 所示。

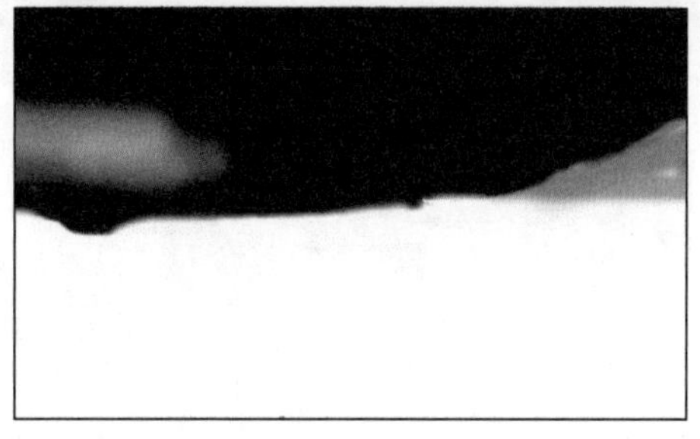

图 9-4

图 9-5

（4）使用“曲线”工具来调整画面中树的色调。执行“图层 > 新建调整图层 > 曲线”命令，弹出“曲线”对话框后在“蓝”通道中调整曲线来降低蓝色，曲线形态如图 9-6 所示。效果如图 9-7 所示。

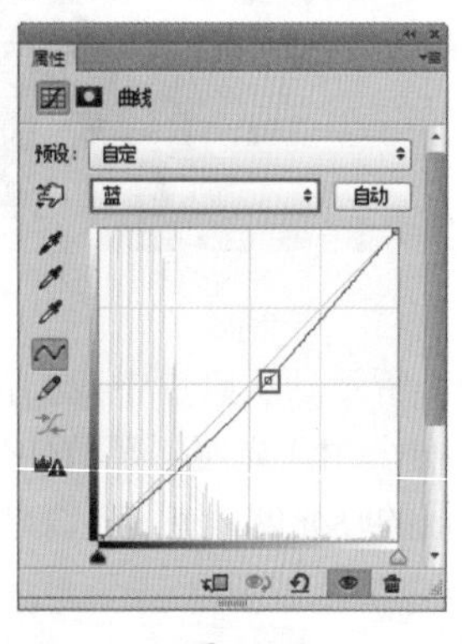

图 9-6

图 9-7

（5）接着在“RGB”通道中调整曲线提高亮度，曲线形态如图 9-8 所示。此时原本偏暗的植物部分变亮了很多，效果如图 9-9 所示。

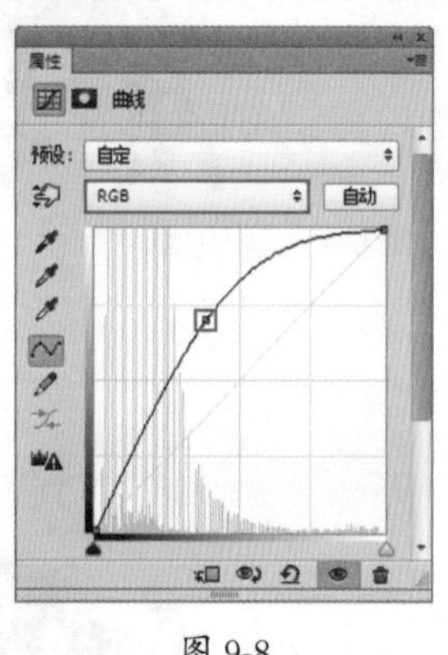

图 9-8

图 9-9

（6）同样我们只想调整画面中树的部分，利用相同方法将画面中树以外的效果隐藏，蒙版效果如图 9-10 所示。最终效果如图 9-11 所示。

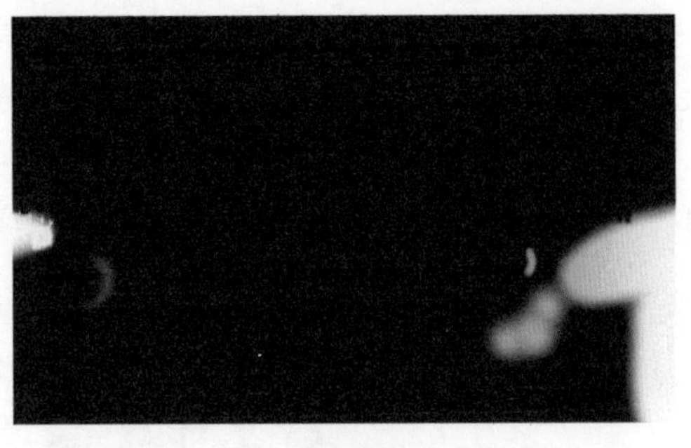

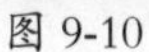

图 9-10

图 9-11

9.2　实例：强化天空质感

案例文件：	强化天空质感 .psd
视频教学：	强化天空质感 .flv

案例效果：

操作步骤：

（1）在拍摄风景照片时，美丽的景色往往会因为惨白或铅灰色的天空而变得不那么美好，例如本案例中将要调整的照片就是一个非常典型的案例。通过对天空部分的调整，往往能够使画面增色不少。执行“文件 > 打开”命令，打开图片“1.jpg”，如图 9-12 所示。

图 9-12

（2）观察图片，发现画面中的天空颜色暗淡。执行“图层 > 新建调整图层 > 亮度 / 对比度”命令，弹出“亮度 / 对比度”对话框后设置“亮度”为 30，“对比度”为 100，参数设置如图 9-13 所示。效果如图 9-14 所示。

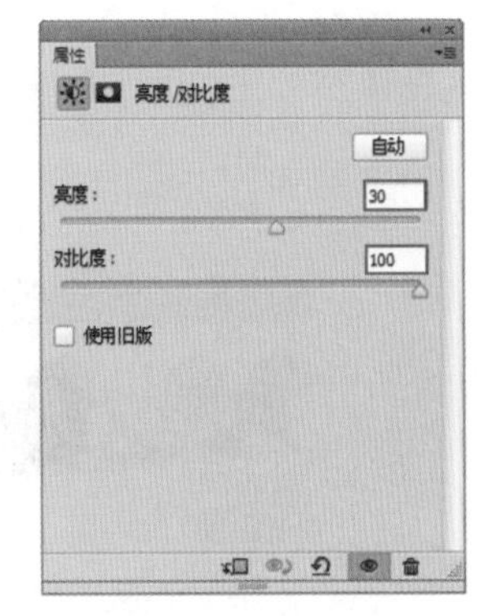

图 9-13

图 9-14

（3）因为我们只想调整画面中天空的部分，所以接下来我们将天空以外的效果隐藏。首先将前景色设置为黑色，然后单击工具箱中的“矩形选框工具”，在画面中天空以外的部分绘制选区。使用填充前景色快捷键 <Alt+Delete> 填充图层蒙版上的选区。接着可以利用“模糊工具”对交界处进行一定的模糊处理，蒙版效果如图 9-15 所示。此时可以看到天空以外的部分恢复了之前的效果，如图 9-16 所示。

图 9-15

图 9-16

（4）继续调整天空颜色。使用盖印图层快捷键 <Ctrl+Shift+Alt+E> 盖印图层，将盖印后的图层命名为“天空”图层。单击工具箱中的“矩形选框工具”，在绘制天空以外的部分绘制选区，然后单击图层面板下方的“添加图层蒙版按钮”，将天空以外的部分隐藏。接着设置“天空”图层“混合模式”为“叠加”，如图 9-17 所示。效果如图 9-18 所示。

图 9-17

图 9-18

（5）此时我们发现画面左上角的天空过于明亮，接下来我们使用“曲线”工具进行调整。执行“图层 > 新建调整图层 > 曲线”命令，弹出“曲线”对话框后调整曲线，曲线形态如图 9-19 所示。效果如图 9-20 所示。

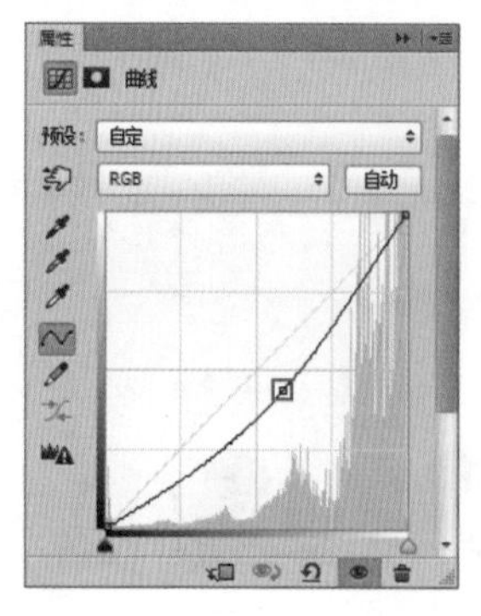

图 9-19

图 9-20

（6）同样我们要将左上角以外的效果隐藏，单击工具箱中的“渐变工具”▇，设置“渐变颜色”为由黑到白，“渐变类型”为“线性渐变”，在“曲线”的图层蒙版上由左上角向右下角拖动，蒙版效果如图 9-21 所示。此时照片效果如图 9-22 所示。

图 9-21

图 9-22

（7）进一步使用滤镜加强天空细节质感。首先按下快捷键 <Ctrl+J> 复制“天空”图层，命名为“质感”图层，并将其图层移动到“曲线”图层上方。然后执行“滤镜 > 其它 > 高反差保留”命令，弹出“高反差保留”对话框后设置“半径”为 40 像素，参数设置以及效果如图 9-23 所示。然后设置“质感”图层“混合模式”为“叠加”，此时天空中的云朵细节被强化，效果如图 9-24 所示。

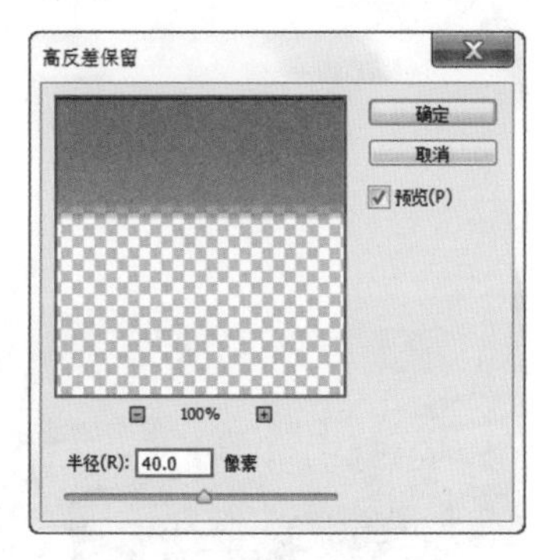

图 9-23

图 9-24

（8）如果想要进一步增加天空的质感。可以使用快捷键 <Ctrl+J> 复制“质感”图层，如图 9-25 所示。最终效果如图 9-26 所示。

图 9-25

图 9-26

9.3 实例：盛夏变金秋

案例文件：	盛夏变金秋 .psd
视频教学：	盛夏变金秋 .flv

案例效果：

操作步骤：

（1）每个季节都有不同的代表颜色，春季往往是万物复苏的嫩绿色，夏季则是浓郁的翠绿色与其他鲜艳的颜色，秋季的代表色总是硕果累累的金黄色，而冬季则是银装素裹的纯白色。所以在进行风景照片编修时，想要突出某个季节的特点就可以从颜色入手。执行“文件 > 打开”命令，打开一张盛夏时节拍摄的照片“1.jpg”，如图 9-27 所示。

图 9-27

（2）接下来使用“色相 / 饱和度”调整草地部分的色调。执行“图层 > 新建调整图层 > 色相 / 饱和度”命令，由于草地主要由“黄”“绿”两色构成，所以首先设置通道为“黄色”，调整“色相”为 -27，“饱和度”为 53，“明度”为 7，参数设置如图 9-28 所示。画面中大面积的草地变为金黄色，效果如图 9-29 所示。

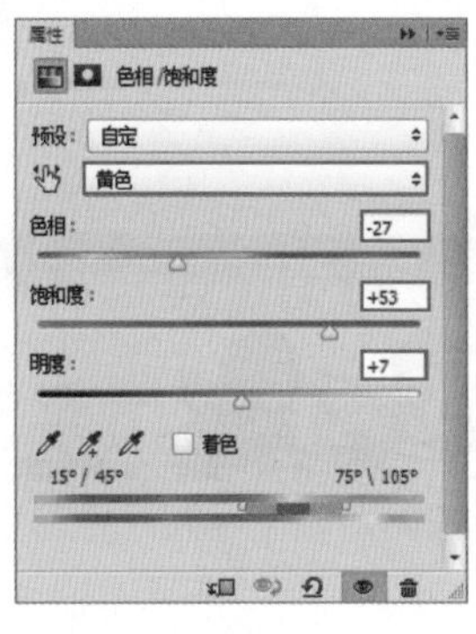

图 9-28

图 9-29

（3）继续设置通道为“绿色”，调整“色相”为 – 75，“饱和度”为 0，“明度”为 41，参数设置如图 9-30 所示。没有变为黄色的草地部分也被调整为偏暗的金黄色，最终效果如图 9-31 所示。

图 9-30

图 9-31

9.4 实例：在岩壁上刻上文字

案例文件：	在岩壁上刻上文字 .psd
视频教学：	在岩壁上刻上文字 .flv

案例效果：

操作步骤：

（1）在风景名胜观光旅游时，我们都知道是不能“乱写乱画”的。但在 Photoshop 中就不一样了，如果你恰好拍摄了一张山峰或巨石的照片，那接下来就可以在 Photoshop 中随意“题字”啦！执行“文件 > 打开”命令，打开岩壁照片“1.jpg”，如图 9-32 所示。接下来为画面添加文字。单击工具箱中的“直排文字工具” ↓T，选择合适的字体以及字号，键入文字，如图 9-33 所示。

图 9-32

图 9-33

（2）此时发现画面中文字与岩石的透视关系不一致，接下来对文字进行调整。首先右键单击文字图层，选择“栅格化文字”，如图 9-34 所示。然后按下“自由变换工具”快捷键 <Ctr+T> 调出定界框，执行“编辑 > 变换 > 扭曲”命令，适当拖动控制点，调整完成后按下 <Enter> 键提交变换效果，如图 9-35 所示。

（3）接着按住 <Ctrl> 键单击文字图层缩览图，调出文字选区，如图 9-36 所示。选中背景图层，接着使用快捷键 <Ctrl+J> 复制选区，使选区中的内容复制为独立图层，并将原文字图层隐藏，如图 9-37 所示。

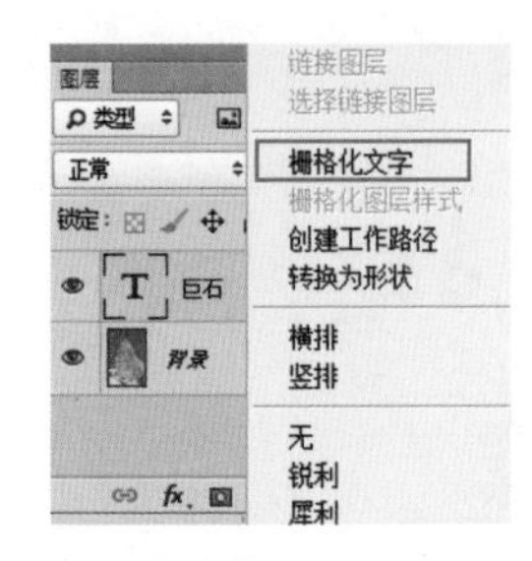

图 9-34

图 9-35

图 9-36

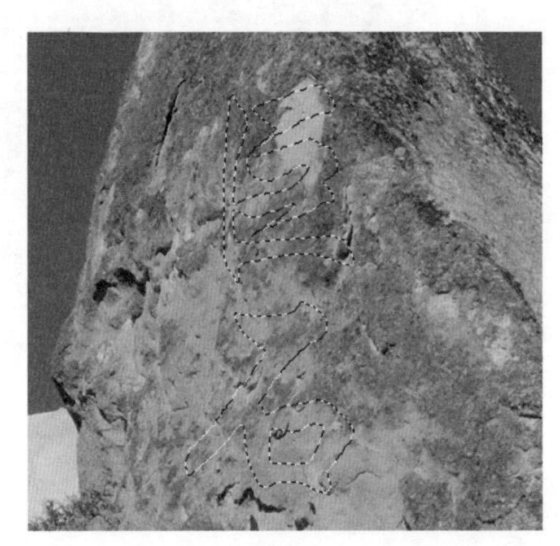

图 9-37

（4）然后为新文字图层添加图层样式，使之产生内陷的效果。执行“图层 > 图层样式 > 内阴影”命令，弹出“图层样式”对话框后设置“不透明度”为 83%，“角度”为 30 度，“距离”为 2 像素，“阻塞”为 0，“大小”为 4 像素，参数设置如图 9-38 所示。效果如图 9-39 所示。

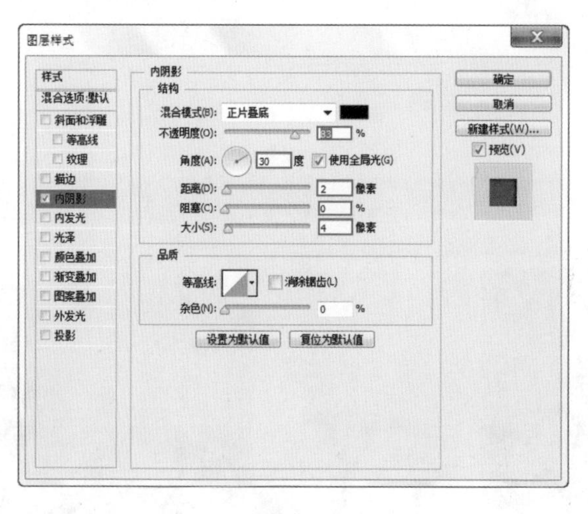

图 9-38

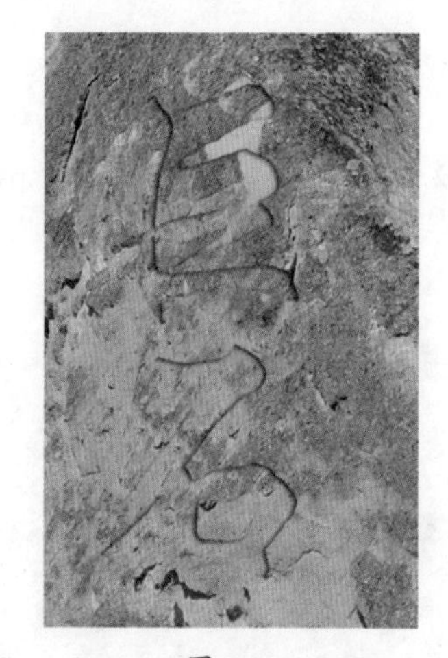

图 9-39

（5）最后为文字调色，使之成为红色。执行“图层 > 新建调整图层 > 曲线”命令，弹出“曲线”对话框后先在“绿”通道中降低文字中的绿色，如图 9-40 所示。再在“蓝”通道中降低文字中的蓝色，曲线形态如图 9-41 所示。选中该调整图层，执行“图层 > 创建剪贴蒙版”命令，使之只对复制出的带有岩石纹理的图层起作用，效果如图 9-42 所示。

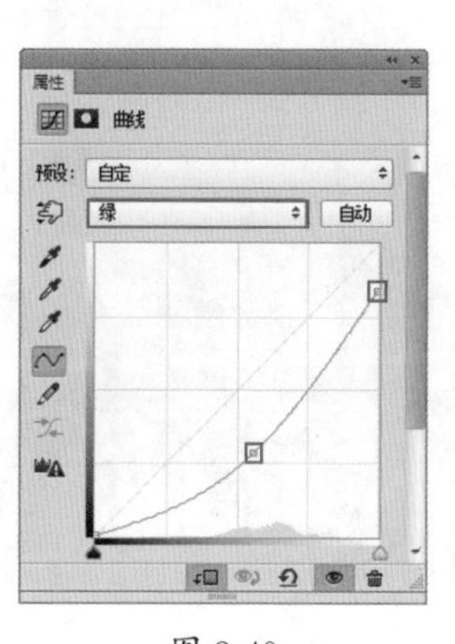

图 9-40

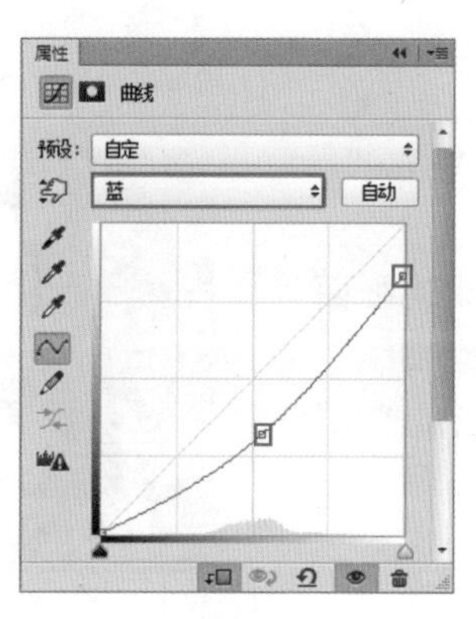

图 9-41

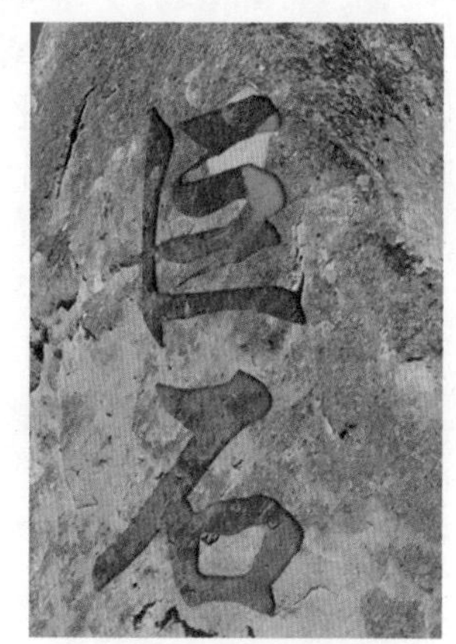

图 9-42

（6）再在“RGB”通道中调整曲线，降低文字亮度，曲线形态如图 9-43 所示。最终效果如图 9-44 所示。

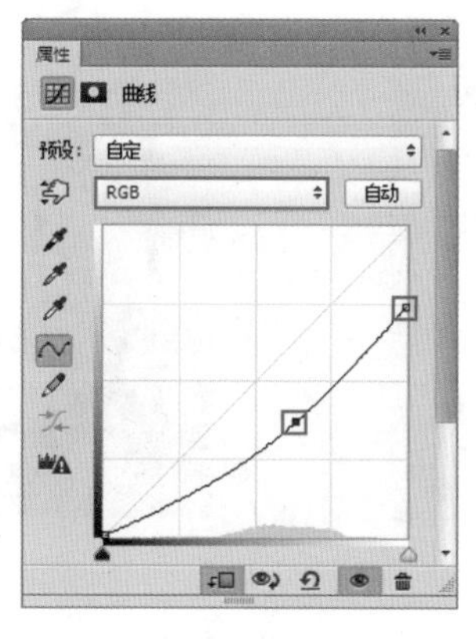

图 9-43

图 9-44

9.5 实例：艳丽醒目的花朵照片

案例文件：	艳丽醒目的花朵照片 .psd
视频教学：	艳丽醒目的花朵照片 .flv

案例效果：

操作步骤：

（1）盛开的花朵是我们经常拍摄的主题，但拍的越多越觉得画面平平、毫无特色，那就通过 Photoshop 为花朵照片增色一下吧。执行“文件 > 打开”命令，打开照片“1.jpg”，如图 9-45 所示。

（2）接下来使用“曲线”工具为画面调色。执行“图层 > 新建调整图层 > 曲线”命令，弹出“曲线”对话框后，首先在“红”通道中调整曲线，曲线形态如图 9-46 所示。效果如图 9-47 所示。

图 9-45

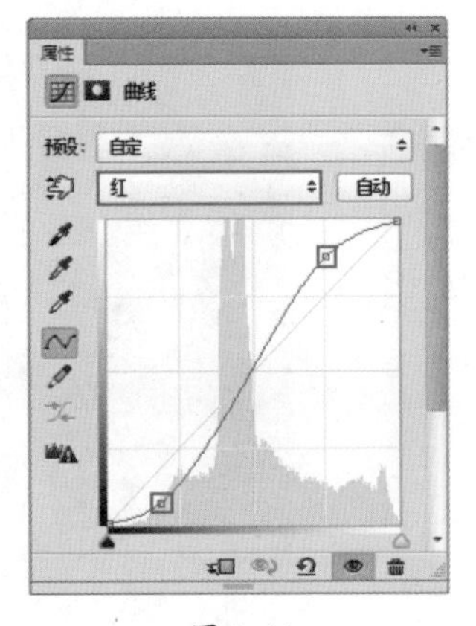

图 9-46

图 9-47

（3）接着在“绿”通道中调整曲线，曲线形态如图 9-48 所示。效果如图 9-49 所示。

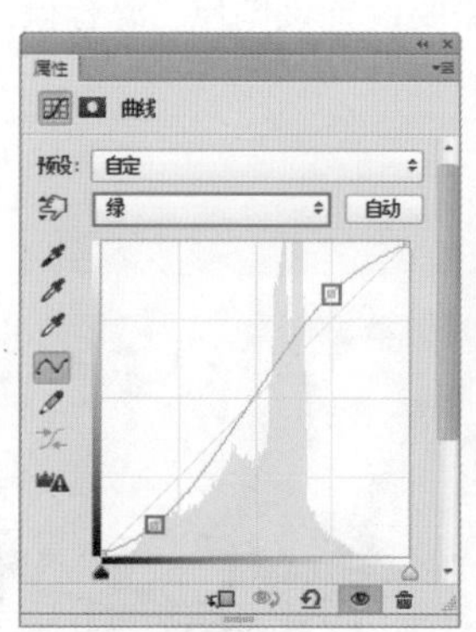

图 9-48

图 9-49

（4）最后在“RGB”通道中调整曲线，增强画面的对比度，曲线形态如图 9-50 所示。效果如图 9-51 所示。

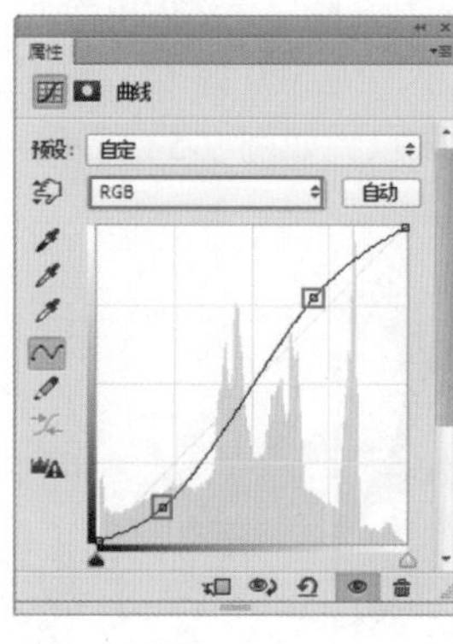

图 9-50

图 9-51

（5）下面为花朵照片添加一些光晕效果，新建图层，设置前景色为黑色，使用 <Alt+Delete> 键为当前图层填充为前景色，如图 9-52 所示。接下来执行“滤镜>渲染>镜头光晕”命令，调整好镜头光晕的位置以及数值，按下“确定”按钮完成操作，如图 9-53 所示。效果如图 9-54 所示。

图 9-52

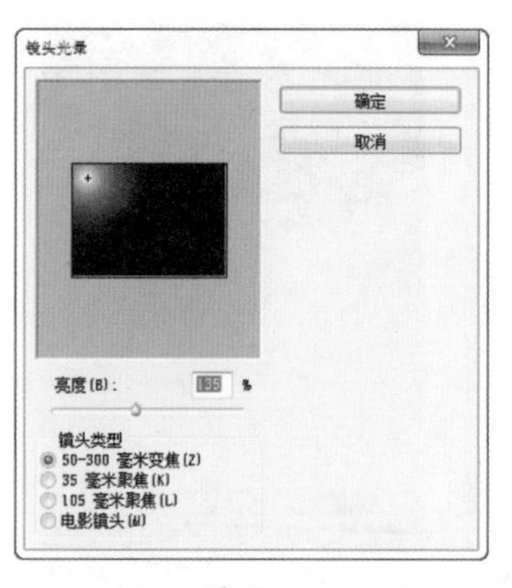

图 9-53

图 9-54

（6）为了使这个光效混合到画面中，我们需要设置该图层“混合模式”为“滤色”，如图 9-55 所示。效果如图 9-56 所示。

图 9-55

图 9-56

（7）最后使用“画笔工具”点缀画面四周。首先新建图层，然后单击工具箱中的“画笔工具”，在画笔选取器中选择合适的画笔，设置画笔“大小”为 500 像素，如图 9-57 所示。接着使用“画笔工具”在新图层上多次单击得到细碎的颗粒状斑点，如图 9-58 所示。多次沿边缘处单击绘制，得到朦胧的边框效果，最后效果如图 9-59 所示。

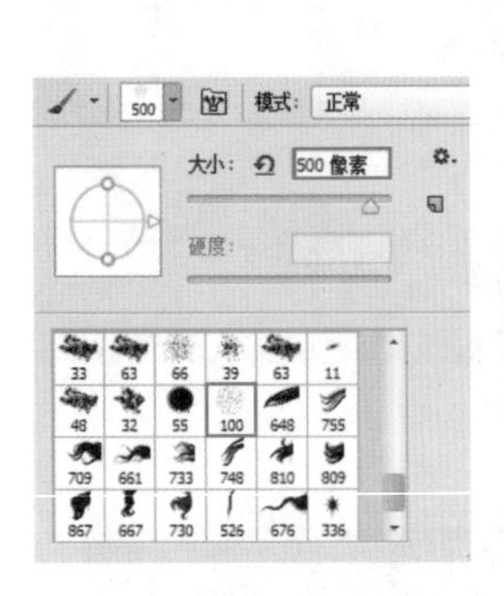

图 9-57

图 9-58

图 9-59

9.6 实例：手机也能拍大片

案例文件：	手机也能拍大片 .psd
视频教学：	手机也能拍大片 .flv

案例效果：

操作步骤：

（1）在匆忙的旅途中，很多时候看到漂亮的景色时，找出相机，设置好参数可能美景早已消失。而手机其实也是很好的拍摄装备，拿起手机迅速记录下那个“决定性的瞬间”，拍摄完成后使用 Photoshop 稍作修整，同样可以得到“大片”。执行“文件 > 打开”命令，打开图片“1.jpg”，如图 9-60 所示。这是一张在列车上随手拍得的窗外风景，并不觉得惊艳，那么接下来我们就让它变一个模样吧！

图 9-60

（2）首先使用“裁剪工具”对画面比例进行调整。单击工具箱中的“裁剪工具”，调整裁剪框对画面进行裁剪，如图 9-61 所示。再单击选项栏中的“拉直”按钮，按住 <Shift> 键在画面中拖动出一条水平线，如图 9-62 所示。裁切完成后按下 <Enter> 键完成操作，效果如图 9-63 所示。

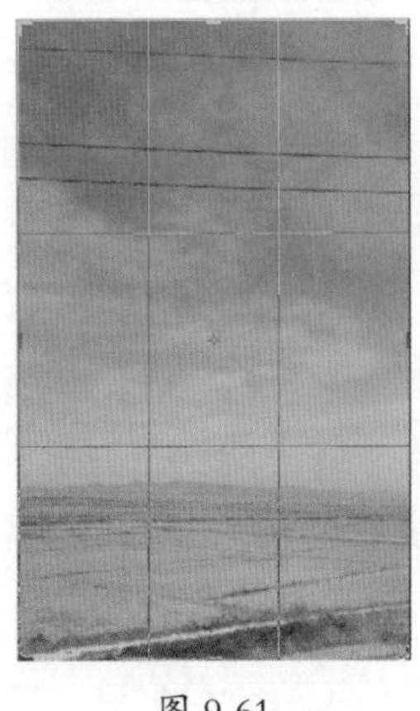

图 9-61

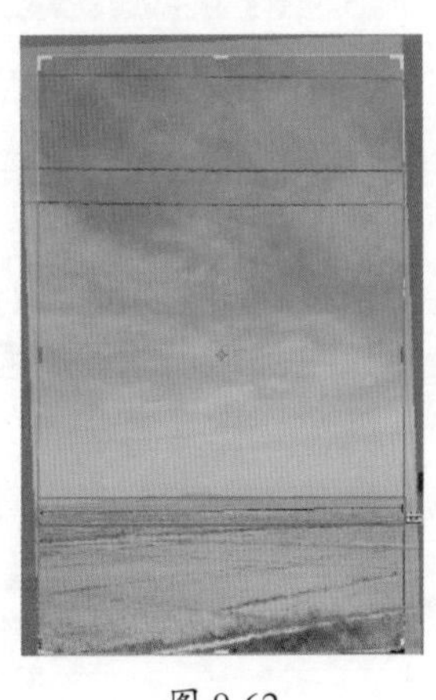

图 9-62

图 9-63

（3）接下来去除画面顶部多余的电线。单击工具箱中的“修补工具”，在画面中电线的区域绘制出选区，如图 9-64 所示。接着将选区拖动到下方的天空部分，电线被很好地去除了，如图 9-65 所示。使用相同方法去除其他电线，得到完整的天空，效果如图 9-66 所示。

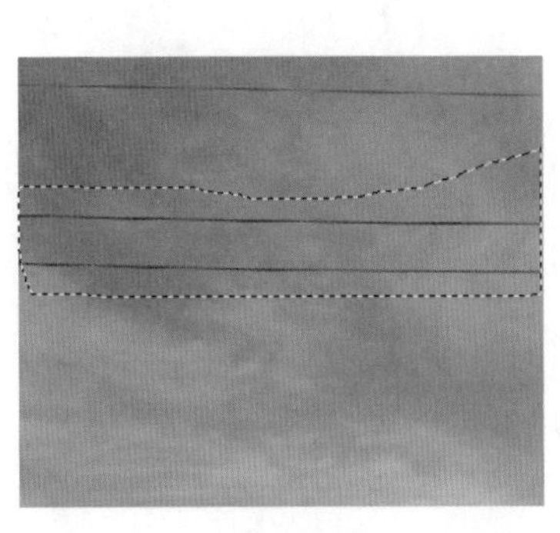

图 9-64

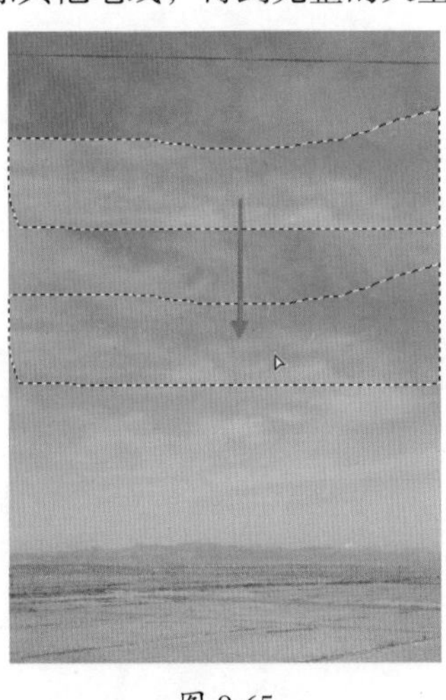

图 9-65

图 9-66

（4）下面需要使用“仿制图章工具”，去除地面上的杂物。单击工具箱中的“仿制图章工具”，在选项栏中设置当前图章的“大小”为 50 像素，“硬度”为 0，接着按住 <Alt> 键，单击画面中草地的部分作为像素采样，如图 9-67 所示。然后在杂物的部位按住鼠标左键并拖动绘制出草地，如图 9-68 所示。用同样的方法继续去除其他杂物，效果如图 9-69 所示。

图 9-67

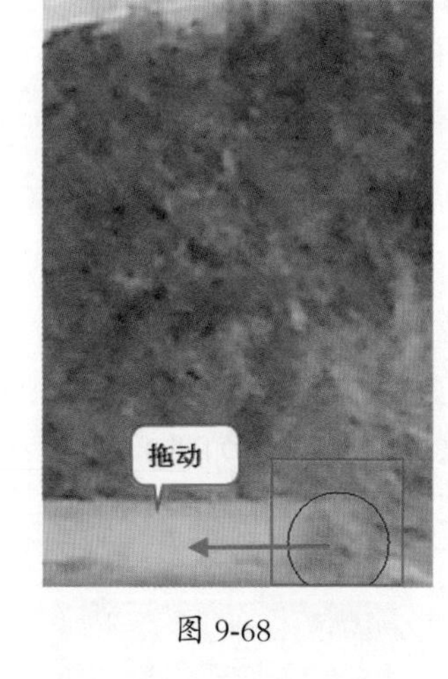

图 9-68

图 9-69

（5）接着对画面调色。首先使用快捷键 <Ctrl+Alt+Shift+E> 盖印画面效果，命名为“锐化”。然后执行“图像 > 调整 > 阴影 / 高光”命令，弹出“阴影 / 高光”对话框后设置阴影“数量”为 30%，高光“数量”为 0，参数设置如图 9-70 所示。增强暗部区域的亮度，效果如图 9-71 所示。

（6）增强画面锐化程度。执行“滤镜 > 锐化 > 智能锐化”命令，弹出“智能锐化”对话框后设置“数量”为 150%，“半径”为 40 像素，参数设置如图 9-72 所示。画面的清晰度和细节感有所提升，效果如图 9-73 所示。

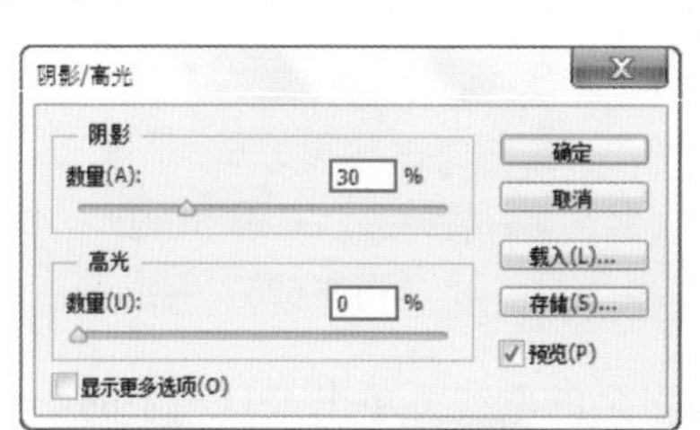

图 9-70

图 9-71

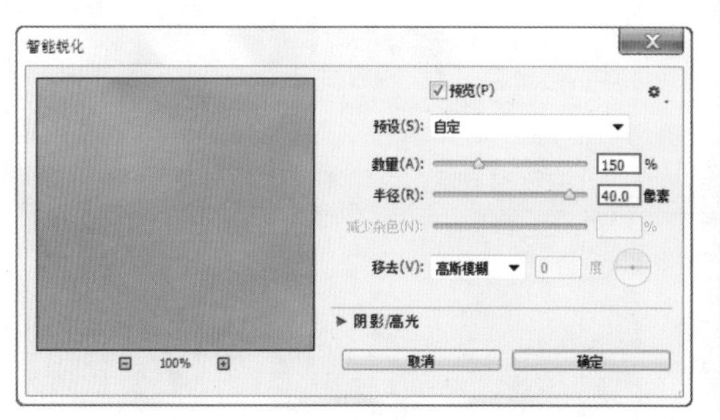

图 9-72

图 9-73

（7）接着设置锐化图层的“混合模式”为“叠加”，如图 9-74 所示。此时画面效果如图 9-75 所示。

（8）接下来使用“色相 / 饱和度”来调整画面色调。执行“图层 > 新建调整图层 > 色相”命令，弹出“色相”对话框后调整“黄色”中“色相”为 0，“饱和度”为 – 44，“明度”为 0，参数设置如图 9-76 所示。“青色”中“色相”为 -8，“饱和度”为 – 200，“明度”为 – 27，参数设置如图 9-77 所示。“蓝色”中“色相”为 – 20，“饱和度”为 – 100，“明度”为 – 15，参数设置如图 9-78 所示。效果如图 9-79 所示。

图 9-74

图 9-75

图 9-76

图 9-77

图 9-78

图 9-79

（9）接下来使用“曲线”工具调整画面对比度。执行“图层 > 新建调整图层 > 曲线”命令，弹出“曲线”对话框后调整曲线，曲线形态如图 9-80 所示。效果如图 9-81 所示。此时我们发现由于“曲线”的作用，画面下方草地偏暗，接下来将前景色设置为黑色，单击工具箱中的“画笔工具”，在画笔选取器中选择“大小”合适，“硬度”为 0，设置合适的“不透明度”，在“曲线”图层蒙版的草地上涂抹，效果如图 9-82 所示。

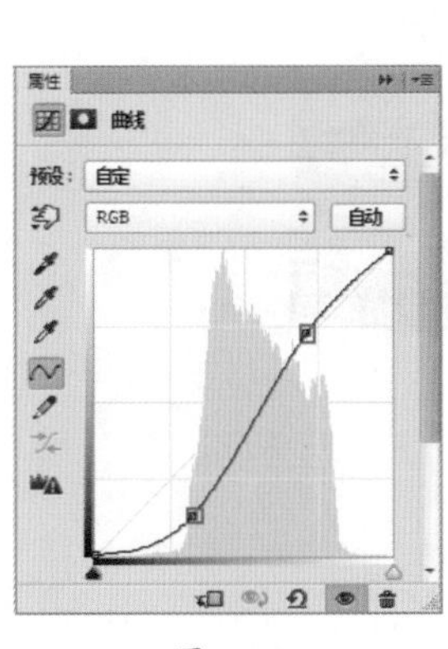

图 9-80

图 9-81

图 9-82

（10）为画面添加文字。单击工具箱中的“直排文字工具”，选择合适的字体以及字号，键入两组文字，如图 9-83 所示。

（11）最后调整画面中天空的对比度。执行“图层 > 新建调整图层 > 曲线”命令，弹出“曲线”对话框后调整曲线，曲线形态如图 9-84 所示。此时画面如图 9-85 所示。

图 9-83

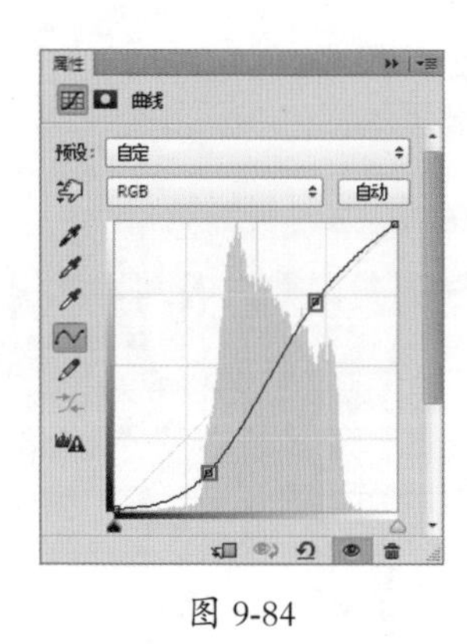

图 9-84

图 9-85

（12）同样因为我们只想调整天空部分，利用调整图层的蒙版，将天空以外的效果隐藏，蒙版效果如图 9-86 所示。最终效果如图 9-87 所示。

图 9-86

图 9-87

9.7　实例：梦中的城堡

案例文件：	梦中的城堡 .psd
视频教学：	梦中的城堡 .flv

案例效果：

操作步骤：

（1）梦境常常是五光十色的，如梦似幻的景象总是让我们陶醉，接下来就让我们尝试制作出梦境一般的风景照片吧。执行“文件 > 打开”命令，打开图片“1.jpg”，如图 9-88 所示。

图 9-88

（2）执行“图层 > 新建调整图层 > 曲线”命令，弹出“曲线”对话框后调整曲线，曲线形态如图 9-89 所示。提亮画面暗部区域，效果如图 9-90 所示。

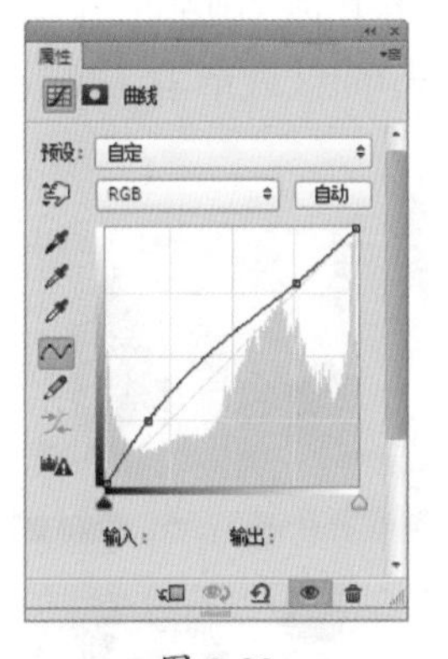

图 9-89

图 9-90

（3）新建图层 1，单击工具箱中的“渐变工具”，在选项栏中单击渐变，弹出渐变编辑器对话框后编辑渐变颜色为多彩颜色的渐变，如图 9-91 所示。设置“渐变类型”为“线性渐变”，取消“反向”，然后鼠标在图层 1 上由左上角到右下角拖动，填充渐变颜色，如图 9-92 所示。

（4）接下来将图层 1 的“混合模式”设置为“柔光”，如图 9-93 所示。效果如图 9-94 所示。

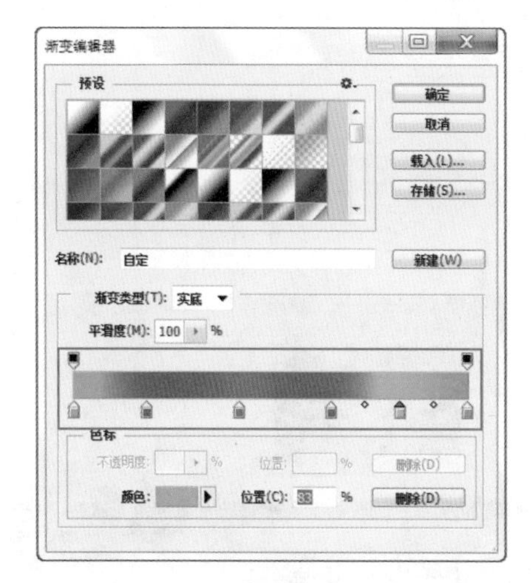

图 9-91

图 9-92

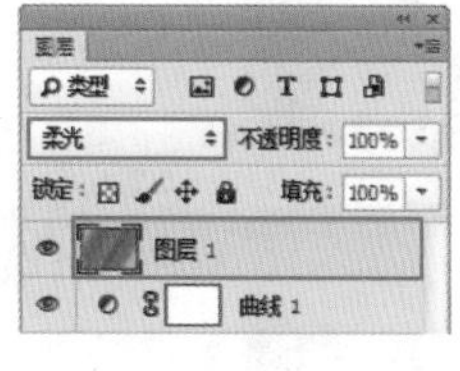

图 9-93

图 9-94

（5）继续调整图层 1 效果。首先单击图层面板下方的“添加图层蒙版”按钮，为图层 1 添加图层蒙版，然后将前景色设置为黑色，单击工具箱中的“画笔工具”，在画笔选取器中选择“大小”合适，“硬度”为 0 的笔尖在图层蒙版中间区域单击，蒙版效果如图 9-95 所示。最终效果如图 9-96 所示。

图 9-95

图 9-96

（6）丰富画面颜色效果。新建图层 2，单击工具箱中的“渐变工具”，在“渐变编辑器”中编辑渐变颜色，如图 9-97 所示。再在图层中绘制出渐变颜色，如图 9-98 所示。将该图层的“混合模式”设置为“柔光”，设置其“不透明度”为 75%，效果如图 9-99 所示。

（7）最后为画面添加文字，单击工具箱中的“横排文字工具” T，选择合适字体以及字号，键入文字。并将文字图层放置在“可选颜色”图层的下方，最终如图 9-100 所示。

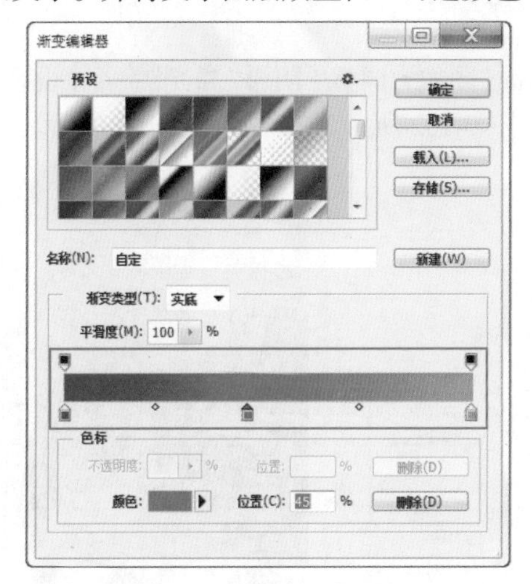

图 9-97

图 9-98

图 9-99

图 9-100

9.8　实例：细节丰富的山川风景照片

案例文件：	细节丰富的山川风景照片 .psd
视频教学：	细节丰富的山川风景照片 .flv

案例效果：

操作步骤：

（1）执行“文件 > 打开”命令，打开背景素材“1.jpg”，如图 9-101 所示。为了保护原图像，先将背景图层复制一份。

（2）首先还原山体上暗部和亮部区域的细节。执行“图像 > 调整 > 阴影 / 高光”命令，设置“阴影数量”为 40%，“高光数量”为 40%，参数设置如图 9-102 所示。效果如图 9-103 所示。

图 9-101

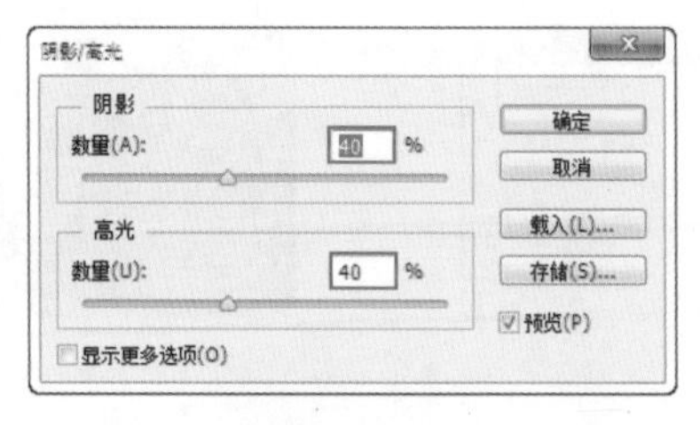

图 9-102

图 9-103

（3）因为只想将山的部分提亮，所以单击图层面板下方的“添加图层蒙版”按钮，为该图层添加图层蒙版。然后将前景色设置为黑色，单击工具箱中的“画笔工具”，在画笔选取器中选择“大小”合适，“硬度”为 0 的柔角画笔在天空和河流的部分进行涂抹，隐藏调色效果，蒙版效果如图 9-104 所示。画面效果如图 9-105 所示。

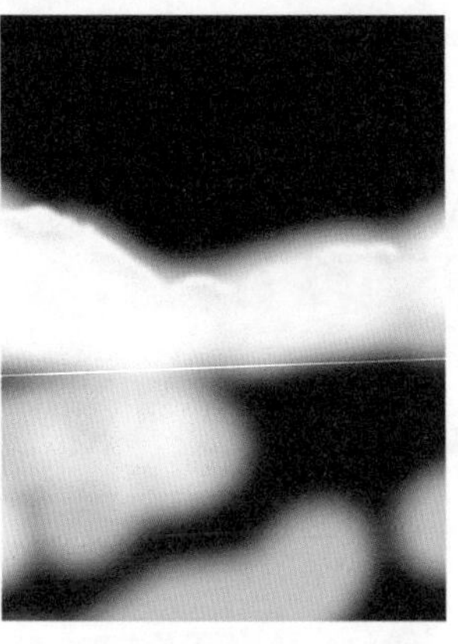

图 9-104

图 9-105

（4）选择背景图层，单击工具箱中的“钢笔工具”按钮，在选项栏中设置“绘制模式”为“路径”，然后使用钢笔工具沿山川边缘绘制路径，如图 9-106 所示。按 <Ctrl+Enter> 键将路径转换为选区，按下复制图层快捷键 <Ctrl+J> 复制选区，将其命名为“地面”。然后将该图层移动到图层的最上的一层。设置“地面”图层“混合模式”为柔光，“不透明度”为 40%，画面效果如图 9-107 所示。

图 9-106

图 9-107

（5）接下来增加画面中绿色。执行“图层 > 新建调整图层 > 可选颜色”命令，在“可选颜色”属性面板中设置“颜色”为“红色”，“黄色”数值为 – 100%，如图 9-108 所示。“颜色”为“黄色”，“黑色”数值为 100%，如图 9-109 所示。使用黑色画笔在蒙版中涂抹河流部分，效果如图 9-110 所示。

图 9-108

图 9-109

图 9-110

（6）接下来将水调整为蓝色。新建图层，命名为“水”。单击工具箱中的“快速选择工具” 得到河流的选区，然后单击工具箱中的“渐变工具” 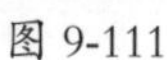，编辑一个蓝色系渐变，进行拖动填充，效果如图 9-111 所示。设置该图层的“混合模式”为“叠加”，效果如图 9-112 所示。

图 9-111

图 9-112

（7）接下来调整河流亮度，执行“图层 > 新建调整图层 > 曲线”命令，在“曲线”属性面板中调整曲线形状，曲线形态如图 9-113 所示。效果如图 9-114 所示。同样因为我们只想调整河流亮度，接下来将前景色设置为黑色，使用填充前景色快捷键 <Alt+Delete> 填充图层蒙版，接着使用白色画笔工具在蒙版中涂抹河流区域，效果如图 9-115 所示。

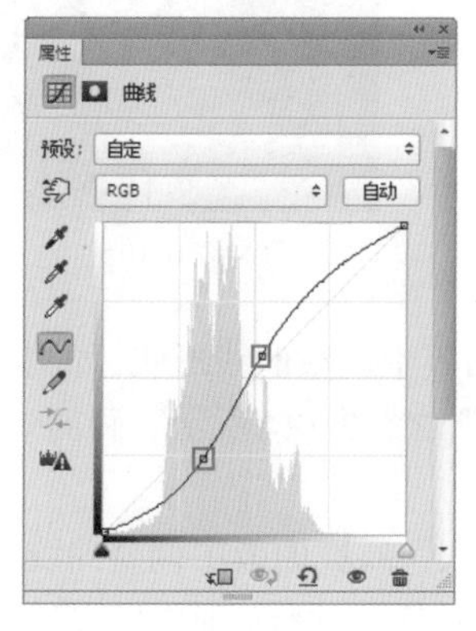

图 9-113

图 9-114

图 9-115

（8）执行“图层 > 新建调整图层 > 自然饱和度”命令，在“自然饱和度”属性面板中设置“自然饱和度”为 60，“饱和度”为 0，如图 9-116 所示。此时画面效果如图 9-117 所示。

（9）接下来调整天空颜色。同样使用钢笔工具绘制天空部分的路径，并转换为选区。然后使用快捷键 <Ctrl+J> 将天空部分复制到独立图层，然后将其移动到所有图层的最上方。执行“图层 > 新建调整图层 > 渐变映射”命令，在“渐变映射”属性面板中设置“渐变颜色”为黑白渐变，如图 9-118 所示。设置“图层混合模式”为正片叠底，右键单击渐变映射图层，执行“创建剪贴蒙版”命令，为图层添加剪贴蒙版，如图 9-119 所示。此时效果如图 9-120 所示。

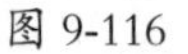
图 9-116

图 9-117

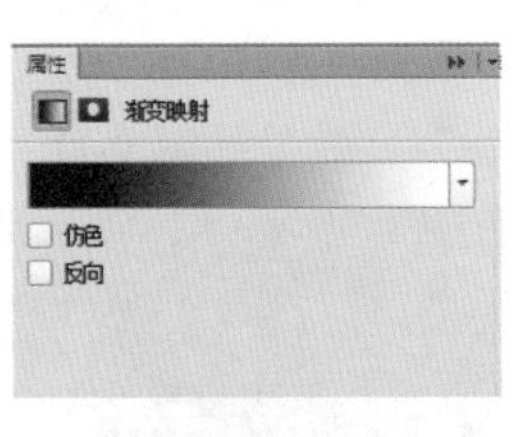

图 9-118

图 9-119

图 9-120

（10）继续调亮天空颜色，执行“图层 > 新建调整图层 > 曲线”命令，在“曲线”属性面板中调整曲线形状，如图 9-121 所示。设置图层“混合模式”为“滤色”，然后为天空图层创建剪贴蒙版，效果如图 9-122 所示。

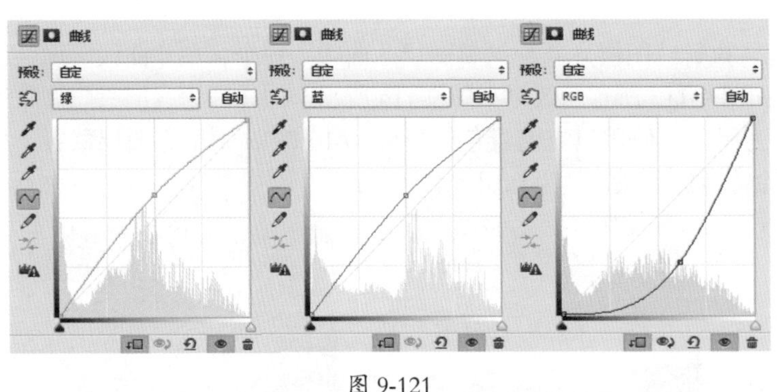

图 9-121

图 9-122

（11）执行“图层 > 新建调整图层 > 曲线”命令，在“曲线”属性面板中调整曲线形状，如图 9-123 所示。使用工具箱中的黑色画笔在蒙版中涂抹边缘区域，涂抹区域如图 9-124 所示。画面效果如图 9-125 所示。

（12）继续执行“图层 > 新建调整图层 > 曲线”命令，在“曲线”属性面板中调整曲线形状，如图 9-126 所示。填充蒙版颜色为黑色，使用白色画笔工具在蒙版顶部涂抹，画面最终效果如图 9-127 所示。

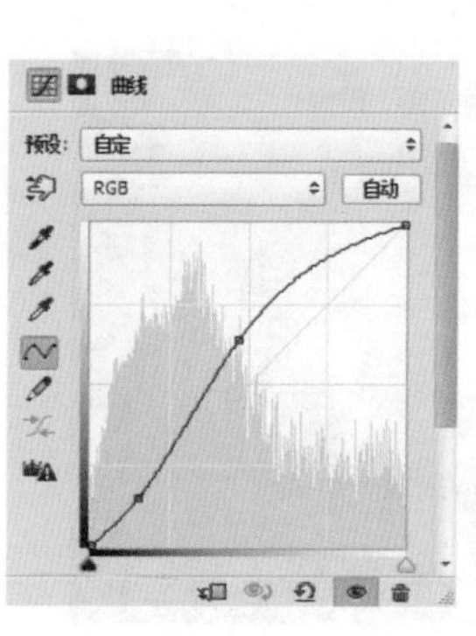

图 9-123

图 9-124

图 9-125

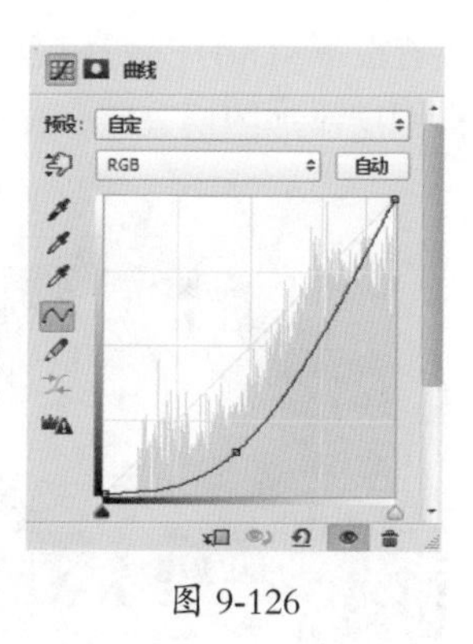

图 9-126

图 9-127

9.9　实例：创意风景合成——镜中风景

案例文件：	创意风景合成——镜中风景 .psd
视频教学：	创意风景合成——镜中风景 .flv

案例效果：

操作步骤：

（1）执行“文件 > 打开”命令，打开图片“1.jpg”，如图 9-128 所示。执行“文件 > 置入”命令，置入镜框素材“2.jpg”，按下 <Enter> 键完成置入，并将其栅格化。如图 9-129 所示。

图 9-128

图 9-129

（2）首先我们需要抠取镜框。首先单击工具箱中的“钢笔工具”，设置“绘制模式”为“路径”，然后沿着镜子边框的轮廓进行绘制，如图 9-130 所示。接着按下 <Ctrl+Enter> 键将路径转换为选区。单击图层面板下方的“添加图层蒙版”按钮，为镜框图层添加图层蒙版，效果如图 9-131 所示。

图 9-130

图 9-131

（3）为镜框制作投影。首先新建图层。然后按住 <Ctrl> 键单击镜框图层的图层蒙版，调出镜框的选区。将前景色设置为黑色，使用填充前景色快捷键 <Alt+Delete> 填充选区，如图 9-132 所示。对影子图层执行“滤镜 > 模糊 > 高斯模糊”命令，弹出“高斯模糊”对话框后设置“半径”为 60 像素，参数设置以及效果如图 9-133 所示。

图 9-132

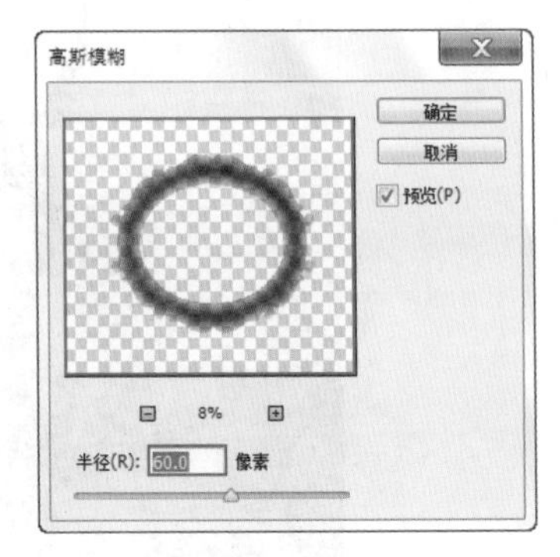

图 9-133

（4）将影子图层移动至镜框图层的下方，设置影子图层的“不透明度”为 75%，如图 9-134 所示。此时效果如图 9-135 所示。

图 9-134

图 9-135

（5）调整镜框颜色。执行“图层 > 新建调整图层 > 色相”命令，弹出“色相”对话框后设置“色相”为 180，“饱和度”为－80，“明度”为 0，单击“此调整剪切到此图层”按钮，参数设置如图 9-136 所示。效果如图 9-137 所示。

图 9-136

图 9-137

（6）执行“文件 > 置入”命令，置入藤蔓等装饰素材“3.jpg”，按下 <Enter> 键完成置入，并将其栅格化，如图 9-138 所示。

图 9-138

（7）接下来为镜中置入风景。首先执行“文件 > 置入”命令，置入风景素材“4.jpg”，按下 <Enter> 键完成置入，并将其栅格化，如图 9-139 所示。然后将素材 4 移动至背景图层上方，镜框图层的下方，如图 9-140 所示。

图 9-139

图 9-140

（8）调整素材 4 图层。首先单击图层面板下方的“添加图层蒙版”按钮，为素材 4 添加图层蒙版。然后将前景色设置为黑色，单击工具箱中的“画笔工具”，在画笔选取器中选择“大小”为 200，“硬度”为 100% 的笔尖，在图层蒙版上涂抹，将镜框以外的区域隐藏，蒙版效果如图 9-141 所示。最终效果如图 9-142 所示。

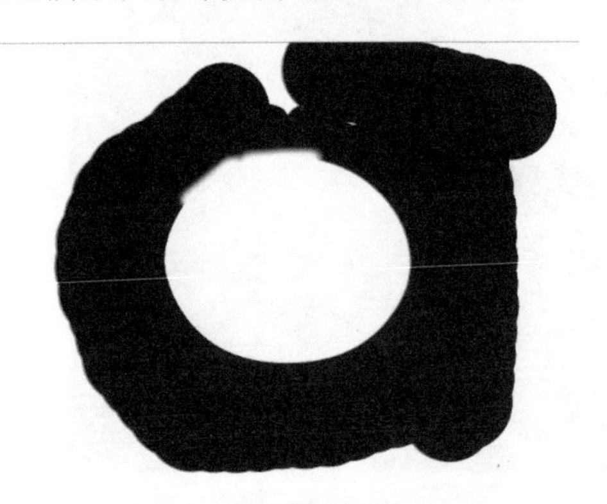

图 9-141

图 9-142

（9）执行“文件 > 置入”命令，置入素材“5.jpg”，按下 <Enter> 键完成置入，并将其栅格化，如图 9-143 所示。

图 9-143

（10）利用相同方法调整素材 5，蒙版效果如图 9-144 所示。最终效果如图 9-145 所示。

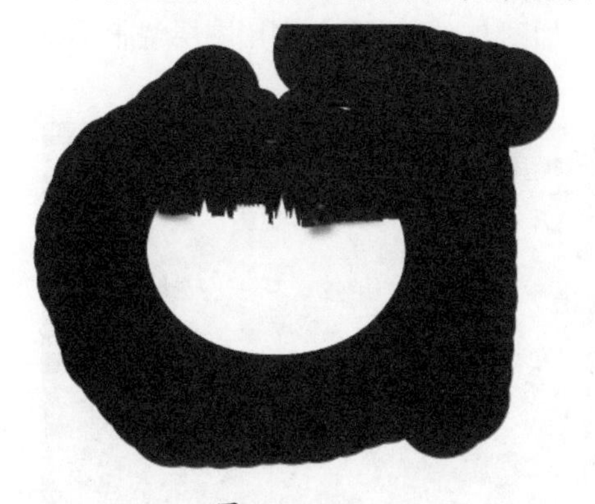

图 9-144

图 9-145

（11）执行“文件 > 置入”命令，置入玻璃素材“6.jpg”，按下 <Enter> 键完成置入，并将其栅格化，如图 9-146 所示。使用“自由变换工具”快捷键 <Ctrl+T> 调出定界框，拖动控制点对玻璃进行缩放，并旋转至合适角度，如图 9-147 所示。

图 9-146

图 9-147

（12）设置玻璃图层的“混合模式”为“变亮”，“不透明度”为 85%，如图 9-148 所示。此时玻璃素材中黑色部分被滤除掉了，效果如图 9-149 所示。

图 9-148

图 9-149

第 9 章

（13）制作镜框中其他部分的玻璃。首先使用快捷键 <Ctrl+J> 再复制四个玻璃图层，然后使用“自由变换工具”将其余玻璃摆放至合适位置，如图 9-150 所示。利用图层蒙版将镜框以外的玻璃隐藏，最终效果如图 9-151 所示。

图 9-150

图 9-151

9.10 实例：创意风景合成——羚羊大陆

案例文件：	创意风景合成——羚羊大陆 .psd
视频教学：	创意风景合成——羚羊大陆 .flv

案例效果：

操作步骤：

（1）执行“文件 > 打开”命令，打开背景图片“1.jpg”，如图 9-152 所示。执行“文件 > 置入”命令，置入素材“2.png”，按下 <Enter> 键完成置入，并将其栅格化，如图 9-153 所示。

图 9-152

图 9-153

（2）首先观察图片，发现羚羊的角跟背景的光线不相符，下面我们使用“曲线”工具进行调整。执行“图层 > 新建调整图层 > 曲线”命令，弹出曲线对话框后调整曲线，并单击“此调整剪切到此图层”按钮，曲线形态如图 9-154 所示。效果如图 9-155 所示。

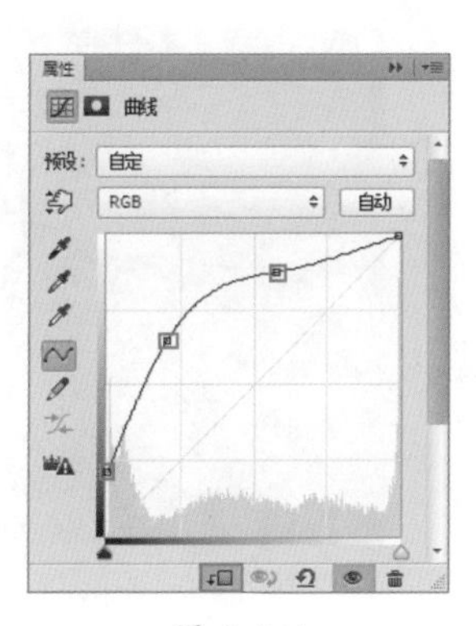

图 9-154

图 9-155

（3）利用图层蒙版将羊角以外的效果隐藏。单击工具箱中的“渐变工具”，设置“渐变颜色”为由黑到白，“渐变类型”为“线性渐变”，然后鼠标在“曲线”的图层蒙版上由右上角向左下角拖动，蒙版效果如图 9-156 所示。画面效果如图 9-157 所示。

图 9-156

图 9-157

（4）接下来将羚羊的足部制作成踏在水中的效果。首先单击工具箱中的“套索工具”，单击“添加到选区”按钮，绘制出羚羊足部的选区，如图 9-158 所示。接着按下 <Ctrl+J> 键复制选区，使之成为独立图层。接下来将羚羊图层的足部隐藏，单击图层面板下方的“添加图层蒙版”按钮，使用黑色画笔绘制足部的区域，将羚羊图层的足部隐藏，如图 9-159 所示。

图 9-158

图 9-159

（5）下面开始调整足部图层，使之呈现出水中变形的效果。对足部图层执行“滤镜 > 扭曲 > 波纹”命令，设置“数量”为 – 53%，“大小”为“大”，参数设置以及效果如图 9-160 所示。为增强波纹的效果，按下快捷键 <Ctrl+F> 重复“波纹”滤镜，效果如图 9-161 所示。

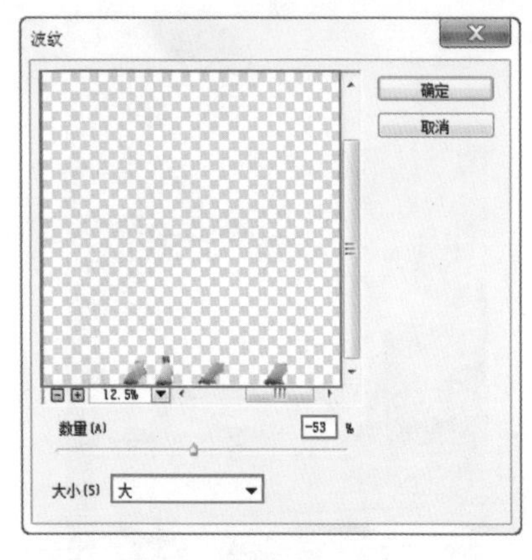

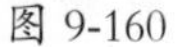
图 9-160

图 9-161

（6）为增加羚羊足部的真实感，接下来利用图层蒙版来将羚羊的足部制作成踏在水中的渐隐效果。首先单击图层面板下方的“添加图层蒙版”按钮，为足部图层添加图层蒙版，然后单击工具箱中的“矩形选框工具”，在足部图层绘制选区，如图 9-162 所示。然后单击工具箱中的“渐变工具”，设置“渐变颜色”为由深灰到浅灰，“渐变类型”为“线性渐变”，然后鼠标在图层蒙版上由上向下拖动，蒙版效果如图 9-163 所示。最终效果如图 9-164 所示。

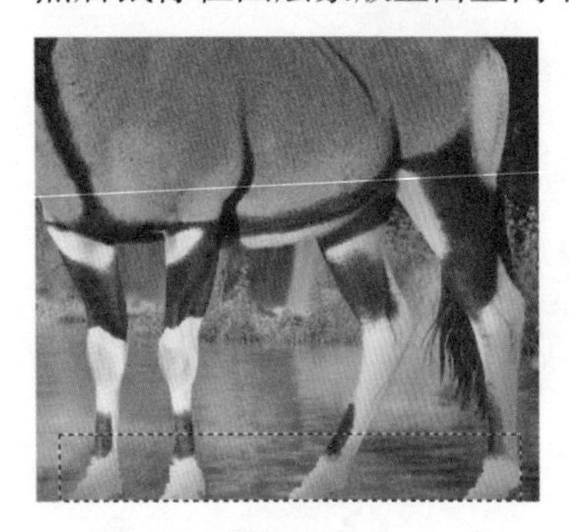
图 9-162

图 9-163

图 9-164

（7）设置足部图层“混合模式”为“正片叠底”，如图 9-165 所示。效果如图 9-166 所示。

图 9-165

图 9-166

（8）为增强效果，使用快捷键 <Ctrl+J> 再复制出两个足部图层，图层面板如图 9-167 所示。效果如图 9-168 所示。

（9）执行“文件 > 置入”命令，置入草地素材“3.jpg”，按下 <Enter> 键完成置入，并将其栅格化，如图 9-169 所示。单击工具箱中的“套索工具”，在草地上绘制选区，如图 9-170 所示。执行“选择 > 反向”命令将选区反向，接着按下 <Delete> 键，删除选区内容，效果如图 9-171 所示。

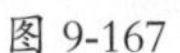

图 9-167

图 9-168

图 9-169

图 9-170

图 9-171

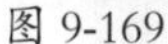

（10）为增加立体感，接下来为草地图层添加图层样式。对草地图层执行“图层 > 图层样式 > 投影”命令，弹出“图层样式”对话框后设置“不透明度”为 75%，“角度”为 120 度，“距离”为 5 像素，“扩展”为 0，“大小”为 5 像素，参数设置如图 9-172 所示。效果如图 9-173 所示。

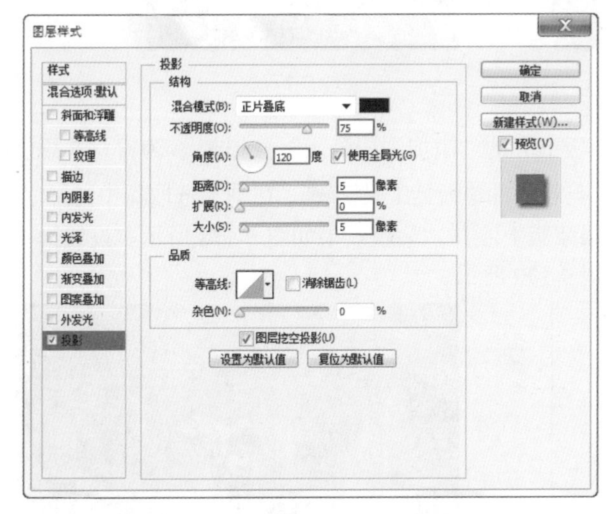

图 9-172

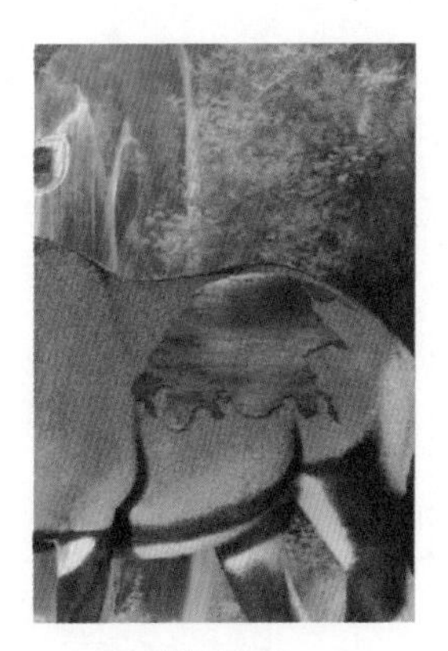

图 9-173

（11）使用“可选颜色”调整草地色调。执行“图层 > 新建调整图层 > 可选颜色”，弹出“可选颜色”对话框后设置“颜色”选项为“绿色”，设置“绿色”中“青色”为 – 49%，“黄色”为 100%，并单击“此调整剪切到此图层”按钮，参数设置如图 9-174 所示。效果如图 9-175 所示。

图 9-174

图 9-175

（12）执行“文件 > 置入”命令，置入素材“4.png”，按下 <Enter> 键完成置入，摆放在合适的位置上并将其栅格化，如图 9-176 示。接着置入素材“5.jpg”，摆放在羚羊的腹部处，如图 9-177 所示。

图 9-176

图 9-177

（13）调整素材 5。首先单击图层面板下方的“添加图层蒙版”按钮，为素材 5 添加图层蒙版。接着将前景色设置为黑色，单击工具箱中的“画笔工具”，在画笔选取器中选择“大小”合适，“硬度”为 0 的柔角笔尖，在图层蒙版上涂抹，蒙版效果如图 9-178 所示。设置素材 5 的图层“混合模式”为“变暗”，效果如图 9-179 所示。

图 9-178

图 9-179

（14）执行“文件 > 置入”命令，置入山石素材“6.png”，如图 9-180 所示。同样利用图层蒙版调整素材 6 的显示范围，如图 9-181 所示。

（15）执行“文件 > 置入”命令，置入带有溪流的照片素材“7.jpg”，如图 9-182 所示。利用图层蒙版调整素材 7 的显示区域，将多余部分隐藏，如图 9-183 所示。再设置素材 7 图层“混合模式”为“强光”，使之融合到画面中。效果如图 9-184 所示。

图 9-180

图 9-181

图 9-182

图 9-183

图 9-184

（16）执行“文件 > 置入”命令，置入带有瀑布的素材“8.jpg”，将其摆放在山石的位置，如图 9-185 所示。为其添加图层蒙版，在图层蒙版中使用黑色画笔涂抹隐藏瀑布以外的区域，效果如图 9-186 所示。

图 9-185

图 9-186

（17）执行“文件 > 置入”命令，置入装饰素材“9.png”，摆放在羚羊头部和身体的位置，如图 9-187 所示。

图 9-187

（18）接下来调整羚羊色调，使之与画面背景相匹配。首先单击图层面板下方的“创建新组”按钮，将除背景图层以外的图层选中并拖动到组中。新建图层“图层 1”，单击工具箱中的“渐变工具”，在“渐变编辑器”中编辑一种橙色到白色的渐变，编辑完成后按下“确定”按钮，如图 9-188 所示。接着在选项栏中设置渐变绘制模式为“径向渐变”，勾选“反向”，然后在画面顶部中央的位置按住鼠标左键并向下拖动，得到渐变效果，如图 9-189 所示。

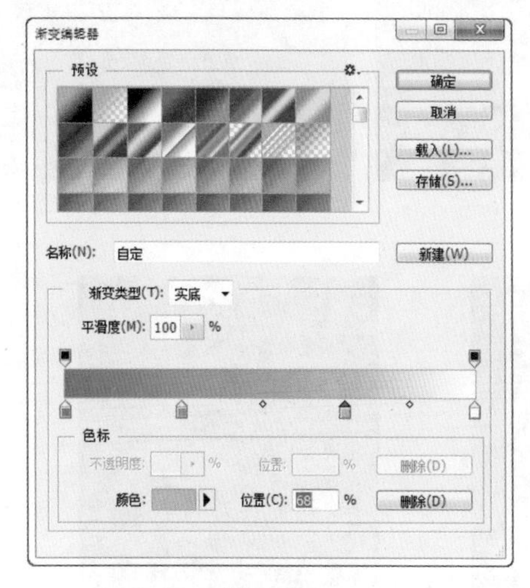

图 9-188

图 9-189

（19）右键单击该渐变图层，“图层 1”执行“创建剪贴蒙版”命令，如图 9-190 所示。使之只对羚羊部分起作用，效果如图 9-191 所示。

（20）设置“图层 1”“混合模式”为“叠加”，“不透明度”为 63%，如图 9-192 所示。效果如图 9-193 所示。

（21）接着为该图层添加图层蒙版，如图 9-194 所示。使用黑色半透明画笔适当涂抹羚羊身体的下半部分，效果如图 9-195 所示。

图 9-190

图 9-191

图 9-192

图 9-193

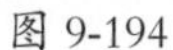
图 9-194

图 9-195

（22）继续调整画面中羚羊的色调。执行“图层 > 新建调整图层 > 曲线”命令，弹出“曲线”对话框后调整曲线，并单击“此调整剪切到此图层”按钮，曲线形态如图 9-196 所示。效果如图 9-197 所示。

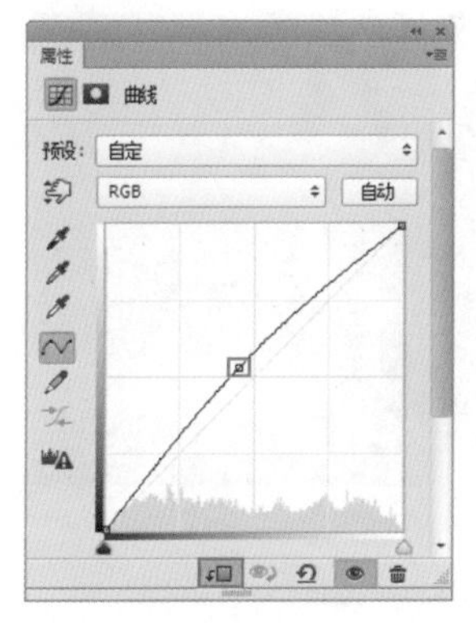

图 9-196

图 9-197

（23）执行“文件 > 置入”命令，置入云朵素材“10.png”，放在画面底部，如图 9-198 所示。最后执行“图层 > 新建调整图层 > 照片滤镜”命令，弹出“照片滤镜”对话框后设置“滤镜”为绿色，“浓度”为 25%，参数设置如图 9-199 所示。效果如图 9-200 所示。

图 9-198

图 9-199

图 9-200

第 10 章

人像照片精修

10.1 身形塑造

10.1.1 实例：纤长美腿

案例文件：	纤长美腿 .psd
视频教学：	纤长美腿 .flv

案例效果：

操作步骤：

（1）一个人的身高很大程度上取决于腿部的长度，而且下半身所占比例越大，整个人的身材比例越接近完美。本案例就针对人像的腿部进行“加长”处理。执行“文件 > 打开”命令，打开图片“1.jpg”，如图 10-1 所示。按住 <Alt> 键双击背景图层将其转换为普通图层，单击工具箱中的“裁剪工具” ，调整裁剪框的大小，将画布放大，如图 10-2 所示。

图 10-1

图 10-2

（2）首先单击工具箱中的“矩形选框工具” ，在图像上绘制出腿部以下的选区，再使用“自由变换工具”快捷键 <Ctrl+T> 调出定界框，如图 10-3 所示。然后向下拖动底部的控制点，将这部分拉长，如图 10-4 所示。按下 <Enter> 键完成操作，此时可以看到腿部明显变长，人物的身高也明显变高了很多，如图 10-5 所示。

图 10-3

图 10-4

图 10-5

10.1.2 实例：打造完美 S 形身材

案例文件：	打造完美 S 形身材 .psd
视频教学：	打造完美 S 形身材 .flv

案例效果：

操作步骤：

（1）“S”形曲线是每个女性梦寐以求的身材，但很多时候拍出的照片都令人们大跌眼镜。可能是拍摄角度或模特本身的问题，但这些都不重要，在 Photoshop 中想要多瘦就能多瘦！执行“文件 > 打开”命令，打开图片“1.jpg”，如图 10-6 所示。观察图片，我们发现由于拍摄角度原因，造成了人物身形欠佳。

图 10-6

（2）下面使用“液化”来调整人物身形，塑造出“S”形曲线。首先使用快捷键 <Ctrl+J> 复制背景图层，然后对新图层执行“滤镜 > 液化”命令，弹出“液化”对话框后，单击“向前变形工具”按钮，设置“画笔大小”为 80，“画笔密度”为 50，“画笔压力”为 100，在人物的胳膊以及腰部以推进的方式调整人物曲线，如图 10-7 所示。

图 10-7

第 10 章

（3）接下来单击“膨胀工具”，设置“画笔大小”为 80，“画笔密度”为 50，“画笔速率”为 80，用鼠标指针在人物的胸部多次单击，如图 10-8 所示。随着胸部的增大，腰部曲线显得更加“婀娜”。调整完成后按下“确定”按钮完成操作，最终效果如图 10-9 所示。

图 10-8

图 10-9

10.1.3　实例：给宝宝换件衣服

案例文件：	给宝宝换件衣服 .psd
视频教学：	给宝宝换件衣服 .flv

案例效果：

操作步骤：

（1）拍摄时穿的衣服颜色不喜欢？与画面不搭？没关系，想要为衣服换颜色，可以使用“色相 / 饱和度”命令进行调整。执行“文件 > 打开”命令，打开图片“1.jpg”，如图 10-10 所示。下面使用“色相”来为人物的衣服换色。首先绘制出将要调色的部位的选区，单击工具箱中的“快速选择工具”，在选项栏中设置“笔尖大小”为 200 像素，在人物的衣服上单击绘制出选区，如图 10-11 所示。

图 10-10

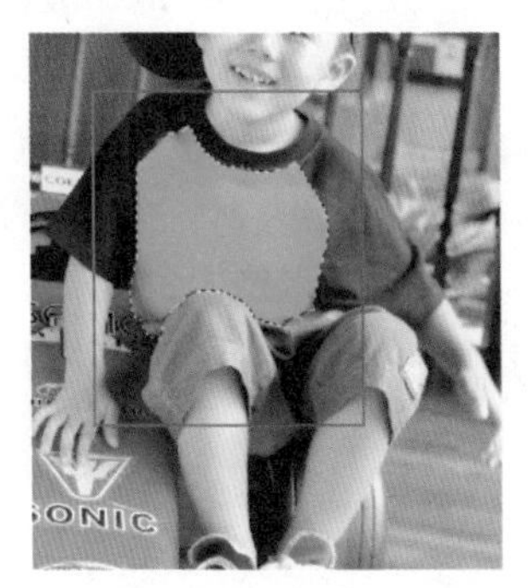

图 10-11

（2）执行“图层 > 新建调整图层 > 色相 / 饱和度”命令，弹出“色相 / 饱和度”对话框后设置“青色”的“色相”为 －174，“饱和度”为 0，“明度”为 0，参数设置如图 10-12 所示。效果如图 10-13 所示。

图 10-12

图 10-13

（3）我们可以利用上述方法将人物的衣服更改为其他颜色，例如更改色相数值，衣服变为了活力的橙色，如图 10-14 所示。接着我们可以利用图层的“混合模式”为人物的衣服增加卡通图案效果。执行“文件 > 置入”命令，置入素材“2.jpg”，按下 <Enter> 键完成置入，并将其栅格化，如图 10-15 所示。

图 10-14

图 10-15

（4）调整卡通素材。使用“自由变换工具”快捷键 <Ctrl+T> 调出定界框，拖动控制点将其缩放并旋转至合适角度，如图 10-16 所示。接着按住 <Ctrl> 键单击“色相”图层的图层蒙版调出选区，选中卡通素材图层，单击图层面板下方的“添加图层蒙版按钮” ，为素材添加图层蒙版，效果如图 10-17 所示。

（5）设置素材图层的“混合模式”为“正片叠底”，如图 10-18 所示。效果如图 10-19 所示。

图 10-16

图 10-17

图 10-18

图 10-19

10.2 肌肤美化

10.2.1 实例：轻松打造好气色粉嫩肌肤

案例文件：	轻松打造好气色粉嫩肌肤 .psd
视频教学：	轻松打造好气色粉嫩肌肤 .flv

案例效果：

操作步骤：

（1）执行“文件>打开”命令，打开图片“1.jpg”，如图 10-20 所示。观察图片，发现人物皮肤由于背光的原因而偏暗黄色。

（2）执行“图层>新建调整图层>曲线”命令，弹出“曲线”对话框后在“RGB”通道中调整曲线，整体提亮，曲线形态如图 10-21 所示。效果如图 10-22 所示。

图 10-20

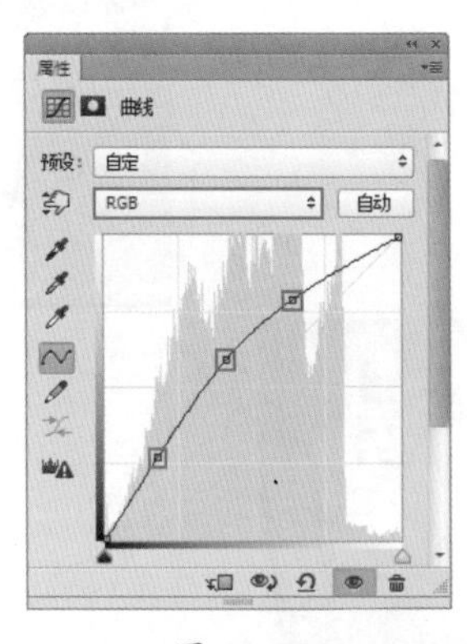

图 10-21

图 10-22

（3）随着照片的提亮，人物皮肤产生偏红色的问题，接下来在“红”通道中调整曲线，降低皮肤中的红色成分，曲线形态如图 10-23 所示。效果如图 10-24 所示。

（4）接着使皮肤变得更加粉嫩。在“蓝”通道中调整曲线，曲线形态如图 10-25 所示。效果如图 10-26 所示。

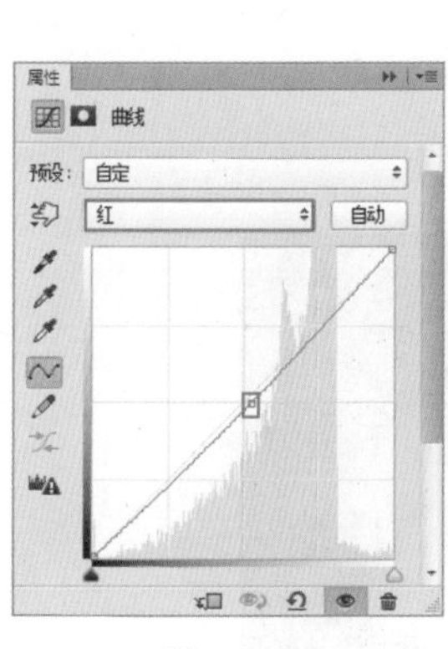

图 10-23

图 10-24

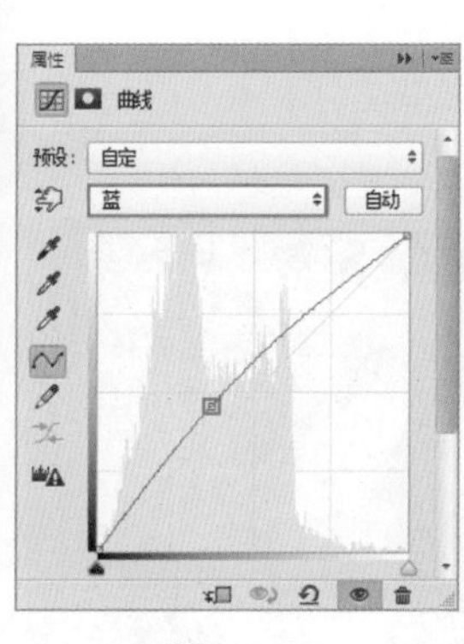

图 10-25

图 10-26

（5）因为我们只想改变人物皮肤的色调，接下来将前景色设置为黑色，使用填充前景色快捷键 <Alt+Delete> 填充曲线的图层蒙版。再单击工具箱中的“快速选择工具”，绘制出人物皮肤的选区，如图 10-27 所示。再将前景色设置为白色，在图层蒙版上填充选区，如图 10-28 所示。

图 10-27

图 10-28

（6）为人物涂抹唇彩。首先新建图层，单击工具箱中的“钢笔工具”，设置“绘制模式”为“路径”，沿着人物嘴唇轮廓进行绘制，如图 10-29 所示。按下快捷键 <Ctrl+Enter> 将路径转换为选区，将前景色设置为粉色，填充选区，如图 10-30 所示。

（7）设置唇彩图层“混合模式”为“柔光”，如图 10-31 所示。效果如图 10-32 所示。

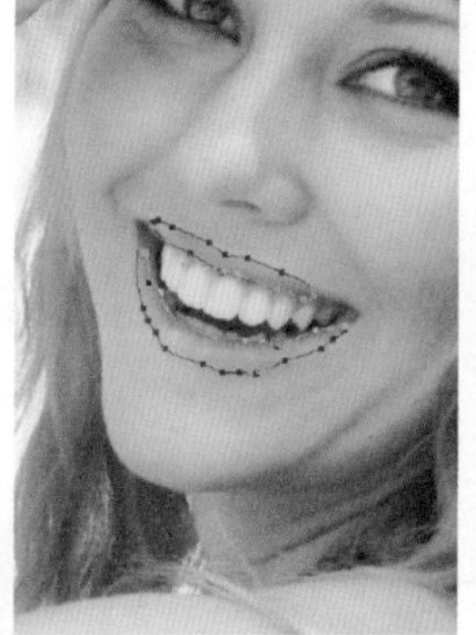

图 10-29

图 10-30

图 10-31

图 10-32

10.2.2 实例：保留质感的皮肤美化术

案例文件：	保留质感的皮肤美化术 .psd
视频教学：	保留质感的皮肤美化术 .flv

案例效果：

操作步骤：

（1）执行“文件 > 打开”命令，打开照片“1.jpg”。从图像中可以看到人像照片中几个比较明显的问题，人像身形偏胖，在手臂、肩膀处表现比较明显，如图 10-33 所示。另外面部皮肤毛孔比较明显，不够光滑，还有一些细小的瑕疵，如图 10-34 所示。除此之外，整个人像肌肤都偏向于红色，在本案例中还需要对肤色进行一定的调整。

图 10-33

图 10-34

（2）首先使用“液化”来调整人物身形。使用快捷键 <Ctrl+J> 复制背景图层，然后执行“滤镜 > 液化”命令，弹出“液化”对话框后单击“向前推进工具”，设置“画笔大小”为 150、“画笔密度”为 50、“画笔压力”为 100，然后用鼠标指针在人物的胳膊、肩膀以及腰部位置以推进的方式进行调整。调整完成后按下“确定”按钮完成操作，参数设置以及效果如图 10-35 所示。

图 10-35

（3）下面利用外挂磨皮滤镜对人像照片进行“磨皮”操作。首先复制液化图层，执行“滤镜 >Imagenomic>Portraiture”命令，弹出“Portraiture”滤镜对话框，在这里首先使用左侧的吸管工具，在人像上需要进行磨皮的区域（也就是皮肤部分）单击，随着单击，右侧的“蒙版预览”区域显示着受影响的范围，如图 10-36 所示。

图 10-36

（4）为了便于观察，单击界面顶部的第三种预览方式，可以轻松观察到滤镜的对比效果。然后在底部设置较大的显示比例。在预览区域中仔细观察面部皮肤，并在左侧“细节平滑”选项组中设置合适的参数。设置完成后按下“确定”按钮完成操作，如图 10-37 所示。

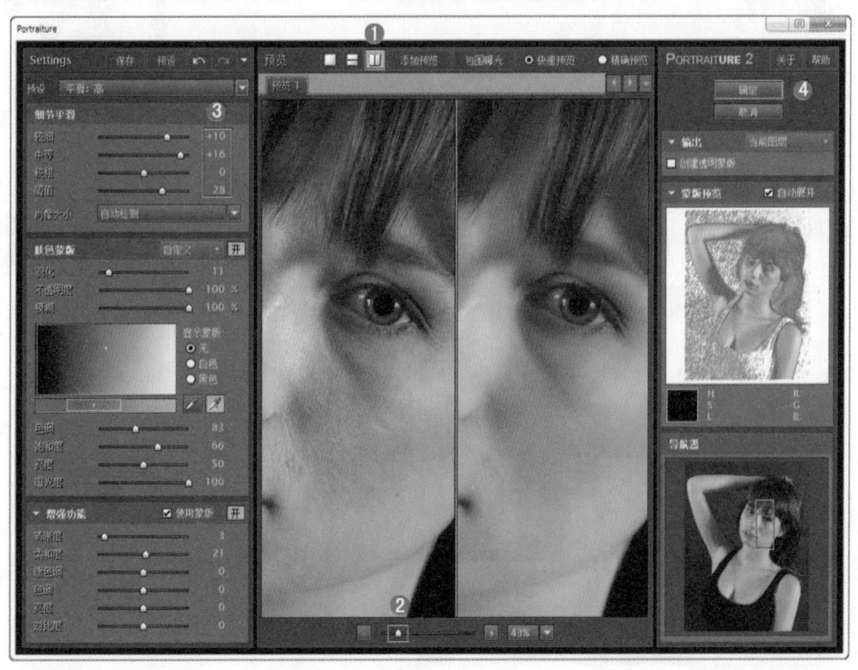

图 10-37

（5）此时发现由于滤镜的作用使人物的头发等部位细节丢失。接下来单击图层面板下方的“添加图层蒙版”按钮，为磨皮图层添加图层蒙版。然后将前景色设置为黑色，单击工具箱中的“画笔工具”，在画笔选取器中选择“大小”合适，“硬度”为 0 的柔角画笔，在人物的头发以及鼻子等位置涂抹，蒙版形态如图 10-38 所示。效果如图 10-39 所示。

图 10-38

图 10-39

（6）观察人物肤色，发现人物肤色偏黑红色，接下来执行“图层 > 新建调整图层 > 曲线”命令，弹出“曲线”对话框后先在“RGB”通道调整曲线，提亮肤色，曲线形态如图 10-40 所示。效果如图 10-41 所示。

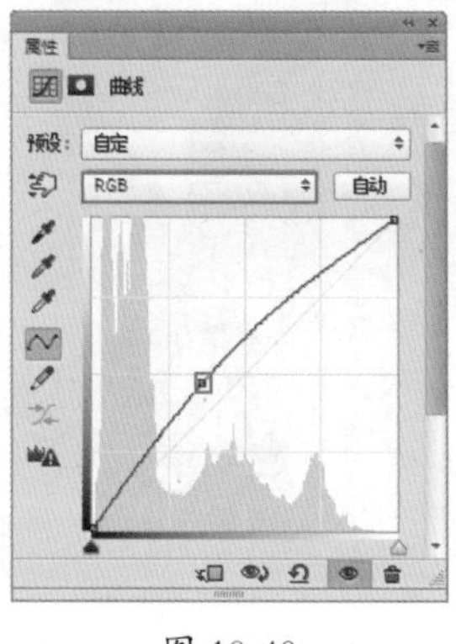

图 10-40

图 10-41

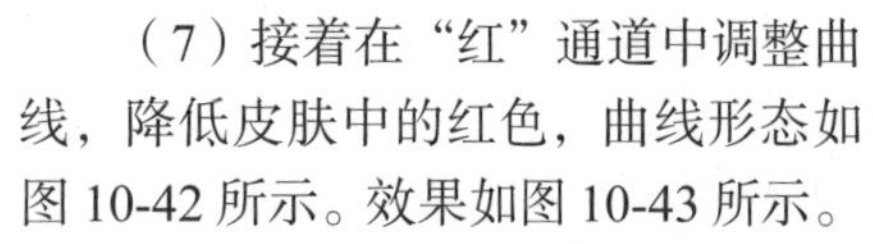

（7）接着在“红”通道中调整曲线，降低皮肤中的红色，曲线形态如图 10-42 所示。效果如图 10-43 所示。

（8）继续使用“曲线”工具提亮人物皮肤中阴影部分。再次执行“图层 > 新建调整图层 > 曲线”命令，弹出“曲线”对话框后调整曲线，提亮肤色，曲线形态如图 10-44 所示。效果如图 10-45 所示。

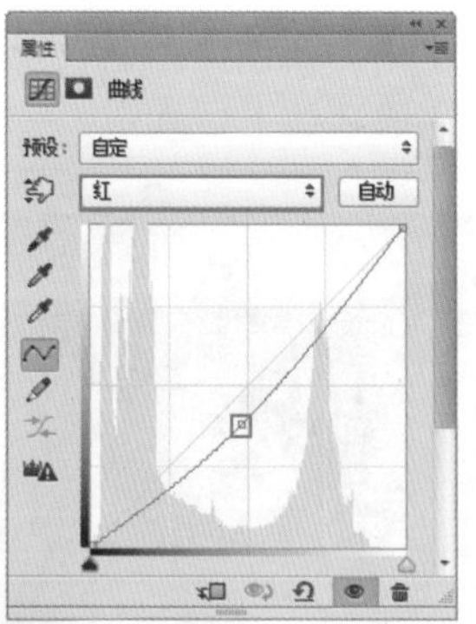

图 10-42

图 10-43

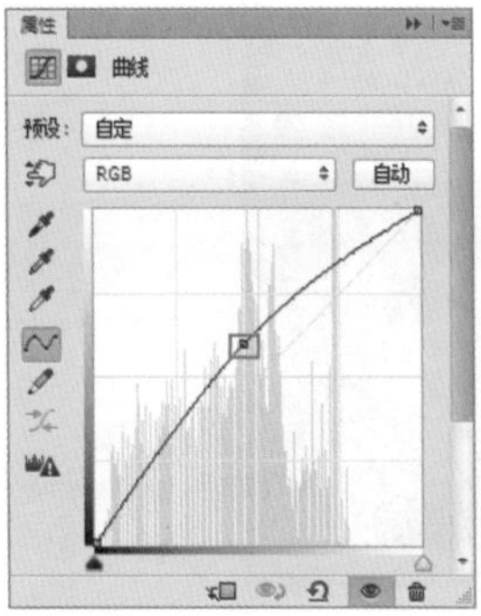

图 10-44

图 10-45

（9）因为我们只想提亮人物皮肤中阴影的部分，接下来将前景色设置为黑色，使用填充前景色快捷键<Alt+Delete>填充“曲线”的图层蒙版。再将前景色设置为白色，单击工具箱中的“画笔工具”，在画笔选取器中选择“大小”合适，“硬度”为 0 的柔角画笔，变换画笔的“不透明度”，在人物的阴影部分涂抹，蒙版形态如图 10-46 所示。效果如图 10-47 所示。

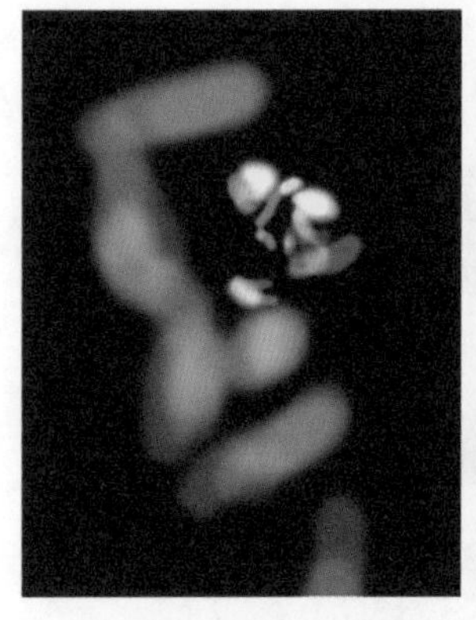

图 10-46

图 10-47

（10）对人物的眼睛提亮。执行“图层 > 新建调整图层 > 曲线”命令，弹出“曲线”对话框后调整曲线，曲线形态如图 10-48 所示。效果如图 10-49 所示。利用相同方法将眼睛以外的效果去除，效果如图 10-50 所示。

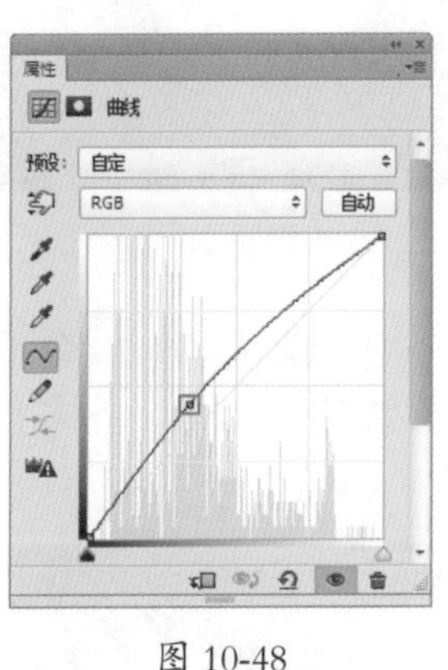

图 10-48

图 10-49

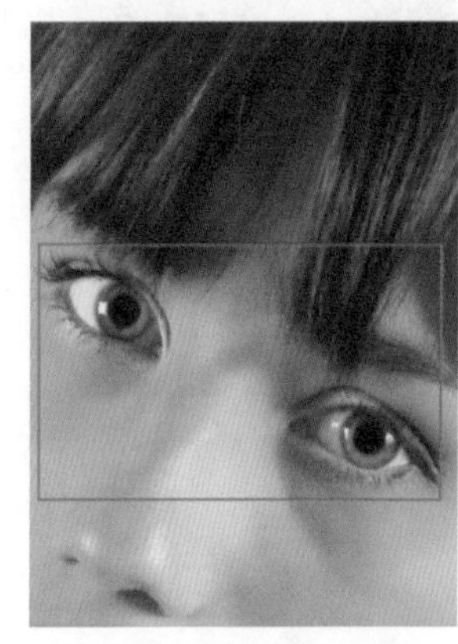

图 10-50

（11）修补人物面部“泪痕沟”等瑕疵。首先使用盖印图层快捷键<Ctrl+Shift+Alt+E>盖印图层。然后单击工具箱中的“修复画笔工具”，按住 <Alt 键 > 在眼部周围像素采样，如图 10-51 所示。然后在人物“泪痕沟”部位单击，遮盖细纹。如图 10-52 所示。使用相同方法去除人物面部其他瑕疵，效果如图 10-53 所示。

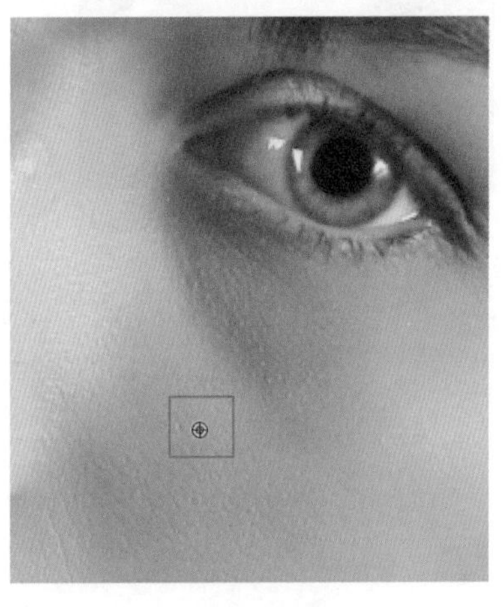

图 10-51

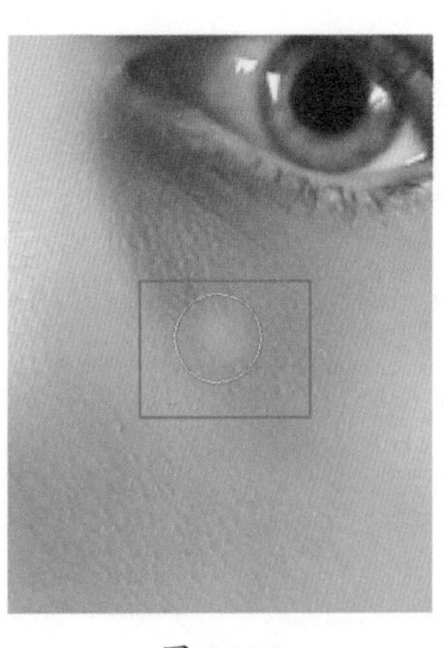

图 10-52

图 10-53

（12）去除人物胳膊等部分的阴影。首先新建图层，然后单击工具箱中的“吸管工具”，吸取人物胳膊的较亮部位，再使用“画笔工具”，变换画笔的“不透明度”，在胳膊的阴影部位涂抹，效果如图 10-54 所示。

（13）增强人物的对比度。首先使用快捷键 <Ctrl+Alt+Shift+E> 盖印图层，然后执行“图像 > 调整 > 去色”命令将盖印后的图层去色，接着设置该图层的“混合模式”为“柔光”，如图 10-55 所示。效果如图 10-56 所示。

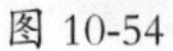

图 10-54

图 10-55

图 10-56

（14）强化人物细节。选中去色后的灰度图层，执行“滤镜 > 锐化 > 智能锐化”命令，弹出“智能锐化”对话框后设置“数量”为 450%，“半径”为 1 像素，参数设置如图 10-57 所示。按下“确定”按钮完成操作，最终效果如图 10-58 所示。

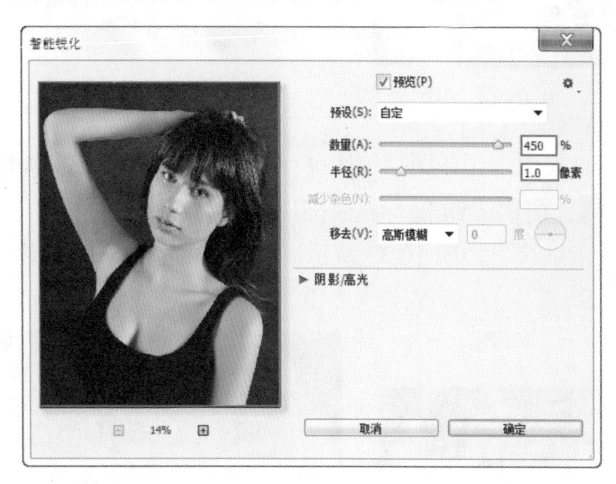

图 10-57

图 10-58

10.2.3　实例：性感金色肌肤

案例文件：	性感金色肌肤 .psd
视频教学：	性感金色肌肤 .flv

案例效果：

操作步骤：

（1）执行“文件 > 打开”命令，打开图片“1.jpg”，如图 10-59 所示。

图 10-59

（2）为了使人像产生一种金属质感，首先需要将人物的高光部分提亮。执行“选择 > 色彩范围”命令，弹出“色彩命令”对话框，使用拾色器工具在人像皮肤高亮的区域单击（例如鼻梁处的高光位置），然后设置“颜色容差”为 14，参数设置如图 10-60 所示。单击“确定”按钮后，可以看到画面中亮部的选区，如图 10-61 所示。

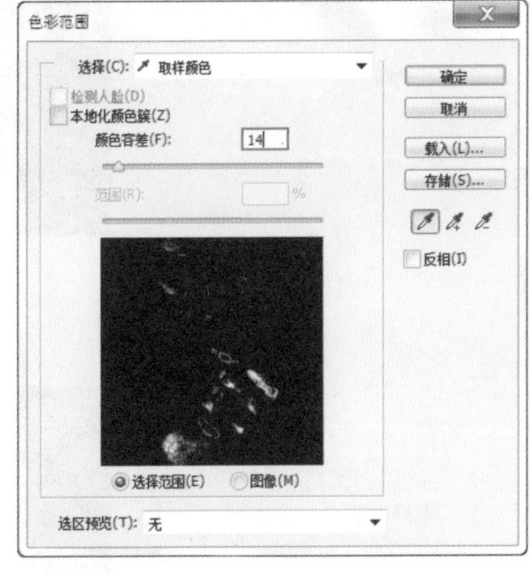

图 10-60

图 10-61

（3）执行“图层 > 新建调整图层 > 曲线”命令，弹出“曲线”对话框后调整曲线，将选区内容提亮，曲线形态如图 10-62 所示。效果如图 10-63 所示。

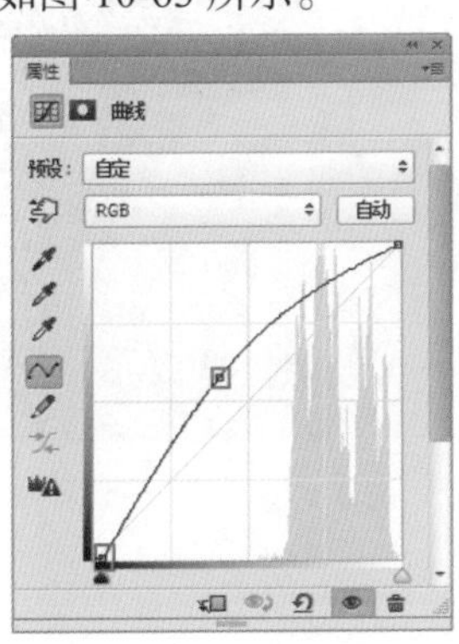

图 10-62

图 10-63

（4）接下来调整人物肤色。首先执行“图层 > 新建调整图层 > 可选颜色”命令，弹出“可选颜色”对话框后设置“颜色”为“红色”，调节青色为 +52%，黄色为 +100%，黑色为 +61%，参数设置如图 10-64 所示。再设置“颜色”为“黄色”，调节青色为 +100%，洋红为 +49%，参数设置如图 10-65 所示。效果如图 10-66 所示。

图 10-64

图 10-65

图 10-66

（5）接下来执行“图层 > 新建调整图层 > 色彩平衡”命令，弹出“色彩平衡”对话框后设置“色调”为“中间调”，调节“青色红色”项为 +27，“洋红绿色”项为 +1，“黄色蓝色”项为 –20，参数设置如图 10-67 所示。效果如图 10-68 所示。

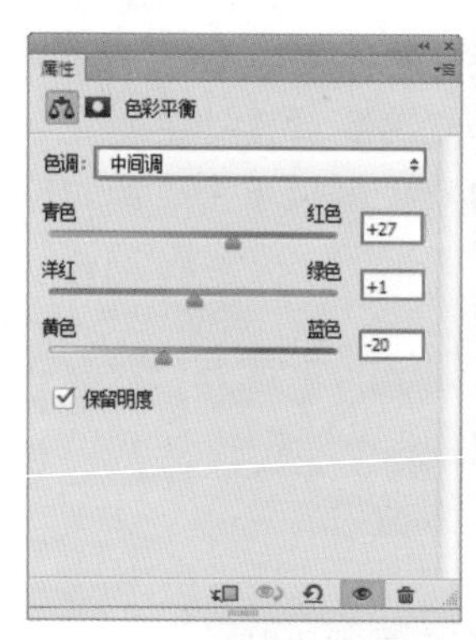

图 10-67

图 10-68

（6）使用“曲线”工具将人物皮肤压暗。执行“图层 > 新建调整图层 > 曲线”命令，弹出“曲线”对话框后调整曲线，曲线形态如图 10-69 所示。效果如图 10-70 所示。

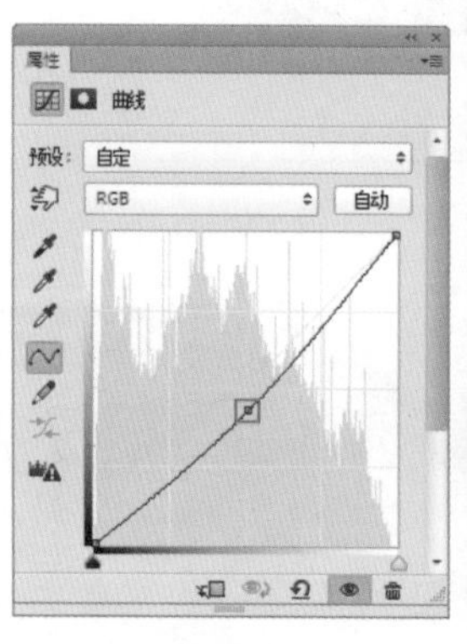

图 10-69

图 10-70

（7）因为我们只想压暗人物的皮肤，接下来将前景色设置为黑色，单击工具箱中的“画笔工具”，在画笔选取器中选择“大小”合适，“硬度”为 0 的柔角笔尖在人物的头发与眉毛等部位涂抹，蒙版形态如图 10-71 所示。效果如图 10-72 所示。

图 10-71

图 10-72

（8）执行“图层 > 新建调整图层 > 色相”命令，弹出“色相 / 饱和度”对话框后设置“全图”中“色相”为 +8，“饱和度”为 +3，“明度”为 0，参数设置如图 10-73 所示。再设置“红色”中“色相”为 0，“饱和度”为 +34，“明度”为 –23，参数设置如图 10-74 所示。效果如图 10-75 所示。

图 10-73

图 10-74

图 10-75

（9）将人物的头发还原成原来的颜色。首先单击图层面板下方的“创建新组”按钮，然后将背景图层以外的所有图层全部选中，拖动到组中。然后单击图层面板下方的“添加图层蒙版”按钮，为组添加图层蒙版。接着用黑色柔角画笔在人物的头发部位涂抹，蒙版形态如图 10-76 所示。效果如图 10-77 所示。

图 10-76

图 10-77

（10）对人物进行最后调整。首先使用盖印图层快捷键 <Ctrl+Shift+Alt+E> 盖印图层。执行“滤镜 >Imagenomic>Portraiture”命令，使用外挂滤镜给人物磨皮，效果如图 10-78 所示。然后执行“滤镜 > 锐化 > 智能锐化”命令，弹出“智能锐化”对话框后设置“数量”为 80%，“半径”为 20 像素，参数设置以及效果如图 10-79 所示。

图 10-78

图 10-79

10.3 面部修饰

10.3.1 实例：瘦脸

案例文件：	瘦脸 .psd
视频教学：	瘦脸 .flv

案例效果：

操作步骤：

（1）执行“文件 > 打开”命令，打开图片“1.jpg”，如图 10-80 所示。

图 10-80

（2）首先放大人物双眼。为保护原图层，使用快捷键 <Ctrl+J> 复制背景图层。对新图层执行“滤镜 > 液化”命令，弹出“液化”对话框后单击“膨胀工具”，设置“画笔大小”为 100，“画笔密度”为 50，“画笔速率”为 50。使用鼠标指针在人物眼睛位置单击，放大眼睛，参数设置以及效果如图 10-81 所示。使用相同方法放大另外一只眼睛，如图 10-82 所示。

图 10-81

图 10-82

（3）调整人物脸形。首先单击“液化”对话框的“冻结蒙版工具”，设置“画笔大小”为 50。然后在人物的五官以及项链处进行涂抹，冻结该区域，使之不发生变形，如图 10-83 所示。单击“向前变形工具”，设置“画笔大小”为 50，“画笔密度”为 100，“画笔压力”为 65，在人物的额头以及脸颊两侧以推进的方式进行调整，参数设置以及效果如图 10-84 所示。

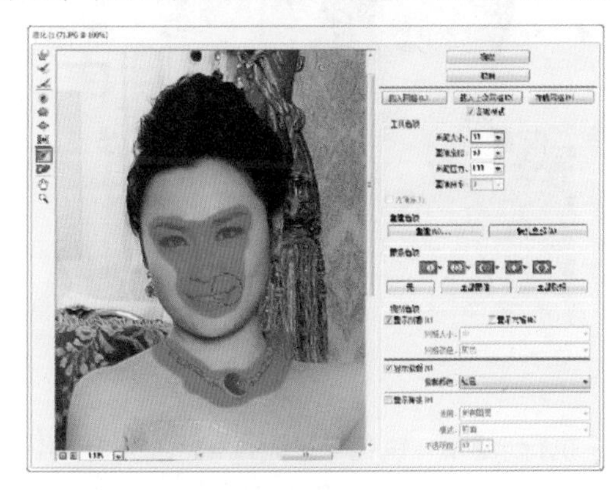

图 10-83

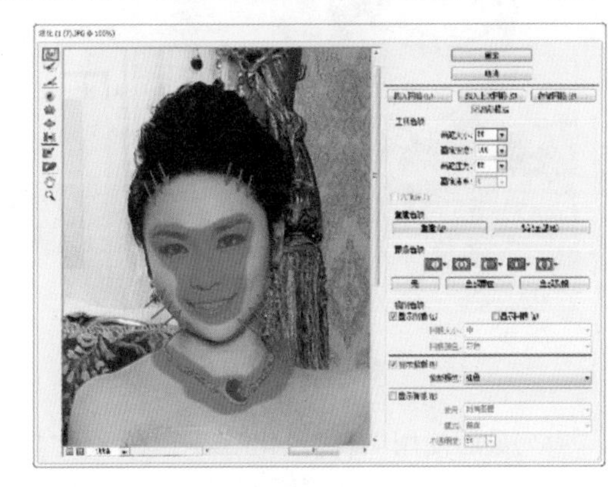

图 10-84

（4）单击“解冻蒙版工具”，擦除冻结蒙版区域，如图 10-85 所示。

图 10-85

第 10 章

（5）调整人物唇形。首先单击“冻结蒙版工具”，沿人物的脸颊以及下巴涂抹，防止变形。再单击“向前变形工具”调整人物唇形，效果如图 10-86 所示。

图 10-86

（6）单击“褶皱工具”，设置“画笔大小”为 100、“画笔密度”为 50，“画笔速率”为 20，在人物的嘴唇上单击，缩小人物的嘴唇，如图 10-87 所示。解冻蒙版，再次使用“褶皱工具”在人物的鼻子上单击，使鼻子看起来更加小巧，如图 10-88 所示。液化调整完毕后按下“确定”按钮完成操作。

图 10-87

图 10-88

（7）最后使用“智能锐化”令图像变得更加清晰。执行“滤镜 > 锐化 > 智能锐化”命令，弹出“智能锐化”对话框后设置“数量”为 100%，“半径”为 0.5 像素，参数设置以及效果如图 10-89 所示。调整完毕后按下“确定”按钮完成操作，最终效果如图 10-90 所示。

图 10-89

图 10-90

10.3.2　实例：放大双眼 + 浓密眉毛

案例文件：	放大双眼 + 浓密眉毛 .psd
视频教学：	放大双眼 + 浓密眉毛 .flv

案例效果：

操作步骤：

（1）拍照时眯眼了怎么办？可以使用“液化”滤镜中的“膨胀工具”，轻轻一点就可将眼睛放大。执行“文件 > 打开”命令，打开图片“1.jpg”，如图 10-91 所示。为保护原图，使用快捷键 <Ctrl+J> 复制背景图层。

图 10-91

（2）首先使用“液化”放大宝宝的双眼。对新图层执行“滤镜 > 液化”命令，弹出“液化”对话框后单击“膨胀工具”，设置“画笔大小”为 100，“画笔密度”为 50，“画笔速率”为 80。然后用鼠标指针在宝宝的眼睛上单击，放大双眼，参数设置以及效果如图 10-92 所示。调整完毕后按下“确定”按钮完成操作。

（3）接下来使用“曲线”来提亮宝宝的双眼。执行“图层 > 新建调整图层 > 曲线”命令，弹出“曲线”对话框后调整曲线形态，曲线形态如图 10-93 所示。效果如图 10-94 所示。

图 10-92

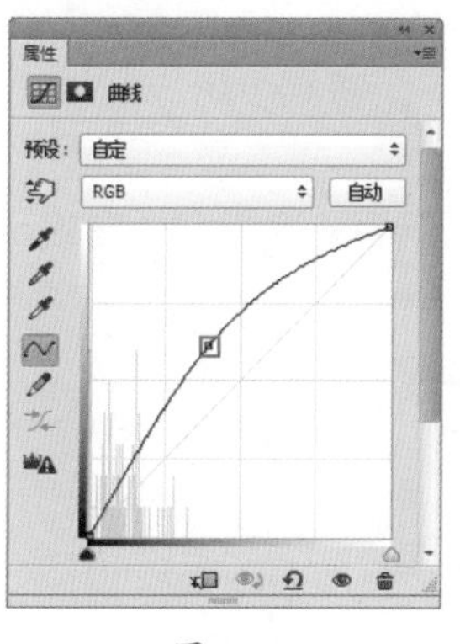

图 10-93

图 10-94

（4）因为我们只想提亮宝宝的双眼，接下来将前景色设置为黑色，使用填充前景色快捷键 <Alt+Delete> 填充“曲线”的图层蒙版。再将前景色设置为白色，单击工具箱中的“画笔工具”，在画笔选取器中选择“大小”合适，“硬度”为 0 的柔角画笔在宝宝的双眼涂抹，效果如图 10-95 所示。

图 10-95

（5）最后使宝宝的眉毛变得浓密。执行“图层 > 新建调整图层 > 曲线”命令，弹出“曲线”对话框后先在“RGB”通道中调整曲线形态，降低亮度，曲线形态如图 10-96 所示。效果如图 10-97 所示。

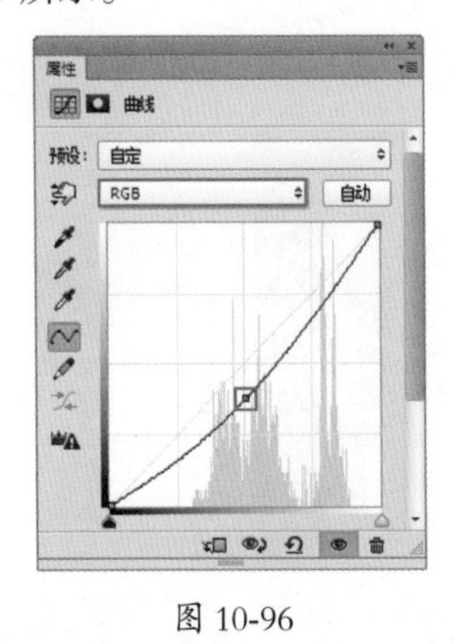

图 10-96

图 10-97

（6）此时发现宝宝的眉毛偏红色，接下来在“红”通道中调整曲线形态，降低眉毛中的红色，曲线形态如图 10-98 所示。效果如图 10-99 所示。单击工具箱中的“画笔工具”，在画笔选取器中选择特殊的笔刷，在画笔面板中设置合适的参数，利用上述方法将眉毛以外的效果隐藏，最终效果如图 10-100 所示。

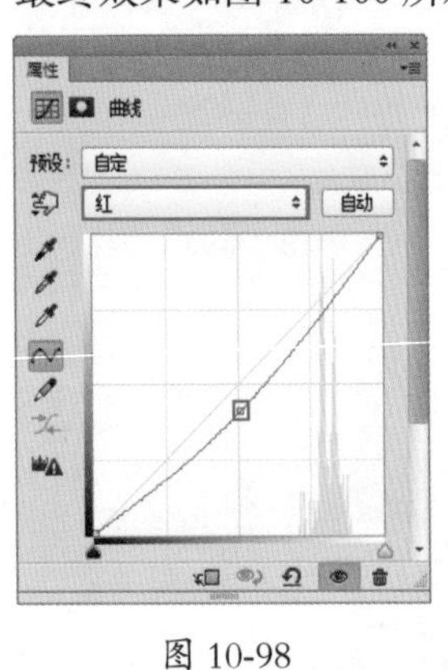

图 10-98

图 10-99

图 10-100

10.3.3 实例：幽绿双眸

案例文件：	幽绿双眸 .psd
视频教学：	幽绿双眸 .flv

案例效果：

操作步骤：

（1）现在为了拍出神采奕奕的人像照片，很多女孩子都会尝试佩戴“美瞳”。佩戴“美瞳”不仅会给人一种眼睛变大的错觉，而且不同颜色的“美瞳”还能制造出奇妙的视觉效果。当然这些效果也可以通过Photoshop进行后期调色。执行“文件 > 打开”命令，打开图片“1.jpg”，如图10-101所示。

图10-101

（2）首先我们来使人物眼球部分的黑白对比更加明显。单击工具箱中的“加深工具”按钮，在人物眼睛深色的部分涂抹，使颜色加深，效果如图10-102所示。再单击“减淡工具”按钮，在眼睛白色的部分涂抹，使眼睛更加明亮，效果如图10-103所示。

图10-102

图10-103

（3）使用“曲线”工具增强人物眼睛的明暗对比，使眼睛看起来更加深邃。执行“图层 > 新建调整图层 > 曲线”命令，弹出“曲线”对话框后调整曲线，曲线形态如图10-104所示。效果如图10-105所示。

（4）因为我们只想调整人物的眼睛部分，接下来设置前景色为黑色，选中“曲线1”图层蒙版，使用填充前景色快捷键<Alt+Delete>进行填充。再设置前景色为白色，单击工具箱中的“画笔工具”，在画笔选取器中选择“大小”合适，“硬度”为0的柔角画笔在人物眼球的白色部分进行涂抹，效果如图10-106所示。

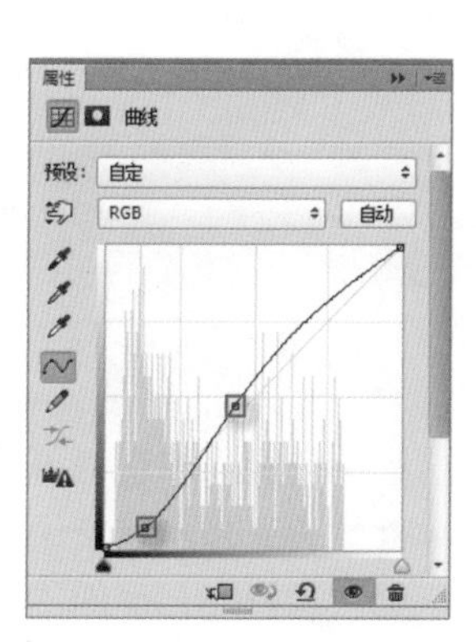

图10-104

图10-105

图10-106

第10章

（5）接下来制作眼球下方的弧形亮光部分。首先新建图层“弧”，单击工具箱中的“自由钢笔工具”按钮，在选项栏中设置“绘制模式”为“路径”，在眼球的下方绘制一个月牙形，如图 10-107 所示。绘制完成后，按下快捷键 <Ctrl+Enter> 将路径转换为选区。再设置前景色为白色，填充选区。在图层面板中设置图层“混合模式”为“柔光”，如图 10-108 所示。此时画面效果如图 10-109 所示。

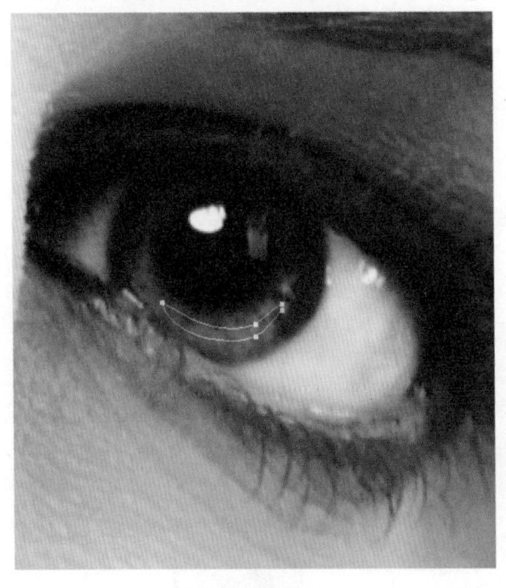

图 10-107　　图 10-108　　图 10-109

（6）制作反光部分。首先新建图层，按上述方法在右眼球的左侧绘制不规则的形状，如图 10-110 所示。绘制完成后，按下快捷键 <Ctrl+Enter> 将路径转换为选区。再单击工具箱中的“渐变工具”按钮，设置一个从白色到透明的渐变。在选项栏中选择“径向渐变”，按住鼠标左键，自选区的左边拖动鼠标形成渐变，如图 10-111 所示。再设置图层的“不透明度”为 60%，此时画面效果如图 10-112 所示。

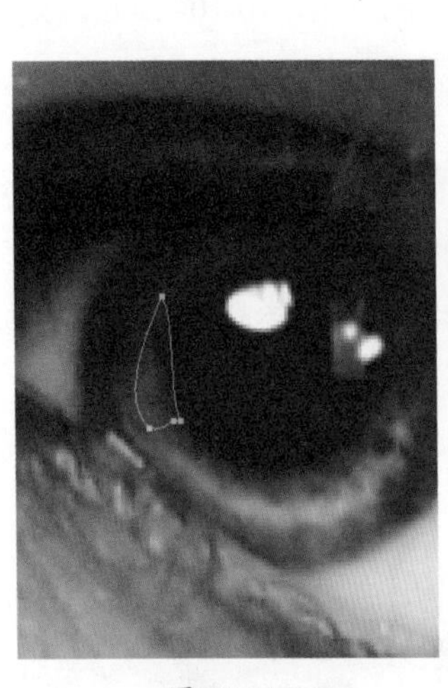

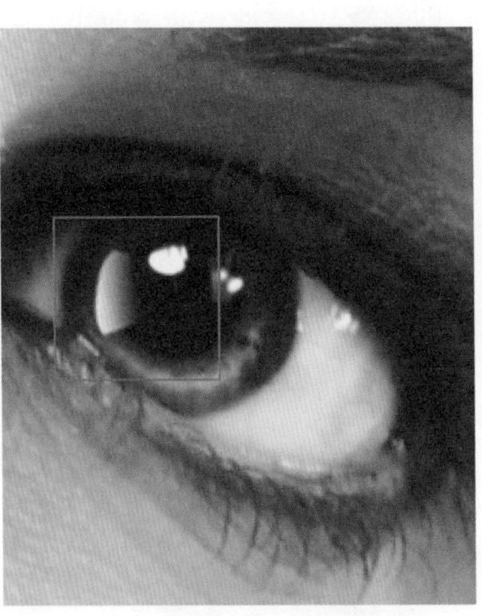

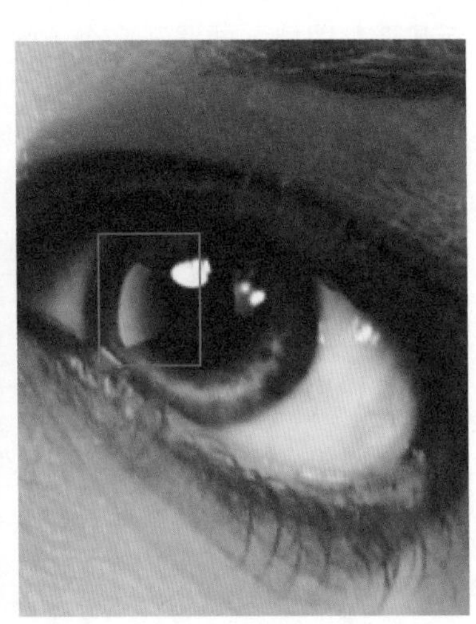

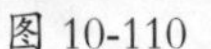

图 10-110　　图 10-111　　图 10-112

（7）改变眼睛颜色。首先新建图层，命名为“绿色”。然后将前景色设置为绿色，单击工具箱中的“画笔工具”，在画笔选取器中选择“大小”合适，“硬度”为 0 的柔角笔尖在人物眼球部分涂抹，效果如图 10-113 所示。再设置该图层“混合模式”为“颜色”，如图 10-114 所示。此时画面效果如图 10-115 所示。

图 10-113

图 10-114

图 10-115

（8）接下来我们来制作眼球光晕部分。首先新建图层，命名为“放射”。单击工具箱中的“矩形选框工具” 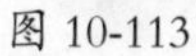，在人物的右眼部位绘制选区，设置前景色为黑色，使用填充快捷键 <Alt+Delete> 进行填充。再使用“自由变换工具”快捷键 <Ctrl+T> 调出定界框，调整矩形的位置，如图 10-116 所示。接着执行“滤镜 > 杂色 > 添加杂色”命令，设置“数量”为 400%，勾选“高斯分布”，参数设置如图 10-117 所示。画面效果如图 10-118 所示。

图 10-116

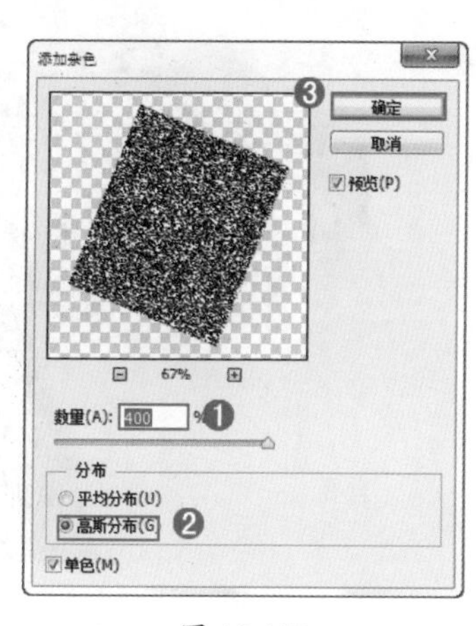

图 10-117

图 10-118

（9）执行“滤镜 > 模糊 > 径向模糊”命令，勾选“缩放”，设置“数量”为 100，参数设置如图 10-119 所示。画面效果如图 10-120 所示。

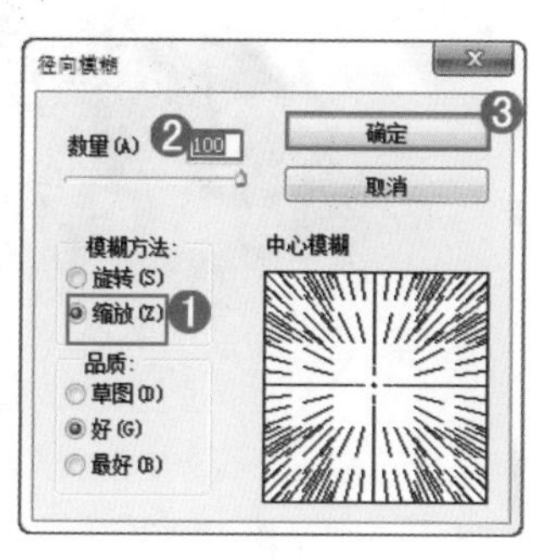

图 10-119

图 10-120

（10）设置“放射”图层“混合模式”为“滤色”，如图 10-121 所示。此时画面效果如图 10-122 所示。

（11）将“放射”图层多余部分隐藏。单击图层面板下方的“添加图层蒙版”按钮，为该图层添加图层蒙版。设置前景色为黑色，单击工具箱中的“画笔工具”，在画笔选取器中选择“大小”合适，“硬度”为 0 的柔角画笔，在深色眼球以外的部分以及瞳孔的部分涂抹，将其隐藏，如图 10-123 所示。

图 10-121

图 10-122

图 10-123

（12）制作高光部分。设置前景色为白色，单击工具箱中的“画笔工具”，在画笔选取器中选择“大小”合适，“硬度”为 0 的柔角笔尖在眼球部分单击，形成高光，如图 10-124 所示。为了增强效果，我们使用快捷键 <Ctrl+J> 将“放射”图层与“绿色”图层分别复制，并将新图层移至高光图层上方，效果如图 10-125 所示。

图 10-124

图 10-125

（13）制作左眼。首先单击图层面板下方的“创建新组”按钮，将制作右眼的所有图层选中并拖动到组中。然后使用快捷键 <Ctrl+J> 复制组，使用“移动工具”将新组移动至左眼，如图 10-126 所示。利用上述方法将头发上的绿色隐藏，如图 10-127 所示。

图 10-126

图 10-127

（14）最后我们来为人物添加睫毛，使人物的眼睛更加迷人。首先执行“编辑 > 预设 > 预设管理器”命令，弹出“预设管理器”对话框后设置“预设类型”为“画笔”，单击“载入”按钮，如图 10-128 所示。弹出“载入”对话框后找到预先保存的睫毛画笔，单击下方“载入”按钮，完成画笔载入。接着新建图层，将前景色设置为黑色，单击工具箱中的“画笔工具”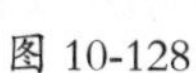，在画笔选取器中选择睫毛画笔，在人物的眼部单击画笔，再使用“自由变换工具”快捷键 <Crtl+T> 调出定界框，旋转调整睫毛与人物的睫毛融合，最终如图 10-129 所示。

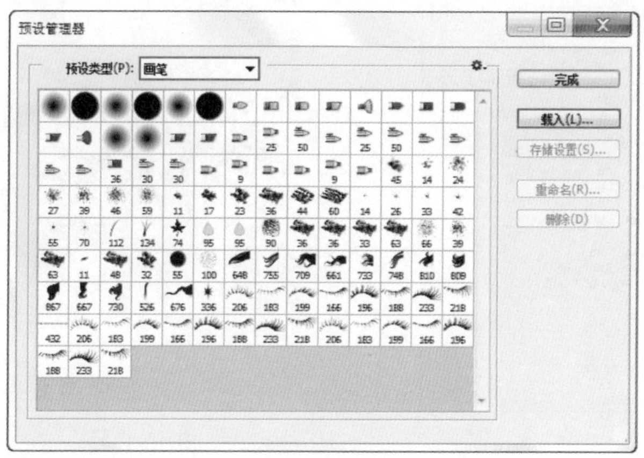

图 10-128

图 10-129

10.3.4　实例：纤长睫毛

案例文件：	纤长睫毛 .psd
视频教学：	纤长睫毛 .flv

案例效果：

操作步骤：

（1）眼睛是面部的核心，是心灵的对话框。在化妆时贴上假睫毛是非常常见的做法，不仅能够使睫毛变得纤长，更主要的是能够产生眼睛变大的错觉。执行“文件 > 打开”命令，打开照片“1.jpg”，如图 10-130 所示。

图 10-130

（2）载入睫毛画笔。执行“编辑 > 预设 > 预设管理器”命令，弹出“预设管理器”对话框后设置“预设类型”为“画笔”，单击“载入”按钮，如图 10-131 所示。弹出“载入”对话框后找到预先保存的睫毛画笔，单击下方“载入”按钮，完成画笔载入。接着新建图层，将前景色设置为黑色，单击工具箱中的“画笔工具”，在画笔选取器中选择睫毛画笔，在新图层上单击，如图 10-132 所示。

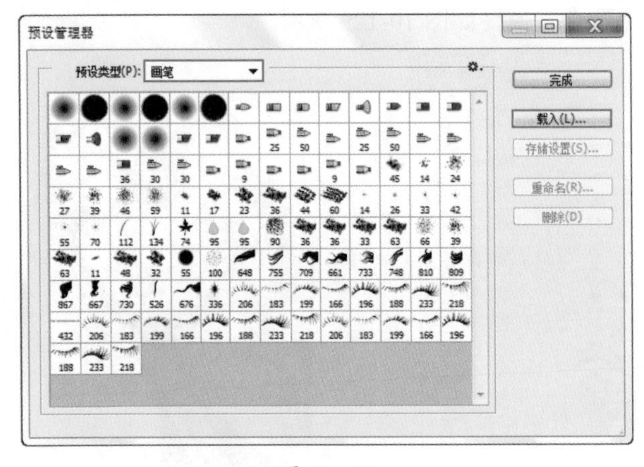

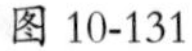

图 10-131

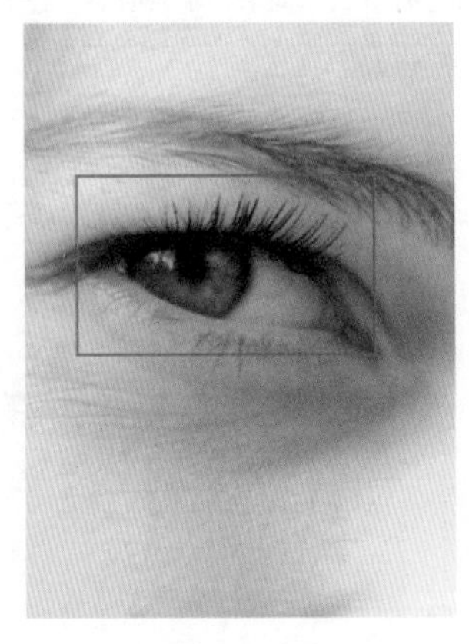

图 10-132

（3）调整睫毛。执行“编辑 > 变换 > 水平翻转”命令，将睫毛水平翻转，如图 10-133 所示。再执行“编辑 > 变换 > 变形”命令，拖动控制点来调整睫毛形态，效果如图 10-134 所示。

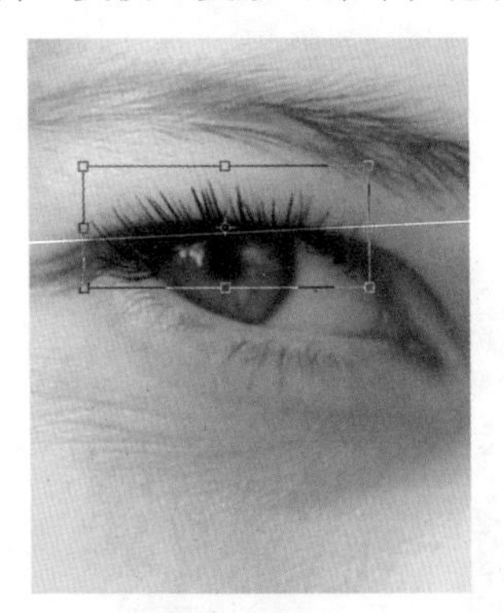

图 10-133

图 10-134

（4）制作右眼睫毛。使用快捷键 <Ctrl+J> 制左眼睫毛并将其移动到右眼上。执行“编辑 > 变换 > 水平翻转”命令，再将其旋转合适角度，最终效果如图 10-135 所示。

图 10-135

10.3.5 实例：炫彩嘴唇

案例文件：	炫彩嘴唇 .psd
视频教学：	炫彩嘴唇 .flv

案例效果：

操作步骤：

（1）彩虹唇妆主要是指由多种颜色组成的唇妆，在生活中较为少见，主要适用于舞台妆、特效妆等。执行“文件 > 打开”命令，打开图片“1.jpg”，如图 10-136 所示。首先绘制一个彩色方框。新建图层，单击工具箱中的“矩形选框工具”，在新图层上绘制选区，如图 10-137 所示。然后将前景色设置为蓝色，使用填充前景色快捷键 <Alt+Delete> 填充选区，如图 10-138 所示。

图 10-136

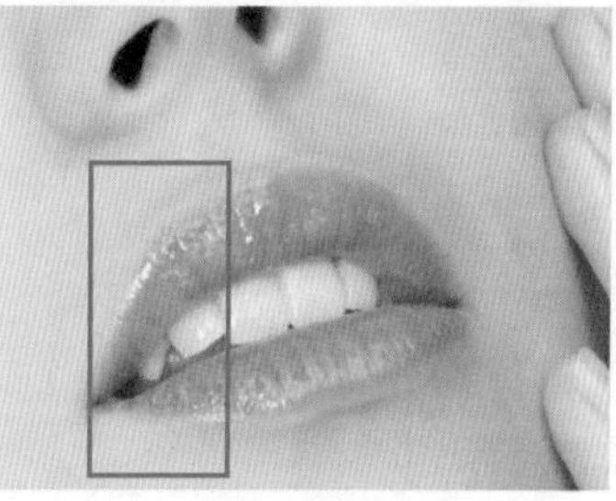
图 10-137

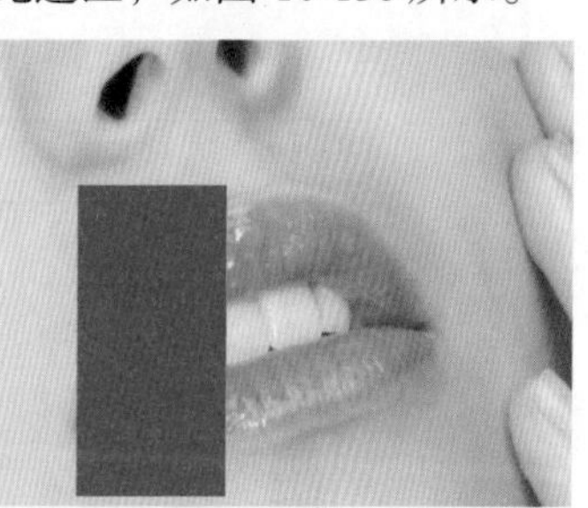
图 10-138

（2）接着绘制选区，将前景色设置为黄色，填充选区，如图 10-139 所示。利用相同方法制作出彩色方框，如图 10-140 所示。

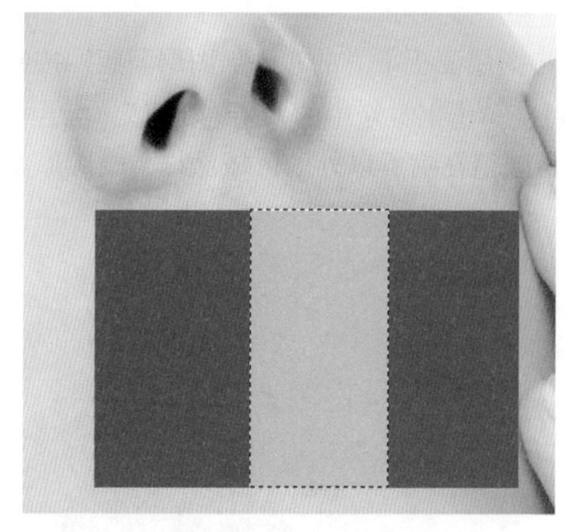
图 10-139

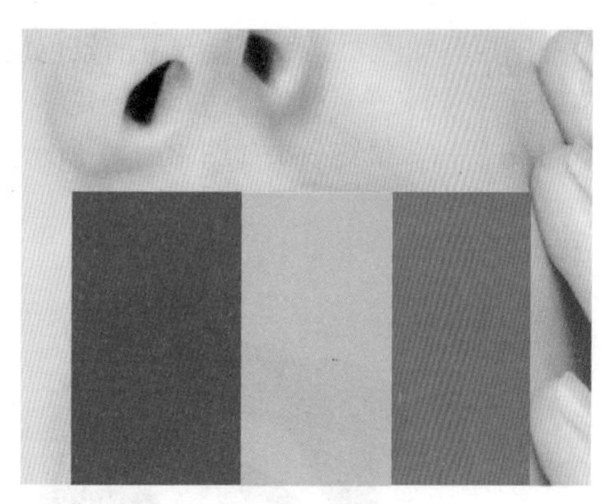
图 10-140

（3）设置方框图层“混合模式”为“柔光”，如图 10-141 所示。效果如图 10-142 所示。

图 10-141

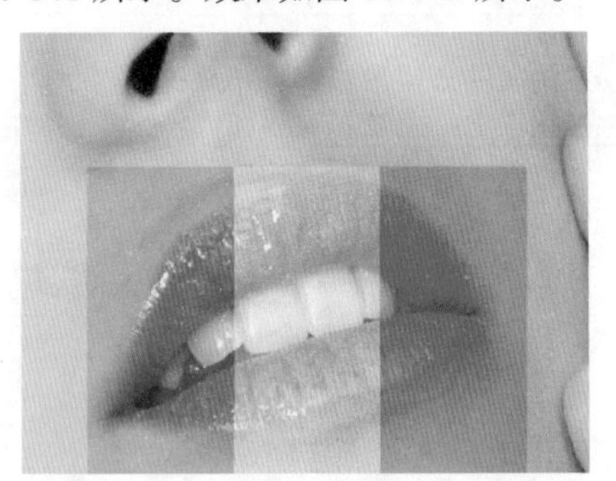

图 10-142

（4）使用“自由变换工具”快捷键 <Ctrl+T> 调出定界框，旋转彩色方框至合适角度，如图 10-143 所示。为增加真实感，接着执行“滤镜 > 模糊 > 高斯模糊”命令，弹出“高斯模糊”对话框，参数设置如图 10-144 所示。效果如图 10-145 所示。

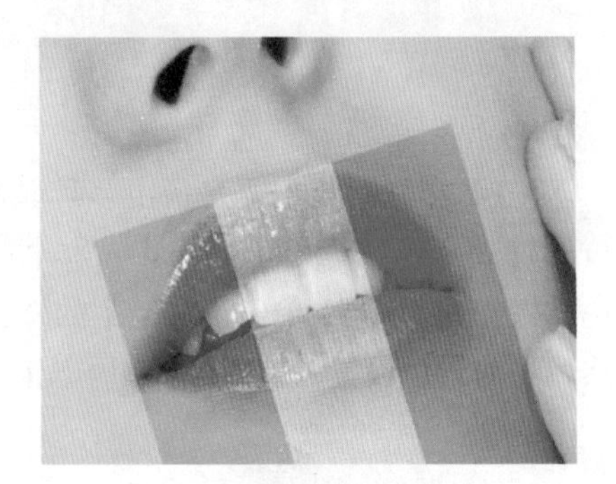

图 10-143

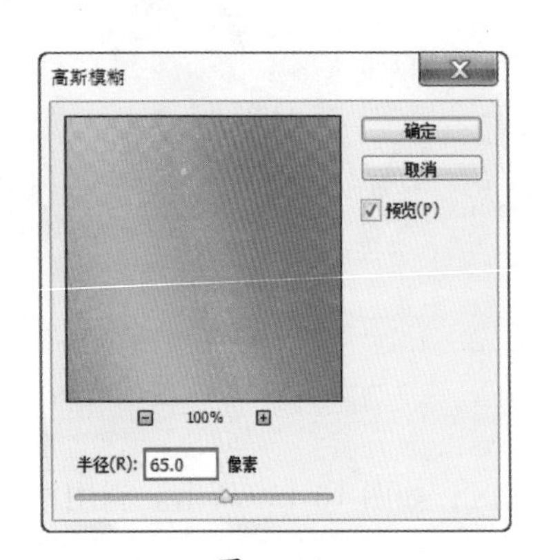

图 10-144

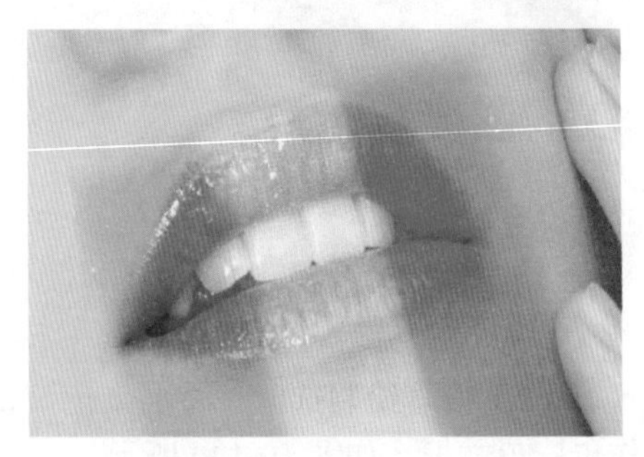

图 10-145

（5）利用“图层蒙版”将多余的部分隐藏。单击图层面板下方的“添加图层蒙版”按钮，为方框图层添加图层蒙版。接着将前景色设置为黑色，单击工具箱中的“画笔工具”，在画笔选取器中选择“大小”合适，“硬度”为 0 的柔角画笔在嘴唇以外的区域涂抹，蒙版形态如图 10-146 所示。最终效果如图 10-147 所示。

图 10-146

图 10-147

10.3.6 实例：美白牙齿

案例文件：	美白牙齿 .psd
视频教学：	美白牙齿 .flv

案例效果：

操作步骤：

（1）白色的牙齿代表着健康、干净，但是我们很难拥有一口像电视广告中主角那样的洁白的牙齿。我们可以通过使用 Photoshop 为牙齿美白。执行“文件 > 打开”命令，打开图片“1.jpg”，如图 10-148 所示。

图 10-148

（2）接下来利用“曲线”工具来提亮人物牙齿。执行“图层 > 新建调整图层 > 曲线”命令，弹出曲线对话框后调整曲线，将牙齿的暗部与灰部提亮，曲线形态如图 10-149 所示。效果如图 10-150 所示。

图 10-150

（3）因为我们只想调整人物的牙齿，接下来将前景色设置为黑色，使用填充前景色快捷键 <Alt+Delete> 填充“曲线”图层蒙版。单击工具箱中的“钢笔工具”，设置“绘制模式”为“路径”，沿人物的牙齿轮廓进行绘制，如图 10-151 所示。按下快捷键 <Ctrl+Enter> 将路径转换为选区。再将前景色设置为白色，填充图层蒙版上的选区，效果如图 10-152 所示。

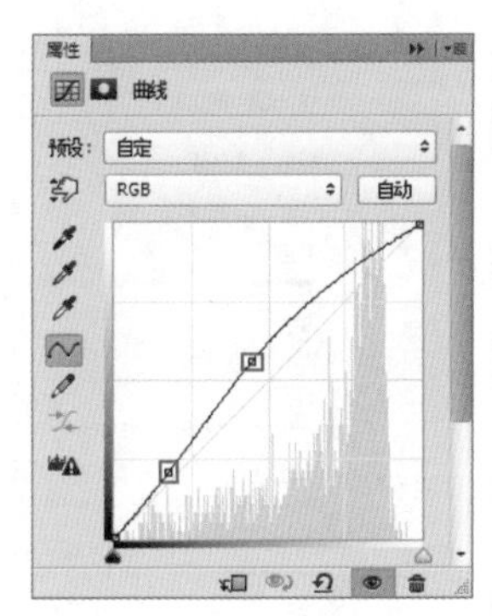

图 10-149

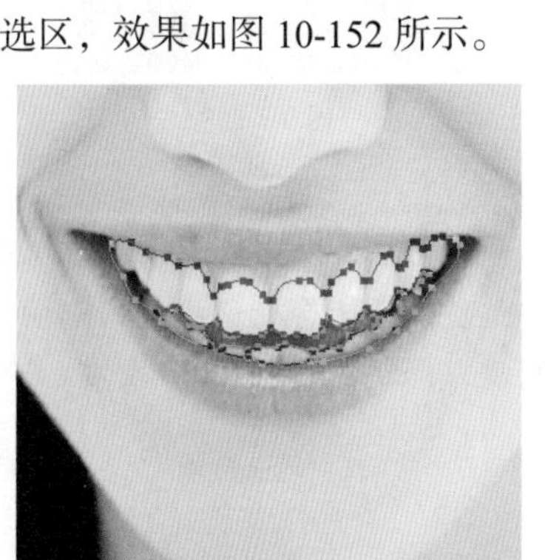

图 10-151

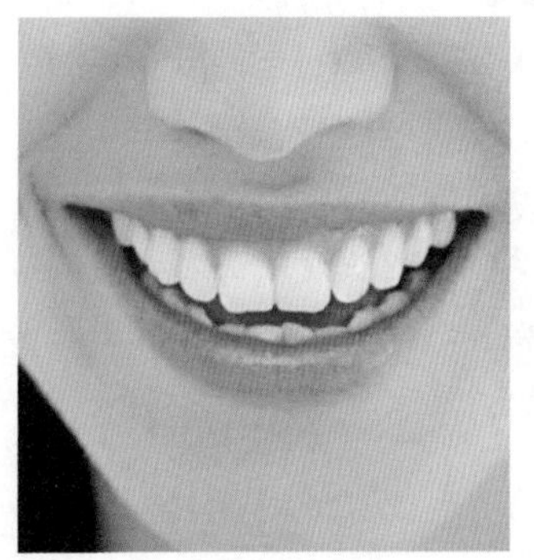

图 10-152

10.3.7 实例：纯真黑发

案例文件：	纯真黑发 .psd
视频教学：	纯真黑发 .flv

案例效果：

操作步骤：

（1）在我国的一些证件照上，人物的头发必须是黑色的。但是对于一些染过色的头发，也不能为了一次拍摄而将头发染回黑色。我们可以通过后期处理，将头发颜色调整为黑色。打开人物素材“1.jpg”，如图 10-153 所示。执行“图层 > 新建调整图层 > 黑白”命令，此时在属性面板中的“黑白”参数为默认数值，如图 10-154 所示。接着画面会变为黑色，如图 10-155 所示。

图 10-153

图 10-154

图 10-155

小技巧：如何让头发的调色效果更加自然？

在现实生活中，没有纯黑色的头发。头发都是微微有一些偏黄，或者会受环境色的影响。若要将头发的调色效果更加自然，可以降低调整图层的不透明度，降低至 80%~90% 左右。

（2）接着利用图层蒙版将头发以外的调色效果进行隐藏。选择图层蒙版，使用黑色的柔角画笔在头发之外进行图层涂抹，图层蒙版状态如图 10-156 所示。此时画面效果如图 10-157 所示。

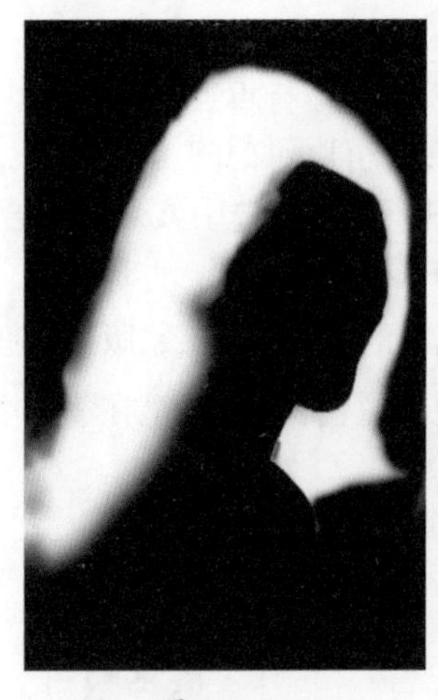

图 10-156　　图 10-157

（3）此时可以看到，默认参数调整的头发颜色并不自然。接着可以在“属性”面板调整参数。设置“红色”为 –60，“黄色”为 21，“绿色”为 40，“青色”为 60，“蓝色”为 20，“洋红”为 80，参数设置如图 10-158 所示。画面效果如图 10-159 所示。

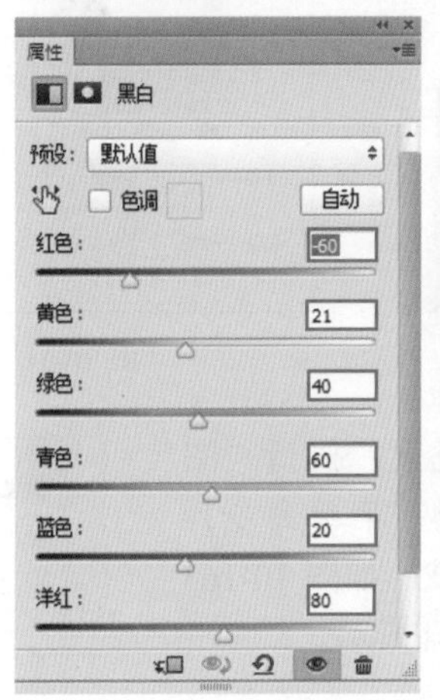

图 10-158　　图 10-159

10.3.8　实例：金红挑染长发

案例文件：	金红挑染长发 .psd
视频教学：	金红挑染长发 .flv

案例效果：

操作步骤：

（1）挑染是近年来美发界的流行重点，挑染可以使秀发更有光泽也更有层次。在本案例中，将头发变成一头金发，执行“文件 > 打开”菜单命令，打开人像素材“1.jpg”，如图 10-160 所示。首先，要使用“表面模糊”进行磨皮。选中该人像图层，执行“滤镜 > 模糊 > 表面模糊”菜单命令，在弹出的表面模糊对话框中设置“半径”为 8 像素，“阈值”为 15 色阶，参数设置如图 10-161 所示。然后单击图层面板底端的“添加图层蒙版”按钮，为图层添加蒙版，选择工具箱中的“画笔工具”，设置画笔颜色为黑色，使用画笔在蒙版中涂抹人像头发区域，效果如图 10-162 所示。

图 10-160

图 10-161

图 10-162

（2）下面调整人像亮度，执行“图层 > 新建调整图层 > 曲线”菜单命令，在属性面板中调节曲线形状，如图 10-163 所示。画面效果如图 10-164 所示。

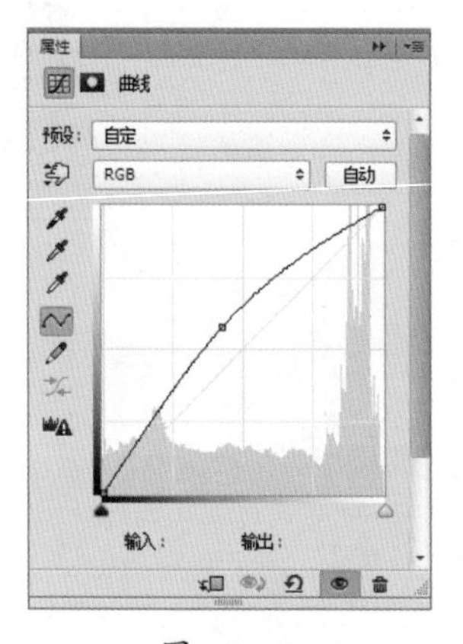

图 10-163

图 10-164

（3）接下来调节人物头发颜色。新建图层，在工具箱中选择“画笔工具”，在选项栏中设置适当的画笔大小，设置画笔颜色为红色，然后使用画笔在图层中涂抹人像头发部分，如图 10-165 所示。设置其图层“混合模式”为“柔光”，效果如图 10-166 所示。

图 10-165

图 10-166

（4）继续新建图层，使用“画笔工具”并设置颜色为黄色，使用画笔在图层中涂抹，如图 10-167 所示。然后设置其图层“混合模式”为“柔光”，效果如图 10-168 所示。

图 10-167

图 10-168

（5）然后继续对头发颜色进行细致调整，新建图层命名为“图层 3”，使用画笔工具，并适当将画笔调小，设置画笔颜色为黄色，然后对头发细小部分进行涂抹，如图 10-169 所示。设置其图层“混合模式”为“柔光”，效果如图 10-170 所示。

图 10-169

图 10-170

（6）最后对人物眼睛部分进行调整，为人物绘制眼部彩妆。新建图层，然后使用画笔工具，适当调整画笔大小及不透明度，并设置画笔颜色为红色，然后在图层中眼睛上方处进行绘制，以制作眼影效果，如图 10-171 所示。绘制完成后，设置其图层“混合模式”为“正片叠底”，画面最终效果如图 10-172 所示。

图 10-171

图 10-172

（7）还可以新建“色相 / 饱和度”调整图层，通过拖动“色相”滑块，去查看其他的调色效果。例如紫色和红色的挑染效果，如图 10-173 和图 10-174 所示。

图 10-173

图 10-174

10.4 人像照片精修

10.4.1 实例：去皱年轻化

案例文件：	去皱年轻化 .psd
视频教学：	去皱年轻化 .flv

案例效果：

操作步骤：

（1）随着年纪的增长，皮肤总是不可抗拒的开始松弛，失去原有的弹性。例如本案例中的照片素材“1.jpg”，由于面部肌肉松弛，法令纹和眼袋都很深，所以让整个人看起来略微“显老”。所以本案例主要为人像去除人物脸上的瑕疵、皱纹，提亮肤色和使用“液化”滤镜将肌肉向上提拉，使皮肤看起来更加紧致，整个人也就更加年轻。执行“文件 > 新建”命令，弹出“新建”对话框后设置“宽度”为 758 像素，“高度”为 1233 像素，“分辨率”为 72 像素 / 英寸，“背景内容”为白色，参数设置如图 10-175 所示。执行“文件 > 置入”命令，置入图片“1.jpg”，按下 <Enter> 键完成置入，执行“图层 > 栅格化 > 智能对象”命令，将其栅格化，如图 10-176 所示。

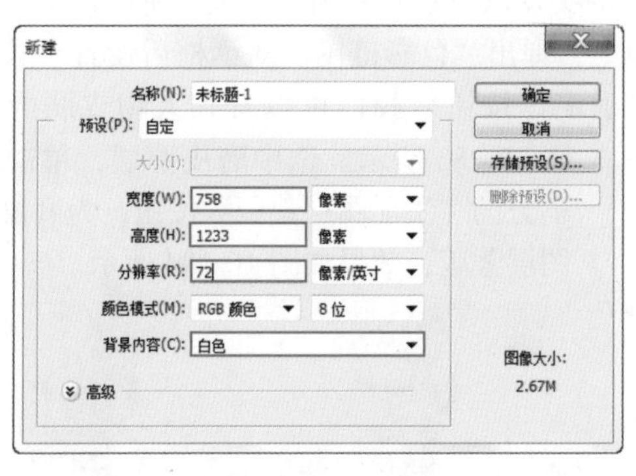

图 10-175

图 10-176

（2）首先使用“修补工具”去皱。单击工具箱中的“修补工具”，绘制出面部皱纹区域，如图 10-177 所示。鼠标指针拖动皱纹区域，将其移动到好的皮肤上，如图 10-178 所示。利用相同方法去除人物面部以及颈部皱纹，效果如图 10-179 所示。

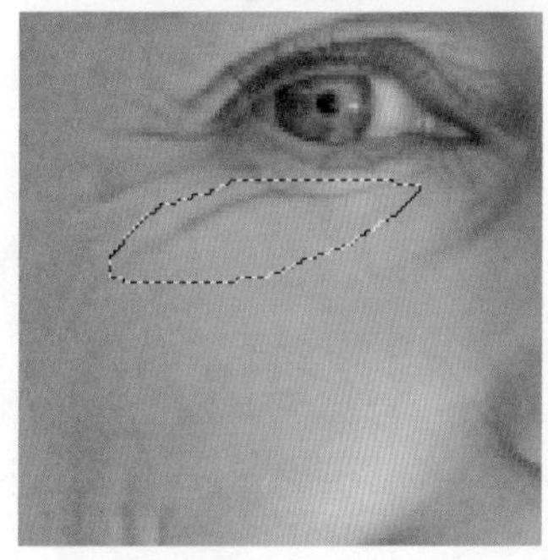

图 10-177

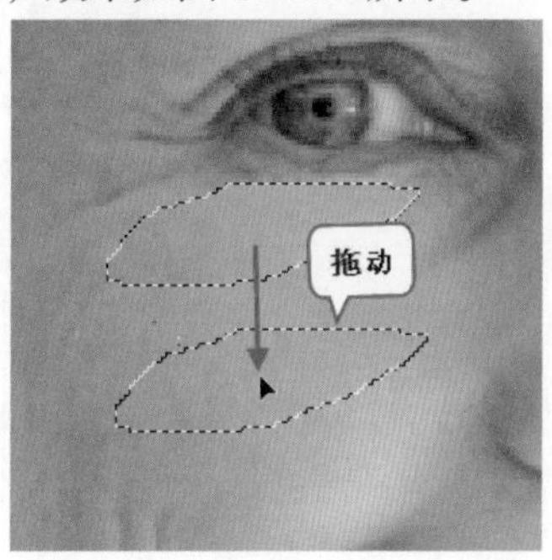

图 10-178

图 10-179

（3）接着使用“液化”提升人物皮肤。执行“滤镜 > 液化”命令，弹出“滤镜”对话框后单击“向前变形工具”按钮，设置“画笔大小”为 100，“画笔密度”为 10，“画笔压力”为 40，收缩人物的脸型，调整人物唇形。再单击“褶皱工具”按钮，单击人物的手臂部位，收缩手臂，参数设置以及效果如图 10-180 所示。

图 10-180

（4）下面利用外挂磨皮滤镜对人物进行“磨皮”操作。首先复制液化图层，执行“滤镜 >Imagenomic>Portraiture”命令，弹出“Portraiture”滤镜对话框，在这里首先使用左侧的吸管工具，在人像上需要进行磨皮的区域(也就是皮肤部分) 单击，随着单击，右侧的“蒙版预览”区域显示着受影响的范围。在左侧“细节平滑”选项组中设置合适的参数。设置完成后按下“确定”按钮完成操作，如图 10-181 所示。

图 10-181

（5）通过观察发现由于“磨皮”，人物的头发以及衣服的细节缺失，所以接下来制作出皮肤部分的选区。执行“选择 > 色彩范围”命令，弹出“色彩范围”对话框后设置“颜色容差”为 42，参数设置如图 10-182 所示。单击“确定”按钮后我们可以看到人物皮肤的选区，如图 10-183 所示。选中磨皮图层，单击图层面板下方的“添加图层蒙版”按钮，为磨皮图层添加图层蒙版，效果如图 10-184 所示。

图 10-182

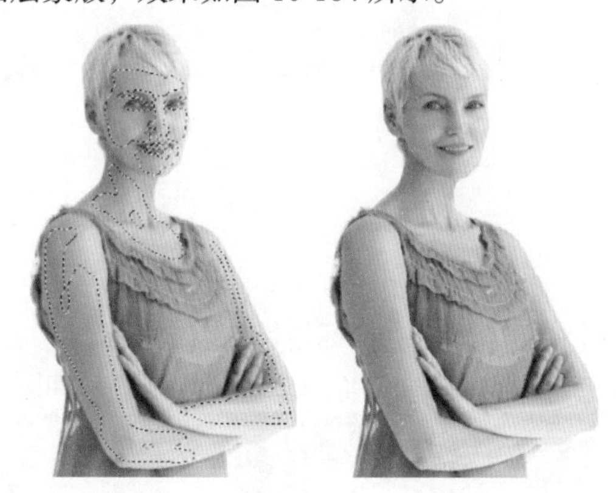

图 10-183　　图 10-184

（6）使用“智能锐化”使画面细节清晰。首先使用盖印图层快捷键 <Ctrl+Shift+Alt+E> 盖印图层，然后执行“滤镜 > 锐化 > 智能锐化”命令，弹出“智能锐化”对话框后设置“数量”为 72%，“半径”为 3.2 像素，参数设置以及效果如图 10-185 所示。

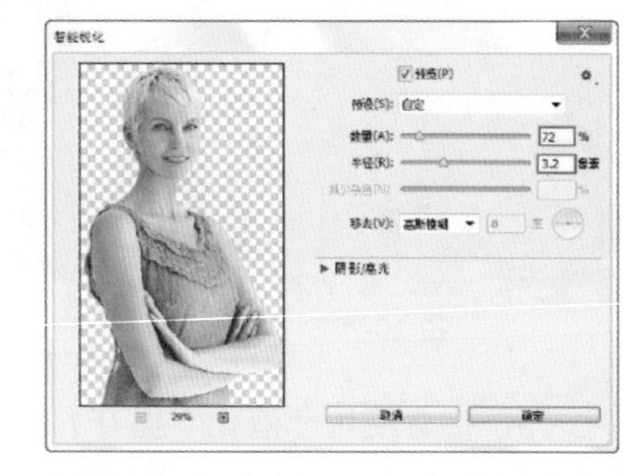

图 10-185

（7）为了让人物更显年轻，我们使用“曲线”工具来提亮人物的唇色以及衣服。执行“图层 > 新建调整图层 > 曲线”命令，弹出“曲线”对话框后调整曲线，曲线形态如图 10-186 所示。效果如图 10-187 所示。

（8）因为我们只想提亮人物的唇色以及衣服，所以接下来将前景色设置为黑色，单击工具箱中的“画笔工具”，在画笔选取器中选择“大小”合适，“硬度”为 0 的柔角画笔，在图层蒙版上绘制，将人物的唇色以及衣服以外的效果隐藏，蒙版形态如图 10-188 所示。效果如图 10-189 所示。

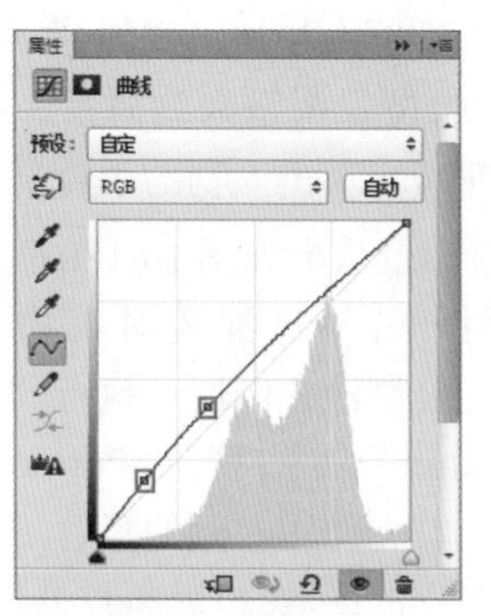

图 10-186

图 10-187

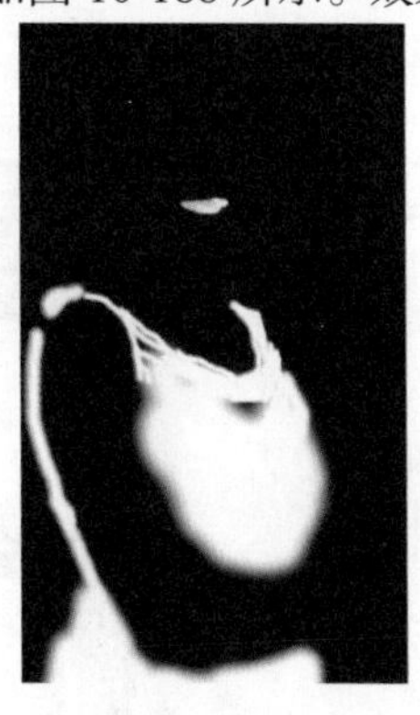

图 10-188

图 10-189

（9）接下来改变人物头发颜色。新建图层，将前景色设置为淡黄色，单击工具箱中的“画笔工具”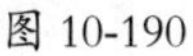，在画笔选取器中选择“大小”合适，“硬度”为 0 的柔角画笔在人物的头发上涂抹，如图 10-190 所示。设置图层的“混合模式”为“颜色加深”，如图 10-191 所示。效果如图 10-192 所示。

图 10-190

图 10-191

图 10-192

（10）改变人物衣服颜色。新建图层，将前景色设置为绿色，单击工具箱中的“画笔工具”，在画笔选取器中选择“大小”合适，“硬度”为 0 的柔角画笔在人物的衣服上涂抹，如图 10-193 所示。设置图层的“混合模式”为“柔光”，效果如图 10-194 所示。

（11）使用“曲线”工具提亮人物的阴影部分。执行“图层 > 新建调整图层 > 曲线”命令，弹出“曲线”对话框后调整曲线，曲线形态如图 10-195 所示。效果如图 10-196 所示。因为我们只想提亮人物的阴影部分，接下来利用黑色画笔在调整图层蒙版中涂抹人物阴影以外的区域，效果如图 10-197 所示。

图 10-193

图 10-194

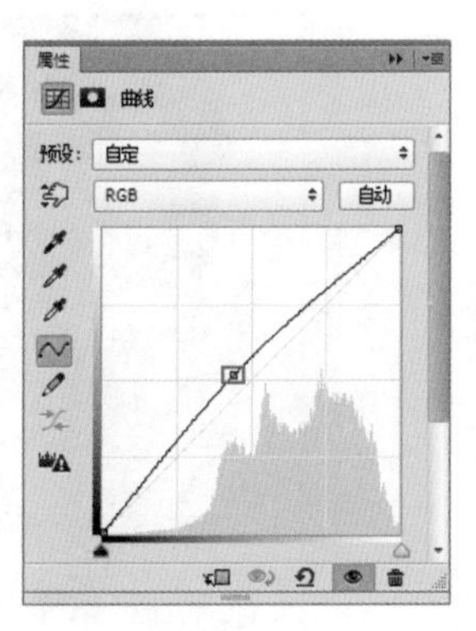

图 10-195

图 10-196

图 10-197

第
10
章

10.4.2 实例：自然日常妆面

案例文件：	自然日常妆面 .psd
视频教学：	自然日常妆面 .flv

案例效果：

操作步骤：

（1）执行“文件 > 打开”命令，打开一张日常拍摄的人像“1.jpq”，如图 10-198 所示。这张照片的效果基本可以代表平时我们在室内拍摄照片时的“常态”，整体偏灰、色感不足、人像变形、服装道具不够精致、妆面不细腻等，总之一句话：不够“高大上”！下面我们就来在 Photoshop 中对这张照片进行编修吧！

图 10-198

（2）首先观察图片，由于拍摄角度原因发现人物身体形态欠佳，所以我们使用“液化”进行调整。执行“滤镜 > 液化”命令，设置“画笔大小”为 500，“画笔密度”为 50，“画笔压力”为 100。使用“向前变形工具”来调整人物肩部，从人物外轮廓向内拖动，如图 10-199 所示。接着调整右手手肘，选择“褶皱工具”，设置“画笔大小”为 1000，“画笔密度”为 50，“画笔压力”为 100，在人物手肘处单击将其收缩，如图 10-200 所示。

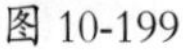

图 10-199

图 10-200

（3）为了使人物的皮肤看起来光滑细腻，所以我们使用“智能磨皮滤镜”对画面进行操作。执行“滤镜 >Imagenomic>portaiture”命令，用“吸管”吸取人物皮肤颜色后，调整“Sofetness”数值为 13，参数以及效果对比如图 10-201 所示。

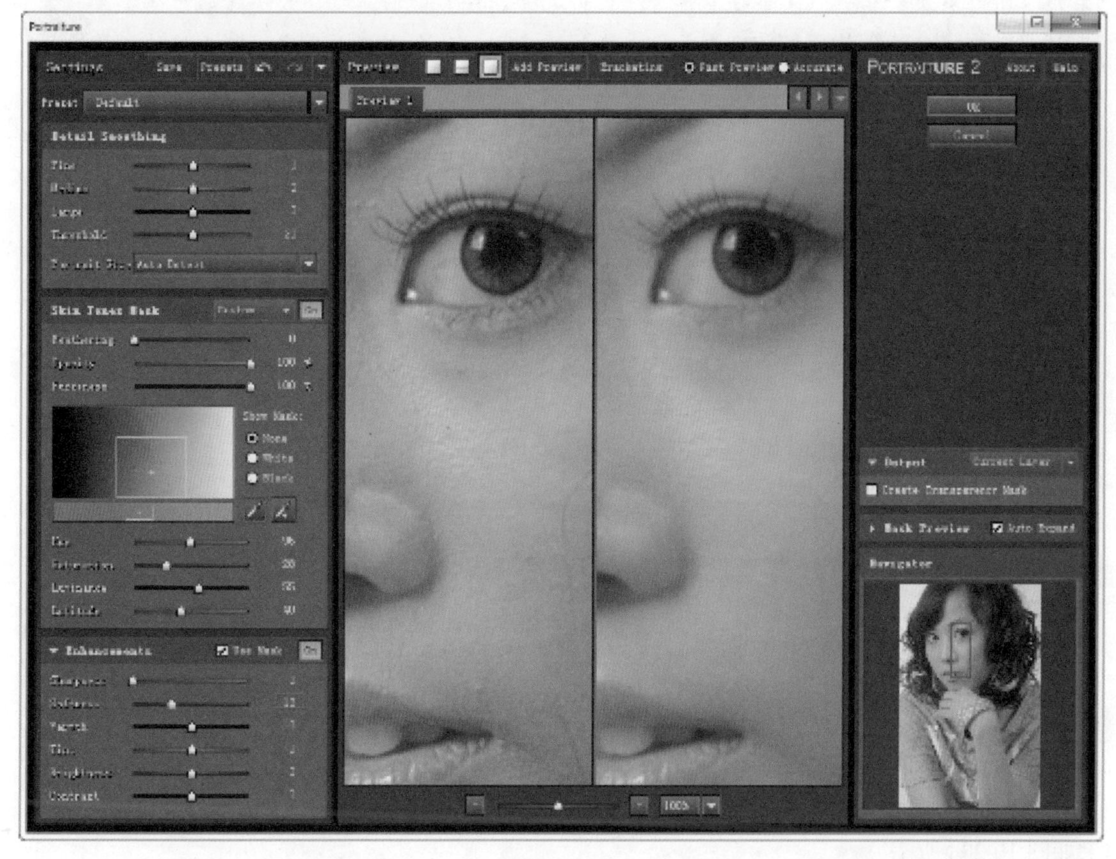

图 10-201

（4）对人物进行智能磨皮以后我们发现图像有些模糊，为了使人物看起来清晰真实，我们使用“智能锐化”进行调整。执行“滤镜 > 锐化 > 智能锐化”命令，设置数量为 200%，半径为 2 像素，参数数值如图 10-202 所示。效果如图 10-203 所示。

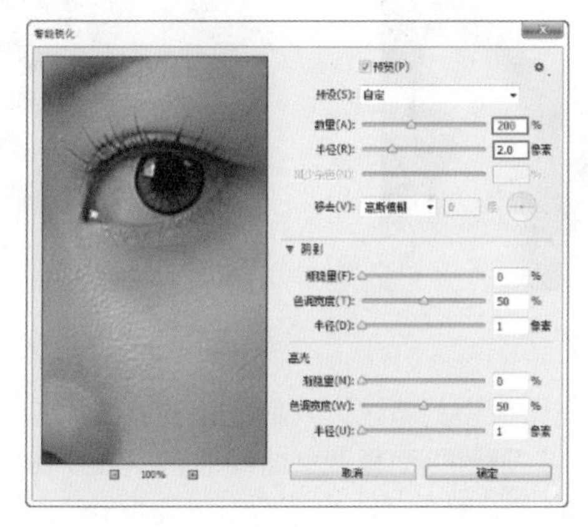

图 10-202

图 10-203

小提示：关于人像磨皮

这款磨皮滤镜在前面的章节中也曾多次提到，多次使用过。其实除了外挂滤镜磨皮外还有很多听起来很“高端”的手动磨皮方法，例如“高反差保留法”“双曲线磨皮法”等。不同的手段有不同的优势，手动磨皮方法在皮肤质感控制的自由度上肯定远胜于外挂滤镜这样的自动磨皮法。但是，我们要知道，我们只是想要使我们日常拍摄的照片“变美”，更重要的是还要“快速”“方便”。而手动磨皮方法必然是需要较为娴熟的技术以及大量的时间才能换来完美的磨皮效果。所以，综合这些要求来看，使用外挂滤镜磨皮的确是日常照片处理的好选择！

（5）此时我们可以看出图片整体亮度偏低，而且人物肤色偏灰暗没有立体感，所以我们使用“曲线”工具进行调整。执行“图层 > 新建调整图层 > 曲线”命令，弹出“属性”面板后调整曲线形态，曲线形态如图 10-204 所示。效果如图 10-205 所示。

（6）观察图片可以发现人物皮肤偏红，所以我们使用“自然饱和度”来降低人物的饱和度。执行“图层 > 新建调整图层 > 自然饱和度”命令，设置“自然饱和度”的数值为 -10，参数设置如图 10-206 所示。因为我们只想对人物的一些部分降低饱和度，所以我们要在“自然饱和度”的图层蒙版中进行调整。首先将图层蒙版填充为黑色。然后使用白色的柔角画笔在皮肤的上方进行涂抹，蒙版状态如图 10-207 所示。此时画面效果如图 10-208 所示。

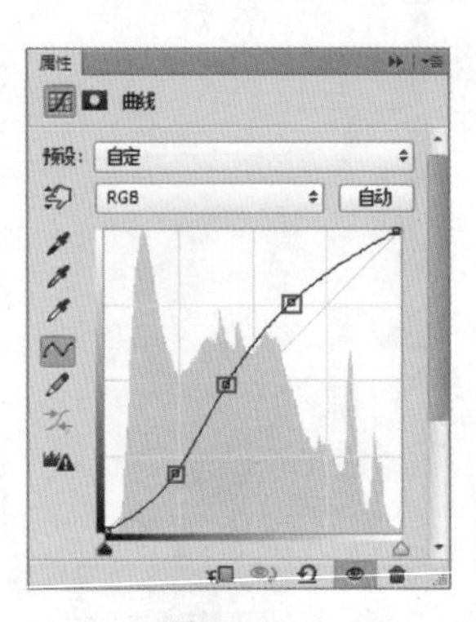

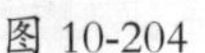

图 10-204

图 10-205

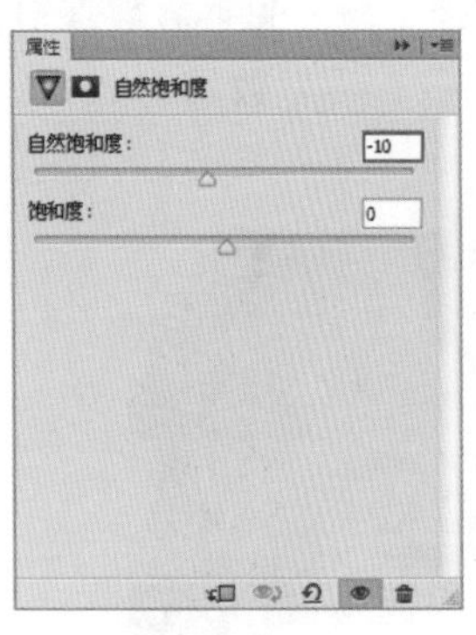

图 10-206

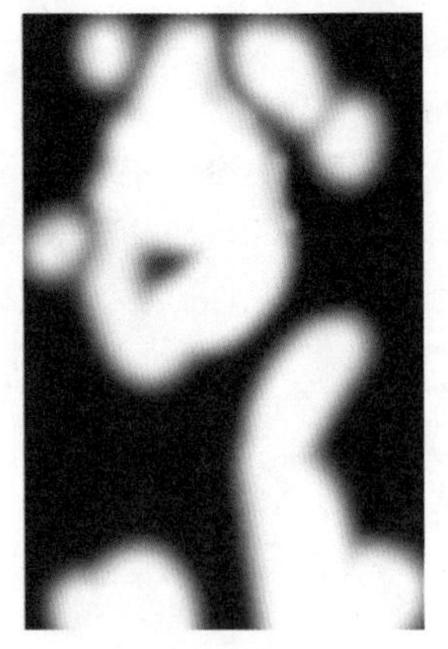

图 10-207

图 10-208

（7）接下来为了更加细致有针对性的提亮图像中的暗区，我们使用“曲线”工具来调整。执行“图层 > 新建调整图层 > 曲线”命令，弹出“属性”面板调整曲线形态，如图 10-209 所示。因为我们只想对人物的一些部分提高亮度，所以我们要在“曲线”的图层蒙版上绘制出受影响的范围。首先将图层蒙版填充为黑色，然后使用白色的柔角画笔在画面的暗部进行涂抹，蒙版状态如图 10-210 所示。此时画面效果如图 10-211 所示。

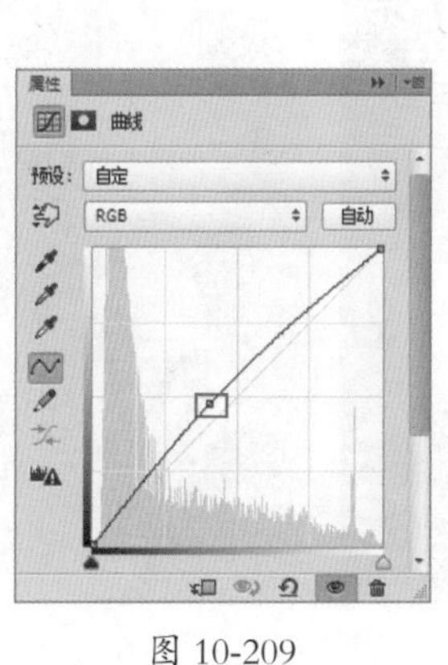

图 10-209

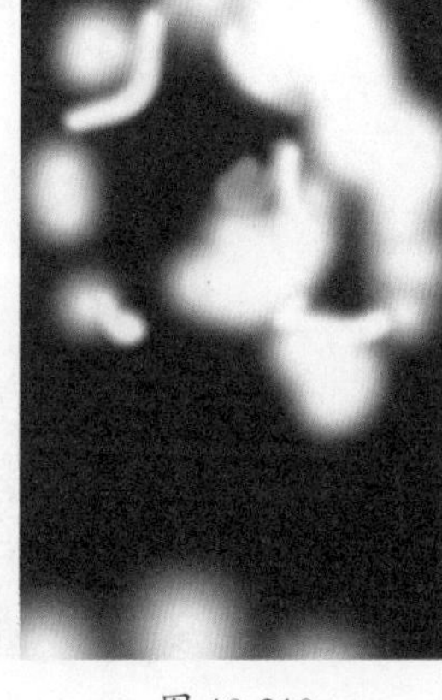

图 10-210

图 10-211

（8）接着使用上述方法来提亮面部的额头、鼻梁、颧骨以及面部褶皱的阴影部分。新建一个曲线调整图层，曲线形态如图 10-212 所示。蒙版效果如图 10-213 所示。此时效果如图 10-214 所示。

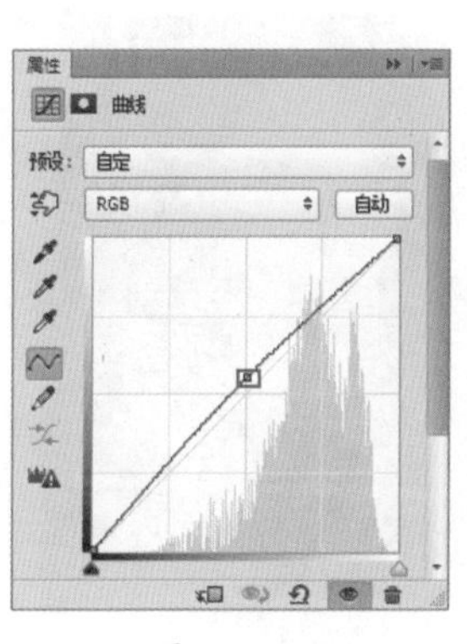

图 10-212

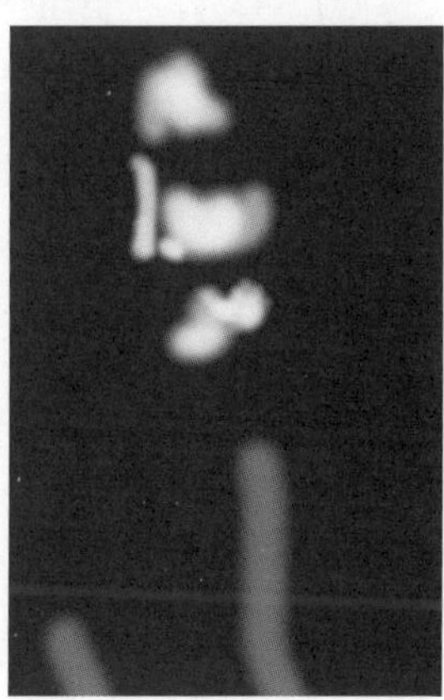

图 10-213

图 10-214

（9）为进一步增加人物立体感，我们利用上述方法来将人物鼻梁两侧，下颚两侧等部分压暗。新建一个曲线调整图层，调整曲线形态如图 10-215 所示。蒙版效果如图 10-216 所示。此时效果如图 10-217 所示。

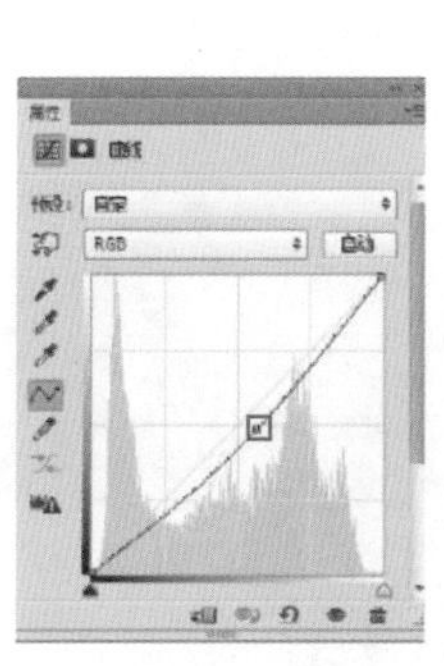

图 10-215

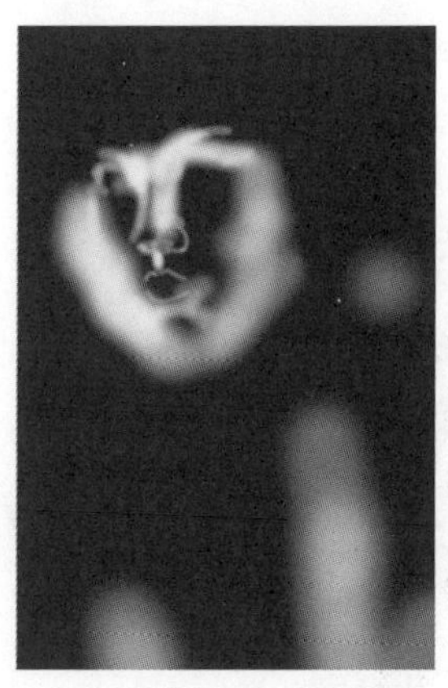

图 10-216

图 10-217

（10）接着我们用上述方法再将人物的面部整体提亮。新建一个曲线调整图层，调整曲线形态如图10-218所示。蒙版效果如图10-219所示。此时效果如图10-220所示。

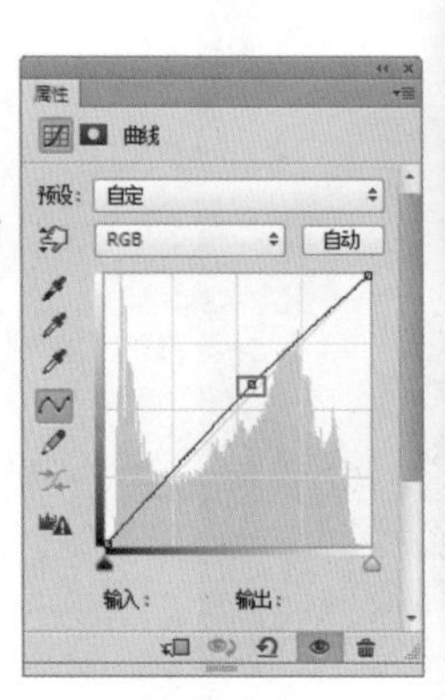

图 10-218

图 10-219

图 10-220

（11）调整人物面部的立体感后，此时发现人物面部偏于红黄色。所以我们使用“可选颜色”对人物面部进行调色，令人物面部变得粉嫩。执行“图层 > 新建调整图层 > 可选颜色”命令。在“颜色”中选择“红色”，设置下方“黑色”为 –15%，参数设置如图 10-221 所示。然后再在“颜色”中选择“黄色”，设置下方“黄色”为 –45%，“黑色”为 –25%，参数设置如图 10-222 所示。效果如图 10-223 所示。

图 10-221

图 10-222

图 10-223

（12）接下来制作唇妆。首先新建一个图层，然后单击工具箱中的“套索工具”，将其“羽化”值设置为1像素后在图像上绘制出人物的唇形，如图 10-224 所示。接着将前景色设置成红色或自己喜欢的颜色，按 <Alt+Delete> 键填充选区，如图 10-225 所示。最后将图层的“混合模式”设置为“柔光”，效果如图 10-226 所示。

图 10-224

图 10-225

图 10-226

（13）接下来我们使用“自然饱和度”来美白人物的牙齿。执行“图层 > 新建调整图层 > 自然饱和度”命令，自然饱和度设置为 –60，参数设置如图 10-227 所示。同样因为我们只想让效果对人物的牙齿起作用，利用上述方法将图层蒙版填充为黑色，然后使用白色的柔角画笔在人物的牙齿上进行涂抹。涂抹后牙齿效果如图 10-228 所示。

图 10-227

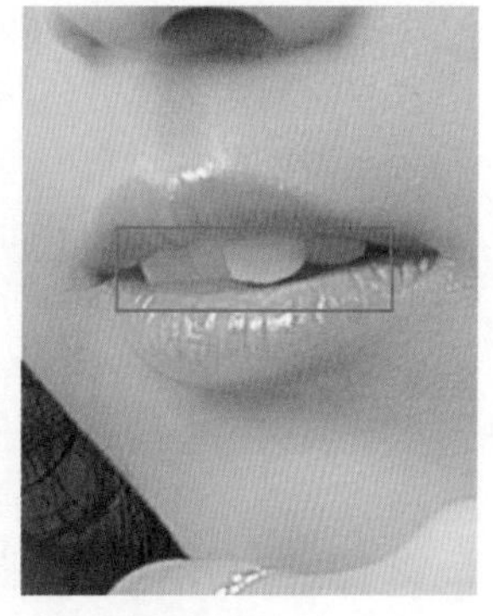

图 10-228

（14）为了使人物牙齿的亮度统一，我们利用上述方法使用“亮度 / 对比度”进行调整。执行“图层 > 新建调整图层 > 亮度对比度”命令，亮度设置为 –11，参数设置如图 10-229 所示。将图层蒙版填充为黑色，然后使用白色的柔角画笔在需要调整的牙齿上进行涂抹，蒙版效果如图 10-230 所示。涂抹后牙齿效果如图 10-231 所示。

图 10-229

图 10-230

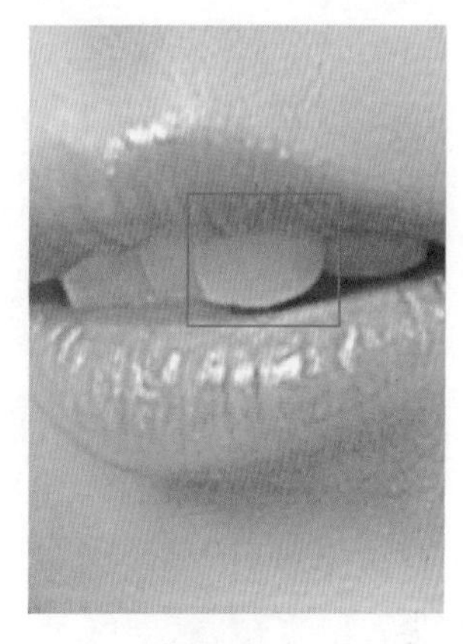

图 10-231

（15）再观察人物的眉毛，发现我们需要调整人物右边眉毛的浅色部分，从而使右边眉毛的颜色效果更流畅。执行“图层 > 新建调整图层 > 曲线”命令，首先在“RGB”通道进行调整，将眉毛浅色部分压暗，曲线形态如图 10-232 所示。效果如图 10-233 所示。再观察眉毛，发现眉毛的浅色部分颜色偏于红色，所以在“红”通道中进行调整，降低红色，曲线形态如图 10-234 所示。此时效果如图 10-235 所示。

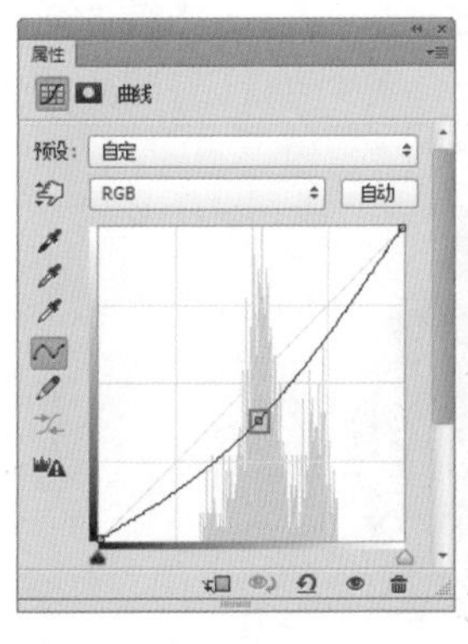

图 10-232

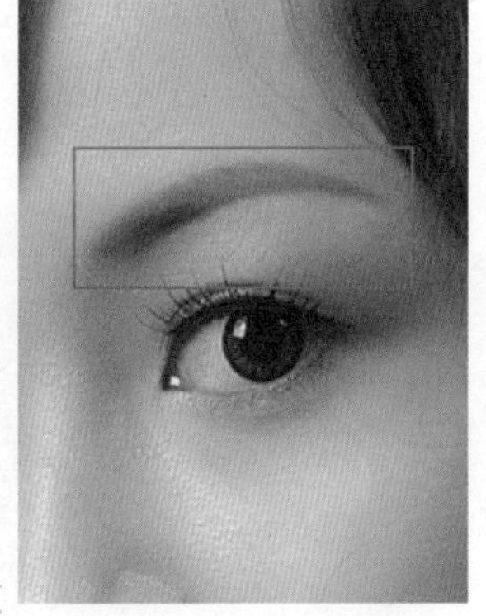

图 10-233

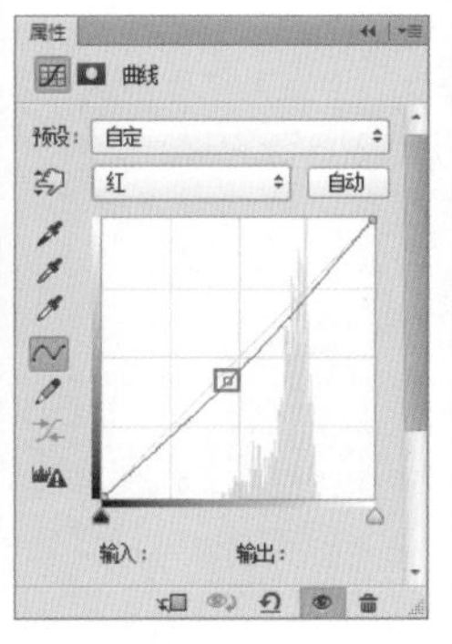

图 10-234

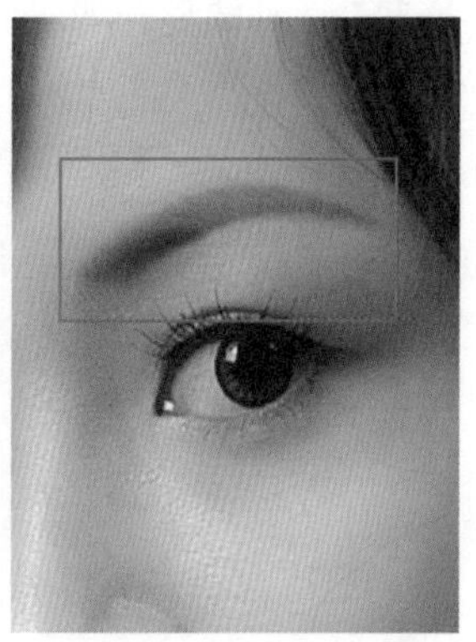

图 10-235

（16）因为我们只想让效果对眉毛起作用，所以我们利用上述方法将图层蒙版填充为黑色，然后使用白色的柔角画笔在需要调整的眉毛部分上进行涂抹，蒙版效果如图 10-236 所示。涂抹后眉毛效果如图 10-237 所示。

（17）为了让人物的眼睛更加清澈透亮，接下来我们利用上述方法使用“曲线”工具来调整人物的眼睛。新建一个曲线调整图层，曲线形态如图 10-238 所示。然后将图层蒙版填充为黑色，然后使用白色的柔角画笔在需要调整的眼睛部分上进行涂抹，蒙版效果如图 10-239 所示。涂抹后眼睛效果如图 10-240 所示。

图 10-236

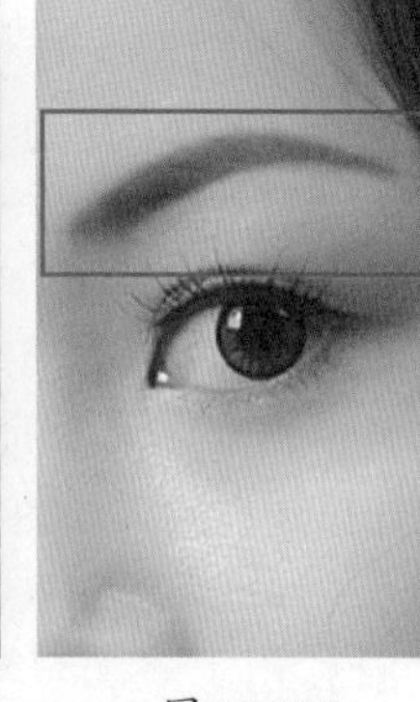

图 10-237

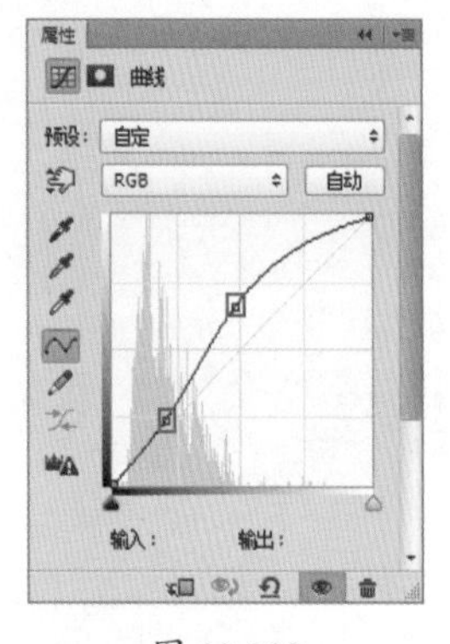

图 10-238

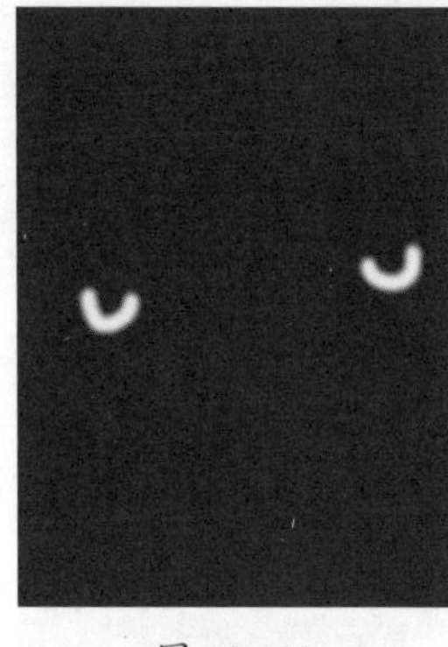

图 10-239

图 10-240

（18）接下来我们使用“曲线”工具来为人物的头发换颜色。新建一个曲线调整图层，首先在“RGB”通道中将头发整体调亮，曲线形态如图 10-241 所示。效果如图 10-242 所示。

（19）接下来我们为头发换颜色，选择了在“蓝”通道中调整曲线，曲线形态如图 10-243 所示。此时效果如图 10-244 所示。

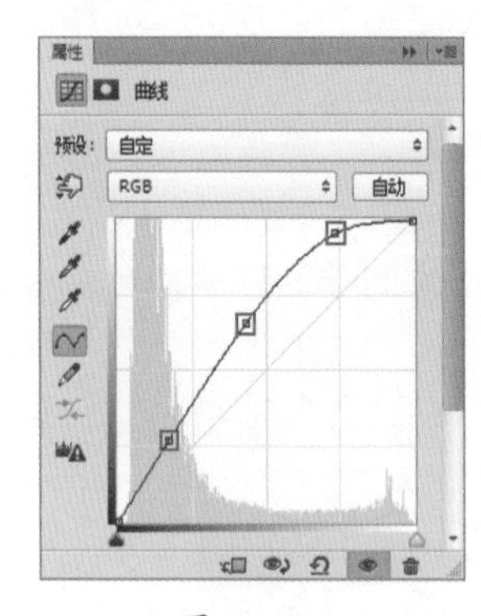

图 10-241

图 10-242

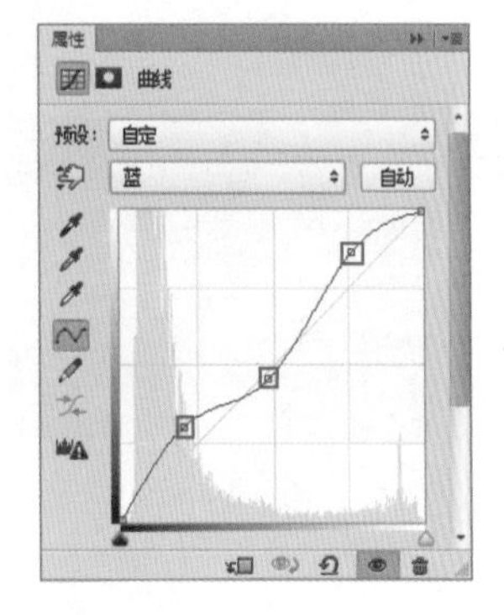

图 10-243

图 10-244

（20）因为我们只想让效果对头发起作用，所以我们利用上述方法将图层蒙版填充为黑色，然后使用白色的柔角画笔在人物头发上进行涂抹，蒙版效果如图 10-245 所示。涂抹后头发效果如图 10-246 所示。

（21）接下来我们为了要使人物的衣服和饰品更加鲜艳，所以我们选择“色相饱 / 和度”来调整。执行“图层 > 新建调整图层 > 色相饱和度”命令，设置选项“黄色”的色相为 20，饱和度为 35，参数设置如图 10-247 所示。设置选项“绿色”的色相为 20，参数设置如图 10-248 所示。效果如图 10-249 所示。

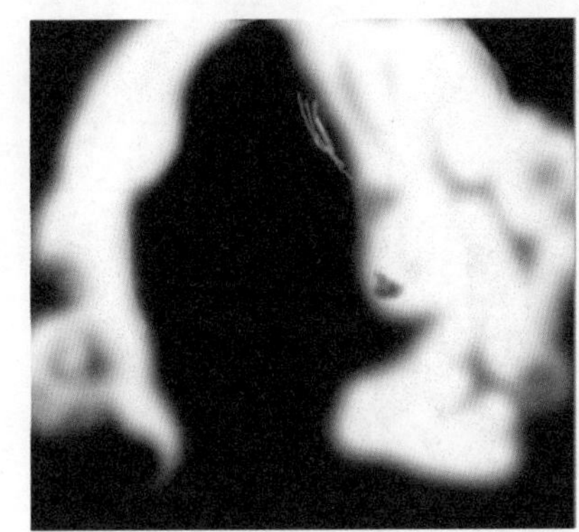

图 10-245

图 10-246

图 10-247

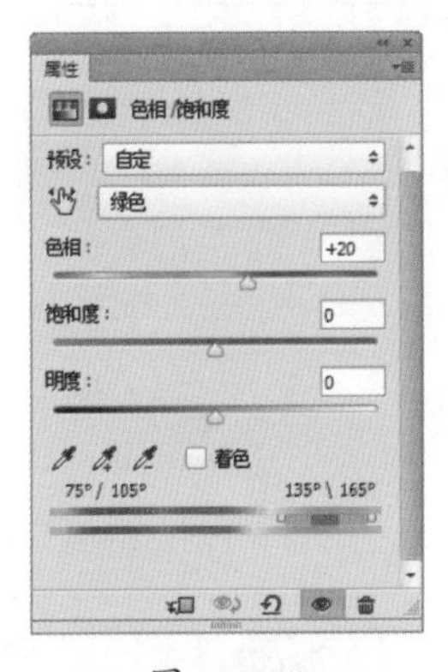

图 10-248

图 10-249

（22）为了使人物看起来更加光鲜亮丽，我们使用“减淡工具”进行调整。首先使用“盖印图层”快捷键<Ctrl+Shift+Alt+E>盖印图层。然后单击工具箱中的“减淡工具”，选择笔尖“大小”为 800，“硬度”为 0 的画笔，设置“范围”为“中间调”，“曝光度”为 22%，在画面上进行涂抹，将画面四周颜色减淡。然后再缩小笔触大小对人物的额头、颧骨、鼻梁进行颜色减淡，效果如图 10-250 所示。

（23）为了让整体画面富有层次感，我们使用“加深工具”对画面中阴影的部分进行操作。单击“加深工具”，选择笔尖“大小”为 200，“硬度”为 0 的画笔，设置“范围”为“阴影”，“曝光度”为 30%，然后在画面上进行涂抹，将人物的头发阴影处、衣服褶皱处进行颜色加深。效果对比如图 10-251 所示。

图 10-250

图 10-251

（24）最后我们使用“液化”对人物刘海与耳环部分进行细微调整。执行“滤镜 > 液化”命令，如图 10-252 所示。效果如图 10-253 所示。

图 10-252

图 10-253

10.4.3 实例：孔雀风格造型设计

案例文件：	孔雀风格造型设计 .psd
视频教学：	孔雀风格造型设计 .flv

案例效果：

操作步骤：

（1）执行“文件 > 打开”命令，打开背景图片“1.jpg”，如图 10-254 所示。执行“文件 > 置入”命令，置入人像素材“2.jpg”，按下 <Enter> 键完成置入，并将其栅格化，如图 10-255 所示。

（2）抠取人像。单击工具箱中的“快速选择工具”，绘制选区，如图 10-256 所示。绘制完成后按下 <Ctrl+Enter> 键将路径转化成选区。单击图层面板下方的“添加图层蒙版”按钮，为人像图层添加图层蒙版，此时效果如图 10-257 所示。

（3）使用“曲线”工具增强画面明暗对比。执行“图层 > 新建调整图层 > 曲线”命令，弹出曲线对话框后调整曲线，曲线形态如图 10-258 所示。效果如图 10-259 所示。

图 10-254

图 10-255

图 10-256

图 10-257

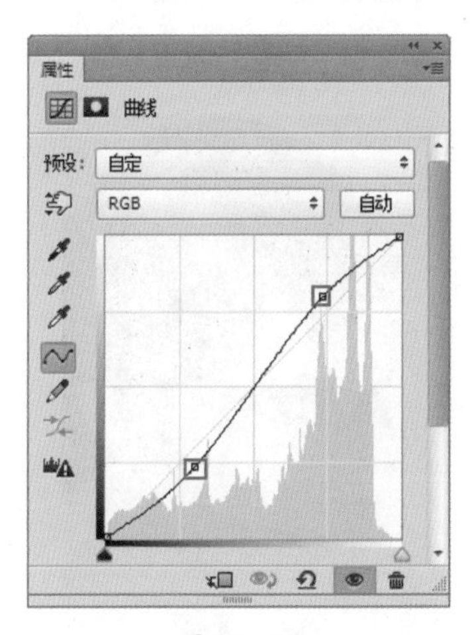

图 10-258

图 10-259

（4）为人像涂抹唇彩。首先新建图层，单击工具箱中的“钢笔工具”，设置“绘制模式”为“路径”，沿人像嘴唇轮廓绘制。绘制完成后按下 <Ctrl+Enter> 键将路径转化成选区。将前景色设置为紫色，使用填充前景色快捷键 <Alt+Delete> 填充选区，如图 10-260 所示。设置图层的“混合模式”为“叠加”，如图 10-261 所示。效果如图 10-262 所示。

图 10-260

图 10-261

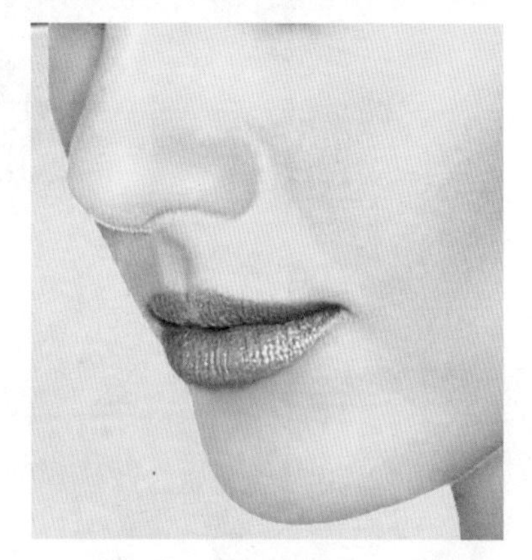

图 10-262

（5）使用“色相 / 饱和度”改变人物眼睛的颜色。执行“图层 > 新建调整图层 > 色相 / 饱和度”命令，弹出“色相 / 饱和度”对话框后，设置“色相”为 161，“饱和度”为 29，“明度”为，参数设置如图 10-263 所示。效果如图 10-264 所示。

图 10-263

图 10-264

（6）因为我们只想改变人物眼睛的颜色，所以接下来将前景色设置为黑色，使用填充前景色快捷键 <Alt+Delete> 填充“色相 / 饱和度”的图层蒙版。再将前景色设置为白色，单击工具箱中的“画笔工具”，在画笔选取器中选择“大小”合适，“硬度”为 0 的柔角画笔，在人物的双眼上单击，效果如图 10-265 所示。

（7）为了让人物的双眼更加有神，我们为人物的眼睛制作反光部分。首先新建图层，单击工具箱中的“套索工具”，在人物的眼睛部位绘制月牙形选区。将前景色设置为白色，填充选区，如图 10-266 所示。设置图层的“混合模式”为“叠加”，效果如图 10-267 所示。

图 10-265

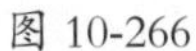

图 10-266

图 10-267

（8）下面为人物绘制眼妆。首先压暗人物的眼窝。执行“图层 > 新建调整图层 > 曲线”命令，弹出曲线对话框后调整曲线，曲线形态如图 10-268 所示。效果如图 10-269 所示。因为我们只想压暗人物的眼窝，所以使用黑色填充蒙版，并使用白色画笔涂抹眼窝的位置，效果如图 10-270 所示。

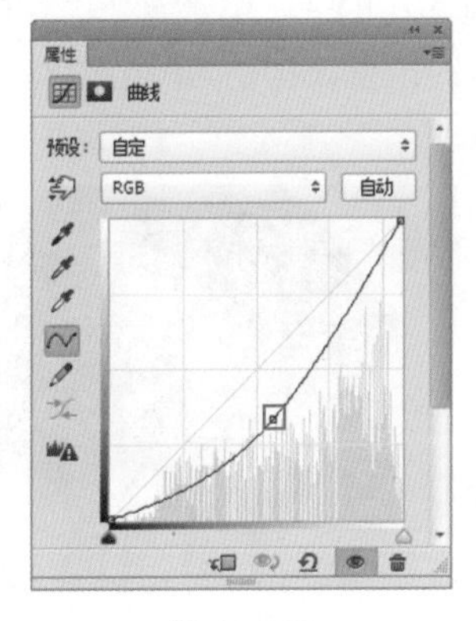

图 10-268

图 10-269

图 10-270

（9）接下来为人物绘制眼影。执行“图层 > 新建调整图层 > 色相 / 饱和度”命令，弹出“色相 / 饱和度”对话框后，设置“色相”为 –77，“饱和度”为 –20，“明度”为 0，参数设置如图 10-271 所示。效果如图 10-272 所示。将眼影以外的效果隐藏，效果如图 10-273 所示。

图 10-271

图 10-272

图 10-273

（10）继续执行“图层 > 新建调整图层 > 色相 / 饱和度”命令，弹出“色相 / 饱和度”对话框后，设置“色相”为 162，“饱和度”为 0，“明度”为 0，参数设置如图 10-274 所示。效果如图 10-275 所示。再将眼影以外的效果通过调整图层的蒙版进行隐藏，效果如图 10-276 所示。

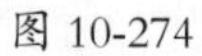
图 10-274

图 10-275

图 10-276

（11）继续绘制眼妆。新建图层，将前景色设置为黄色。单击工具箱中的“画笔工具”，在画笔选取器中选择“大小”合适，“硬度”为 0 的柔角画笔，在人物下眼睑位置涂抹，如图 10-277 所示。设置图层的“混合模式”为“正片叠底”，效果如图 10-278 所示。

（12）为人物绘制睫毛。执行“编辑 > 预设 > 预设管理器”命令，弹出“预设管理器”对话框后设置“预设类型”为“画笔”，单击“载入”按钮，如图 10-279 所示。弹出“载入”对话框后找到预先保存的睫毛画笔，单击下方“载入”按钮，完成画笔载入。接着新建图层，将前景色设置为黑色，单击工具箱中的“画笔工具”，在画笔选取器中选择睫毛画笔，在新图层上单击，如图 10-280 所示。

图 10-277

图 10-278

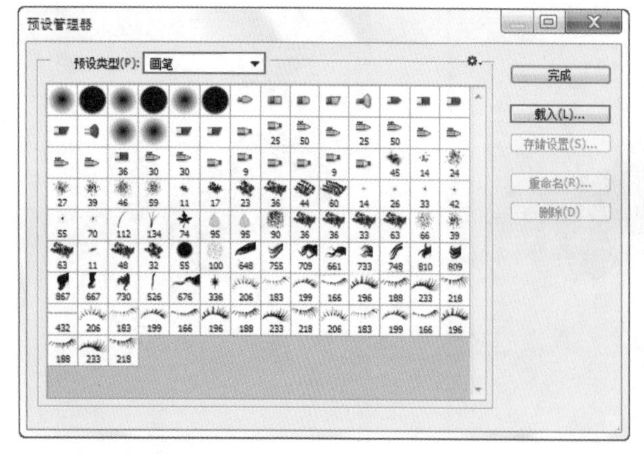

图 10-279

图 10-280

（13）修饰睫毛。首先单击图层面板下方的“添加图层蒙版”按钮 ，为睫毛图层添加图层蒙版，将前景色设置为黑色，单击工具箱中的“画笔工具” ，在画笔选取器中选择“大小”合适，“硬度”为 0 的柔角画笔，在睫毛上涂抹，将多余的部分隐藏，如图 10-281 所示。使用相同方法制作左眼的睫毛，效果如图 10-282 所示。

图 10-281

图 10-282

（14）绘制下眼妆。新建图层，单击工具箱中的“钢笔工具” ，设置“绘制模式”为“路径”，在人物下眼睑位置绘制，如图 10-283 所示。绘制完成后按下 <Ctrl+Enter> 键将路径转化成选区，单击工具箱中的“渐变工具” ，设置一个“橙黄橙”的渐变颜色，鼠标在选区内自左到右拖动，效果如图 10-283 所示。设置图层的“混合模式”为“正片叠底”，如图 10-284 所示。效果如图 10-285 所示。

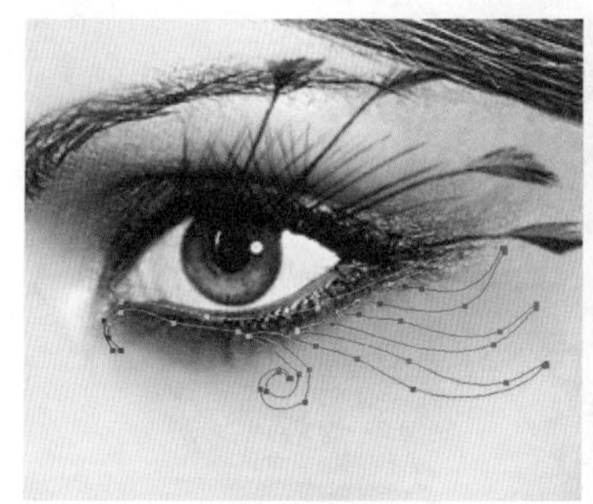

图 10-283

图 10-284

图 10-285

（15）绘制白眼线。新建图层，单击工具箱中的“钢笔工具” ，设置“绘制模式”为“路径”，在人物下眼线位置绘制，如图 10-286 所示。利用上述方法将选区填充为白色，效果如图 10-287 所示。再绘制人物的黑眼线，如图 10-288 所示。

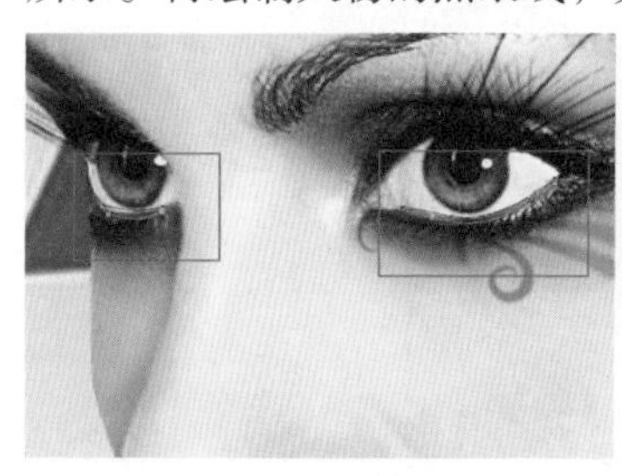

图 10-286

图 10-287

图 10-288

（16）执行“文件 > 置入”命令，置入素材“4.png”，按下 <Enter> 键完成置入，并将其栅格化摆放至合适位置，如图 10-289 所示。接着置入光效素材“5.jpg”，按下 <Enter> 键完成置入，并将其栅格化，如图 10-290 所示。设置素材 5 的图层“混合模式”为“滤色”，如图 10-290 所示。效果如图 10-291 所示。

（17）最后置入宝石素材“6.png”，按下 <Enter> 键完成置入，并将其栅格化摆放至合适位置，最终效果如图 10-292 所示。

图 10-289

图 10-290

图 10-291

图 10-292

10.4.4 实例：人像照片大变身

案例文件：	人像照片大变身 .psd
视频教学：	人像照片大变身 .flv

案例效果：

操作步骤：

（1）首先新建文件。执行“文件 > 新建”命令，弹出“新建”对话框后设置“宽度”为 1467 像素，“高度”为 2000 像素，“分辨率”为 72 像素，“背景内容”为“白色”，参数设置如图 10-293 所示。执行“文件 > 置入”命令，置入人像素材“1.jpg”，按下 <Enter> 键完成置入，并将其栅格化，如图 10-294 所示。

（2）抠取人物。单击工具箱中的“钢笔工具”，设置“绘制模式”为“路径”，沿人物轮廓绘制，如图 10-295 所示。按下快捷键 <Ctrl+Enter> 将路径转换为选区，执行“选择 > 反向”命令将选区反向。再按下删除键 <Delete>，完成人像的抠取。再使用“自由变换工具”快捷键 <Ctrl+T> 调出定界框，按住 <Shift> 键拖动控制点将人物等比例放大，并摆放到合适位置，效果如图 10-296 所示。

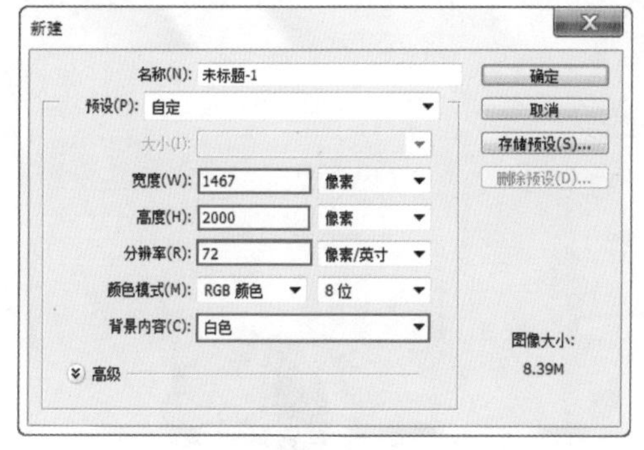

图 10-293

图 10-294

图 10-295

图 10-296

（3）绘制背景。首先在人物图层下方新建图层，命名为“矩形”图层。接着单击工具箱中的“矩形选框工具”，绘制选区，如图 10-297 所示。再单击工具箱中的“渐变工具”，在“渐变编辑器”中设置“渐变颜色”，如图 10-298 所示。设置“渐变类型”为“线性渐变”。然后使用“渐变工具”在“矩形”图层由上而下拖动，完成渐变。设置“矩形”图层的“不透明度”为 80%，如图 10-299 所示。

图 10-297

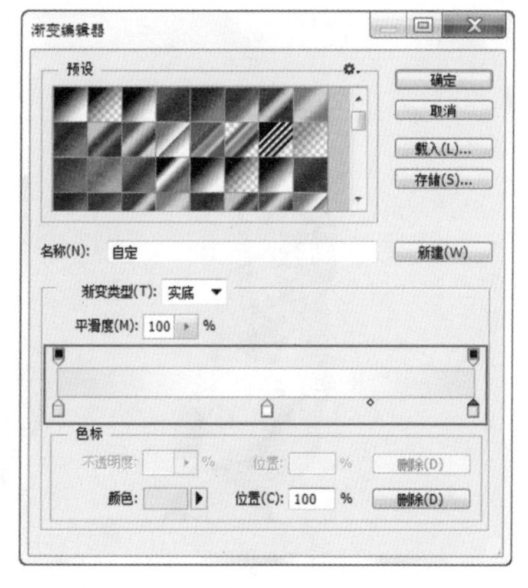

图 10-298

图 10-299

（4）下面开始绘制网格圆形图案。首先在“矩形”图层下方新建图层，将前景色设置为黑色，单击工具箱中的“画笔工具”，载入“方头画笔”，在画笔选取器中选择“大小”为5像素的笔尖。单击“切换画笔面板”按钮，在“画笔面板”中调整“间距”为220%，如图10-300所示。然后按住<Shift>键在新图层上绘制，如图10-301所示。使用“自由变换工具”快捷键<Ctrl+T>调出定界框，向下拖动控制点将其拉长，如图10-302所示。

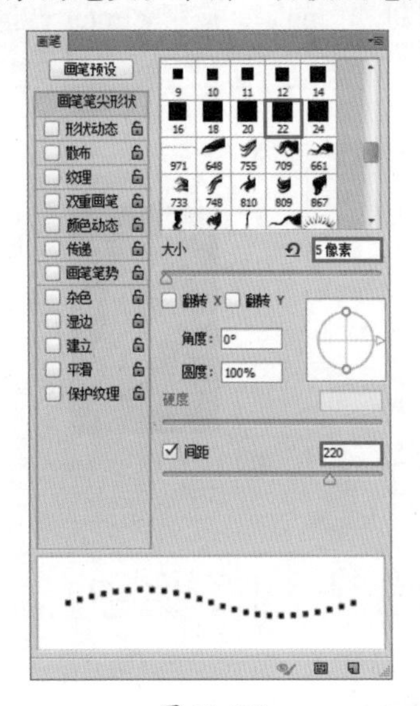

图10-300

图10-301

图10-302

（5）将图层移动至合适位置，如图10-303所示。单击工具箱中的“椭圆选区工具”，按住<Shift>键绘制正圆，如图10-304所示。再单击图层面板下方的“添加图层蒙版”按钮，效果如图10-305所示。

图10-303

图10-304

图10-305

（6）接下来为人物去色。执行“图层 > 新建调整图层 > 黑白”命令，弹出“黑白”对话框后单击下方的“此调整剪切到此图层”按钮，效果如图10-306所示。执行“文件 > 置入”命令，置入喷溅素材“1.jpg”，按下<Enter>键完成置入，并将其栅格化，如图10-307所示。

图10-306

图10-307

（7）接下来制作画面中左下角的三角形装饰。首先新建图层，然后单击工具箱中的“多边形套索工具”，绘制三角形，如图10-308所示。单击工具箱中的“渐变工具”，编辑一个深灰至浅灰的渐变，设置“渐变类型”为“线性渐变”，然后使用“渐变工具”在选区内由左到右拖动，完成渐变，如图10-309所示。

（8）单击图层面板下方的“添加图层蒙版”按钮，为三角形图层添加图层蒙版，再将前景色设置为黑色，单击工具箱中的“画笔工具”，在画笔选取器中选择“大小”合适，“硬度”为0的笔尖在图层蒙版上涂抹，效果如图10-310所示。再使用快捷键<Ctrl+J>复制三角形图层，并单击工具箱中的“移动工具”将新三角形上移一小段距离，如图10-311所示。

（9）复制人物图层得到“人物2”图层，并将其移动到最上方，使用“自由变换工具”将其等比例缩放并摆放在合适位置，如图10-312所示。接着选中“人物2”图层，单击右键，选择“创建剪贴蒙版”命令，如图10-313所示。效果如图10-314所示。

图10-308

图10-309

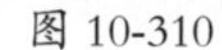

图10-310

图10-311

图10-312

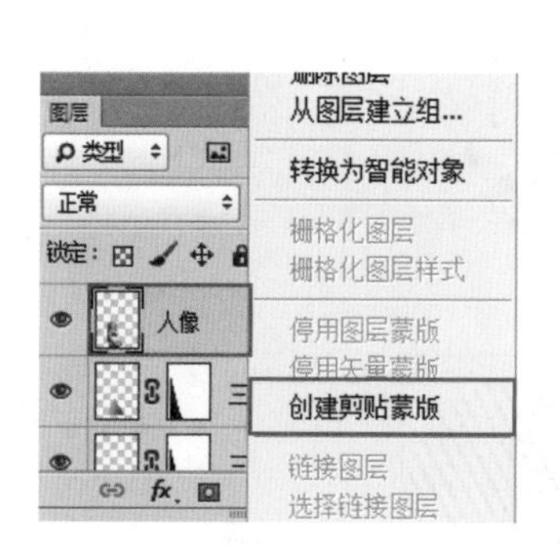

图10-313

图10-314

（10）接下来制作画面中右上角的三角形装饰。首先新建图层，用相同方法绘制三角形选区，并填充白色。接着复制人物图层得到“人物3”图层，并将其移动到最上方，调整人物大小并为其创建剪贴蒙版，效果如图10-315所示。再为“人物3”图层添加图层蒙版，使用“多边形套索工具”，单击“添加到选区”按钮，绘制选区，如图 10-316 所示。将前景色设置为黑色，在“人物 3”图层蒙版上填充选区，效果如图 10-317 所示。

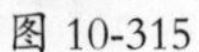
图 10-315

图 10-316

图 10-317

（11）接着复制人物图层得到“人物 4”图层，并将其移动到最上方。接着使用“多边形套索工具”绘制选区，如图 10-318 所示。然后为“人物 4”图层添加图层蒙版，效果如图 10-319 所示。

图 10-318

图 10-319

（12）综合以上方法制作其他部分，如图 10-320 所示。接着新建图层，单击工具箱中的“椭圆选区工具”绘制正圆形选区。将前景色设置为蓝色，填充选区，如图 10-321 所示。

图 10-320

图 10-321

（13）设置蓝圆图层的“混合模式”为“正片叠底”，“不透明度”为 55%，如图 10-322 所示。利用相同方法制作其他部分，效果如图 10-323。

（14）制作画面右下角三角形图案。首先新建图层，使用“多边形套索工具”，单击“添加到选区”按钮，绘制选区，如图 10-324 所示。将前景色设置为灰色，填充选区，效果如图 10-325 所示。

（15）为画面添加文字。单击工具箱中的“横排文字工具”，选择合适的字体以及字号，键入文字，如图 10-326 所示。执行“图层 > 图层样式 > 渐变叠加”命令，弹出“渐变叠加”对话框后设置“不透明度”为 100%，“渐变颜色”为由蓝至深蓝，“样式”为“线性”，“角度”为 0 度，“缩放”为 100%，如图 10-327 所示。效果如图 10-328 所示。

图 10-322

图 10-323

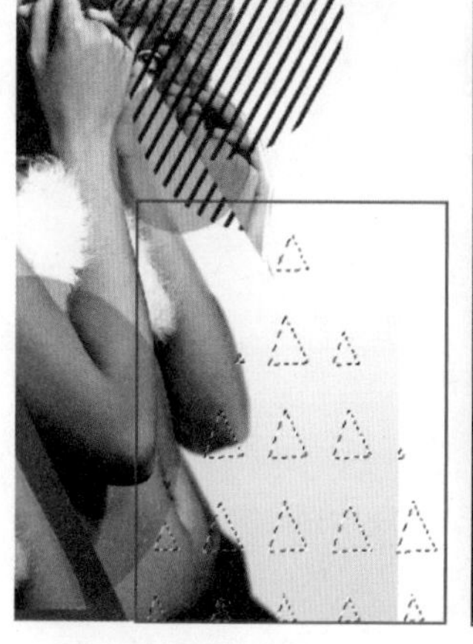

图 10-324

图 10-325

图 10-326

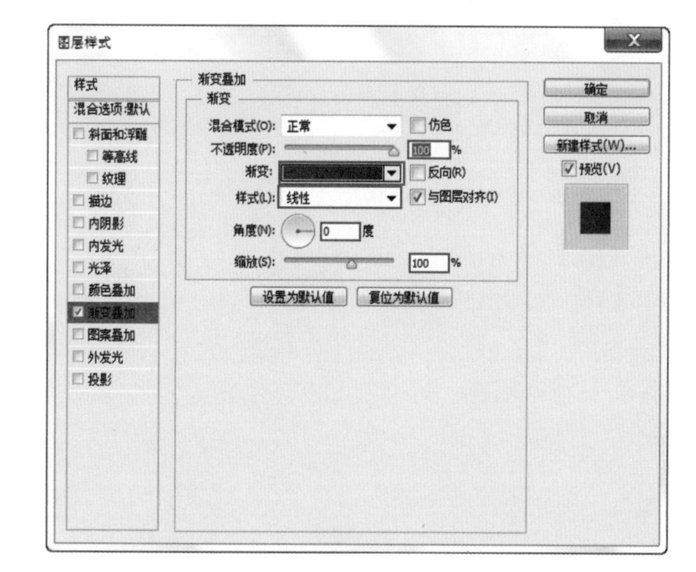

图 10-327

图 10-328

（16）再单击“横排文字工具”T，选择合适的字体以及字号，键入其他文字，效果如图 10-329 所示。最后使用“曲线”工具提高画面亮度以及对比度。执行“图层 > 新建调整图层 > 曲线”，弹出“曲线”对话框后调整曲线，曲线形态如图 10-330 所示。效果如图 10-331 所示。

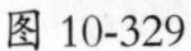
图 10-329

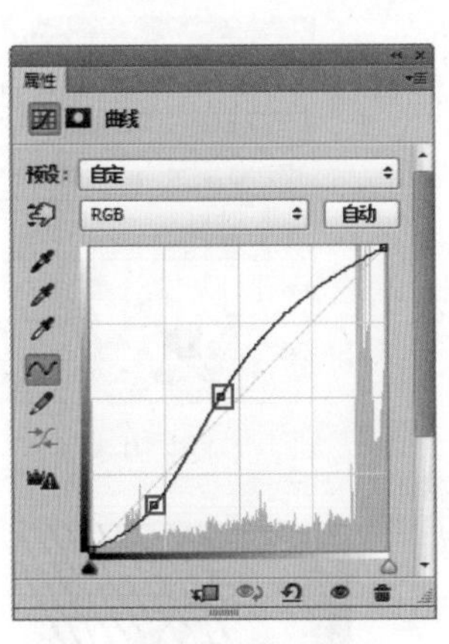

图 10-330

图 10-331

第 11 章 影楼照片随心修

11.1 实例：写真照片的简单美化

案例文件：	写真照片的简单美化 .psd
视频教学：	写真照片的简单美化 .flv

案例效果：

操作步骤：

（1）执行“文件 > 打开”命令，打开素材“1.jpg”文件，如图 11-1 所示。这张写真照片人像部分的亮度偏低，皮肤质感也不是很好。

（2）执行“滤镜 > 模糊 > 高斯模糊”命令，弹出“高斯模糊”对话框后设置“半径”数值为 2 像素，如图 11-2 所示。效果如图 11-3 所示。

图 11-1

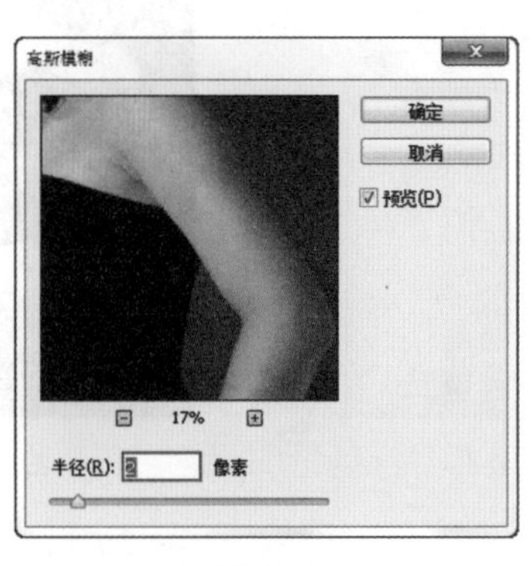

图 11-2

图 11-3

（3）执行“滤镜 > 液化”命令，弹出“液化”对话框后单击“向前变形工具”按钮，设置“画笔大小”为 276，“画笔压力”为 100，以推进的方式收紧手臂，调整手臂的形状，参数设置以及效果如图 11-4 所示。

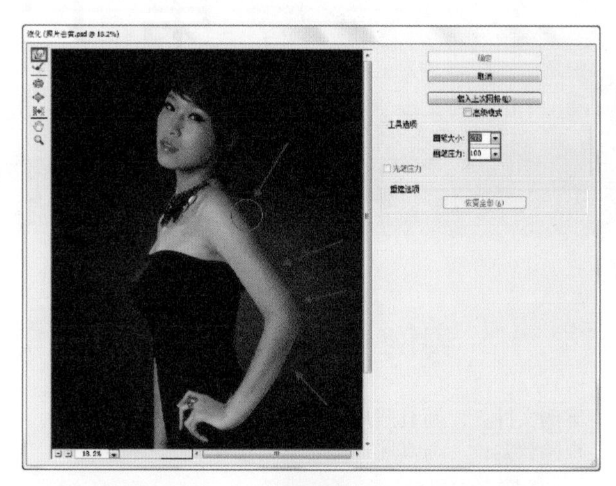

图 11-4

（4）执行“图层 > 新建调整图层 > 色相饱和度”命令，设置通道为红色，设置“饱和度”为 -26，“明度”为 27，参数设置如图 11-5 所示。再设置通道为黄色，设置“饱和度”数值为 -27，设置“明度”数值为 12，参数设置如图 11-6 所示。效果如图 11-7 所示。

图 11-5

图 11-6

图 11-7

（5）执行“图层 > 新建调整图层 > 亮度 / 饱和度”命令，弹出“亮度 / 对比度”对话框后设置“亮度”为 20，“对比度”为 60，参数设置如图 11-8 所示。效果如图 11-9 所示。

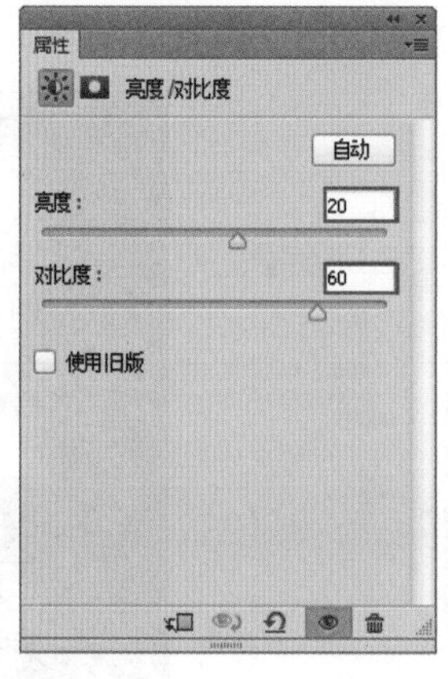

图 11-8

图 11-9

11.2　实例：清爽风格少女写真版式

案例文件：	清爽风格少女写真版式 .psd
视频教学：	清爽风格少女写真版式 .flv

案例效果：

操作步骤：

（1）执行“文件 > 打开”命令打开图片“1.jpg”，如图 11-10 所示。执行“文件 > 置入”命令置入图片“2.jpg”，将其栅格化。然后将该图层命名为“主图”，如图 11-11 所示。

图 11-10

图 11-11

（2）在“人物”图层上使用“自由变换”快捷键 <Ctrl+T> 调出定界框，按住 <Shift> 键同时拖动控制点等比例缩放，如图 11-12 所示。然后旋转合适角度，摆放到背景中合适的位置，按下 <Enter> 键完成操作，如图 11-13 所示。

图 11-12

图 11-13

（3）接下来我们为“人物”图层增加效果。首先执行“图层 > 图层样式 > 描边”命令。设置“描边”大小为 15 像素，“位置”为“内部”，“颜色”为“白色”，参数设置如图 11-14 所示。再勾选“投影”，设置“混合模式”为“正片叠底”，“不透明度”为 75%，“颜色”为“深蓝色”，“角度”为 30 度，“距离”为 5 像素，“大小”为 5 像素，参数设置如图 11-15 所示。效果如图 11-16 所示。

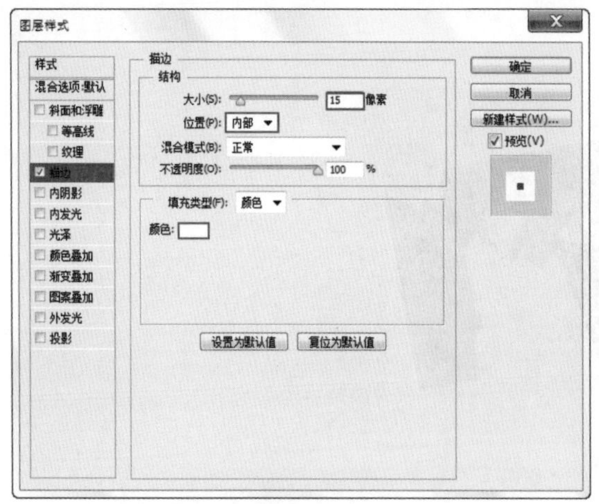

图 11-14

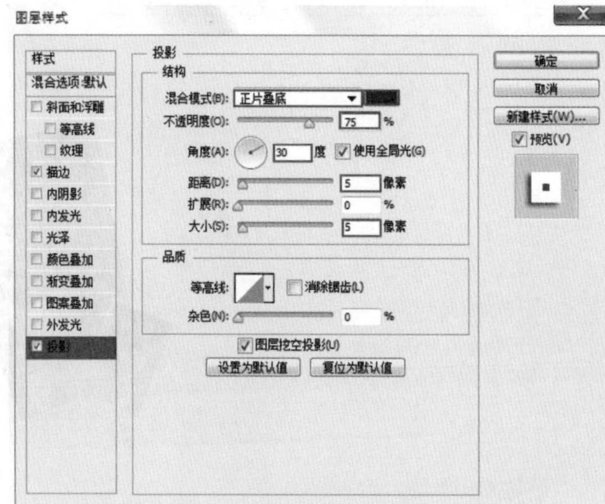

图 11-15

（4）执行“文件 > 置入”命令，置入图片“3.jpg”“4.jpg”并将其栅格化。利用上述方法对图片进行操作，摆放到合适位置，如图 11-17 所示。

图 11-16

图 11-17

（5）选择“主图”图层，执行“文件 > 图层样式 > 拷贝图层样式”命令。然后单击其他人物图层，执行“文件 > 图层样式 > 粘贴图层样式”命令，如图 11-18 所示。用相同方法将效果复制到其他人物图层上，此时画面效果如图 11-19 所示。

图 11-18

图 11-19

（6）接下来新建图层，在工具箱中单击“椭圆工具”，在上方菜单栏中设置为形状，“填充”为蓝色，“描边边框”为白色，“宽度”为 15 点。在新图层上按住 <Shift> 键绘制正圆形，如图 11-20 所示。最后为画面添加文字。单击“横排文字工具”，选择合适字体以及字号键入文字，如图 11-21 所示。

图 11-20

图 11-21

11.3　实例：怀旧感婚纱版式设计

案例文件：	怀旧感婚纱版式设计 .psd
视频教学：	怀旧感婚纱版式设计 .flv

案例效果：

操作步骤：

（1）执行“文件 > 新建”命令，弹出新建对话框后设置“宽度”为 3300 像素，“高度”为 2550 像素，“分别率”为 300 像素 / 英寸，参数设置如图 11-22 所示。设置前景色为淡米黄色，使用 <Alt+Delete> 键为背景填充颜色，如图 11-23 所示。

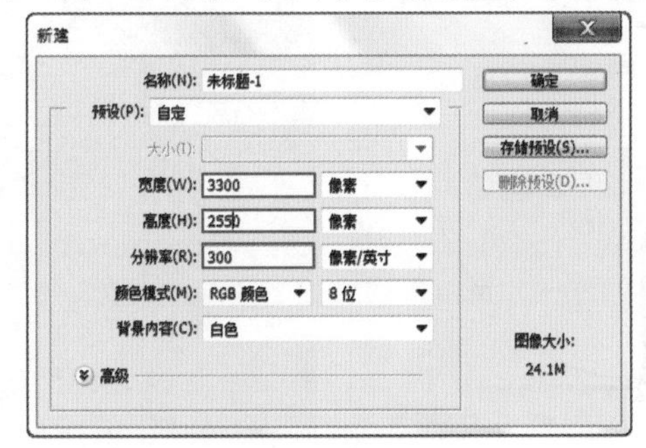

图 11-22

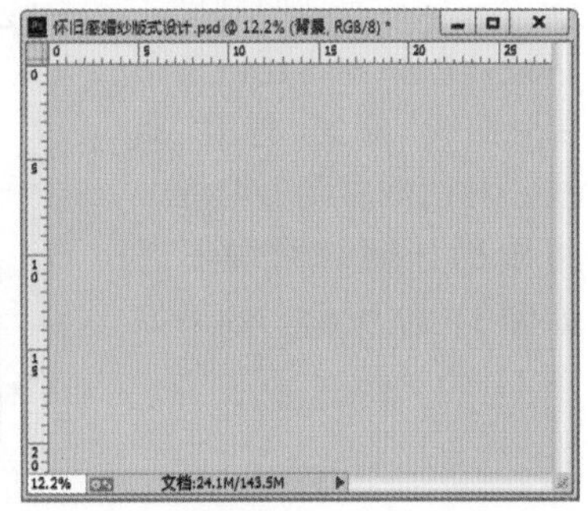

图 11-23

（2）执行“文件 > 置入”命令，置入素材“1.jpg”，按下 <Enter> 键完成置入，并将其栅格化，如图 11-24 所示。单击图层面板下方的“添加图层蒙版”按钮，为素材 1 添加图层蒙版。将前景色设置为黑色，单击工具箱中的“画笔工具”，在画笔选取器中选择“大小”合适，“硬度”为 0 的笔尖，设置“不透明度”为 60%，在图层蒙版中涂抹，蒙版形态如图 11-25 所示。此时照片的部分背景被隐藏了，效果如图 11-26 所示。

图 11-24

图 11-25

图 11-26

（3）再将素材 1 图层的“混合模式”设置为“柔光”，如图 11-27 所示。此时照片融合到画面中，效果如图 11-28 所示。

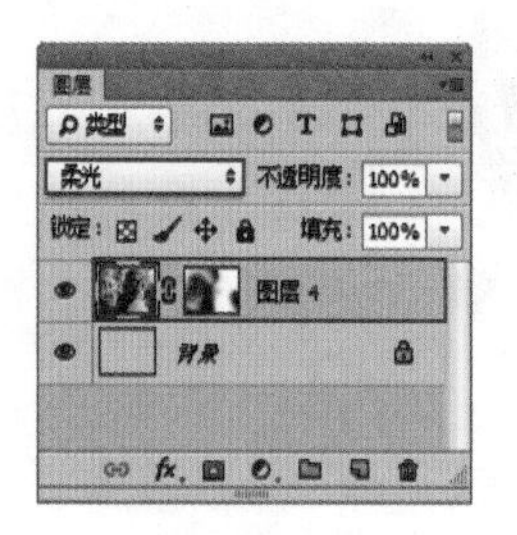

图 11-27

图 11-28

（4）接着使用“曲线”工具来为画面调色。执行“图层 > 新建调整图层 > 曲线”命令，弹出“曲线”对话框后调整曲线，将画面压暗，曲线形态如图 11-29 所示。效果如图 11-30 所示。

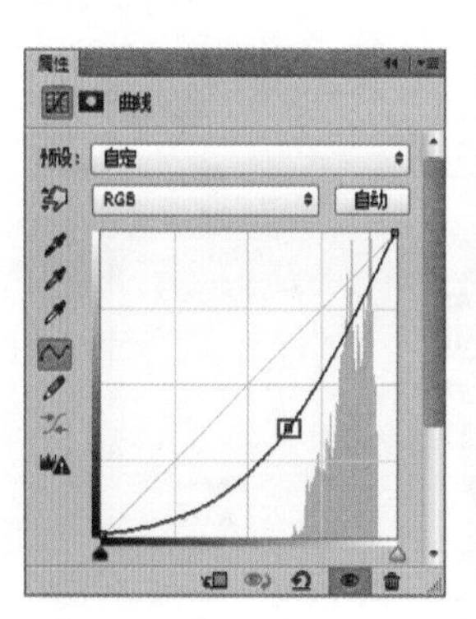

图 11-29

图 11-30

（5）单击工具箱中的“矩形选框工具”，绘制选区，如图 11-31 所示。将前景色设置为黑色，选中曲线调整图层蒙版，使用 <Alt+Delete> 键为矩形选区范围填充黑色，效果如图 11-32 所示。

图 11-31

图 11-32

（6）接下来利用相同方法，分别置入素材“2.png”“3.png”以及“4.jpg”，如图 11-33 所示。

（7）调整人物素材 4。单击图层面板下方的“添加图层蒙版”按钮，为素材 4 添加图层蒙版。将前景色设置为黑色，单击工具箱中的“画笔工具”，在画笔选取器中选择“大小”合适，“硬度”为 0 的笔尖，设置“不透明度”为 100%，在图层蒙版中涂抹，蒙版形态如图 11-34 所示。效果如图 11-35 所示。

图 11-33

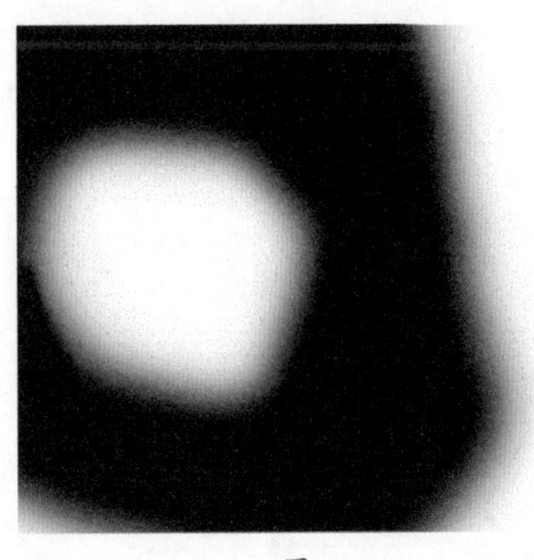

图 11-34

图 11-35

（8）使用“可选颜色”调节人物素材 4 的色调。执行“图层 > 新建调整图层 > 可选颜色”命令，弹出“可选颜色”对话框后设置“颜色”为“中性色”，“青色”为 13%，“洋红”为 –2%，“黄色”为 –15%，“黑色”为 0，单击“此调整剪切到此图层”按钮，参数设置如图 11-36 所示。效果如图 11-37 所示。

（9）执行“文件 > 置入”命令，置入素材 5.png，按下 <Enter> 键完成置入，并将其栅格化，如图 11-38 所示。将素材 5 图层的“混合模式”设置为“正片叠底”，效果如图 11-39 所示。

图 11-36

图 11-37

图 11-38

图 11-39

（10）利用图层蒙版调整素材 5。接着为素材 5 添加图层蒙版，再将前景色设置为黑色，单击工具箱中的“画笔工具”，在画笔选取器中选择“大小”合适，“硬度”为 0 的柔角笔尖在图层蒙版上涂抹，效果如图 11-40 所示。最后执行“文件 > 置入”命令，置入素材 6.png，按下 <Enter> 键完成置入，并将其栅格化，最终效果如图 11-41 所示。

图 11-40

图 11-41

11.4　实例：韩式风格婚纱照版式

案例文件：	韩式风格婚纱照版式 .psd
视频教学：	韩式风格婚纱照版式 .flv

案例效果：

操作步骤：

（1）执行“文件 > 新建”命令，弹出“新建”对话框后，设置“宽度”为 2000 像素、“高度”为 1500 像素、“分辨率”为 72 像素 / 英寸，参数设置如图 11-42 所示。执行“文件 > 置入”命令，置入人物素材“1.jpg”，按下 <Enter> 键完成置入，并将其栅格化，如图 11-43 所示。

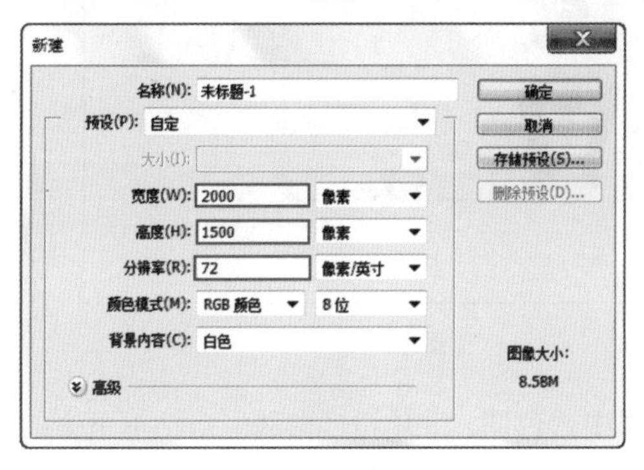

图 11-42

图 11-43

（2）调整素材 1。使用“自由变换工具”快捷键 <Ctrl+T> 调出定界框，在界定框一角处按住 <Shift> 键拖动控制点，将素材 1 缩放并摆放在合适位置，如图 11-44 所示。接着执行“图层 > 图层样式 > 投影”命令，弹出“图层样式”对话框后设置“不透明度”为 52%，“角度”为 120 度，“距离”为 7 像素，“扩展”为 4%，“大小”为 5 像素，参数设置如图 11-45 所示。效果如图 11-46 所示。

图 11-44

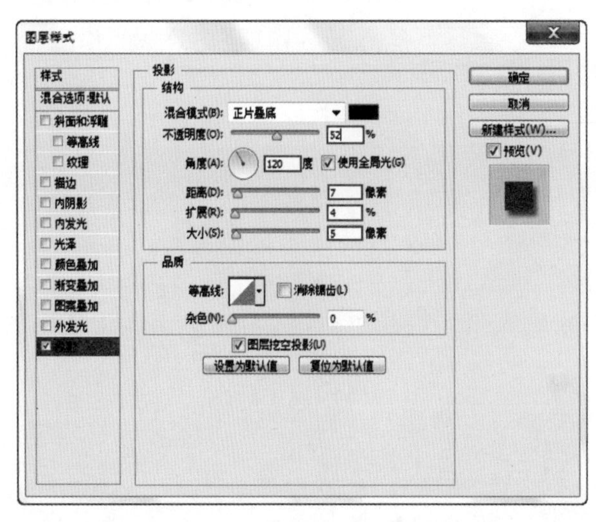

图 11-45

图 11-46

（3）接下来使用“曲线”工具调整素材 1 的色调。执行“图层 > 新建调整图层 > 曲线”命令，弹出“曲线”对话框后首先在“RGB”通道中调整曲线，降低图像亮度，曲线形态如图 11-47 所示。效果如图 11-48 所示。

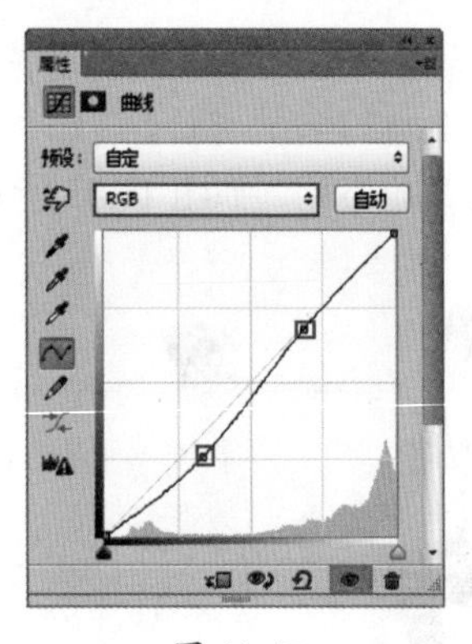

图 11-47

图 11-48

（4）接着在“蓝”通道中调整曲线，增加图像中蓝色调，并单击“曲线”对话框下方的“此调整剪切到此图层”按钮，曲线形态如图 11-49 所示。效果如图 11-50 所示。

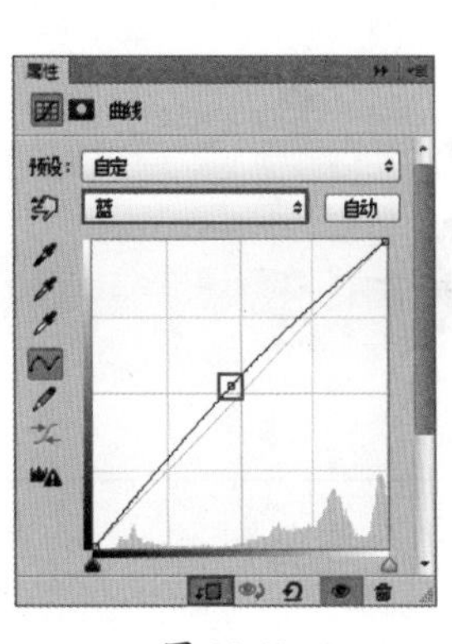

图 11-49

图 11-50

（5）执行“文件 > 置入”命令，置入人物素材“2.jpg”，按下 <Enter> 键完成置入，并将其栅格化，如图 11-51 所示。利用同样的方法为素材 2 添加图层样式，效果如图 11-52 所示。

图 11-51

图 11-52

（6）使用“曲线”工具调整素材 2 的色调。执行“图层 > 新建调整图层 > 曲线”命令，弹出“曲线”对话框后首先在“RGB”通道中调整曲线，增强画面对比度，单击“曲线”工具对话框下方的“此调整剪切到此图层”按钮，曲线形态如图 11-53 所示。再在“红”通道中调整曲线，增加图像中的红色调，曲线形态如图 11-54 所示。效果如图 11-55 所示。

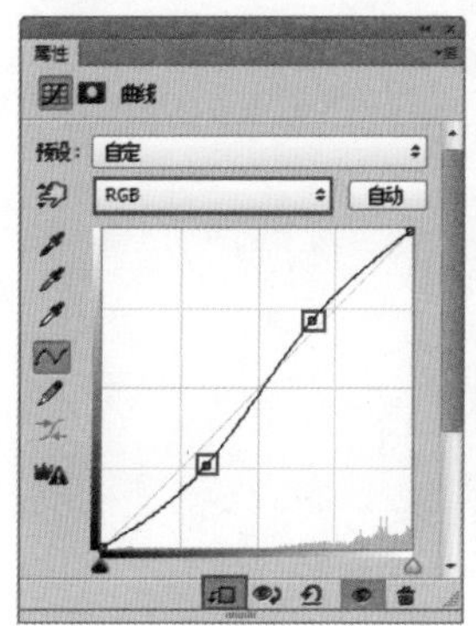

图 11-53

图 11-54

图 11-55

（7）为画面添加文字。单击工具箱中的“横排文字工具”，选择合适的字体以及字号，键入文字，如图 11-56 所示。

图 11-56

（8）丰富画面细节。新建图层，单击工具箱中的“矩形选框工具”，单击“添加到选区”按钮，绘制页面两侧的两个矩形选区，如图 11-57 所示。再将前景色设置为淡蓝色，使用填充前景色快捷键 <Alt+Delete> 填充选区，最终效果如图 11-58 所示。

图 11-57

图 11-58

11.5 实例：青春感情侣照版式设计

案例文件：	青春感情侣照版式设计 .psd
视频教学：	青春感情侣照版式设计 .flv

案例效果：

操作步骤：

（1）执行“文件 > 新建”命令，弹出“新建”对话框后设置“宽度”为 2723 像素，“高度”为 1909 像素，“分辨率”为 72 像素 / 英寸，参数设置如图 11-59 所示。单击工具箱中的“渐变工具”，设置“渐变颜色”为蓝色系渐变，“渐变类型”为“线性渐变”。然后使用鼠标指针在画面中自下到上拖动，完成渐变，效果如图 11-60 所示。

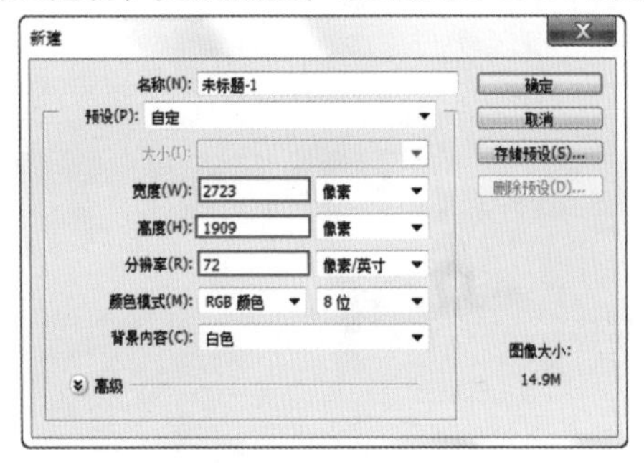

图 11-59

图 11-60

（2）执行“文件 > 置入”命令，置入天空素材“1.jpg”，按下 <Enter> 键完成置入，并将其栅格化，效果如图 11-61 所示。

（3）接下来利用“通道”抠取云彩部分。隐藏其他图层，进入“通道”面板，通过观察发现在“通道”中“红”通道黑白差异最大，所以接下来我们对“红”通道进行操作。复制红通道，单击工具箱中的“加深工具”，设置范围为“阴影”，“曝光度”为 100%。在“红”通道中背景天空的部分涂抹，如图 11-62 所示。然后按住 <Ctrl> 键单击“红”通道，得到云彩选区，接着单击“RGB”通道，再回到图层面板，单击图层面板下方的“添加图层蒙版”按钮，为天空素材添加图层蒙版，效果如图 11-63 所示。

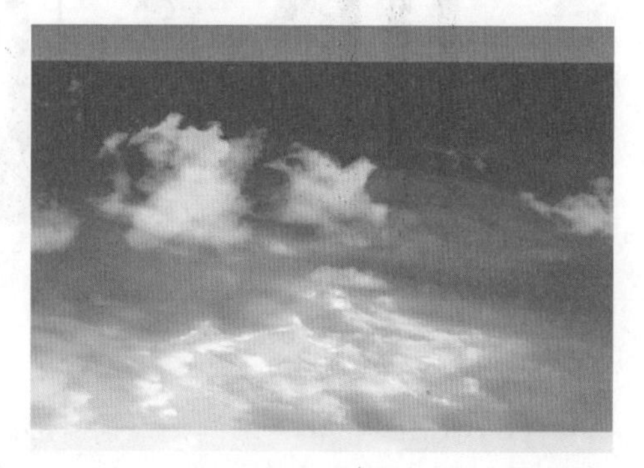

图 11-61

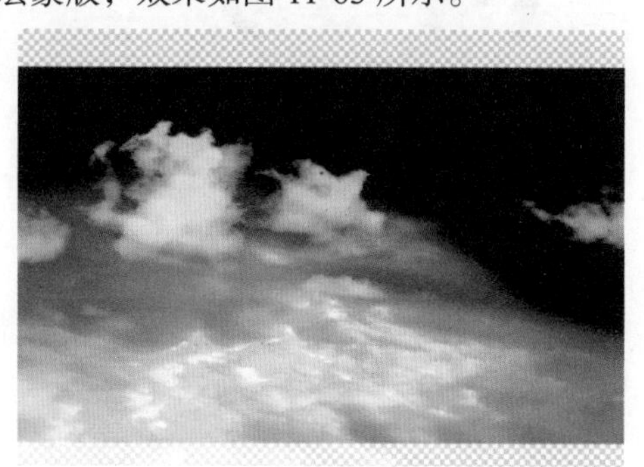

图 11-62

图 11-63

（4）此时我们发现云彩边缘仍然残留背景天空的颜色，所以需要使用“色相 / 饱和度”调整云彩色调。执行“图层 > 新建调整图层 > 色相 / 饱和度”命令，弹出“色相 / 饱和度”对话框后设置“色相”为 0，“饱和度”为 0，“明度”为 100%，单击“此调整剪切到此图层”按钮，参数设置如图 11-64 所示。效果如图 11-65 所示。

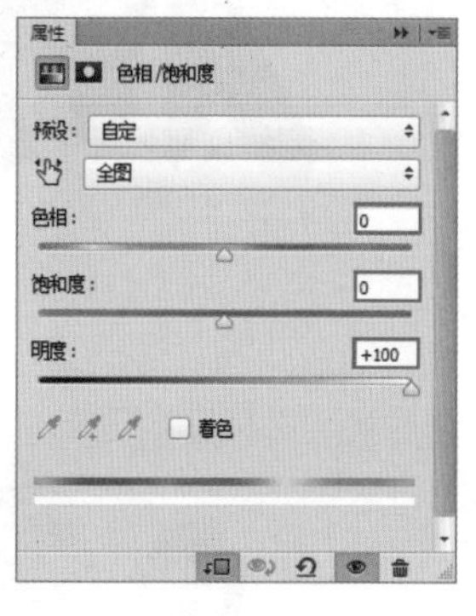

图 11-64

图 11-65

（5）执行“文件 > 置入”命令，置入人物素材“2.jpg”，按下 <Enter> 键完成置入，并将其栅格化，效果如图 11-66 所示。接下来抠取人像。单击工具箱中的“钢笔工具”，设置“绘制模式”为“路径”，沿人物轮廓进行绘制，如图 11-67 所示。绘制完成后按下快捷键 <Ctrl+Enter> 将路径转换为选区。然后单击图层面板下方的“添加图层蒙版”按钮，效果如图 11-68 所示。

图 11-66

图 11-67

图 11-68

（6）使用“液化”来调整人物身形。执行“滤镜＞液化”命令，弹出“液化”对话框后，单击“向前变形工具”按钮，设置“画笔大小”为100，“画笔密度”为27，“画笔压力”为65。以推进的方式调整画面中男士的脸颊以及胳膊位置，参数设置以及效果如图11-69所示。

图 11-69

（7）使用“曲线”工具调整人物色调。执行“图层＞新建调整图层＞曲线”命令，弹出“曲线”对话框后先在“RGB”通道中调整曲线，将画面提亮。曲线形态如图11-70所示。效果如图11-71所示。

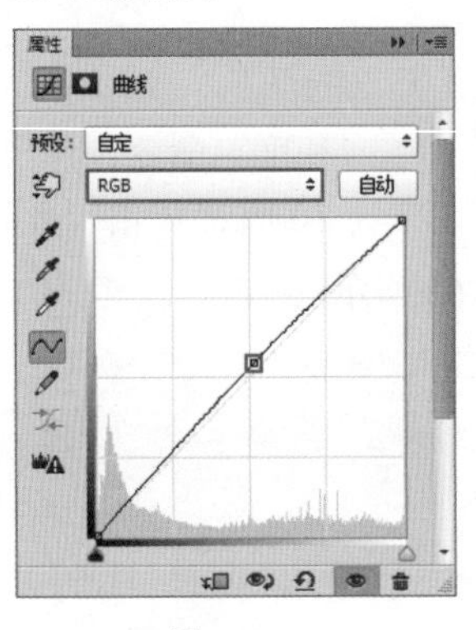

图 11-70

图 11-71

（8）接着在“红”通道中调整曲线，增加画面中的红色调，单击“此调整剪切到此图层”按钮，曲线形态如图11-72所示。效果如图11-73所示。

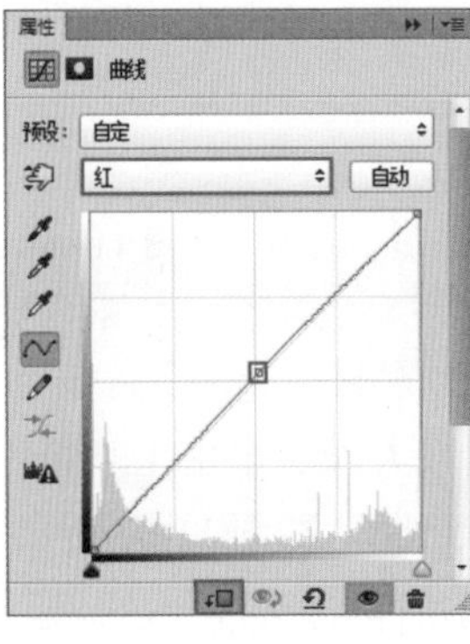

图 11-72

图 11-73

（9）执行“文件 > 置入”命令，置入素材“3.png”，按下 <Enter> 键完成置入，并将其栅格化，效果如图 11-74 所示。接着利用相同方法置入人像素材“4.png”，如图 11-75 所示。

图 11-74

图 11-75

（10）为画面添加艺术字。使用工具箱中的“横排文字工具”，在画面中单击并键入文字，执行“编辑 > 变换 > 旋转”命令，对文字进行适当旋转，如图 11-76 所示。下面为文字添加图层样式，执行“图层 > 图层样式 > 描边”命令，弹出“图层样式”后设置“大小”为 16 像素，“位置”为“外部”，“不透明度”为 100%，“颜色”为“白色”，参数设置和效果如图 11-77 所示。

图 11-76

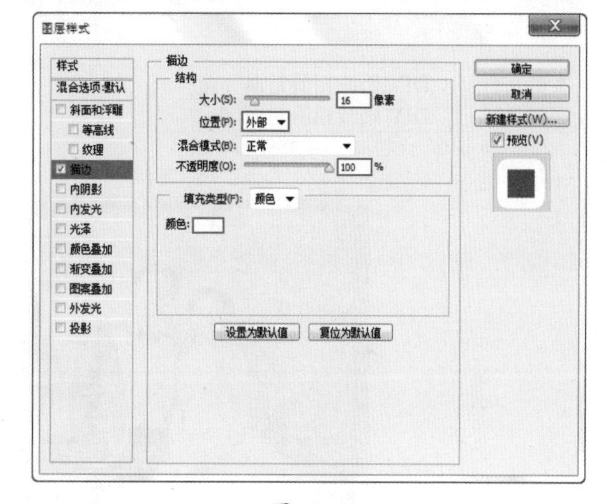

图 11-77

（11）接着在“图层样式”中勾选“渐变叠加”，设置“不透明度”为 100%，“渐变”为“红色到黄色”，“样式”为“线性”，“角度”为 121 度，“缩放”为 100%，参数设置如图 11-78 所示。效果如图 11-79 所示。

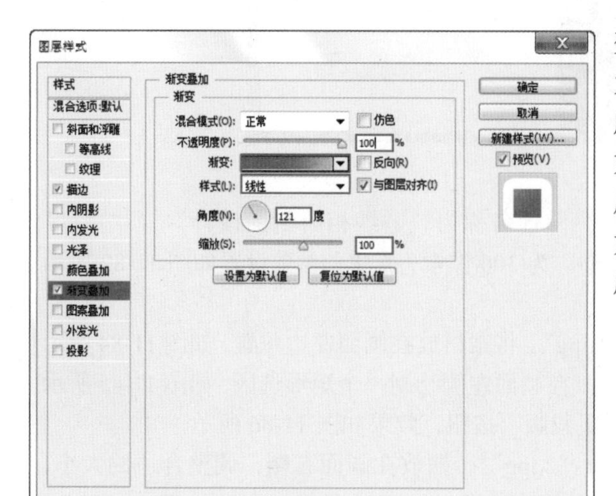

图 11-78

图 11-79

（12）利用相同方法制作其他部分文字，如图 11-80 所示。最后使用钢笔工具在文字周围添加一些装饰图形，最终效果如图 11-81 所示。

图 11-80

图 11-81

11.6 实例：DIY 婚纱相册封面

案例文件：	DIY 婚纱相册封面 .psd
视频教学：	DIY 婚纱相册封面 .flv

案例效果：

操作步骤：

（1）执行“文件 > 新建”命令新建文件，设置名称为“婚纱相册封面设计”，“宽度”为 3300 像素，“高度”为 2550 像素，“分辨率”为 300 像素 / 英寸，参数设置如图 11-82 所示。新建文件效果如图 11-83 所示。

（2）执行“文件 > 置入”命令，置入素材“1.jpg”，将素材放在画面左边位置，如图 11-84 所示。

（3）单击工具箱中的“矩形选框工具”按钮，在画面左侧绘制一个矩形选区，如图 11-85 所示。选择人像图层，单击图层面板底部的“添加图层蒙版”按钮，效果如图 11-86 所示。

（4）执行“文件 > 置入”命令，置入照片“2.jpg”，摆放在画面右侧，调整合适的大小，并按下 <Enter> 键完成置入，如图 11-87 所示。

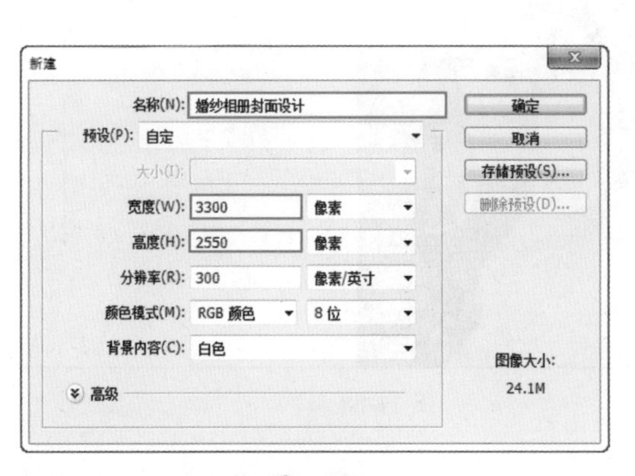

图 11-82

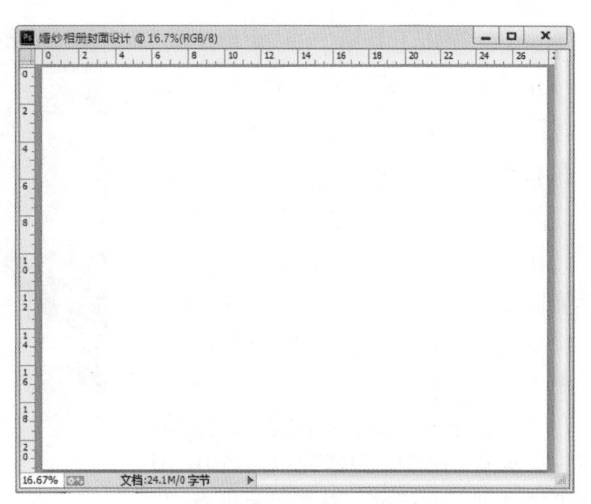

图 11-83

图 11-84

图 11-85

图 11-86

图 11-87

（5）单击工具箱中的“矩形工具”按钮，在选项栏中设置“绘图模式”为“形状”，“填充”为肉粉色，在右侧小照片的位置绘制一个矩形，如图 11-88 所示。在选项栏中单击按钮，执行“排除重叠形状”命令，如图 11-89 所示。接着在矩形中央再次绘制一个矩形，得到边框效果，如图 11-90 所示。

图 11-88

（6）下面添加预设图案，执行“编辑 > 预设 > 预设管理器”命令，打开“预设管理器”对话框，设置“预设类型”为“图案”，单击“载入”按钮载入图案素材文件，如图 11-91 所示。

（7）执行“图层 > 图层样式 > 斜面和浮雕”命令，打开图层样式对话框，设置“样式”为“内斜面”，“方法”为“平滑”，“深度”为 635%，“大小”为 45 像素，“软化”为 10 像素，“角度”为 135 度，参数设置如图 11-92 所示。勾选“内发光”，“混合模式”为“滤色”，“不透明度”为 75%，“颜色”为黄色，“大小”为 5 像素，参数设置如图 11-93 所示。

图 11-89

图 11-90

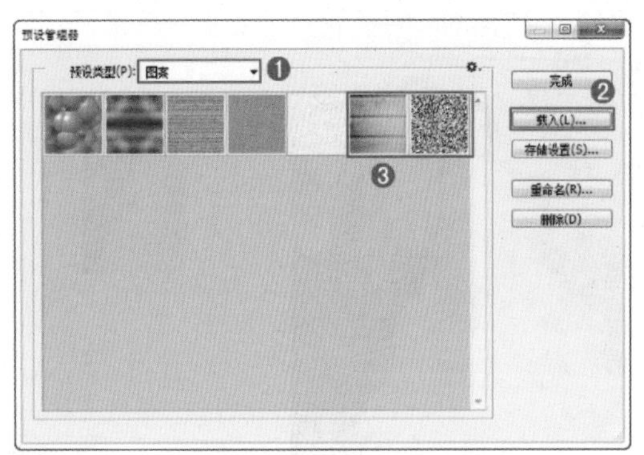

图 11-91

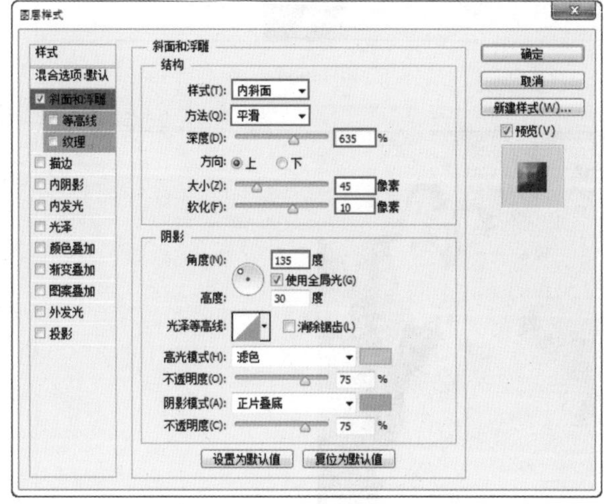

图 11-92

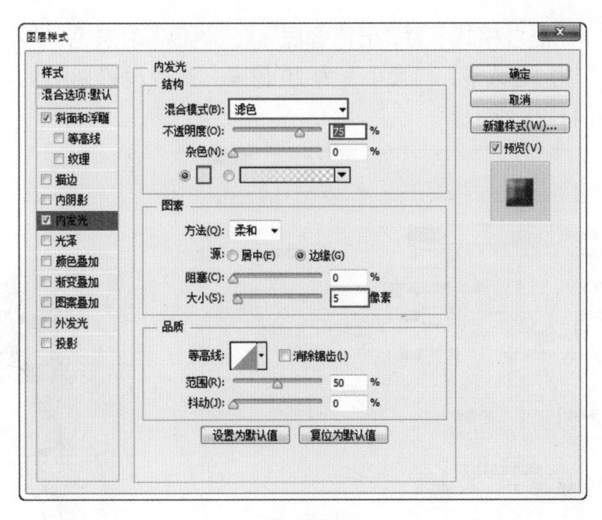

图 11-93

（8）勾选“渐变叠加”，“混合模式”为“正片叠底”，“不透明度”为 100%，“渐变”为黄色系渐变，“角度”为 90 度，如图 11-94 所示。勾选“图案叠加”，“混合模式”为“正常”，“不透明度”为 100%，“缩放”为 165%，如图 11-95 所示。

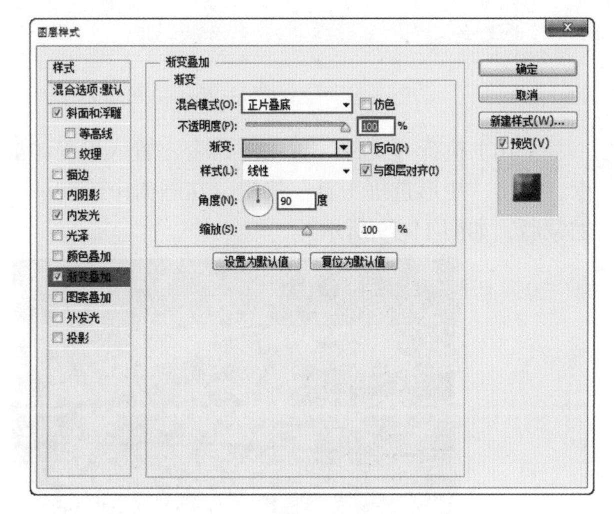

图 11-94

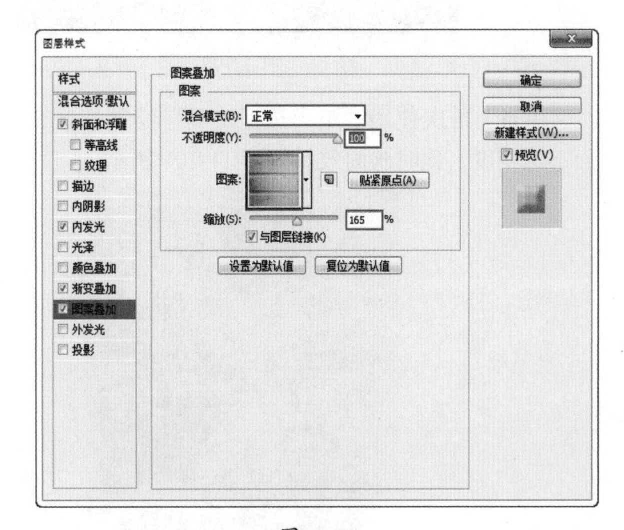

图 11-95

（9）勾选“投影”，“混合模式”为“正片叠底”，“颜色”为黑色，“不透明度”为45%，“角度”为135度，“距离”为30像素，“大小”为20像素，参数设置如图11-96所示。单击“确定”按钮，画面效果，如图11-97所示。

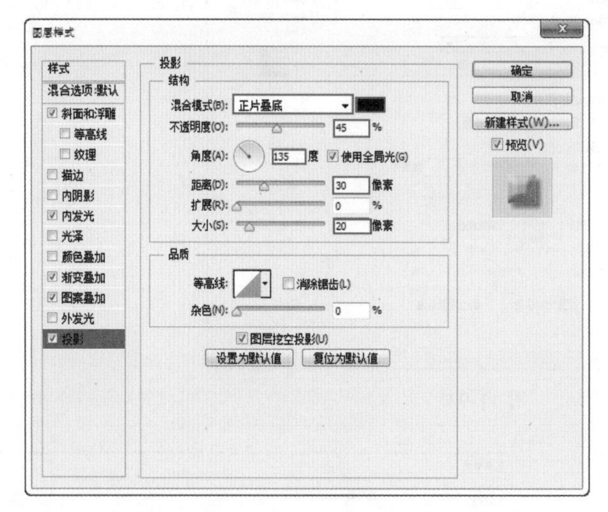

图 11-96

图 11-97

（10）执行“文件 > 置入”命令，置入素材“4.jpg”，如图11-98所示。调整素材的不透明度，单击“矩形选框工具”按钮，在画面中绘制一个矩形选区，单击“添加图层蒙版”按钮，添加蒙版，如图11-99所示。

图 11-98

图 11-99

（11）再次使用“矩形选框工具”绘制选区，如图11-100所示。为选区填充黑色，调整画面不透明度，此时画面效果如图11-101所示。

图 11-100

图 11-101

（12）执行“图层 > 图层样式 > 投影”命令，打开图层样式对话框，“混合模式”为“正片叠底”，“颜色”为黑色，“不透明度”为 75%，“角度”为 135 度，“距离”为 35 像素，“大小”为 35 像素，参数设置如图 11-102 所示。单击“确定”按钮，画面效果如图 11-103 所示。

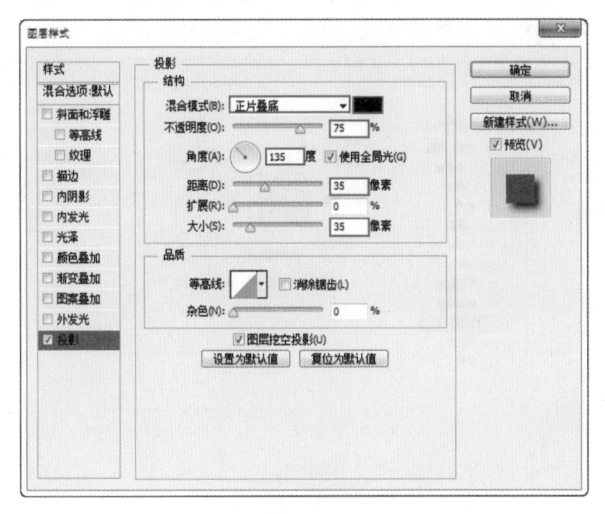

图 11-102　　　　图 11-103

（13）执行“图层 > 新建调整层 > 可选颜色”命令，调整青色为 –15%，洋红为 –60%，黄色为 +80%，黑色为 –50%，如图 11-104 所示。画面效果如图 11-105 所示。

图 11-104　　　　图 11-105

（14）执行“文件 > 置入”命令，置入边框素材“5.png”，如图 11-106 所示。选择该图层，执行“图层 > 创建剪切蒙版”，画面效果如图 11-107 所示。

图 11-106　　　　图 11-107

（15）选择该图层，执行“图层 > 图层样式 > 斜面和浮雕”命令，打开图层样式对话框，设置“样式”为“内斜面”，“方法”为“平滑”，“深度”为100%，“大小”为5像素，“角度”为135度，“颜色”分别为白色和黑色，如图11-108所示。勾选“图案叠加”，“混合模式”为正常，“不透明度”为100%，“缩放”为100%，如图11-109所示。

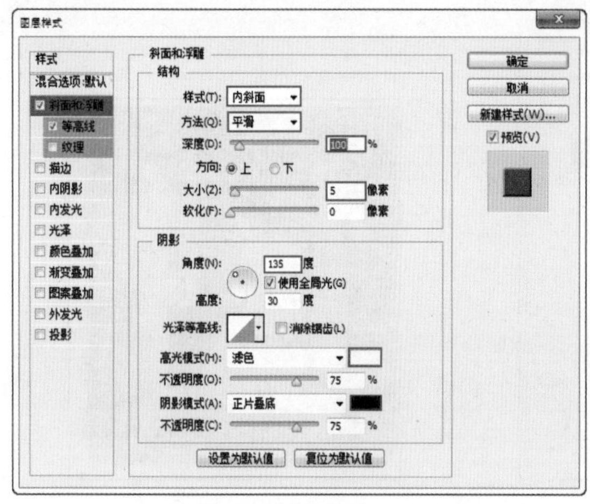

图 11-108

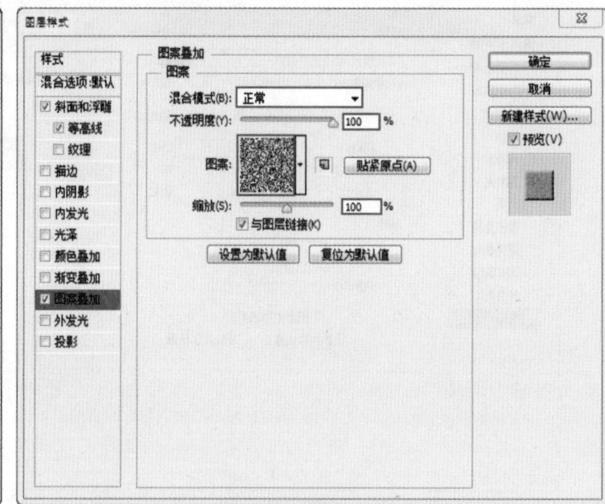

图 11-109

(16) 勾选“投影”，设置“混合模式”为“正片叠底”，“颜色”为黑色，“不透明度”为75%，“角度”为135度，“距离”为5像素，“大小”为5像素，如图11-110所示。单击“确定”按钮，画面效果如图11-111所示。

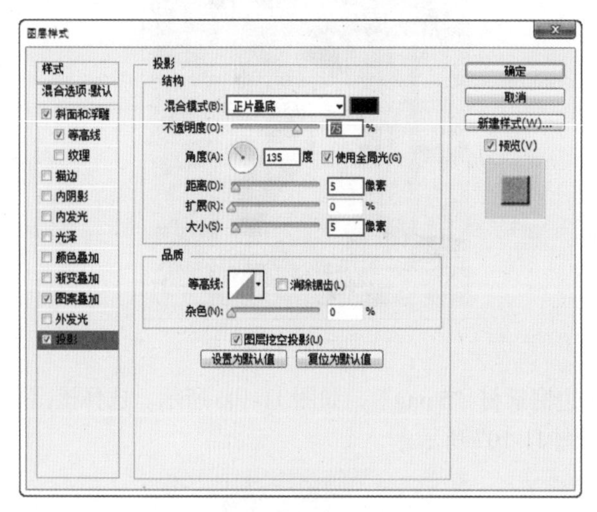

图 11-110

图 11-111

（17）执行“文件 > 置入”命令，置入艺术文字素材“6.png”，如图11-112所示。选择该图层，执行“图层 > 图层样式 > 颜色叠加”命令，打开图层样式对话框，设置“混合模式”为“正常”，不透明度为100%，如图11-113所示。单击“确定”按钮，画面效果如图11-114所示。

（18）执行“文件 > 置入”命令，置入花边素材“7.png”文件，如图11-115所示。选择该图层，执行“图层 > 图层样式 > 图案叠加”命令，打开图层样式对话框，“混合模式”为正常，“不透明度”为100%，“缩放”为100%，参数设置如图11-116所示。

图 11-112

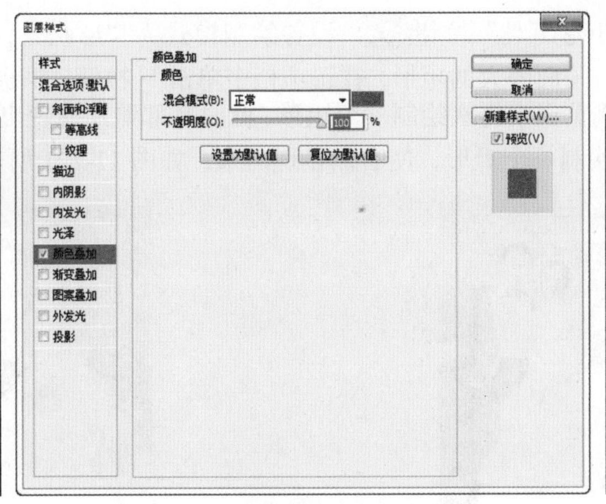

图 11-113

图 11-114

图 11-115

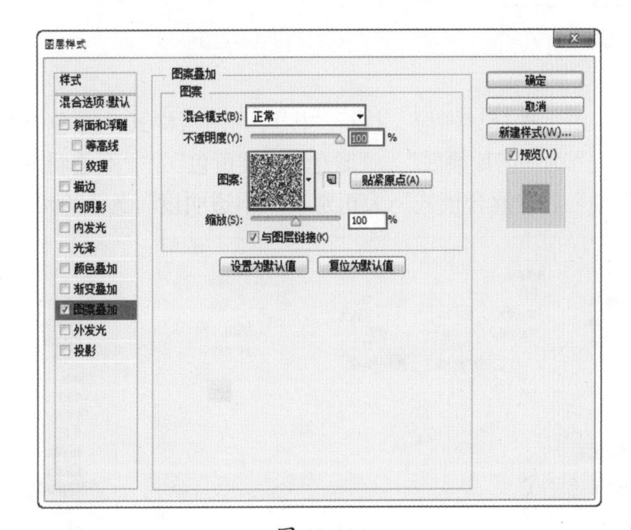

图 11-116

（19）勾选“投影”，“混合模式”为“正片叠底”，“颜色”为“蓝色”，“不透明度”为 75%，“角度”为 135 度，“距离”为 10 像素，“大小”为 20 像素，如图 11-117 所示。单击“确定”按钮，画面效果如图 11-118 所示。

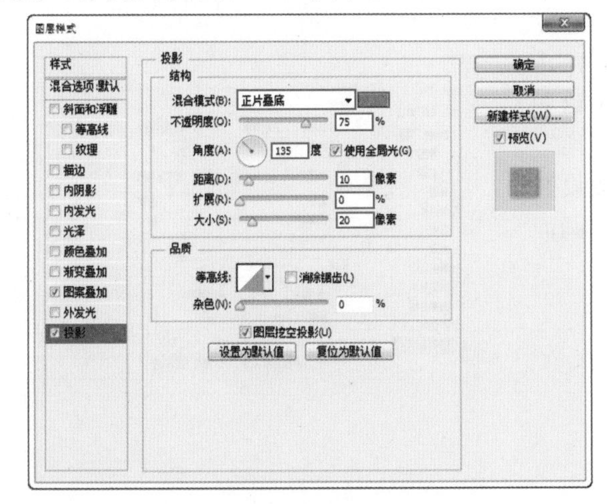

图 11-117

图 11-118

（20）单击添加“矩形工具”按钮，设置绘制模式为“形状”，“填充”设置为任意颜色，在画面中绘制一个与画面等大的矩形，在选项栏中单击按钮，执行“排除重叠形状”命令，如图 11-119 所示。在左侧页面中再次绘制一个矩形，此时底部照片显现出来了，如图 11-120 所示。用同样方法再次在右侧绘制一个矩形，使右侧显现出来，如图 11-121 所示。

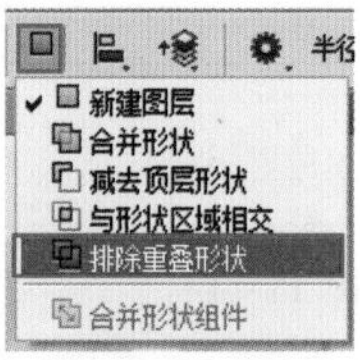

新建图层
合并形状
减去顶层形状
与形状区域相交
排除重叠形状
合并形状组件

图 11-119

图 11-120

图 11-121

（21）选择该图层，执行“图层 > 图层样式 > 颜色叠加”命令，打开图层样式对话框，“混合模式”为“正片叠底”，“颜色”为“黄色”，“不透明度”为 100%，如图 11-122 所示。勾选“图案叠加”，“混合模式”为正常，“不透明度”为 100%，“缩放”为 100%，如图 11-123 所示。

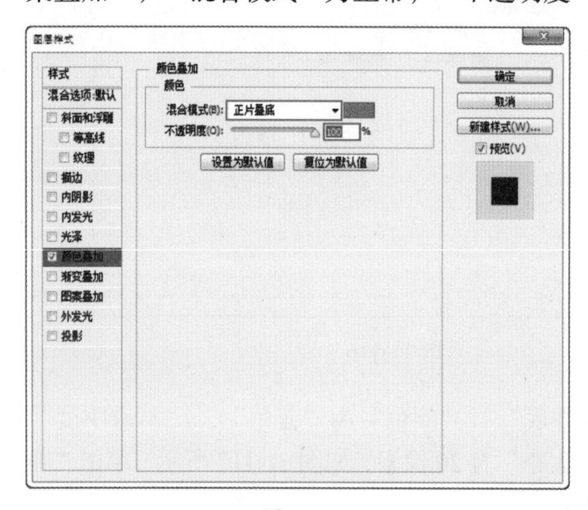

图 11-122

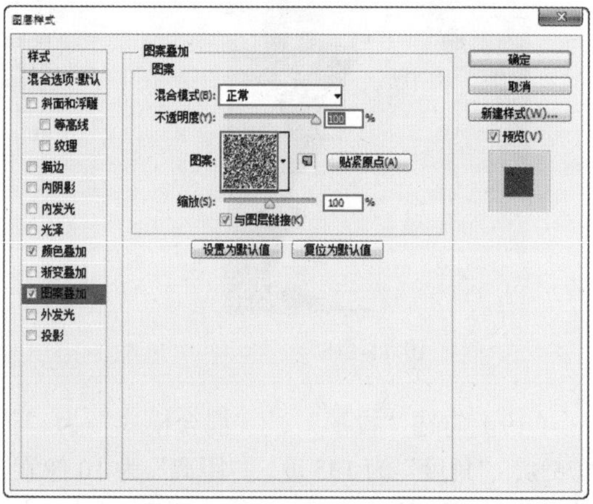

图层样式
图案叠加
图案
混合模式(B): 正常
不透明度(Y): 100 %
图案:
贴紧原点(A)
缩放(S): 100 %
与图层链接(K)
设置为默认值
复位为默认值

图 11-123

（22）勾选“投影”，“混合模式”为“正片叠底”，“颜色”为“蓝色”，“不透明度”为 75%，“角度”为 135 度，“距离”为 10 像素，“大小”为 20 像素，参数设置如图 11-124 所示。单击“确定”按钮，画面效果如图 11-125 所示。

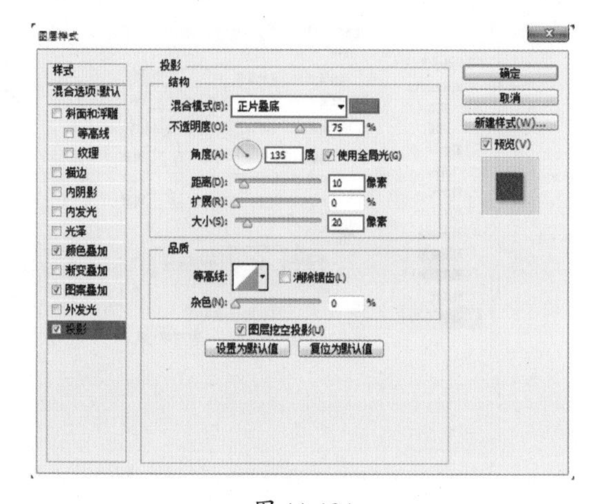

图 11-124

图 11-125

（23）按住 <Alt> 键，选择边框图层绘制选区，如图 11-126 所示。新建图层，单击工具箱中的“画笔工具”，使用快捷键 <F5>，调出画笔面板，选择“心形画笔”，设置“大小”为 90 像素，“间距”为 125%，如图 11-127 所示。在画面中绘制如图 11-128 所示。

图 11-126

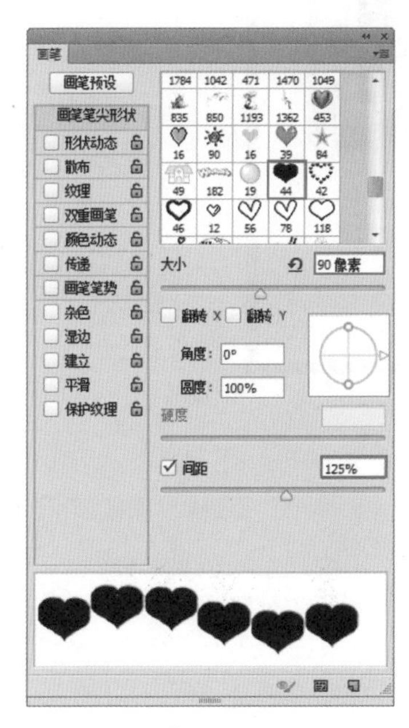

图 11-127

图 11-128

（24）选择该图层，执行“图层 > 图层样式 > 图案叠加”命令，打开图层样式对话框，“混合模式”为“正常”，“不透明度”为 100%，“缩放”为 100%，如图 11-129 所示。勾选“投影”，“混合模式”为“正片叠底”，“颜色”为“蓝色”，“不透明度”为 75%，“角度”为 135 度，“距离”为 10 像素，“大小”为 20 像素，参数设置如图 11-130 所示。单击“确定”按钮，此案例完成，效果如图 11-131 所示。

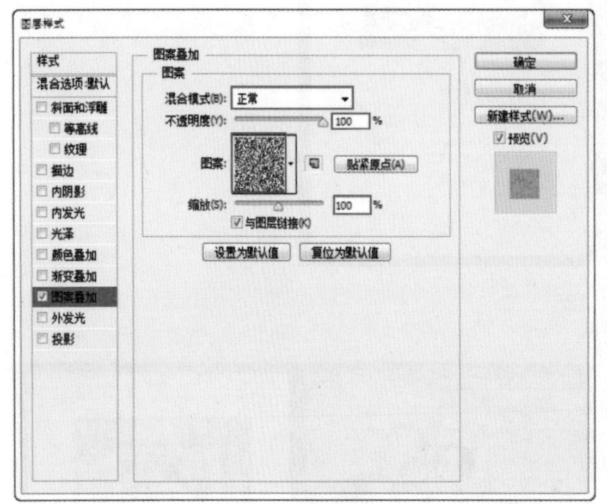

图 11-129

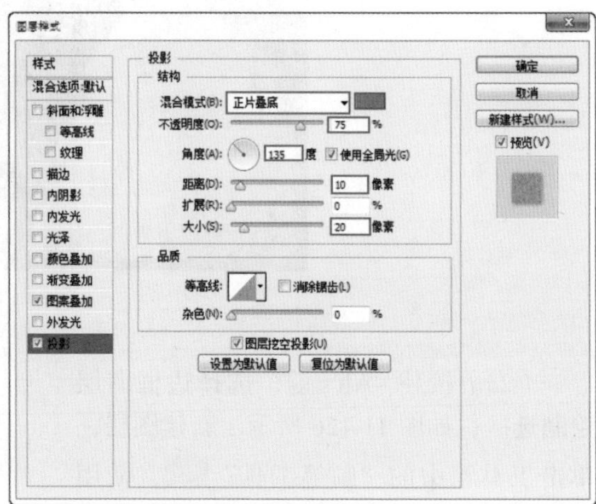

图 11-130

图 11-131

第 12 章 网店装修不求人

12.1 实例：棚拍商品照片背景处理

案例文件：	棚拍商品照片背景处理 .psd
视频教学：	棚拍商品照片背景处理 .flv

案例效果：

操作步骤：

（1）在拍摄产品照片的过程中，常常会有拍摄背景不够整洁的时候，此时我们可以利用 Photoshop 对背景进行修整。首先执行“文件 > 打开”命令，打开照片“1.jpg”，可以看到背景呈现出灰白的效果，而我们想要的是纯白背景，如图 12-1 所示。

图 12-1

（2）单击工具箱中的“减淡工具”，在画笔选取器中选择“大小”为 600 像素，“硬度”为 0 的柔角画笔，设置“范围”为高光，“曝光度”为 80%，在画面上涂抹，随着涂抹此处背景变为白色，如图 12-2 所示。继续涂抹其他区域，最终效果如图 12-3 所示。

图 12-2

图 12-3

12.2 实例：网店商品照片编修

案例文件：	网店商品照片编修 .psd
视频教学：	网店商品照片编修 .flv

案例效果：

操作步骤：

（1）在网站店铺中，主图的基本规格是 310×310 像素，大于 800×800 像素则具备放大镜功能。下面我们来制作一幅具备放大镜功能的主图。执行“文件 > 新建”命令，弹出“新建对话框后”设置“宽度”为 900 像素，“高度”为 900 像素，“分辨率”为 72 像素 / 英寸，参数设置如图 12-4 所示。单击工具箱中的“渐变工具”，设置“渐变颜色”为由蓝到白，“渐变类型”为“径向渐变”，然后用鼠标自中间向左拖动，完成渐变，效果如图 12-5 所示。

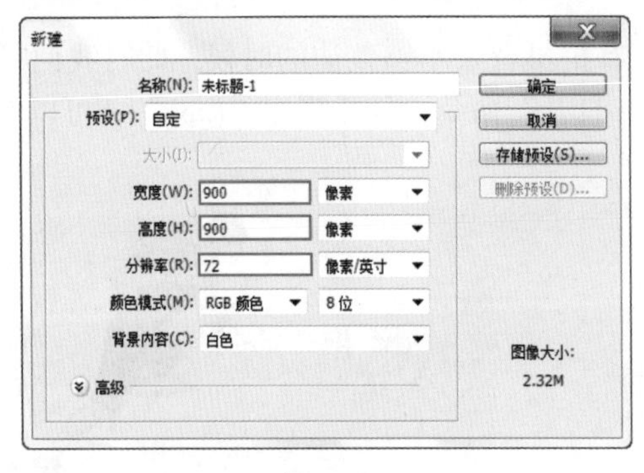

图 12-4

图 12-5

（2）执行“文件 > 置入”命令，置入素材“1.jpg”，按下 <Enter> 键完成置入，并将其栅格化，如图 12-6 所示。

图 12-6

（3）抠取素材 1 中的鞋子。单击工具箱中的“钢笔工具”，设置“绘制模式”为“路径”，然后沿鞋子的轮廓进行绘制，如图 12-7 所示。绘制完成后使用快捷键 <Ctrl+Enter> 将路径转换为选区，选中该图层，然后单击图层面板下方的“添加图层蒙版”按钮，背景被隐藏，效果如图 12-8 所示。

图 12-7

图 12-8

（4）使用“曲线”工具提高画面中鞋子的亮度。执行“图层>新建调整图层>曲线”命令，弹出“曲线”对话框后调整曲线，单击“此调整剪切到此图层”按钮，曲线形态如图 12-9 所示。效果如图 12-10 所示。

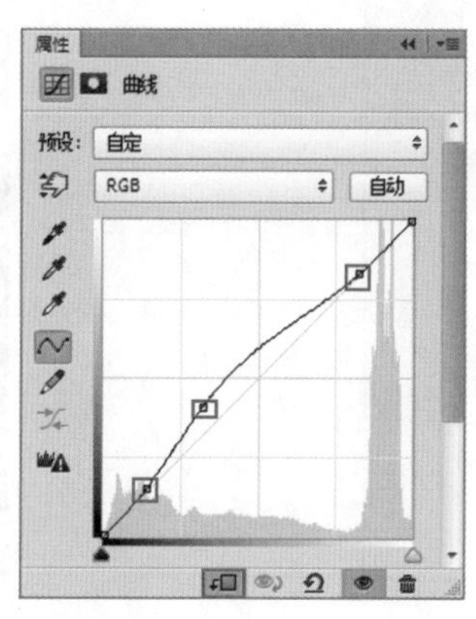

图 12-9

图 12-10

（5）继续使用“曲线”工具提亮鞋子的阴影部分。执行“图层>新建调整图层>曲线”命令，弹出“曲线”对话框后调整曲线，单击“此调整剪切到此图层”按钮，曲线形态如图 12-11 所示。效果如图 12-12 所示。因为我们只想调整画面中鞋子的阴影部分，所以接下来将前景色设置为黑色，使用填充前景色快捷键 <Alt+Delete> 填充“曲线”的图层蒙版，然后将前景色设置为白色，单击工具箱中的“画笔工具”，在画笔选取器中选择“大小”合适，“硬度”为 0 的笔尖，在鞋子的阴影部分进行涂抹，效果如图 12-13 所示。

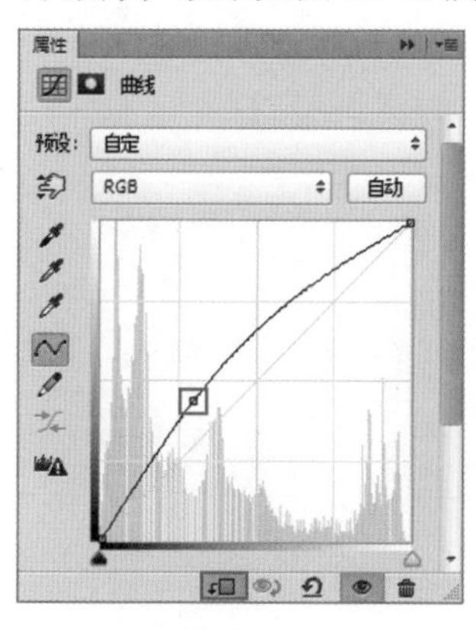

图 12-11

图 12-12

图 12-13

（6）进一步去除画面中鞋子的阴影部分。新建图层，单击工具箱中的“画笔工具”，一边按住 <Alt> 键一边吸取鞋子周围的颜色一边涂抹鞋子中阴影部分，效果如图 12-14 所示。

图 12-14

（7）观察鞋子，发现鞋子的防水台以及鞋跟有些许噪点。接下来我们使用“表面模糊”来消除鞋子的噪点。首先使用盖印图层快捷键 <Ctrl+Shift+Alt+E> 盖印图层。然后执行“滤镜 > 模糊 > 表面模糊”命令，弹出“表面模糊”对话框后设置“半径”为 5 像素，“阈值”为 15 色阶，参数设置如图 12-15 所示。效果如图 12-16 所示。

图 12-15

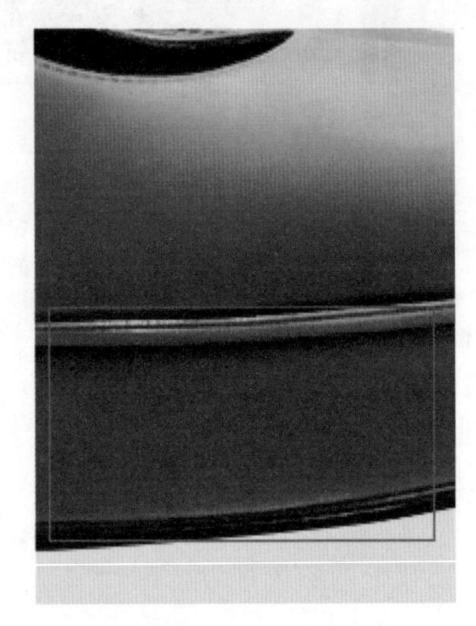

图 12-16

（8）同样我们只想将“表面模糊”作用在鞋子的防水台以及鞋跟，接下来单击图层面板下方的“添加图层蒙版”按钮，将前景色设置为黑色，单击工具箱中的“画笔工具”，在画笔选取器中选择“大小”合适，“硬度”为 0 的柔角笔尖在鞋子的防水台以及鞋跟处绘制，效果如图 12-17 所示。

图 12-17

（9）继续使用“曲线”工具令鞋子的阴影部分更加光亮。执行“图层 > 新建调整图层 > 曲线”命令，弹出“曲线”对话框后调整曲线，曲线形态如图 12-18 所示。效果如图 12-19 所示。同样我们只调整鞋子的阴影部分，利用相同方法将阴影部分的效果隐藏，效果如图 12-20 所示。

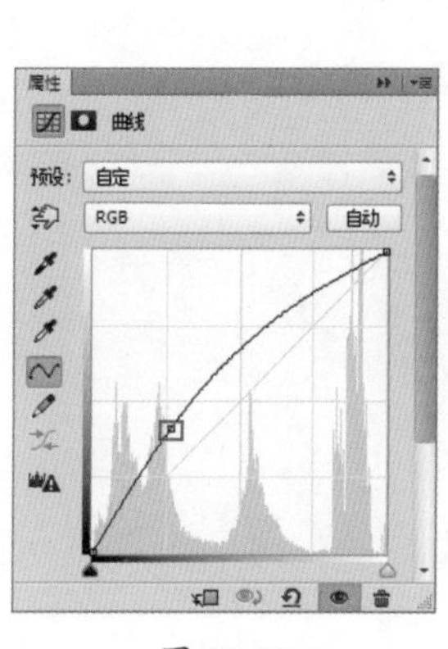

图 12-18

图 12-19

图 12-20

（10）鞋子部分调整完成后，我们开始制作店铺的品牌信息。新建图层，单击工具箱中的“矩形选框工具”，绘制选区。接着将前景色设置为粉红色，使用填充前景色快捷键 <Alt+Delete> 填充选区，如图 12-21 所示。接着为画面添加边框。首先新建图层，将前景色设置为白色，填充图层。在使用“矩形选框工具”绘制选区，按下删除键 <Delete> 删除选区内容，如图 12-22 所示。

图 12-21

图 12-22

（11）单击工具箱中的“自定形状工具”，设置“绘制模式”为“形状”，“填充”为白色，“形状”为“百合花饰”，绘制图案，如图 12-23 所示。最后为画面添加文字。单击工具箱中的“横排文字工具”，选择合适的字体以及字号，键入文字，最终效果如图 12-23 所示。

图 12-23

图 12-24

12.3 实例：给网店图片添加防盗图水印

案例文件：	给网店图片添加防盗图水印 .psd
视频教学：	给网店图片添加防盗图水印 .flv

案例效果：

操作步骤：

（1）网店的图片很容易被其他用户下载以及随意使用，也就是“盗图”，这侵害了制作者和所有者的权力，所以很多时候网店的产品照片需要添加“防盗图”的水印。但水印的添加也是有一定技巧的，水印过小很容易被去除，就起不到保护作用，而水印过大又容易影响画面效果。本案例中介绍一种比较常见的简单水印制作方法。执行“文件 > 打开”命令，打开图片“1.jpg”，如图 12-25 所示。

图 12-25

（2）首先键入文字。将前景色设置为粉色，单击工具箱中的“横排文字工具” T，键入文字，如图 12-26 所示。选中文字，使用快捷键 <Ctrl+C> 复制文字，再使用快捷键 <Ctrl+V> 粘贴文字，如图 12-27 所示。粘贴满一行的时候按下 <Enter> 键，继续复制粘贴，重复多次操作。使用相同方法将文字铺满页面。如图 12-28 所示。

图 12-26

图 12-27

图 12-28

（3）使用“自由变换”快捷键 <Ctrl+T> 调出定界框，旋转文字图层，如图 12-29 所示。接着单击图层面板下方的“添加图层蒙版”按钮，为文字图层添加图层蒙版，将前景色设置为黑色，单击工具箱中的“画笔工具”，在画笔选取器中选择“大小”合适，“硬度”为 0 的柔角笔尖在图层蒙版上绘制。蒙版形态如图 12-30 所示。此时人像被显示出来，效果如图 12-31 所示。

图 12-29

图 12-30

图 12-31

12.4 实例：网店新品展示拼图

案例文件：	网店新品展示拼图 .psd
视频教学：	网店新品展示拼图 .flv

案例效果：

操作步骤：

（1）将多张产品图片拼合在一张图片上是新品展示的常用方法。执行“文件 > 新建”命令，弹出“新建”对话框后设置“宽度”为 1500 像素，“高度”为 2000 像素，“分辨率”为 72 像素 / 英寸，“背景内容”为“白色”。参数设置如图 12-32 所示。执行“文件 > 置入”命令，置入素材“1.jpg”，按下 <Enter> 键完成置入，并将其栅格化摆放在合适的位置，如图 12-33 所示。

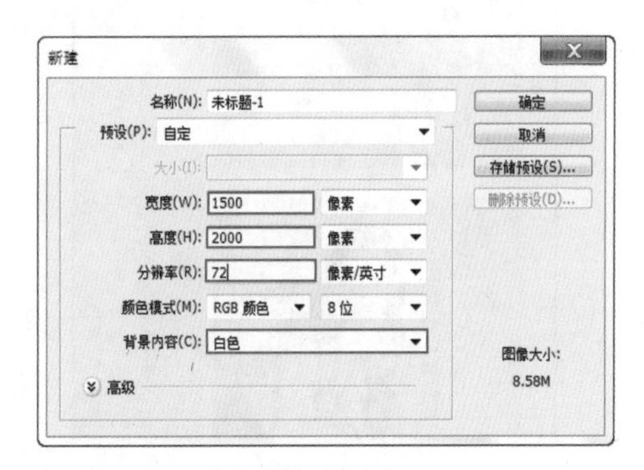

图 12-32

图 12-33

（2）单击工具箱中的“矩形选框工具”，绘制选区，如图 12-34 所示。单击图层面板下方的“添加图层蒙版”按钮，为素材 1 添加图层蒙版，效果如图 12-35 所示。利用上述方法分别置入并调整其他素材，如图 12-36 所示。

图 12-34

图 12-35

图 12-36

（3）制作画面其他部分。首先新建图层，单击工具箱中的“矩形选框工具”，绘制选区。将前景色设置为绿色，填充选区，如图 12-37 所示。接着绘制内部的选区，按下删除键 <Delete> 删除选区内容，如图 12-38 所示。

图 12-37

图 12-38

（4）绘制画面中虚线。首先设置前景色为绿色，单击工具箱中的“画笔工具”，载入方形画笔，在画笔选取器中选择“大小”为 4 像素的笔尖，如图 12-39 所示。单击“切换画笔面板”按钮，在“画笔面板”中设置“间距”为 220%，然后按住 <Shift> 键绘制一条虚线，如图 12-40 所示。使用“自由变换工具”快捷键 <Ctrl+T> 调出定界框，拖动控制点将虚线拉长，如图 12-41 所示。

（5）最后为画面键入文字。单击工具箱中的“横排文字工具”，选择合适的字体以及字号，键入文字，如图 12-42 所示。

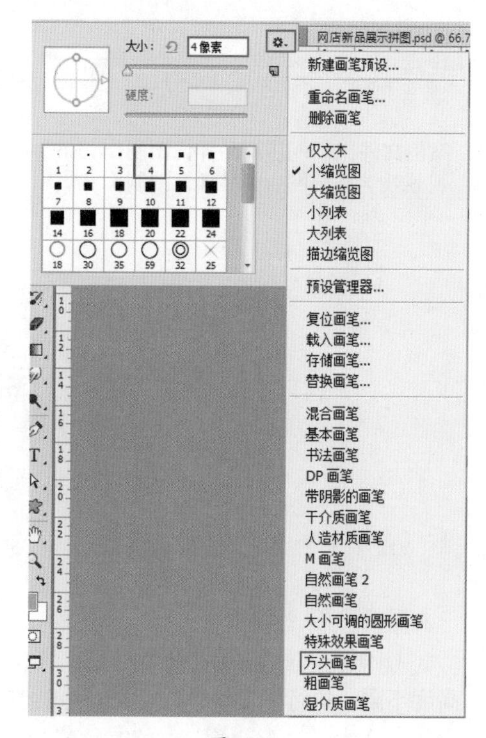

图 12-39

图 12-40

图 12-41

图 12-42

12.5 实例：网店商品详情图制作

案例文件：	网店商品详情图制作 .psd
视频教学：	网店商品详情图制作 .flv

案例效果：

操作步骤：

（1）在网站的店铺内我们会看到详情图，进而了解商品信息。详情图的宽度为 750 像素，高度不限。执行“文件 > 新建”命令，弹出“新建”对话框后设置“宽度”为 750 像素，“高度”为 460 像素，“分辨率”为 72 像素 / 英寸，参数设置如图 12-43 所示。将前景色设置为灰色，使用填充前景色快捷键 <Alt+Delete> 填充背景图层，如图 12-44 所示。

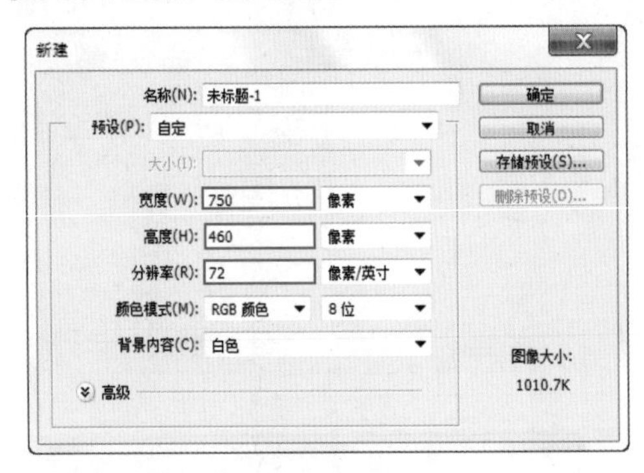

图 12-43

图 12-44

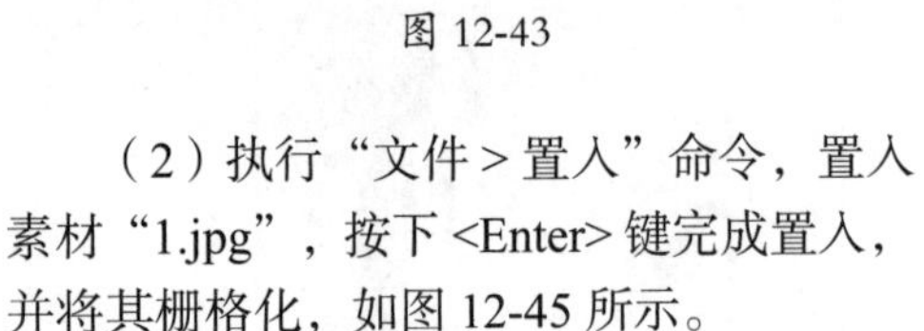

（2）执行“文件 > 置入”命令，置入素材“1.jpg”，按下 <Enter> 键完成置入，并将其栅格化，如图 12-45 所示。

图 12-45

（3）首先去除衣架。新建图层，单击工具箱中的“钢笔工具”，绘制一个半圆形的路径，如图 12-46 所示。使用快捷键 <Ctrl+Enter> 将路径转化为选区。再将前景色设置为素材 1 背景的颜色，使用填充前景色快捷键 <Alt+Delete> 填充选区，如图 12-47 所示。

图 12-46

图 12-47

（4）修补衣服。新建图层，单击工具箱中的“画笔工具”，在画笔选取器中选择“大小”合适，“硬度”为 0 的笔尖，然后按住 <Alt> 键一边吸取周边颜色一边修补衣服领口位置，如图 12-48 所示。效果如图 12-49 所示。

图 12-48

图 12-49

（5）使用“曲线”工具增加衣服亮度。执行“图层 > 新建调整图层 > 曲线”命令，弹出“曲线”对话框后调整曲线，曲线形态如图 12-50 所示。效果如图 12-51 所示。

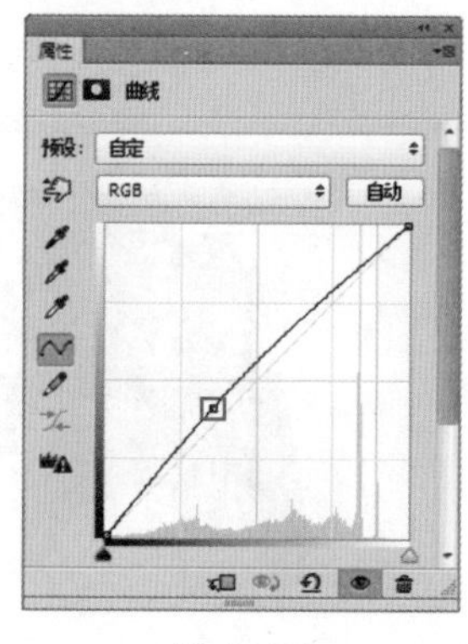

图 12-50

图 12-51

（6）接下来抠取衣服。使用盖印图层快捷键<Ctrl+Shift+Alt+E>盖印图层。单击工具箱中的“魔棒工具”，单击衣服图层的背景部分形成选区，按下删除键 <Delete> 删除选区内容，效果如图 12-52 所示。将衣服摆放在合适位置，如图 12-53 所示。

图 12-52

图 12-53

（7）为画面添加底色。在衣服图层下方新建图层，单击工具箱中的“矩形选框工具”，绘制选区，如图 12-54 所示。将前景色设置为白色，使用<Alt+Delete>键填充选区，如图 12-55 所示。

图 12-54

图 12-55

（8）在网站店铺中，如果将同一款式不同颜色商品分别拍摄不仅麻烦还很难产生一种和谐美观的效果，所以我们可以通过对一种颜色的商品进行调色，制作出其他颜色效果。使用快捷键<Ctrl+J>复制衣服图层，将新图层移动至衣服图层下方，再将其摆放到合适位置，如图 12-56 所示。执行“图层 > 新建调整图层 > 色相 / 饱和度”命令，弹出“色相 / 饱和度”对话框后设置“色相”为 72，“饱和度”为 0，“明度”为 0，单击“此调整剪切到此图层”按钮，参数设置如图 12-57 所示。效果如图 12-58 所示。

图 12-56

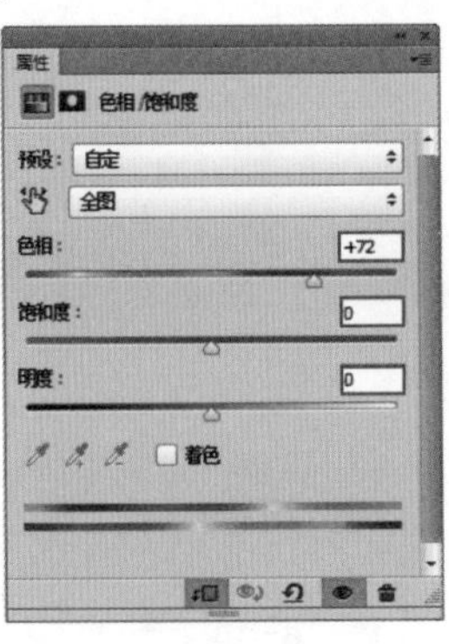

图 12-57

图 12-58

（9）利用同样方法复制并调整出第三个衣服，如图 12-59 所示。执行“图层 > 新建调整图层 > 色相 / 饱和度”命令，弹出“色相 / 饱和度”对话框后设置“色相”为 129，“饱和度”为 0，“明度”为 0，单击“此调整剪切到此图层”按钮，参数设置如图 12-60 所示。效果如图 12-61 所示。

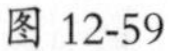
图 12-59

图 12-60

图 12-61

（10）制作画面中其他部分。单击工具箱中的“矩形工具”，设置“绘制模式”为形状，“填充”为深灰色，描边为无描边，绘制矩形，如图 12-62 所示。利用相同方法绘制其他矩形，如图 12-63 所示。

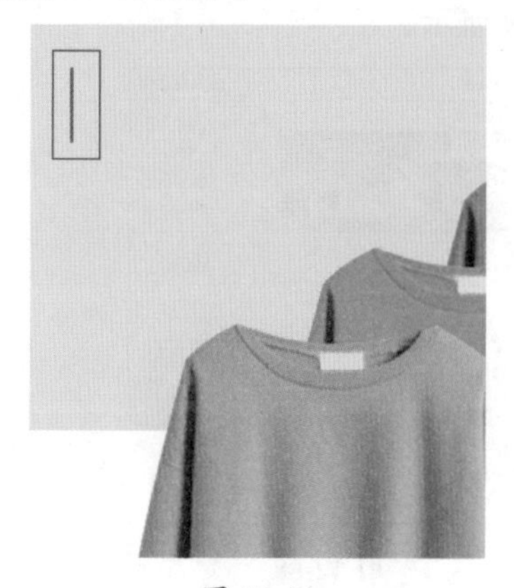
图 12-62

图 12-63

（11）为画面添加文字。单击工具箱中的“横排文字工具”，选择合适的字体以及字号，键入文字，如图 12-64 所示。单击工具箱中的“自定形状工具”，设置“绘制模式”为形状，“填充”为深灰色，描边为无描边，绘制图案，如图 12-65 所示。最终效果如图 12-66 所示。

图 12-64

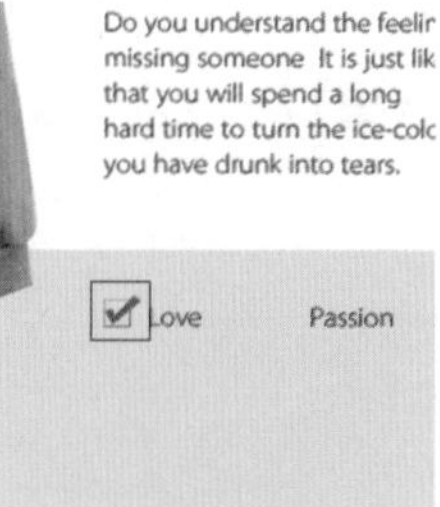

图 12-65

图 12-66

第 12 章

12.6 实例：化妆品网店店招设计

案例文件：	化妆品网店店招设计 .psd
视频教学：	化妆品网店店招设计 .flv

案例效果：

操作步骤：

（1）所谓店招，就是店铺的招牌。所以如果没有店招，消费者很难明白该店是做什么的。通常店招都有标准的尺寸，例如 950×150 像素、920×150 像素。下面我们来制作一个化妆品网店的店招。执行“文件>新建”命令，弹出“新建”对话框后设置“宽度”为 950 像素，“高度”为 150 像素，“分辨率”为 72 像素/英寸，参数设置如图 12-67 所示。单击工具箱中的“渐变工具”，在“渐变编辑器”中设置渐变颜色，如图 12-68 所示。设置“渐变类型”为“径向渐变”，按住鼠标左键在画面由下往上进行拖动，完成渐变，如图 12-69 所示。

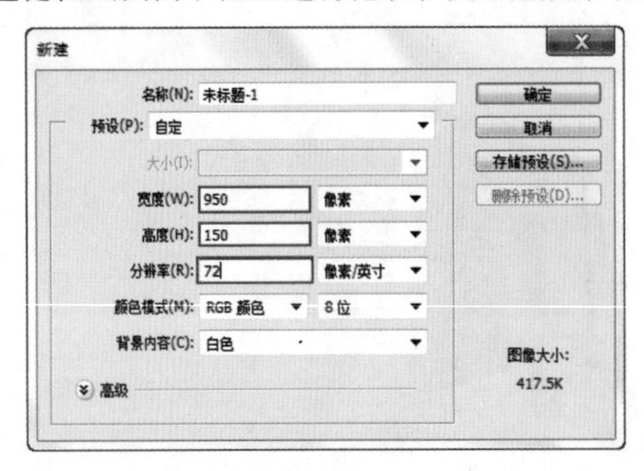

图 12-67

图 12-68

图 12-69

（2）执行“文件>置入”命令，置入素材“1.jpg”，按下 <Enter> 键完成置入，并将其栅格化，如图 12-70 所示。

图 12-70

（3）新建图层，单击工具箱中的“矩形选框工具”，绘制选区，如图 12-71 所示。将前景色设置为橙色，使用填充前景色快捷键 <Alt+Delete> 填充选区，如图 12-72 所示。

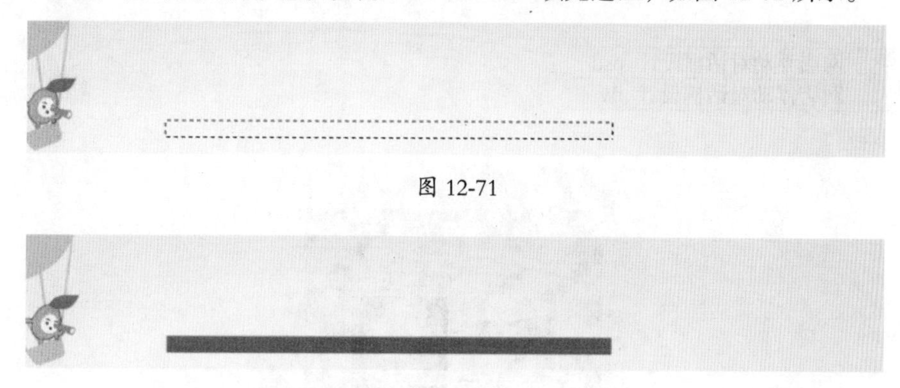

图 12-71

图 12-72

（4）为画面添加文字。单击工具箱中的“横排文字工具”，选择合适的字体以及字号，键入文字，如图 12-73 所示。

图 12-73

（5）置入素材“2.jpg”，如图 12-74 所示。调整素材“2.jpg”，单击工具箱中的“多边形套索工具”，沿素材“2.jpg”中商品的轮廓绘制，得到选区后单击图层面板下方的“添加图层蒙版”按钮，为素材“2.jpg”添加图层蒙版，最终效果如图 12-75 所示。

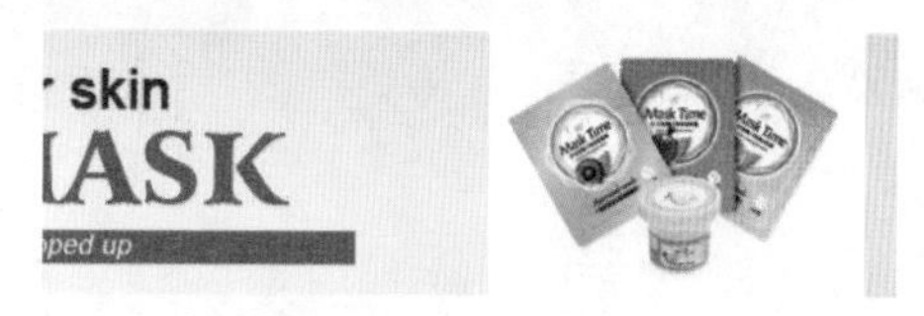

图 12-74

图 12-75

12.7 实例：网店浮动对话框设计

案例文件：	网店浮动对话框设计 .psd
视频教学：	网店浮动对话框设计 .flv

案例效果：

操作步骤：

（1）执行“文件 > 打开”命令，打开背景素材“1.jpg”，如图 12-76 所示。新建图层，单击工具箱中的“圆角矩形工具”，设置“绘制模式”为“形状”，“填充”为粉色，“半径”数值为 20 像素，绘制矩形，如图 12-77 所示。

图 12-76

图 12-77

（2）接下来为矩形添加图层样式。执行“图层 > 图层样式 > 图案叠加”命令，弹出“图层样式”对话框后设置“混合模式”为正片叠底，“不透明度”为 100%，再单击“图案”右侧的箭头，在图案下拉菜单中单击“齿轮按钮”，在菜单中执行“载入图案”命令，如图 12-78 所示。在弹出的对话框中选择素材“2.pat”，单击“载入”按钮，如图 12-79 所示。效果如图 12-80 所示。

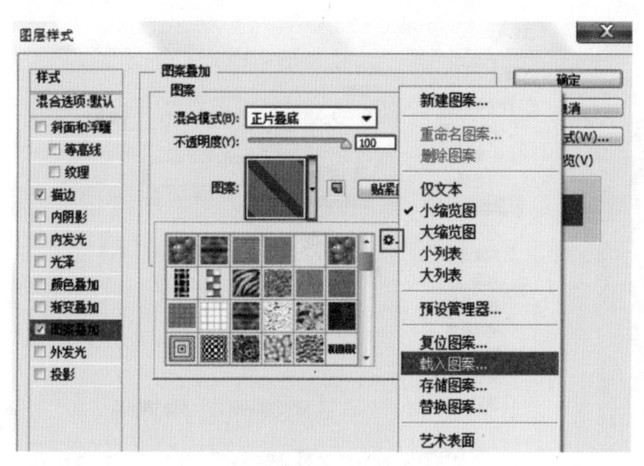

图 12-78

图 12-79

图 12-80

（3）继续勾选“描边”选项，设置“大小”为 4 像素，“位置”为“外部”，“混合模式”为“正常”，“颜色”为“白色”，参数设置如图 12-81 所示。单击“确定”按钮后效果如图 12-82 所示。

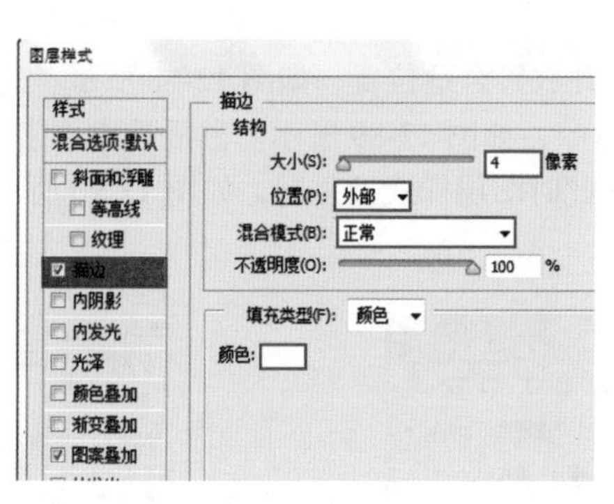

图 12-81

图 12-82

（4）执行“文件 > 置入”命令，置入儿童素材“3.jpg”，按下 <Enter> 键完成置入，并将其栅格化，调整至合适的大小及位置，如图 12-83 所示。接着执行“图层 > 图层样式 > 描边”命令，设置“大小”为 3 像素，“位置”为“外部”，“颜色”为“白色”，“混合模式”为“正常”，参数设置如图 12-84 所示。单击“确定”按钮后效果如图 12-85 所示。

图 12-83

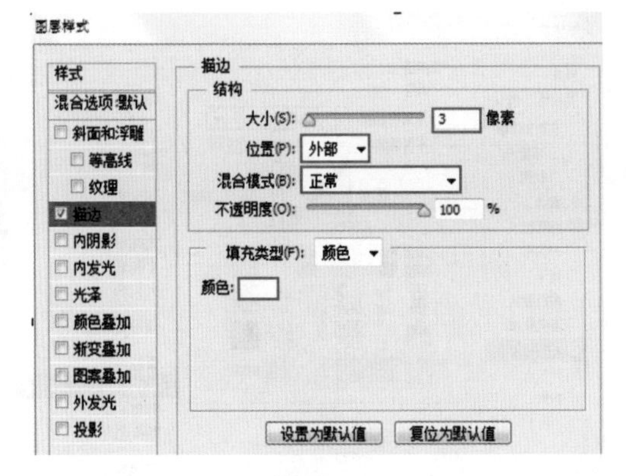

图 12-84

图 12-85

（5）继续勾选“外发光”命令，设置其“不透明度”为 40%，“颜色”为“黑色”，“方法”为“柔和”，“大小”为 10 像素，参数设置如图 12-86 所示。单击“确定”按钮后效果如图 12-87 所示。

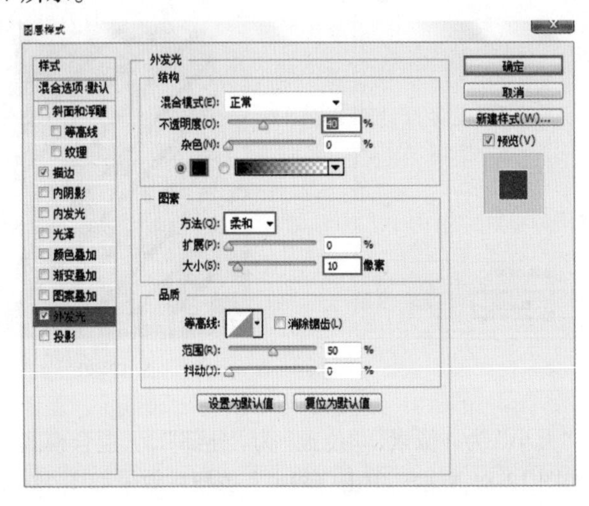

图 12-86

图 12-87

（6）分别置入素材“4、5、6、7、8”，并放置合适位置，如图 12-88 所示。选中“素材 3”图层，单击鼠标右键执行“拷贝图层样式”命令，如图 12-89 所示。然后选中“素材 4”图层，单击鼠标右键，执行“粘贴图层样式”命令，此时图层样式被复制，如图 12-90 所示。

图 12-88

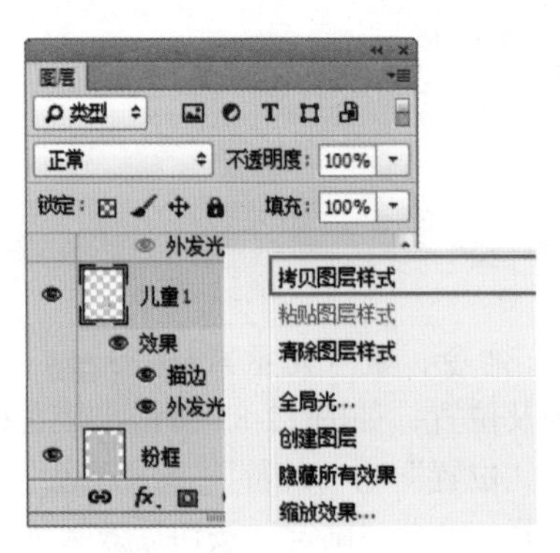

图 12-89

图 12-90

（7）根据复制“素材 3”图层样式的方法，为其他素材复制图层样式，效果如图 12-91 所示。

图 12-91

（8）选中工具箱中的“圆角矩形工具”，设置其“半径”为 50 像素，“填充”颜色为“粉色”，在画面中绘制，如图 12-92 所示。继续复制儿童素材的图层样式，双击图层样式进行进一步编辑，然后在图层样式下勾选“内阴影”选项，设置“颜色”为“粉红色”，“不透明度”为 80%，“角度”为 170 度，“距离”为 7 像素，“大小”为 7 像素，参数设置如图 12-93 所示。单击“确定”按钮后效果如图 12-94 所示。

图 12-92

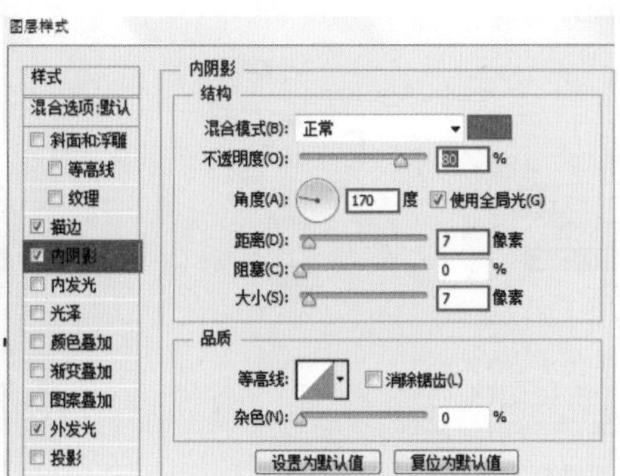

图 12-93

图 12-94

（9）执行“文件 > 置入”命令，置入素材“8.png”，并将其放置合适位置，如图 12-95 所示。选择工具箱中的“自定义形状工具”，设置“填充颜色”为“粉色”，“形状”为心形，在画面底部绘制，如图 12-96 所示。

图 12-95

图 12-96

（10）为心形图层添加图层样式。选中该心形图层，执行“图层 > 图层样式 > 描边”命令，设置“大小”为 3 像素，“位置”为“外部”，“颜色”为“白色”，参数设置如图 12-97 所示。效果如图 12-98 所示。

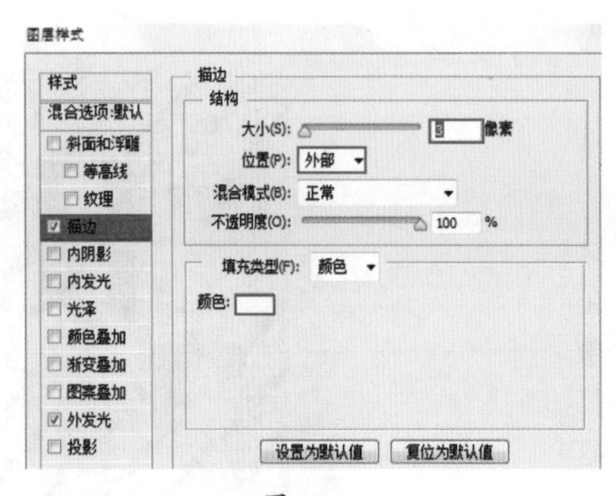

图 12-97

图 12-98

（11）继续勾选“外发光”命令，设置“混合模式”为“正常”，“不透明度”为 30%，“颜色”为“黑色”，“方法”为“柔和”，“大小”为 10 像素，参数设置如图 12-99 所示。单击“确定”按钮后效果如图 12-100 所示。

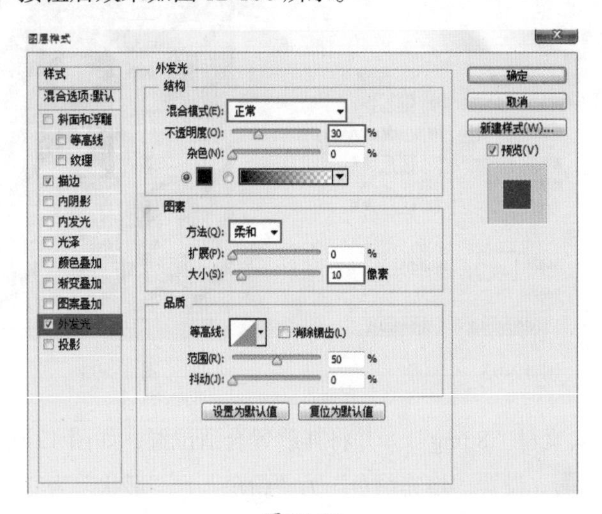

图 12-99

图 12-100

（12）接下来键入文字。选择“横排文字工具” T，设置合适的大小及字体，在图层上方粉色圆角矩形框内、图层下方心形内以及心形中键入文字，调整适当的位置，最终效果如图 12-101 所示。

图 12-101

12.8 实例：网店通栏促销广告

案例文件：	网店通栏促销广告 .psd
视频教学：	网店通栏促销广告 .flv

案例效果：

操作步骤：

（1）在网站店铺中，通栏促销广告也有一定的尺寸约束。一般“宽度”为 950 像素，“高度”没有特定要求，尽量设置在 300 像素以上。下面我们来制作一幅通栏促销广告。执行“文件 > 新建”命令，弹出“新建”对话框后设置“宽度”为 950 像素，“高度”为 490 像素，“分辨率”为 72 像素 / 英寸，参数设置如图 12-102 所示。将前景色设置为深灰色，使用填充前景色快捷键 <Alt+Delete> 填充背景图层，如图 12-103 所示。

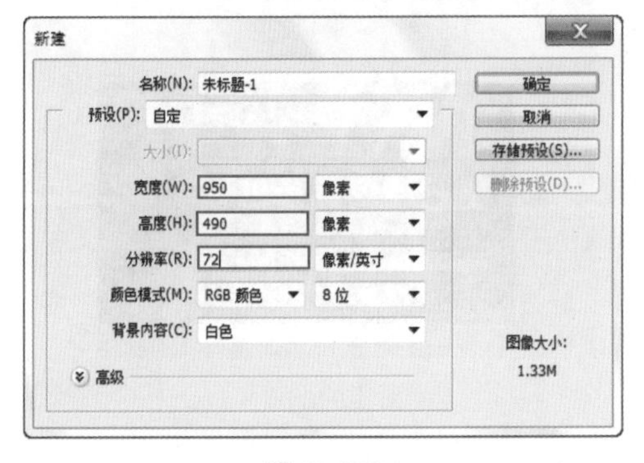

图 12-102

图 12-103

（2）新建图层，单击工具箱中的“多边形套索工具”，单击“添加到选区”按钮，绘制选区，如图 12-104 所示。将前景色设置为黑色，使用填充前景色快捷键 <Alt+Delete> 填充选区，如图 12-105 所示。

图 12-104

图 12-105

（3）利用相同方法制作其他部分的图形，如图 12-106 所示。再单击工具箱中的“横排文字工具” T，选择合适的字体以及字号，键入数字，如图 12-107 所示。

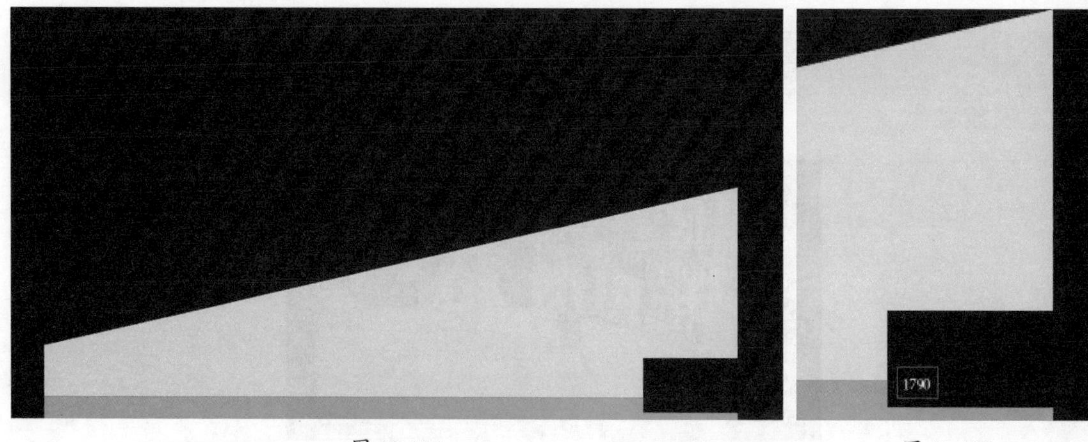

图 12-106　　图 12-107

（4）单击工具箱中的“矩形工具”，设置“绘制模式”为“形状”，“填充”为白色，然后在画面绘制矩形，如图 12-108 所示。为画面添加文字，如图 12-109 所示。

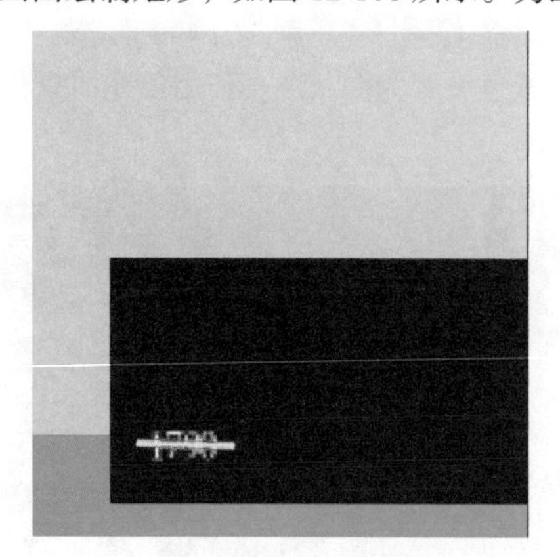

图 12-108

图 12-109

（5）执行“文件 > 置入”命令，置入人物素材“1.jpg”，按下 <Enter> 键完成置入，并将其栅格化，如图 12-110 所示。下面开始抠取人像。单击工具箱中的“钢笔工具”，设置“绘制模式”为“路径”，沿着人物的轮廓进行绘制，如图 12-111 所示。绘制完成后按下 <Ctrl+Enter> 键将路径转换为选区，再单击图层面板下方的“添加图层蒙版”按钮，效果如图 12-112 所示。

图 12-110

图 12-111

图 12-112

（6）执行“编辑 > 变换 > 水平翻转”命令，再按住 <Shift> 键拖动控制点，调整人物大小，如图 12-113 所示。为人物图层添加图层样式。执行“图层 > 图层样式 > 投影”命令，弹出“图层样式”对话框后设置“颜色”为“粉色”，“不透明度”为 100%，“角度”为 –167，“距离”为 25 像素，“扩展”为 0，“大小”为 0 像素，参数设置如图 12-114 所示。效果如图 12-115 所示。

图 12-113

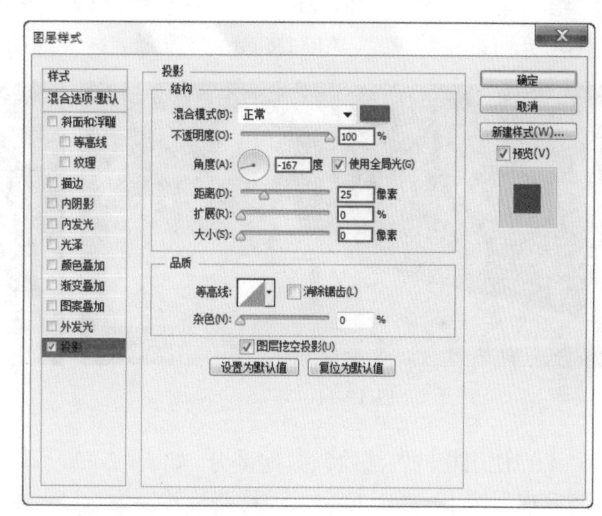

图 12-114

图 12-115

（7）执行“文件 > 置入”命令，置入人物素材“2.jpg”，按下 <Enter> 键完成置入，并将其栅格化，如图 12-116 所示。抠取商品。单击工具箱中的“钢笔工具”，设置“绘制模式”为“路径”，沿着商品的轮廓进行绘制，如图 12-117 所示。绘制完成后按下 <Ctrl+Enter> 键将路径转换为选区，再单击图层面板下方的“添加图层蒙版”按钮，效果如图 12-118 所示。

图 12-116

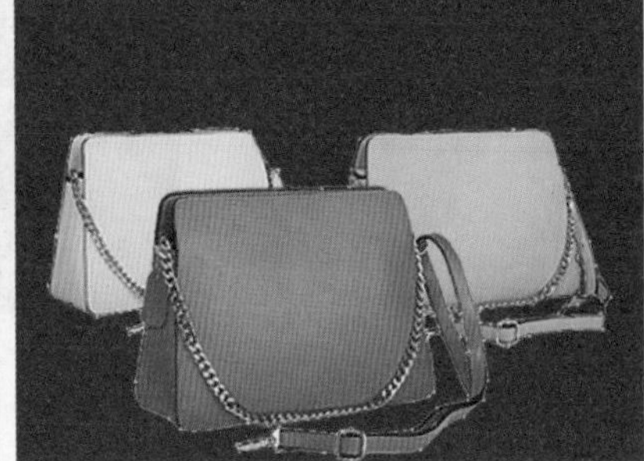

图 12-117

图 12-118

（8）新建图层，单击工具箱中的“钢笔工具”，设置“绘制模式”为“路径”，绘制图形。绘制完成后按下 <Ctrl+Enter> 键将路径转换为选区，如图 12-119 所示。将前景色设置为蓝色，使用填充前景色快捷键 <Alt+Delete>，填充选区，如图 12-120 所示。

图 12-119

图 12-120

（9）使用相同方法绘制其他部分，如图 12-121 所示。再新建图层，使用“钢笔工具”绘制路径，绘制完成后按下 <Ctrl+Enter> 键将路径转换为选区，如图 12-122 所示。将前景色设置为浅粉色，填充选区，如图 12-123 所示。

图 12-121

图 12-122

图 12-123

（10）为画面添加文字。单击工具箱中的“横排文字工具” T，选择合适的文字以及字号，键入文字，如图 12-124 所示。

图 12-124

（11）为文字图层的添加图层样式。执行“图层 > 图层样式”命令，弹出“图层样式”对话框后设置“颜色”为白色，“不透明度”为 100%，“角度”为 –167 度，“距离”为 4 像素，“扩展”为 0，“大小”为 0 像素，参数设置如图 12-125 所示。效果如图 12-126 所示。

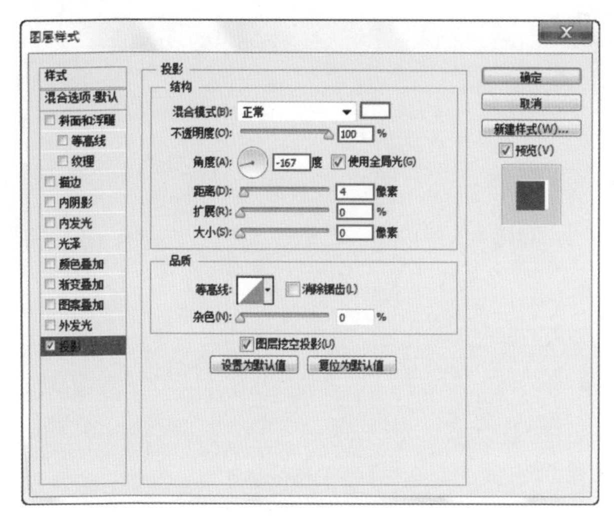

图 12-125

图 12-126

（12）添加其他文字，如图 12-127 所示，将画面中左侧的主体文字的图层全都选中，使用“自由变换工具”快捷键 <Ctrl+T> 调出定界框，旋转主体文字，最终效果如图 12-128 所示。

图 12-127

图 12-128